GUERILLA MARKETING BIBEL

Jay Conrad Levinson

Guerilla Marketing Bibel

Midas Management Verlag
St. Gallen • Zürich

GUERILLA MARKETING BIBEL

Das Beste aus 30 Jahren Guerilla Marketing

1. Auflage 2016
Midas Management Verlag AG, Zürich

ISBN 978-3-907100-69-1

INHALTSVERZEICHNIS

Vorwort zur US-Ausgabe

Jay hat's erfunden! Das sagt man nicht so häufig, aber Jay erfand das moderne Marketing. Jay erfand den Mindset, den Begriff und die Denkweise der Guerillas.

Jay begründete die Vorstellung, dass Werbung und Marketing nicht dasselbe sind. Jay fand heraus, wie man aus dieser einen brillanten Idee Hunderte brillanter Ideen und dutzende Bücher macht. Dieses Buch ist nur die Spitze des Eisbergs. Es ist nicht dünn, aber zu dünn, denn es gäbe noch so viel mehr zu sagen.

Durch Jay ist die Welt des Marketings besser geworden. In der Geschichte der Marketing-Vordenker bekommt Jay nicht nur eine Seite, sondern ein ganzes Kapitel.

Seth Godin, *Bestseller-Autor*

Vorwort zur deutschen Ausgabe

»Wer in der Masse wahrgenommen werden will, muss schnell, überraschend, kreativ und flexibel sein - und unkonventionelle Wege gehen.«

Die erste US-Ausgabe von »Guerilla Marketing« erschien bereits 1984 und ich kann mich noch genau erinnern, wie ich den englischsprachigen Titel von Jay Conrad Levinson bei einem US-Aufenthalt in eine Buchhandlung entdeckt habe und sofort von seinen Ideen elektrisiert und angeregt wurde, da mir klar wurde, dass man auch mit wenig Mitteln, aber guten Ideen und viel Herzblut seinen Weg machen kann. Nur wenige Monate später gründete ich meine erste Firma, aus der später u.a. der Midas Verlag hervorging.

Es erfüllt mich deshalb mit Freude und Stolz, dass Levinsons Vermächtnis aus 30 Jahren Guerilla-Marketing in dem Verlag erscheint, der ohne ihn vermutlich nie gegründet worden wäre.

Gregory C. Zäch, *Verleger und Herausgeber*

Teil 1

Die Grundlagen des Guerilla Marketing

1

Was Marketing
wirklich ist

Marketing ist die wertvolle Verbindung zwischen Ihnen und demjenigen, der Ihr Produkt kauft.

Diese Verbindung entsteht online, persönlich, am Telefon, per Post, bei einer Messe, auf einem Schild, durch Hören, Lesen oder Sehen. Sie dauert von dem Moment, in dem der Kunde von Ihnen erfährt, bis er oder sie von einem gerisseneren Guerilla von Ihnen ablenkt wird. Aber wenn Sie selbst Guerilla sind, wird Ihnen das vermutlich nicht passieren.

> Marketing ist die wertvolle Verbindung zwischen Ihnen und demjenigen, der Ihr Produkt kauft.

Sie wissen, was Guerillas wissen – dass sie sich wie Kinder über jeden neuen Kunden freuen und ihn um nichts in der Welt verlieren wollen. Will heißen, Sie sind sich bewusst, dass diese wertvolle Verbindung aufzeigt, was echtes Marketings ist – eine ganzheitliche Erfahrung.

Ihre Aufgabe als Guerilla: Sorgen Sie dafür, dass jeder Moment dieses Erlebnisses befriedigend, einfach und für den Kunden lohnenswert ist. Wenn Sie das schaffen, beherrschen Sie Guerilla Marketing.

Dabei ist »gut sein« nicht einfach. Als Wettbewerbsvorteil übergeben wir Ihnen den Goldstaub aus den Schatzkammern des Guerilla Marketings. Nach unserer Meinung ist das alles Gold, auf diesen Seiten hier finden Sie jedoch die reinsten, neuesten und größten Nuggets – die besten und zeitlosesten.

> Marketing ist eine ganzheitliche Erfahrung.

Marketing beginnt, sobald Sie wissen, dass Sie ein Produkt oder eine Dienstleistung an einen Kunden zu verkaufen haben. In dieser Sekunde taucht die entscheidende Frage auf: Wie heißt das, was Sie verkaufen wollen? Wo gibt es das zu kaufen? Wie viel wird es kosten? Wie soll der Kunde bezahlen? Wie viel kostet es in der Herstellung? Welche Farbe haben Website und Ladenregal?

Die Antworten auf diese Fragen ändern sich im Handumdrehen, denn auch das Marketing ändert sich ständig. Diese Anpassungsfähigkeit macht das Wesen des Guerilla Marketings aus.

> Marketing ohne Plan ist wie eine Schlacht, bei der der Kommandeur befiehlt: »Fertig ... Schuss! ... zielen!«

Dieses Wesen besteht aus zwei weiteren Komponenten: Zum einen ist das die Fähigkeit, nach einem sehr einfachen Plan zu handeln. Das kann jeder.

Zum anderen muss man sich auf den Plan einlassen und daran halten. Das kann nicht jeder. Die meisten Menschen erwarten schnelle Antworten, die ihnen keiner geben kann; Sofort-Ergebnisse, die es nicht gibt; und hohe Profite, die keiner zahlt. Also lassen sie den Plan fallen und sorgen so dafür, dass er sicher auch nicht stattfindet. Schließlich beschweren sie sich, dass das Marketing bei ihnen nicht funktioniert.

> Marketing ist die faszinierend angebotene Wahrheit.

Dabei funktioniert Marketing bei jedem – der es richtig macht. Diese Guerilla Marketing Bibel soll Ihnen dabei helfen. Guerilla Marketing hat die Verwandlung vom Außenseiter-Marketing zum Mainstream-Marketing vollzogen. Es hat seine Botschaft von einem einzigen Ort in Kalifornien in die ganze Welt getragen. Es wurde sowohl von kleinen als auch große Unternehmen angenommen, und zwar aus zwei Gründen:

1. Es vereinfacht ein scheinbar komplexes Thema.
2. Es funktioniert immer, wenn man es richtig macht.

Guerilla Marketer haben es geschafft – sie können es einfach. Dieses Buch soll auch aus Ihnen einen Guerilla Marketer machen. Danach werden Sie begreifen, dass Marketing alle Kontakte sind, die jemand aus Ihrem Unternehmen mit jemandem hat, der nicht Ihrem Unternehmen angehört. Marketing macht nicht nur Lärm. Es geht auch und vor allem über die sonst gern übersehenen Details. Aber Guerillas übersehen keine Details.

Guerilla wissen, dass Marketing heutzutage die Wahrheit ist ...

nichts als die Wahrheit. Diese muss faszinierend dargestellt werden – immer nur faszinierend. Früher war vieles vom Marketing nicht wahr. Vor allem war das meiste alles andere als faszinierend.

Marketing ist ein Prozess, kein Event.

Was viele beim Marketing nicht verstehen, ist, dass es sich dabei um einen Prozess handelt. Marketing ist kein Event. Guerilla Marketing hat einen Anfang und eine Mitte, aber nur selten ein Ende – es sei denn, Sie verkaufen Ihr Unternehmen. Aber selbst dann sollte es kein Ende nehmen, es sei denn, Sie haben Ihr Geschäft an einen Idioten veräußert.

Marketing ist auch eher ein Geschäft als eine Kunst. Sicher, es umfasst alle möglichen Kunstformen – Musik, Schreiben, Schauspiel, Tanz, Video, Malerei, Illustration, Fotografie, Gesang – aber bilden Sie sich nicht ein, Sie wären ein Künstler. Sie sind ein Guerilla und Ihnen geht es um den Profit Ihres Unternehmens. Falls emotionale Belohnung ins Spiel kommt, dann weil die Profite ständig und deutlich ansteigen, nicht wegen der Komplimente und Auszeichnungen, die Sie unterwegs einheimsen.

Für einen guten künstlerischen Vortrag bekommt man meist Applaus und Jubel. Eine großartige Marketingleistung erzeugt eher Apathie und Nichtstun. Warum? Weil es eben Marketing ist und keine Kunstaktion.

Marketing ist eine Chance, aktuellen und zukünftigen Kunden zu zeigen, wie sie ihre Ziele erreichen.

Weil sie keinen Applaus bekommen, halten jedoch viele Nicht-Guerillas ihr Marketing für gescheitert. Als hätte es nicht funktioniert. Aber Marketing funktioniert nie sofort. Wenn Sie sofort Ergebnisse sehen wollen, gehen Sie in die Landwirtschaft. Dort sind Ergebnisse häufig schneller sichtbar als im Marketing. Doch auch der beste Bauer kann das Pflanzen, Düngen und Ernten nicht endlos beschleunigen.

Guerilla Marketing funktioniert konsistent und irgendwann. Es wirkt eigentlich nie sofort. Schön, dass wir das gleich zu Beginn klären können. Schließlich wollen wir keine langen Gesichter bei Unternehmern sehen, die alles haben, um erfolgreich zu sein – außer Geduld.

Denn Marketing ist für Sie eine Riesenchance. Es ist für Sie die Gelegenheit, bereits vorhandenen und zukünftigen Kunden zu zeigen, wie sie ihre Ziele erreichen. Ob es darum geht, Geld zu verdienen, für

Wachstum zu sorgen, den Gürtel etwas enger zu schnallen, besser Golf zu spielen, einen Partner zu finden oder abzunehmen, Marketing ist Ihre Chance, den Leuten zu zeigen, wie ihre Träume Wirklichkeit werden. Wir leben mitten im Informationszeitalter, Sie können also kostenlose Informationen anbieten, damit Ihre Zielgruppe die selbstgesteckten Ziele erreicht.

Vielleicht reichen Informationen bereits aus. Oder der Erfolg des Marketings liegt in den Produkten oder Dienstleistungen, die Sie anbieten. Was auch immer es ist, Ihr Produkt kann vermutlich die Probleme Ihres Publikums lösen. Betrachten Sie sich also als Problemlöser. Sobald Ihnen das gelingt, sind Sie schon auf dem besten Weg zum Guerilla Marketer.

Natürlich müssen wir einräumen, dass Marketing nicht nur ein Handwerkszeug für Problemlöser ist, sondern auch ein künstlerisches Element enthält. Tatsächlich ist Marketing die Kunst, Menschen dazu zu bringen, ihre Meinung zu ändern; Sie wollen sie überreden, die Dinge mit Ihren Augen zu sehen. Erst dann hören sie auf weiter zu machen wie bisher und sie beginnen Ihre Handlungsweise zu adaptieren, denn so wird ihr Leben leichter, sie erreichen ihre Ziele und werden glücklichen – was auch immer dazu nötig ist. Zu Ihren Aufgaben als Guerilla gehört also zu erkennen, was Ihre potenziellen Kunden dazu brauchen.

Goldrausch

Im Jahre 1853 reiste ein Mann während des Goldrauschs nach Kalifornien, um den Goldgräbern Zelte zu verkaufen. Das Wetter war jedoch bestens und die Goldgräber schliefen unter freiem Himmel, der Mann wurde also keine Zelte los. Aber er war kreativ und machte dennoch großen Gewinn.

Wie wurde er reich? Und wer war der Mann?

Er verwendete die strapazierfähigen Zeltstoffe und nähte daraus Hosen für die Goldgräber. Sein Name war Levi Strauss.

Einen Moment mal – ich möchte hier eines klarstellen. Wir versuchen hier Ihnen zu erzählen, dass Guerilla Marketing ganz einfach ist? Nein, tun wir nicht. Denn es ist nicht einfach. Guerilla Marketing hat viel Gutes, es ist effizient, sicher, wirkungsvoll, stressfrei und macht Spaß, weil es Spaß macht, Dinge richtig zu tun. Aber es ist nicht einfach. Man sollte annehmen, Guerilla Marketing klingt nach Knochenjob, Und tatsächlich müssen Sie dazu schwer arbeiten.

Marketing ist die Kunst, Menschen dazu zu bringen, ihre Meinung zu ändern.

Aber wir haben Ihnen dieses Buch zusammengestellt, damit es kein Knochenjob wird. Jay hat seit 1971 drei Tage in der Woche von zu Hause aus gearbeitet, Sie sollen sich also nicht überarbeiten. Guerillas sind keine Workaholics.

Guerilla sind Meister im Einstellen, Ausbilden und Delegieren, das bewahrt sie vor der Überarbeitung. Was aber haben Einstellen, Ausbilden und Delegieren mit Marketing zu tun? Alles, denn sie sind integrale Bestandteile der Erfahrung, die Ihr Kunde mit Ihnen machen wird.

Guerilla Marketing ist, wenn Ihnen klar wird, dass sich eine ganze Galaxie von Details aus die Stärke Ihrer Marke auswirken kann, auch darauf, welche Erfahrungen Ihr Kunde mit Ihnen macht und wie breit Ihr Grinsen angesichts Ihrer Profite wird.

»Schluss mit dem Gelaber. Wir legen einfach los.«

Hilfreiche Tipps zum Personal

Bitten Sie Ihre zukünftigen Angestellten in einen Raum mit nur einem Tisch und zwei Stühlen, um herauszufinden, wie Sie sie am besten einsetzen. Lassen Sie sie dort ohne Anweisungen für zwei Stunden allein. Kehren Sie dann in den Raum zurück und schauen Sie nach, was sie in der Zwischenzeit angestellt haben.

★ Wenn sie den Tisch auseinandergenommen haben, versetzen Sie sie in die Technikabteilung.

★ Wenn sie die Kippen im Aschenbecher zählen, schicken Sie sie zu den Finanzen.

★ Wenn sie mit den Armen fuchteln und laut palavern, setzen Sie sie im Consulting ein.

★ Wenn sie mit den Stühlen sprechen, gehören sie in die Personalabteilung.

★ Wenn sie grüne Sonnenbrillen tragen und mal wieder zum Frisör müssten, sind sie als Computerexperte oder Sysadmin gut aufgehoben.

★ Wenn es im Raum stark nach Schweiß riecht, sind sie vermutlich für den Kundensupport geeignet.

★ Wenn sie bemerken, wir hätten für Tisch und Stühle einen guten Preis bezahlt, gehören sie in den Einkauf.

★ Wenn sie anmerken, dass Hartholzmöbel NICHT aus dem Regenwald stammen, platzieren Sie sie in der PR-Abteilung.

★ Wenn sie schlafen, gehören sie ins Management.

★ Wenn sie ihre Erfahrungen aufschreiben, schicken Sie sie in die Technische Dokumentation.

★ Wenn sie noch nicht mal aufblicken, wenn Sie den Raum betreten, gehören sie in den Werksschutz.

★ Wenn sie Ihnen erklären wollen, es wäre gar nicht so schlimm, wie es aussieht, schicken Sie sie ins Marketing.

Walt Disney und Ray Kroc

Sowohl Walt Disney als auch Ray Kroc sollen ziemliche Freaks gewesen sein, bis hin zur schrulligen Zwangsneurose. Man erzählt sich, die beiden hätten sich bei einer Veranstaltung mal auf der Toilette getroffen. Keiner von beiden wollte die Türklinke berühren, also verwickelten sie einander über 20 Minuten lang in ein Gespräch, während sie geduldig warteten, bis ein anderer die Tür öffnete. Schließlich schlüpften sie schnell hindurch, ohne die Tür selbst zu berühren.

Sauberkeit

Sauberkeit passiert nicht an einem Montagmorgen. Sauberkeit sollte immer herrschen, wenn Ihre Geschäftsräume geöffnet sind. Wenn Ihre Räume schlampig aussehen, überträgt sich das schnell auf den Eindruck, den die Geschäftsleitung hinterlässt. Sind die Geschäftsräume sauber und ordentlich, setzen Geschäftspartner und Kunden voraus, dass Sie auch Ihr Unternehmen ordentlich führen.

Bei einem Besuch in Disney World schauten wir auch im Epcot Theme Park vorbei. Wir setzten uns dort auf eine Bank und beobachteten, wie Leute Müll auf den Boden warfen. Wir wollten sehen, wie lange er dort liegen bleiben würde. Niemals länger als 10 Minuten. Von irgendwoher – hinter Büschen oder scheinbar aus dem Nichts – tauchten immer Menschen auf, sammelten den Müll ein und sorgten wieder für Ordnung. Disney-Mitarbeiter reinigen die Toiletten alle 30 Minuten. Disney weiß um die Bedeutung von Sauberkeit.

Warum kommen die meisten Besucher zu McDonald's? 1.) Wegen der sauberen Toiletten. 2.) Wegen der guten Pommes. Hamburger spielen überhaupt keine Rolle. Die Verantwortlichen bei McDonald's wissen genau, dass saubere Toiletten eine kostenlose Marketingwaffe sind und viele Menschen ihre Kaufentscheidung anhand der guten – oder nicht so guten – Sauberkeit eines Unternehmens treffen.

Gehen Sie mal in ein Nordstrom-Kaufhaus und suchen Sie nach Nachlässigkeiten. Sie werden keine finden, denn die Nordstrom-Manager wissen um die Bedeutung von Sauberkeit im Marketing.

Was Marketing nicht ist

Auch wenn es in der Öffentlichkeit vielleicht anders aussieht – Marketing hat nichts mit dem Show-Geschäft zu tun. Auf keinen Fall. There's no Business like Show Business, Marketing inklusive.

Marketing ist eher ein Verkaufsgeschäft, ein Problemlösungsgeschäft, ein Wünsche-schaffen-Geschäft. Glauben Sie jedoch nicht, dass Sie die Massen unterhalten müssen. Das machen andere. Sie sollen diese Massen mit positiven Kauferlebnissen beglücken. Sie sind ein Guerilla.

Guerillas wissen, dass Marketing definitiv keine Werbung ist, wie viel Werbung sie auch immer machen. Es gibt im Guerilla Marketing 200 Waffen. Werbung ist nur eine davon. Was auch immer Sie tun, vergessen Sie nicht die anderen 199. Ihre Kunden werden das nämlich nicht zu schätzen wissen.

> Marketing ist KEIN Show-Business. Marketing ist eher ein Verkaufsgeschäft, ein Problemlösungsgeschäft, ein Wünsche-schaffen-Geschäft. Glauben Sie jedoch nicht, dass Sie die Massen unterhalten müssen.

Sicher, Werbung wird von vielen Menschen gesehen. Und früher funktionierte sie auch. Aber inzwischen ist das nicht mehr ganz so gut.

Erwarten Sie nicht, dass eine Website funktioniert. Sie planen eine Werbekampagne? Stellen Sie sich auf Kummer ein. Wie ist es mit PR? Geht auch nicht mehr so gut wie früher. Was funktioniert denn nun?

Marketingkombinationen funktionieren. Wenn Sie eine Website haben und sie kräftig bewerben und gleichzeitig ein Publicity-Programm dafür betreiben, dann funktioniert das – jeder Teil der Formel trägt etwas dazu bei. Die Waffen des Guerilla Marketing helfen einander, weshalb es den Guerillas immer bewusst ist, dass man mit einzelnen Waffen allein keine Schlacht gewinnen kann.

Deshalb ist Werbung kein Marketing und E-Mail ist kein Marketing und Telefonanrufe sind auch kein Marketing – zumindest allein sind sie es nicht. Als Teil eines Ganzen jedoch sind sie tödlich. Marketing ist keine der 200 Waffen, sondern der weise Einsatz vieler von ihnen.

> Marketing ist nicht eine einzige aus 200 Waffen, sondern der weise Einsatz vieler von ihnen.

Menschen schauen immer zuerst online nach, bevor sie etwas kaufen. Ist es für Ihr Geschäft deshalb entscheidend, online zu sein? Es gehört dazu, aber das Online-Sein ist kein Marketing. Dazu ist noch viel Hilfe nötig. Sie erkennen hoffentlich so langsam, dass Ihnen der Guerilla die Hilfe zum Umgang mit den Marketingwaffen anbietet.

Der Guerilla hilft mit Informationen und Aktionen. Das eine funktioniert ohne das andere nicht. Zusammen sind sie jedoch unschlagbar. Wir liefern Ihnen mit diesem Buch exakt die Informationen, die Sie brauchen.

Die Aktionen wiederum kommen von der Person, die Sie jeden Morgen im Spiegel sehen. Alle Informationen sind sinnlos, wenn diese Person nicht in Aktion tritt.

Das Auftreten am Telefon

Wir wurden einmal von einer großen Autowerkstätte um Hilfe gebeten. Man war unzufrieden, weil man sich nicht in der Lage sah, Termine mit Kunden zu machen. Zwar wurden fast 100 Prozent der Anfangskontakte wurden per Telefon hergestellt. Das war wirklich gut. Allerdings verwandelten die Mitarbeiter lediglich 71 Prozent dieser Anrufer in Termine. Das war ziemlich schlecht. Es bedeutete, dass 29 Prozent absprangen.

Als wir uns die Geschäfte persönlich anschauten, merkten wir, dass Telefonanrufe meist von einer Person angenommen wurden, die ganz offensichtlich nicht ans Telefon gehen wollte. Diese Person war zu beschäftigt, sprach gerade mit einem Kunden, hatte schlechte Laune oder war introvertiert.

Egal aus welchem Grund, die Person wollte offenbar nicht am Telefon sein – und das merkte man. Kein Wunder, dass so viele Anrufer keinen Termin für einen neuen Schalldämpfer machten.

Wir schlugen der Firma ein Telefontrainingsprogramm vor. Es würde nur einen halben Tag dauern. Midas begeisterte sich so sehr für diese Idee, dass man dort eine neue Regel aufstellte: »Du darfst in einem Midas Muffler Shop nur ans Telefon gehen, wenn du das Telefontraining absolviert hast.«

Innerhalb von sechs Monaten begann Midas, 94 Prozent aller Anrufer in einen richtigen Termin umzuwandeln. Das ergab einen Gewinn von mehr als einer Million Dollar, die Kosten waren verschwindend gering.

Viele Leute glauben außerdem, Marketing wäre gleich Telemarketing bzw. Verteilen von Coupons oder das Bedienen sozialer Netzwerke. All diese Aktionen sind Teil des Marketings, aber keine von ihnen ist es ganz allein. Sie dürfen nicht glauben, wir wären immer noch im Zeitalter des Marketing mit einer Einzelwaffe. Wenn Sie das nämlich tun, sind Sie vielleicht der Einzige.

In vielen Unternehmen war Marketing lange Zeit gleichbedeutend mit dem Versenden von Werbepost. Inzwischen weiß man aber, dass Mailings eine Menge Unterstützung brauchen. Unternehmen, die diese Technik einsetzen, müssen ihre Guerilla-Fantasie spielen lassen.

Guerilla-Marketing umfasst das volle Spektrum an Kommunikation, bei dem man die Zielgruppe auf so viele verschiedenen Wegen wie bezahlbar und möglich erreicht. Ihre Aufgabe als Guerilla besteht darin, sich all der verfügbaren Marketingwaffen bewusst zu sein, mit vielen von ihnen zu experimentieren und dann die Kombination aus Waffen zu finden, die Ihnen den höchsten Profit bietet.

Briefmarken

Guerillas wissen, dass die Menschen täglich mit Werbebriefen bombardiert werden. Die meisten dieser Mailings wandern ungeöffnet direkt in den Papierkorb.

Erfinderische Guerillas kleben deshalb viele Briefmarken auf jeden Brief. Sie nehmen nicht nur eine einzige Briefmarke, sondern stückeln den Portowert. Anschließend versenden sie den Brief und können sich sicher sein, dass der Empfänger noch nie einen Brief mit 11 Briefmarken erhalten hat.

Dieser Brief fällt auf. Der Umschlag wird geöffnet und der Inhalt wird gelesen, weil es das erste Mal ist, dass der Empfänger einen Brief mit so vielen Briefmarken bekommen hat. Darin zeigt sich das wahre Wesen des Guerilla-Marketing. Es ist nicht teurer, verlangt aber Zeit, Energie und Fantasie.

Eine andere Variante dieser Taktik besteht darin, die Mailings nicht direkt von Ihrem Ort aus zu verschicken, sondern sie erst ins Ausland zu senden und von dort weiterverbreiten zu lassen. Ihre Empfänger erhalten einen Umschlag mit einer fremdartigen Briefmarke und einem gleichermaßen fremdartigen Poststempel. Das meinen wir mit Fantasie.

Marketingkombinationen

Wir kennen einen Guerilla-Bettenverkäufer mit einem Familienbetrieb, der jeden Monat Waren für mehr als 1,5 Millionen Dollar umsetzt und nur vier Marketingwaffen einsetzt.

★ Radiowerbespots, die die Leute auf seine Website und seinen Laden verweisen.

★ Seine Website beantwortet Fragen und weist Besucher auf seinen Laden hin.

★ Ausgebildete Verkäufer nutzen den Schwung, der durch die Radiowerbung und die Website erzeugt wurde.

★ Die kostenlose Dreingabe in Form einer Decke, eines Bettbezugs, zweier Kistenbezüge und zweier guter Kissen sorgt nach dem Verkauf für ein anständiges Marketing in Form von Mundpropaganda.

Wie teuer ist diese Kombination aus Marketingwaffen? Nicht sehr teuer – aber außerordentlich effektiv. Das sollte Ihr Ziel als Guerilla sein: Marketing, das nicht unbedingt teuer, aber wirkungsvoll ist.

Klingt fast zu einfach, dabei ist es gar nicht so leicht, eine siegreiche Kombination zu finden. Dennoch haben Guerillas gelernt, dass sie an Gewinn einstreichen, was sie an Bequemlichkeit opfern.

Hier ist noch etwas, das kein Marketing ist: Broschüren. Leute produzieren schnell eine Broschüre, weil sie sie für wichtige Marketinginstrumente halten. Eine Broschüre ist sicher ein wichtiger Bestandteil in der Kette, die zum Erfolg führt, sie allein macht aber kein Marketing aus. Das war früher vielleicht einmal so, aber wir sind nicht mehr in der Generation unserer Eltern. Es ist Ihre Generation – vor allem, wenn Sie ein Guerilla Marketer sind.

Passen Sie hier genau auf. Viele gescheiterte Unternehmen haben das nämlich nicht verstanden. Marketing ist keine Bühne für Humor. Wenn Sie Humor in Ihrem Marketing nutzen, dann erinnern sich die Leute an ihren lustigen Witz, aber nicht an Ihr verlockendes Angebot. Humor ist vielleicht beim ersten oder zweiten Mal lustig. Danach nervt er nur noch und stört das, was das Marketing eigentlich ausmacht: Wiederholung. Humor sabotiert von Anfang an Ihr Marketing, aber manche irregeleiteten Menschen glauben, dass Marketing lustig sein soll.

> Marketing ist keine Bühne für Humor. Wenn Sie Humor in Ihrem Marketing nutzen, dann erinnern sich die Leute an ihren lustigen Witz, aber nicht an Ihr verlockendes Angebot.

Die gleichen Menschen sind vermutlich auch der Meinung, dass Marketing die Einladung an sie ist, raffiniert zu sein. Schlagen Sie sich das aus dem Sinn. Die Leute erinnern sich an den raffiniertesten Teil Ihres Marketings, dabei sollen sie sich an Ihr Angebot erinnern. Stellen Sie sich Raffinesse als einen Marketingvampir vor, der die Aufmerksamkeit von Ihrem Angebot wegsaugt.

Gemischte Botschaft

Eine Antidrogenorganisation verteilte Materialien an Schulkinder. Das hatte allerdings den entgegengesetzten Effekt.

Warum?

Die Gruppe verteilte unter anderem Bleistifte mit dem Aufdruck »WAY TO COOL TO DO DRUGS«. (Viel zu cool, um Drogen zu nehmen.)

Als die Bleistifte nach dem Anspitzen mit der Zeit kürzer wurden, stand dort erst: »COOL TO DO DRUGS« (Cool, Drogen zu nehmen)

und schließlich nur noch: »DO DRUGS« (Nimm Drogen)

Aufmerksamkeit für Details kann eine Botschaft erfolgreich sein oder scheitern lassen.

Vergessen Sie außerdem, dass Marketing kompliziert ist. Marketing wird für Leute kompliziert, die die Einfachheit von Marketing nicht begreifen können. Für Guerillas hingegen ist es absolut einfach. Sie beginnen mit einem sieben Sätze langen Guerilla-Marketingplan und dann führen sie diesen Plan aus. Das ist nicht ein bisschen kompliziert.

Stellen Sie sich Raffinesse als einen Marketingvampir vor, der die Aufmerksamkeit von Ihrem Angebot wegsaugt.

Das Beste haben wir uns bis zum Schluss aufgehoben. Es ist nämlich das größte aller Missverständnisse über Marketing. Wegen dieses Missverständnisses ist mehr Geld verloren gegangen als wegen jedes anderen Faktors im Marketing. Viele Menschen machen alles richtig – und dann kommt das Marketing und alles geht schief. Das ist für Guerillas keine Option.

Lage, Standort, Location!

Sie müssen zwei wichtige Dinge über Ihren Standort wissen.

★ Viele pleite gegangene Unternehmen in Amerika hatten irgendwann einmal den besten Standort in ihrer Stadt. Allerdings haben sie sich so sehr darauf verlassen, dass sie die anderen 199 Waffen ignoriert haben. Der Standort allein reicht nicht. Er ist wichtig, aber nicht genug.

★ Der beste Standort in den USA und der beste Standort in Ihrer Stadt ist im Internet.

Amerika lernt, wie man Dinge auf neue Weise an einem neuen Ort kauft. Das lernt es, indem es online einkauft. Und der neue Ort ist das Internet. Solange Sie noch nicht dort sind, verpassen Sie einen Ort, der sich im Laufe der Zeit immer nur verbessern wird.

Marketing kann keine Wunder vollbringen. Es gehen regelmäßig Vermögen verloren, weil Menschen Wunder vom Marketing erwarten. Aber das Marketinggeschäft ist kein Wundergeschäft. Es ist ein Geduldsgeschäft. Es ist ein Planungsgeschäft. Wenn Sie Wunder erwarten, bekommen Sie Magengeschwüre.

Marketing ist eine Gelegenheit, mit Ihrem Unternehmen Gewinne zu erzielen, eine Chance, mit anderen Unternehmen in Ihrer Gemeinde oder Branche zu kooperieren, und ein Prozess, mit dem Sie dauerhafte Beziehungen aufbauen. Eine Wunderwaffe ist es aber nicht.

> **Aber das Marketinggeschäft ist kein Wundergeschäft. Es ist ein Geduldsgeschäft. Es ist ein Planungsgeschäft. Wenn Sie Wunder erwarten, bekommen Sie Magengeschwüre.**

Die Geburtsstunde des Guerilla Marketing

Ich glaube, Guerilla Marketing wurde 1957 geboren, als ich bei der Spionageabwehr der US Army eineinhalb Seiten lange, einzeilig gedruckte Berichte über unsere Untersuchungen schreiben musste. Dort lernte ich, wie wichtig es war, sich kurz zu fassen – und welche Herausforderung das darstellte.

Es brachte mich auch zu meiner Karriere in der Werbung, zuerst als Sekretär, weil ich in der Lage war, 80 Zeichen in der Minute zu tippen, und dann als Texter. Ich hatte so viele Anzeigen und Werbetexte geschrieben, die nie veröffentlicht wurden, dass ich schließlich lernte wie das besser ging.

> Ich bekam aus erster Hand zu sehen, was für die großen Unternehmen mit den bodenlosen Bankkonten funktionierte. Dann zog ich allein los und stellte Marketingmaterialien für damals noch kleine Unternehmen in neuen Branchen her.

Schließlich hatte ich das erhebende Erlebnis, Werbung für berühmte Marken wie Green Giant, Pillsbury, Chrysler, Procter & Gamble, Kellog's, Sears und Quaker Oats schaffen zu dürfen. Ich bekam aus erster Hand zu sehen, was für die großen Unternehmen mit den bodenlosen Bankkonten funktionierte.

Dann zog ich allein los und stellte Marketingmaterialien für damals noch kleine Unternehmen in neuen Branchen her: Computer, Solarenergie, Wasserbetten, Fast-Food-Ketten sowie für ein noch wenig bekanntes Männermagazin namens Playboy. Diese Unternehmen hatten leere Brieftaschen, aber große Ideen. Mir wurde schnell klar, was sie brauchten und sich an Marketing leisten konnten. Es war etwas anderes als bei den großen Mitspielern. Und auch der Druck war ein anderer. Die kleineren Unternehmen konnten es sich nicht leisten,

Fehler zu machen und mussten alles beim ersten Mal richtig hinbekommen.

Bis dato hatte ich einige Bücher darüber geschrieben, wie man Geld verdient, ohne einen Job zu haben. Das erste Buch, *Earning Money without a Job,* brachte mir eine Einladung an die University of California in Berkeley ein.

Das zweite Buch, *555 Ways to Earn Extra Money,* war das Ergebnis meiner jahrelangen Recherche – ohne die Hilfe von Google –, wie andere Menschen ohne Job zurechtkommen. Darin gab es ein Kapitel über Marketing mit einem begrenzten Budget. Beide Bücher halfen, dass meine Vorlesungen in Berkeley immer voll besetzt waren.

Eines Tages meldete sich einer der Studenten in meiner Vorlesung und fragte: »Jay, die meisten Leute in diesem Raum tragen lange Haare und Levi's, haben leere Taschen, tolle Geschäftsideen und keine Ahnung, wie wir diese Geschäfte vermarkten sollen. Kannst du uns ein Buch empfehlen?«

Dummerweise sagte ich: »Ja, ich werde in der nächsten Woche einige Buchempfehlungen mitbringen.« Nach der Vorlesung ging ich in die Bibliothek, um gute Bücher zu suchen, fand aber keine. Ich überquerte die Bucht von San Francisco, um die Bibliothek der Standford University aufzusuchen, kehrte aber auch von dort mit leeren Händen zurück. Genauso traurig war es in den Stadtbibliotheken von Oakland, San Jose, Sacramento und San Francisco.

Alle Marketingbücher schienen für Leser geschrieben worden zu sein, die Unternehmen mit monatlichen Budgets von 300.000 Dollar leiteten. Die Studenten aus meiner Vorlesung gehörten ganz sicher nicht dazu. Darüber hinaus zeichneten sich die Bücher durch eines aus: Sie langweilten und verwirrten mich.

> »Ich war immer der Meinung, dass das Texten von Werbung die zweitprofitabelste Form des Schreibens ist. Die erste sind natürlich Erpresserbriefe...«
> **Philip Dusenberry**

> Ich wusste, dass meine Studenten im Geschäftsleben die üblichen konventionellen Ziele anstrebten: finanzielle Unabhängigkeit, wenig Stress, ein ausgeglichenes Leben und Unternehmen, die sie nach Herzenslust aufbauen konnten. Allerdings konnten sie diese Ziele mit Marketing nicht erreichen, es sei denn, sie nutzten unkonventionelle Methoden.

Ich hatte aber meinen Studenten versprochen, ihnen ein Buch zu empfehlen. Deshalb tat ich, was ich tun musste: Ich stellte eine Liste mit Methoden auf, mit denen Unternehmen etwas vermarkten konnten, ohne dabei zu viel Geld zu investieren. Meine Liste »527 Methoden, ohne viel Geld Marketing zu machen« war genau das, was meine Studenten brauchte, machte aber als Buchtitel nicht viel her.

> Entrepreneure sind in der gleichen Situation wie Guerilla-Kämpfer in Kriegszeiten. Sie wollten das konventionelle Ziel, nämlich den Sieg, da ihnen aber die finanziellen Ressourcen fehlten, mussten sie unkonventionelle Mittel einsetzen.

Ich wusste, dass meine Studenten im Geschäftsleben die üblichen konventionellen Ziele anstrebten: finanzielle Unabhängigkeit, wenig Stress, ein ausgeglichenes Leben und Unternehmen, die sie nach Herzenslust aufbauen konnten. Allerdings konnten sie diese Ziele mit Marketing nicht erreichen, es sei denn, sie nutzten unkonventionelle Methoden.

Es ist die gleiche Situation, der sich die Guerilla-Kämpfer in Kriegszeiten gegenüber sahen. Sie wollten das konventionelle Ziel, nämlich den Sieg, da ihnen aber die finanziellen Ressourcen fehlten, mussten sie unkonventionelle Mittel einsetzen.

Guerilla Marketing. Das war ein passender Titel für das Buch, das ich für meinen Kurs schreiben würde. Der Untertitel Secrets for Making Big Profits from Your Small Business sagte etwas über die Voraussetzungen und war gleichzeitig ein Versprechen.

Als ich mich hinsetzte, um das Buch speziell für meine Studenten zu schreiben, hatte ich keine Ahnung, dass es sich zu einer Serie entwickeln und ein Eigenleben entwickeln würde. Ich ahnte nicht, dass es sich 21 Millionen mal in 62 Sprachen verkaufen würde, wodurch ich zu einem der ersten Autoren wurde, der 61 Ausgaben seines eigenen Buches nicht verstand.

Der Rest der Serie wurde durch denselben Funken befeuert, der das erste Guerilla Marketing-Buch zündete. Die Bücher, die ich schreibe, haben nichts mit Inspiration oder Transpiration zu tun, sondern mit meinem eigenen Bedürfnis, Bücher zu schreiben, die die Bedürfnisse anderer Menschen befriedigen.

Die langhaarigen Jungs aus meiner Vorlesung? Die mit den winzigen Unternehmen von denen noch nie jemand gehört hatte? Sie nutzten Guerilla Marketing, um riesige Unternehmen aufzubauen, die inzwischen jeder kennt: Apple, Microsoft, Adobe, Hewlett-Packard, Oracle und einen Haufen weiterer Silicon-Valley-Größen.

> »Ideen sind wie Kaninchen. Du bekommst einige, lernst, dich gut um sie zu kümmern, und auf einmal hast du ein ganzes Dutzend davon.«
> John Steinbeck

Während dessen erkannten die größten Unternehmen auf der Welt ebenfalls, dass sie Guerilla Marketing nutzen könnten und sollten, um ihre Gewinne zu steigern. Viele Unternehmen der Fortune 100 buchten meine Präsentationen für ihr ganzes Unternehmen: Sie wollten nicht die Gelegenheit verpassen, höhere Gewinne zu erzielen, während sie gleichzeitig weniger Geld investierten. Das ist schön, wenn es funktioniert – und mit Guerilla Marketing funktioniert es.

Man kann Superstar-Unternehmen nicht ganz allein schaffen. Ein Mann, der Seminare für das California Department of Probation durchführte, sah meinen Auftritt und fragte mich, ob er mein Agent werden dürfte. »Mein Agent?« fragte ich. Er antwortete: »Sie sind vermutlich mit den vielen Reden und dem Schreiben von Büchern zu beschäftigt, um sich selbst um mehr Auftritte zu kümmern. Ich kann das als Ihr Agent für Sie erledigen, einschließlich der ganzen Details, wenn Sie mir von jedem Engagement, das ich für Sie buche, einen Prozentsatz bezahlen.«

Möbelladen

Es gab einmal einen Mann, dem ein kleiner Möbelladen gehörte. Eines Tages ging er zur Arbeit und bemerkte, dass auf dem Grundstück zu seiner rechten ein neuer Bau im Gange war. Einige Tage später erkannte er, dass dort ein konkurrierender Möbelladen entstand, der viel größer war als seiner.

Einen Monat später entdeckte er, dass auf dem Grundstück zu seiner linken ein neuer Bau im Gange war, und er sah zu seinem Missfallen, dass dort ein weiterer großer Möbelladen entstand.

Als wäre das nicht schlimm genug, kam er eines Tages zur Arbeit und sah, dass der Laden auf der rechten Seite ein riesiges Banner enthüllt hatte, auf dem stand: »Großer Eröffnungsverkauf – 50 Prozent Rabatt auf alles«. Er schaute nach links und sah vor dem anderen Geschäft ein Banner, auf dem stand: »Monster-Räumungsverkauf – 75 Prozent Rabatt«. Noch schlimmer war, dass die beiden Banner größer waren als sein ganzer Laden.

Der kleine Ladenbesitzer, ein echter Guerilla, der wusste, dass er mit solchen Preisen nicht mithalten konnte, reagierte, indem er sein eigenes Banner aufhängte, auf dem einfach stand:

»HAUPTEINGANG«

So entstand Guerilla Marketing International und die Kunde vom Guerilla Marketing verbreitete sich. Sie breitete sich dank der Bemühungen meines verstorbenen Agenten Bill Shear und jetzt meiner neuen Managerin, meiner Tochter Amy, immer weiter aus.

Chefin unseres Unternehmens ist meine Frau Jeannie, die auch meine liebste Co-Autorin ist. Sie sehen also, beim Wachstum unserer Marke ergaben auch Gelegenheiten für Nepotismus, die wir schamlos ausnutzen.

Guerilla Marketing ist gewachsen, weil es erstaunlich einfach ist und so gut funktioniert.

Schließlich bedeutet Guerilla Marketing, niemals selbst zu tun, was Sie delegieren können. Ich wollte meine Kraft immer für das Schreiben und Reden aufwenden. Seit neue Dinge wie das Internet und die sozialen Medien in der Marketingwelt auftauchen, arbeite ich mit Experten zusammen, die mir helfen, neue Guerilla-Marketing-Instrumente zu entwickeln.

Guerilla Marketing ist auch deshalb gewachsen, weil es erstaunlich einfach ist und so gut funktioniert. Sie werden es schon sehen.

Die Ausbreitung des Guerilla Marketing

Schon von Anfang an hat das Guerilla Marketing die Fantasie von Firmengründern und Jungunternehmen angeregt.

Seine Fans stehen nicht nur deshalb zu ihm, weil es den Guerillas höhere Gewinne verspricht, sondern auch aus vielen weiteren Gründen:

1. Es ist einfach und nicht kompliziert.
2. Es funktioniert jedes Mal, wenn Sie es richtig machen.
3. Es hat einen verlockenden Namen, der zum Experimentieren einlädt.
4. Es passt zu kleinen Unternehmen, die mit Rekordgeschwindigkeit wachsen.
5. Es ist erschwinglich, auch wenn die Wirtschaft schwächelt.
6. Es bezieht neue Formen des Marketing ein.
7. Es eliminiert den größten Teil des Stresses, der mit dem Marketing verbunden ist.
8. Es ist ideal für das Internet und die vernetzte Welt.
9. Es hilft großen Unternehmen genauso wie kleinen.
10. Es steigert die Gewinne für Unternehmen auf der ganzen Welt.

Glücklicherweise habe ich in der San Francisco Bay Area gelebt, einer der Wiegen der modernen Zivilisation. Dort bot sich dem aufstrebenden Guerilla Marketing ein fruchtbarer Boden. Das war in den 1970ern, ein üppiges Terrain für robuste Marketinginitiativen mit einem Wirbelsturm an Wissen und Technik. Und all das spielte sich direkt vor meiner Haustür ab.

Eine Explosion der Weisheit! – meistens jedoch initiiert von unbeholfenen Individuen, die zwar alles über Technik, aber nichts über Marketing wussten. Zu Anfang wurde Computer-Marketing von Nerds für Nerds gemacht und natürlich auch nur von Nerds verstanden. Ich hatte ernsthaft über den Kauf eines Computers nachgedacht, war aber vom Marketing geradezu überwältigt. Also warf ich zwei oder drei Aspirin gegen die Kopfschmerzen vom Technogeschwafel ein.

> Zu Anfang wurde Computer-Marketing von Nerds für Nerds gemacht und natürlich auch nur von Nerds verstanden.

Ich behaupte nicht, alle Weisheit käme von Nerds, glaube aber durchaus, dass sie an der Spitze des Fortschritts stehen. Die Kunden, denen ich begegnete, waren entweder altmodische Unternehmer, die entsprechend altmodische Ansichten über das Marketing hatten, oder esoterische Technotypen, die das Marketing mithilfe analytischer Anweisungen erschlagen wollten. Sie bildeten Unternehmen in Branchen, die es noch nicht gab, als ich – oder sie – geboren wurde. Ein goldenes Zeitalter für Guerilla Marketer.

Dieser intensive Bedarf schrie förmlich nach praktischen, sinnvollen, verständlichen Informationen über das Marketing. Ich verteilte diese Informationen in Büchern, Vorträgen, Seminaren, Radio- und Fernsehinterviews, Newslettern, Artikeln, Coaching-Programmen, Abo-Websites, Online-Foren und Präsentationen auf Kongressen. So erreichten sie Marketer, die dringend zu Guerilla Marketern werden sollten.

Jeder konnte es verstehen. Jeder konnte es sich leisten. Jeder konnte damit Gewinne erzielen. Jeder konnte lernen, es richtig zu machen. Jeder konnte damit experimentieren. Jedem gefiel, wie es den Stress beim Marketing reduzierte – der beim Nicht-Guerilla-Marketing entstand.

Computerbranche vs. Automobilindustrie

Bill Gates verglich die Computerbranche mit der Automobilbranche und sagte: »Wenn GM so mit der Technik Schritt gehalten hätte wie die Computerbranche, dann würden wir alle 25-Dollar-Autos fahren, die eine Gallone Sprit für 1.000 Kilometer bräuchten.«

Als Reaktion auf Bills Kommentare brachte General Motors eine Pressemitteilung heraus, in der es hieß: »Wenn GM seine Technik so entwickeln würde wie Microsoft, dann würden wir alle Autos mit den folgenden Eigenschaften fahren:

★ Ihr Auto würde zweimal am Tag grundlos abstürzen.

★ Immer wenn die Markierungen auf der Straße neu aufgemalt würden, müssten Sie ein neues Auto kaufen.

★ Gelegentlich würde Ihr Auto völlig ohne Grund auf der Autobahn stehenbleiben. Sie müssten auf den Seitenstreifen rollen, alle Fenster schließen, das Auto ausmachen, es erneut starten und die Fenster wieder öffnen, bevor Sie weiterfahren könnten. Aus irgendeinem Grund würden Sie das einfach akzeptieren.

★ Macintosh würde ein solargetriebenes Auto herstellen, das zuverlässig, fünfmal so schnell und halb so kompliziert wäre – aber nur auf fünf Prozent der Straßen funktionieren würde.

★ Die Warnanzeigen für Öl, Wassertemperatur und Lichtmaschine würden durch eine einzige »General Protection Fault«-Warnanzeige ersetzt werden.

★ Das Airbag-System würde fragen: »Sind Sie sicher?«, bevor es auslöst.

★ Gelegentlich würde Sie das Auto ohne Grund aussperren und sich weigern Sie hereinzulassen, es sei denn, Sie ziehen gleichzeitig am Türgriff, drehen den Schlüssel im Schloss herum und fassen an die Radioantenne.

★ Immer wenn GM ein neues Auto vorstellt, müssten die Autokäufer erneut das Fahren erlernen, weil keines der Bedienelemente noch so funktioniert wie im alten Auto.

★ Sie müssten den »Start«-Knopf drücken, um das Auto auszuschalten.

Einer der faszinierenderen Aspekte dieser neuen Bewegung bestand darin, wie diese neue Marketingdisziplin – die geschaffen wurde, um kleinen Unternehmen zu helfen und ihnen einen Vorteil gegenüber den großen Unternehmen zu bieten – die Aufmerksamkeit genau dieser großen Unternehmen erregte.

Für mich trudelten Einladungen ein, um vor den großen Unternehmen aufzutreten. Sie engagierten mich, damit ich ihren Leuten verriet, wie sie vom Guerilla Marketing profitierten. Schließlich fragten sie sich, wieso sie nicht – genau wie die kleinen Unternehmen – mehr aus ihren Marketingbudgets herausholen sollten?! Wieso sollten nicht auch sie das Außenseiter-Marketing nutzen, das offensichtlich auf dem Weg in die Normalität war?

Immer wenn ich vor einem großen Kongresspublikum sprach, konnte ich dankbar beobachten, dass mein Guerilla-Agent alle Besucher mit einer Ausgabe meines neuesten Guerilla-Marketing-Buches ausgestattet hatte.

> **Guerilla Marketing hält sich an die höchsten ethischen Standards und bemüht sich außerordentlich, Einzelpersonen, Gruppen und Gemeinschaften nicht zu beleidigen.**

Ich schrieb zwei solcher Bücher pro Jahr auf meiner Underwood-Schreibmaschine, dann auf meiner Royal-Schreibmaschine, später auf meiner Remington Selectric und dann mit meiner Epson-Textverarbeitung. Ein Buch schrieb ich allein, das nächste mit einem Ko-Autor.

Als die sozialen Medien am Horizont auftauchten, hätte ich sie gewissenhaft ein Jahr lang studieren können, um dann allein ein Buch darüber zu schreiben. Oder ich hätte Shane Gibson, bekannt bei Facebook und Twitter, als Co-Autor ins Boot holen können. Er war schon in den sozialen Medien aktiv, bevor ich wusste, dass es sie überhaupt gibt. Solche Entscheidungen sind wirklich einfach. Deswegen haben sich die Guerilla-Marketing-Informationen so unglaublich ausgebreitet und gibt es so viele Bücher darüber.

Ich habe früh von Howard Gossage, einem meiner Mentoren – der andere war Leo Burnett –, gelernt, dass man nicht versuchen sollte, jedem alles zu sagen. Dann erzählt man nämlich irgendwann entweder niemandem alles oder allen nichts. Stattdessen sollte man versuchen, jemandem etwas zu sagen. Die Guerilla-Marketing-Bücher, die inzwischen immer spezialisierter werden, versuchen, vielen Jemanden viel etwas zu erzählen. Das scheint zu funktionieren.

New-Age-Büroterminologie

★ Adminisphere: Die exklusive Organisationsebene, die direkt über dem Fußvolk beginnt. Entscheidungen, die aus der Adminisphere kommen, sind oft hochgradig unpassend oder irrelevant für die Probleme, die sie lösen sollen.

★ Alpha Geek: Die sachkundigste, technisch versierteste Person in einem Büro oder einer Arbeitsgruppe.

★ Blamestorming: In einer Gruppe herumsitzen und darüber diskutieren, wieso eine Deadline verpasst oder ein Projekt in den Sand gesetzt wurde und wer daran Schuld ist.

★ Chainsaw Consultant: Ein externer Experte, der hinzugezogen wird, um die Anzahl der Angestellten zu reduzieren, so dass die Chefetage sich nicht selbst die Hände schmutzig machen muss.

★ Chips & Salsa: Chips = Hardware, Salsa = Software. »Nun, wir müssen erst einmal feststellen, ob das Problem an unseren Chips und Salsa liegt!«

★ CLM (Career Limiting Move): Beschreibt eine unkluge Aktivität. Über den eigenen Chef herziehen, wenn er es hören kann, ist eine Aktion, die die eigene Karriere ernsthaft beschädigen könnte.

★ Cube Farm: Ein unterteiltes Großraumbüro (voller »Cubicles«)

★ Dilberted: Vom Chef ausgenutzt oder unterdrückt werden. Abgeleitet von den Erfahrungen der Comic-Figur »Dilbert«.

★ Flight Risk: Beschreibt Mitarbeiter, von denen man vermutet, dass sie planen, das Unternehmen oder die Abteilung bald zu verlassen.

★ GOOD Job: Ein »Get-Out-Of-Dept«-Job. Ein gutbezahlter Job, den Leute nur annehmen, um ihre Schulden (»Depts«) bezahlen zu können. Sobald sie wieder flüssig sind, werden sie kündigen.

★ Idea Hamsters: Leute, die ständig neue Ideen zu haben scheinen.

★ Mouse Potato: Die Online-Version der »Couch Potato«.

★ Ohnosecond (Oh-Nein-Sekunde): Der Sekundenbruchteil, in dem man merkt, dass man gerade einen GROSSEN Fehler gemacht hat.

★ Percussive Maintenance: Die feine Kunst des Herumschlagens auf einem elektronischen Gerät, um es wieder zum Laufen zu bringen.

★ Prairie Dogging: Wenn jemand in einem Großraumbüro laut schreit oder etwas mit lautem Knall auf den Boden fallen lässt und alle anderen die Köpfe heben, um festzustellen, was passiert ist.

★ SITCOMs (Single Income, Two Children, Oppressive Mortgage): Was mit Yuppies passiert, wenn sie Kinder bekommen und einer von ihnen die Arbeit aufgibt, um sich um die Kinder zu kümmern.

★ Stress Puppy: Eine Person, die aufblüht, wenn sie richtig Stress hat und sich darüber beschweren kann.

★ Touristen: Leute, die Weiterbildungen machen, um einmal eine Auszeit von ihrem Job zu nehmen.

★ Treeware: Hacker-Slang für die Dokumentation oder andere gedruckte Materialien.

★ Umfriend (Äh-Freund): Eine persönliche Beziehung mit fragwürdigem Stand oder eine versteckte intime Beziehung: »Das ist Dylan, mein...äh... Freund.« (»This is Dylan, my...um...friend.«)

★ Uninstalled: Euphemismus für das Entlassenwerden. Gehört auf dem Anrufbeantworter einer Computerfirma, bei der Personal abgebaut wurde: »You have reached the number of an uninstalled vice president. Please dial our main number and ask the operator for assistance.« (»Dies ist die Nummer eines deinstallierten Vizepräsidenten. Bitte wählen Sie unsere Hauptnummer und bitten Sie dort um Hilfe.«)

★ Xerox Subsidy (Xerox-Subvention): Euphemismus für das kostenlose Kopieren (von privaten Unterlagen) am Arbeitsplatz.

★ Yuppie Food Stamps (Yuppie-Essenmarken): Die allgegenwärtigen 20-Dollar-Banknoten, die Geldautomaten ausspucken. Oft benutzt, wenn man versucht, nach dem Mittagessen die Rechnung aufzuteilen. »Jeder muss 8 Dollar bezahlen, aber alle haben nur Yuppie Food Stamps.«

★ 404: Ein Ahnungsloser. Abgeleitet von der Fehlermeldung im World Wide Web »404 Not Found«, die bedeutet, dass das angeforderte Dokument nicht gefunden werden konnte. »Den müssen Sie nicht fragen, der ist 404.«

Es scheint auch zu funktionieren, wenn ich mich für die stetigen Änderungen im Marketing öffne. Als ich das erste Guerilla-Marketing-Buch schrieb, gab es noch kein Internet. Heutzutage dagegen würde das Guerilla Marketing schnell in der Versenkung verschwinden, würde man das Internet ignorieren. Deshalb umfasst das Guerilla Marketing mittlerweile Technik, soziale Medien, Memes, Psychologie, Ökologie, nichtkommerzielles Wachstum und Networking. Es wird sich im Laufe der Zeit immer weiter ändern. Genau wie die Technokraten, die uns laufend daran erinnern, »dass es eine App dafür gibt«, können wir uns vorstellen immer zu sagen »es gibt ein Buch dafür«. Eigentlich stimmt das sogar.

Die Konkurrenz austricksen

Ein Mann ging zu einer Fernsehstation und kaufte eine Minute Werbezeit. Er übergab dem Chef der Station eine DVD und erfuhr, wann genau seine einminütige Werbung ausgestrahlt werden würde.

Kurz vor dem gewünschten Zeitpunkt schaltete der Mann seinen Fernseher ein, wählte den richtigen Sender und wartete. Zum Zeitpunkt der Werbung erschien ein Testbild auf dem Bildschirm. Der Ton, ein intensiver, reiner Ton, änderte sich die ganze Zeit nicht. Auch das Bild blieb gleich. Der Mann war sehr zufrieden, lächelte und schaltete seinen Fernseher wieder aus.

Warum war er so glücklich mit seiner Werbung?

Der Mann war Kandidat für ein politisches Amt in seinem Ort und hatte nur ein begrenztes Budget. Jemand hatte ihm verraten, dass sein kapitalkräftiger Gegner gerade für viel Geld 30 Minuten Sendezeit für ein Infomercial gekauft hatte.

Als Guerilla kaufte der weniger gut betuchte Kandidat exakt die Minute vor dem Infomercial und ließ das Testbild senden. Er hoffte, dass die Zuschauer so aus- oder umschalteten.

Ich frage mich, wie verbreitet Guerilla Marketing ohne das Internet, leistungsstarke Mobilgeräte und großzügig bereitgestelltes Breitband wäre. Guerilla Marketing geht Hand in Hand mit der Technik. Es passt hervorragend zur explosionsartigen Ausbreitung kleiner Unternehmen. Und während einer Rezession muss man es einfach lieben. Kein Wunder, dass es so verbreitet ist.

Viele Nicht-Guerillas haben fälschlicherweise angenommen, Guerilla Marketing wäre gleichbedeutend mit Marketing aus dem Hinterhalt. Das ist es aber nicht. Es ist auch kein heimtückisches Marketing. Oder Marketing mit Graffiti. Oder unethisches Marketing. Auf keinen Fall ist es all dies. Guerilla Marketing hält sich an die höchsten ethischen Standards und bemüht sich sehr Einzelpersonen, Gruppen und Gemeinschaften nicht zu beleidigen. Die einzigen Leute, denen das Guerilla Marketing zu nahe treten soll, sind Ihre Konkurrenten. Sie haben dazu unseren Segen.

Die Einfachheit
des Guerilla Marketing

Ein Großteil der Marketingtheorie wirkt verwirrend, denn sie ist weit komplizierter, als sie sein müsste. Guerilla Marketing dagegen kommt unter anderem so gut an, weil es nicht kompliziert, sondern im Gegenteil relativ einfach ist. Wundersame neue Techniken können Sie beim Erhöhen Ihrer Gewinne unterstützen, doch Guerillas lassen sich davon ablenken. Dinge einfach zu halten, ist das Ziel eines Guerilla und auch ein mächtiger Vorteil gegenüber der Konkurrenz, was Geschwindigkeit und Rentabilität angeht.

> Ein Großteil der Marketingtheorie wirkt verwirrend, denn sie ist weit komplizierter, als sie sein müsste.

Der Verkäufer ist glücklich, wenn der Käufer glücklich ist. Machen Sie deshalb so viele Käufer glücklich, wie Sie können. Dazu sind Qualität und Service erforderlich, aber deshalb sind Sie ja auch hier – und es ist nicht kompliziert.

Der gesamte Prozess besteht aus fünf groben Zügen. Sie dürfen und sollten diese Züge um jeden erforderlichen und gewünschten technischen und sonstigen Schnickschnack erweitern – nur sorgen Sie dafür, dass wirklich alle fünf Züge da sind. Wenn Sie das tun, ist Marketing wirklich kinderleicht.

Für den ersten groben Zug brauchen Sie nicht einmal Ihre Hände – nur Ihre Ohren. Er geht nämlich ums zuhören. Achten Sie auf Probleme. Seien Sie in gesellschaftlichen Situationen und in den sozialen Medien aufmerksam. Schenken Sie den Massenmedien Ihre Aufmerksamkeit. Reden die Menschen über ihre Probleme? Probleme, die gelöst werden müssen?

> »Zu wissen, wo man die Informationen findet und wie man sie benutzt. Das ist das Geheimnis des Erfolgs.«
> Albert Einstein

Größere Effizienz

Kunden beschwerten sich bei einem Ladenbesitzer, dass man in seinem Geschäft niemanden um Hilfe bitten könne.

Wie erreichte der Besitzer durch den Einsatz einfacher Kegel eine größere Effizienz?

Am Wasserspender gab es kegelförmige Trinkbecher aus Pappe. Da die Kegel nirgendwo abgestellt werden konnten, mussten die Mitarbeiter schneller trinken. Diese einfache Strategie sorgte dafür, dass die Mitarbeiter ihre Pausen verkürzten und produktiver wurden – so dass sie mehr Zeit hatten, die Kunden zu bedienen.

Wenden Sie sich besonders den Problemen zu, für die es noch keine Lösungen gibt. Wählen Sie ein Problem, das Sie lösen können. So reagieren Sie auf eine Gelegenheit. Der erste Zug beginnt mit Ihren Ohren. Erzählen Sie mir nicht, es sei kompliziert zuzuhören.

> Dinge einfach zu halten, ist das Ziel eines Guerilla und auch ein mächtiger Vorteil gegenüber der Konkurrenz, was Geschwindigkeit und Rentabilität angeht.

> »Reden Sie mit den Menschen über sie und man wird Ihnen stundenlang zuhören.«
> Benjamin Disraeli

Der zweite grobe Zug besteht darin, dass Sie feststellen, wie viel es kosten würde, das Problem zu lösen. Vielleicht können Sie es mit Informationen und mit Service lösen?! Falls das nicht geht, stellen Sie fest, wie viel es kostet, eine Lösung herzustellen oder zu kaufen. Passen Sie genau auf, dass Sie nichts übersehen. Fehler tendieren bei solch groben Zügen dazu, sich zu vergrößern. Sie sollten deshalb versuchen, auch nicht den kleinsten Fehler zu machen. Kluge Hersteller, angeführt von den Japanern, engagieren jetzt Fehlerzähler, um die Anzahl der Fehler zu verringern, die sie in der abschreckenden Welt der Massenproduktion vermeiden wollen. Guerillas sind ihre eigenen Fehlerzähler und ihre Lieblingszahl ist Null. Fehler zu vermeiden, ist nun wirklich keine komplizierte Aufgabe.

Der dritte Zug ist das ganze Thema dieses Buches. Wenn Sie die Kosten für das Umsetzen Ihres Angebots durchrechnen, dürfen Sie nicht die Kosten für das dazugehörige Marketing vergessen. Und vergessen Sie nicht, dass Marketing nötig ist.

Falls Sie eine bessere Mausefalle bauen, wird die Welt nur dann vor Ihrer Tür Schlange stehen, wenn sie von der Mausefalle weiß. Sie erfährt davon durch Ihr Marketing, vor allem wenn es Guerilla Marketing ist.

> Marketing ist der SCHLÜSSEL, wenn man eine Idee verkaufen möchte. Es ist nicht der Notausgang, sondern der Rettungsplan.

Marketing ist der SCHLÜSSEL, wenn man eine Idee verkaufen möchte. Es ist nicht der Notausgang, sondern der Rettungsplan.

Wenn Sie sich eine wirklich geschickte Lösung ausgedacht haben, sorgt Ihr Marketing für das passende Aufsehen, so dass auch andere aufmerksam werden, die schon lange nach einer solchen Lösung gesucht haben. Es ist gut, wenn Sie es schaffen. Und Sie schaffen es, wenn Sie Marketing machen.

Eine klebrige Angelegenheit

Ein Mann ging mit seinem Hund im Wald spazieren. Als der Mann wieder nach Hause kam, hatte er etwas erfunden, das Millionen von Dollar wert war.

Was war es?

Während seines Spaziergangs hatte der Mann mit seiner Kleidung einige Kletten eingesammelt. Nach seiner Heimkehr untersuchte er sie mit einem Mikroskop und erkannte, weshalb sie an seiner Kleidung kleben blieben.

Anschließend erfand er den Klettverschluss.

In prähistorischer Zeit gehörte das Marketing nicht zu den Kosten der Güter. Jemand hatte leckere und nahrhafte Nüsse und Beeren. Wenn ein anderer Höhlenmensch des Weges kam, tauschte man vielleicht einige Handvoll dieser Nüsse und Beeren gegen eine der weichen und pelzigen Tierhäute, die der andere mit sich herumtrug.

Heutzutage findet man die besten, leckersten und nahrhaftesten Nüsse und Beeren wahrscheinlich am ehesten im Supermarkt, auf der auf Nüsse und Beeren spezialisierten Website und in den Anzeigen im Gourmet-Magazin. Diese Art von Werbung kostet Geld. Stellen Sie sich lieber darauf ein, bevor Sie der Welt Ihre Waren anbieten. Ja, Marketing gehört zum Kapitalismus, aber es ist nicht kompliziert.

Man weiß inzwischen ziemlich genau, wieso Leute bestimmte Geschäfte aufsuchen. Es ist bekannt, dass sie Produkte und Dienstleistungen bevorzugen, denen sie vertrauen – eine menschliche Eigenschaft, die einem Phänomen namens »Branding« (Markenbildung) zum Aufstieg verholfen hat. Branding hilft den Menschen, Ihnen zu vertrauen. Eine der Aufgaben eines Guerilla besteht darin, die Kunden davon zu überzeugen, seinem Angebot zu vertrauen.

Natürlich ist Qualität einer der vertrauenschaffenden Faktoren. Deshalb ist sie auch Teil des dritten Zuges. Ein anderer Faktor, der viel Vertrauen gewinnt – und den Kleinen einen Vorteil gegenüber den Großen verschafft –, ist die Fähigkeit, das zu betreuen, was man verkauft. Vergessen Sie nicht, dass eines Ihrer heiligen Ziele darin besteht, Ihre Kunden glücklich zu machen. Grandioser Service hilft dabei.

Allerdings können Sie grandiosen Service vermutlich nicht kostenlos liefern. Und ja, er erfordert einen gewissen Aufwand. Es ist insbesondere eine Person nötig, die dazu bereit ist und das nicht nur tut, weil es von ihr erwartet wird. Stellen Sie Leute ein, die es sich zu ihrem Anliegen machen, hervorragenden Service abzuliefern, und Sie sind wirklich auf dem Weg zum herausragenden Guerilla.

Berücksichtigen Sie die Kosten für den Service genauso wie die Kosten für das Marketing und die Waren. Denken Sie aber daran, dass eine Investition in hervorragenden Service die Kosten dafür mehrfach wieder hereinholt, wenn Sie wie ein Guerilla handeln.

Diese Art von Service ist machbar, wenn Sie tatsächlich die Bedeutung von Service in unserer Zeit verinnerlicht haben. Er ist nicht mehr das, was Ihr Lehrer oder Ihr Vater Ihnen einmal erzählt hat. Er ist auch nicht das, was Sie oder – zu Ihrem Glück – die meisten Ihrer Konkurrenten dafür halten. Die wahre Definition für Service lautet: »Service ist das, was der Kunde haben möchte.« Seien Sie sich dessen bewusst und Sie müssen sich nie mehr einreden, dass Service kompliziert sei. Das ist der vierte Zug.

Der fünfte Zug ist das, was Guerilla Marketing ausmacht. Nicht die Verkäufe. Nicht der
Betrieb in Ihren Geschäften. Nicht der Umsatz.
Nicht die Reaktionen auf ein Angebot. Nicht
die Hits auf einer Website. Nicht irgendwelche

> **Service ist das, was
> der Kunde haben
> möchte.**

Preise. Nicht die Verkaufszahlen. Nicht irgendeine andere Metrik. Der
fünfte Zug sind die Gewinne, die übrig bleiben, nachdem Sie alle Kosten abgezogen haben. Ganz egal, wie strahlend alle anderen Zahlen
in Ihrem Geschäft daherkommen, am Ende sind es die Gewinne, die
strahlen sollten. Die Sie im Geschäft halten, die es Ihnen erlauben zu
expandieren, die Investoren anlocken, die Käufer für Ihr Unternehmen
interessieren und die der Hauptgrund sein sollten, weshalb Sie überhaupt im Geschäft sind.

Ihre Aufgabe ist es, jedes Jahr ansehnliche Gewinne zu erzielen.
Das schulden Sie sich selbst, Ihren Angestellten, Ihrer Familie und Ihrer
Zukunft. Es ist der Grund, weshalb Gewinne der beste Ausdruck Ihres
Erfolgs sind. Gewinne sind schwer fassbar. Gewinne sind ehrlich. Ge-
winne sind redlich verdient. Gewinne sind aber nicht kompliziert.

Sie sind der fünfte der fünf groben Züge des Erfolgs und sie sind für
die Gesundheit Ihres Unternehmens entscheidend. Sie zu verdienen, ist
aber nicht unmöglich. Der Weg zum Gewinn ist ganz klar, auch wenn er
möglicherweise nicht leicht zu erklimmen ist. Er führt aber immer dorthin, wo Sie sich selbst sehen.

Der gesamte Marketingprozess besteht aus fünf groben Zügen:

1. Sie müssen in der Lage sein zuzuhören. Wählen Sie ein Problem,
   das Sie lösen können.
2. Stellen Sie fest, wie viel es Sie kosten wird, dieses Problem zu
   lösen.
3. Vergessen Sie nicht die Kosten und die Notwendigkeit des
   Marketings für Ihre Lösung.
4. Bieten Sie für das, was Sie verkaufen, auch einen Service an.
5. Erzielen Sie Gewinne (das, was übrigbleibt, nachdem Sie die Kosten für alles andere in Ihrem Unternehmen abgezogen haben).

Die monumentalen Geheimnisse des Guerilla Marketing

Es gibt 20 Geheimnisse, jedes nur ein Wort lang. Achten Sie auf diese 20 Geheimnisse, wenn Sie Ihr Unternehmen aufbauen und betreiben, und Sie werden Ihre kühnsten Erwartungen übertreffen. Ich finde es immer wieder faszinierend, dass es überhaupt Geheimnisse sind. Guerillas kennen sie alle.

1. Hingabe

Das erste Geheimnis stammt aus einer Zeit, als ich für eine Werbeagentur einen Zigarettenhersteller betreute. Seine Marke stand abgeschlagen auf dem 31. Platz. Schlimmer noch, die Zigarette galt als eine Frauenzigarette, und das in einer Zeit, in der zwar mehr Frauen als Männer rauchten, Männer aber mehr Zigaretten rauchten. Unser Plan war klar: Mit Marketing die weibliche Identität der Zigarette in eine männliche ändern und gleichzeitig die Verkäufe der Marke steigern.

> Es gibt 20 Geheimnisse, jedes nur ein Wort lang.

Das würde nicht einfach werden. »Besetzung« (im Englischen wird das aus dem Griechischen stammende Wort »Cathexis« verwendet) bezieht sich auf den Grad der emotionalen Verbundenheit der Menschen. Frauen mittels Marketing zu veranlassen, das Shampoo zu wechseln, ist einfach, weil die meisten Frauen im Laufe des Jahres unterschiedliche Shampoo-Marken benutzen. Shampoo ist ein Produkt mit niedriger Besetzung. Raucher hingegen wechseln nur selten.

Die Agentur, bei der ich arbeitete, schickte zwei Fotografen und einen Art-Director auf eine Ranch im westlichen Texas, die einem Freund eines Mitarbeiters gehörte. Sie sollten dort zwei Wochen verbringen und ungestellte Fotos von Cowboys bei ihrer normalen Tätigkeit auf-nehmen. Jedes Foto sollte eine wunderschöne Western-Szenerie, Pferde und Männer zeigen. Keine Kühe. Keine Frauen.

Während der Aufnahmen dachte sich das Team um Leo Burnett in Chicago einen fiktiven Ort aus. Er wurde »Marlboro Country« genannt. Ihnen fiel auch ein Slogan ein: »Come to where the flavor is. Come to Marlboro Country.«

Taxi

Auf der Fahrt zu einer Präsentation der Werbeagentur unterhielten wir uns aufgeregt über die bevorstehende Präsentation.

Der Taxifahrer drehte sich zu uns um und fragte: »Ihr Jungs glaubt wirk-lich, dass der ganze Werbekram funktioniert?« Er war definitiv kein idealer Kunde. Oder war er es doch? »Bei mir funktioniert er nicht.« Er fügte hinzu: »Ich würde niemals ein Produkt wegen der Werbung kaufen. Habe ich nie ge-macht, werde ich nicht machen.«

Einer unserer Leute fragte: »Was für eine Zahncreme benutzen Sie?« »Oh, ich nehme Gleem,« antwortete er. Das war zu der Zeit eine der bestverkauften Zahncremes. »Das hat aber nichts mit der Werbung zu tun. Ich mache das, weil ich Taxi fahre und mir nicht nach jedem Essen die Zähne putzen kann.« Das ist die Macht des Branding – für ihn – für Sie – für mich.

Die Fotos wurden entwickelt und dann vergrößert. Jedes zeigte die Schönheit des amerikanischen Westens, einen Cowboy und ein Pferd sowie ein Päckchen Marlboro. Außerdem betonte die Titelzeile des Mar-lboro Country auf jedem Bild, dass es der Geschmack sei, den Zigaret-tenraucher am meisten von ihrer Zigarette erwarteten.

Die Marlboro-Gruppe in New York war angesichts der Kampagne völlig aus dem Häuschen und investierte im ersten Jahr 18 Millio-nen Dollar. Der Marlboro-Mann tauchte im Fernsehen, in Zeitschrif-ten, Zeitungen und auf Plakaten im ganzen Land auf. Außerdem gab es Werbung im Radio – zu mitreißender Western-Musik, nämlich der Filmmusik aus dem Film *Die glorreichen Sieben* (meinem Lieblingsfilm).

In nur einem Jahr wurde der Marlboro-Mann zu einer kulturellen Ikone. Jeder wusste, wer er war, was er symbolisierte und dass es Marlboro gab. Am Ende des Jahres war diese Zigarettenmarke, einst auf Platz 31 bei den Verkäufen im Land – immer noch auf Platz 31. Zielgruppeninterviews zeigten, dass die Marke, die einst als Frauenzigarette galt – immer noch als Frauenzigarette betrachtet wurde.

Wir zeigten hier Macho-Männer in einer Macho-Umgebung, die sich auf einer Ranch abrackerten, und die Verkäufe der Marke hatten sich nicht im geringsten geändert. Schauen wir jedoch auf die Situation heute.

Heutzutage ist Marlboro die Zigarette Nummer 1 in den USA – Nummer 1 bei den Männern und Nummer 1 bei den Frauen. Sie ist weltweit die Nummer 1. Eine von fünf verkauften Zigaretten auf der Welt ist eine Marlboro.

Nichts hat sich beim Marketing geändert, abgesehen davon, dass Zigarettenwerbung aus dem Fernsehen und dem Radio verbannt wurde und der Preis der Zigaretten stark angestiegen ist. Dieselbe Marketingkampagne, die scheinbar fehlgeschlagen ist, hat erfolgreich dafür gesorgt, dass Marlboro zu einer der bekanntesten Zigarettenmarken der Geschichte wurde.

Wie war das möglich? Es lag an der Macht des ersten Geheimnisses des Guerilla Marketing. Es ist das gleiche Geheimnis wie das Geheimnis einer guten Ehe oder eines tollen Golfspiels oder eines erfolgreichen Unternehmens. Es heißt »Hingabe«.

Hingabe

Zwei Frösche fielen in einen großen zylindrischen Behälter mit Flüssigkeit und sanken zu Boden. Die Wände waren glatt und rutschig. Ein Frosch starb, der andere überlebte.

Warum?

Die Frösche fielen in einen Behälter mit Sahne. Der eine schwamm eine Weile herum, gab dann aber auf und ertrank.

Der andere Frosch schwamm ausdauernd weiter, bis seine Bewegungen die Sahne in kleine Butterklumpen verwandelten, auf denen er sicher ruhen konnte.

Ihr Maß an Hingabe und Ausdauer kann darüber entscheiden, ob Ihre Marketingkampagne untergeht oder schwimmt.

Ich schreibe es nicht gern auf, möchte aber auch nicht, dass Sie den Sinn des Ganzen verpassen: Brillantes Marketing ohne Hingabe ist nicht annähernd so profitabel wie mittelmäßiges Marketing mit Hingabe. Entscheidend ist die Hingabe. Der Held der Marlboro-Kampagne war nicht der kreative Kopf, der sich das Marketing ausgedacht hat, sondern der Vorstandsvorsitzende von Philip Morris, der Muttergesellschaft von Marlboro. Er stand vom ersten Tag an hinter der Kampagne und erinnerte uns daran, dass wir ihn gewarnt hätten, das Marketing würde nicht unbedingt sofort wirken. Danke, Joseph Cullman IV., dass Sie ein Guerilla waren.

2. Investition

Das zweite Geheimnis erinnert Sie daran, was Marketing wirklich ist – eine Investition. Wenn Sie es richtig machen, ist es die beste Investition überhaupt. Es ist weniger riskant als der Aktienmarkt und lohnt sich mehr als andere Arten von Investitionen – aber wie gesagt nur, wenn Sie es richtig machen. Mit dieser Guerilla Marketing-Bibel wollen wir Ihnen dabei helfen.

Leonard Lavin, Mitgründer von Alberto-Culver, beschrieb Marketing immer als eine konservative Investition. Der Erfolg seines Unternehmens zeugt von der Richtigkeit seiner Beobachtung. Erwarten Sie vom Marketing keine Wunder. Nur wenige konservative Investitionen ziehen Wunder nach sich. Erwarten Sie stattdessen irgendwann einen Erfolg. Diesen Erfolg können Sie erzielen, wenn Sie diese Geheimnisse kennen.

3. Konsistenz

Das dritte Geheimnis erinnert Sie daran, dass Zurückhaltung Ihr Verbündeter im Guerilla Marketing ist. Die ersten, die dieses Marketings müde werden, sind die Leute, die Sie am meisten lieben, die Ihnen aber den schlechtestmöglichen Rat geben.

Diese Leute sind Ihre Angestellten, Mitarbeiter, Familienmitglieder und Freunde. All jene verbringen sehr viel Zeit mit Ihrem Marketing, werden also noch vor der Öffentlichkeit davon gelangweilt, die wiederum Ihrem Marketing kaum Aufmerksamkeit schenkt. Aus diesem Grund raten Ihnen Ihre engsten Verbündeten, Ihr Marketing zu ändern.

Ihre Aufgabe besteht darin, für Konsistenz beim Marketing zu sorgen – das dritte Geheimnis. Das heißt, wenn diese wohlmeinenden Mitstreiter Ihnen raten, das Marketing zu ändern, müssen Sie ihnen freundlich ins Gesicht schauen, ihnen danken und sie dann ihres Weges schicken. Offensichtlich sind dies keine Guerillas. Guerillas behalten nämlich ihren Kurs bei.

4. Kongruenz

Das nächste Geheimnis warnt Sie vor Problemen, die auftreten, wenn ganz unterschiedliche Leute Ihre Website gestalten, Ihre PR machen, Ihre E-Mails beantworten, Ihre Grafiken entwerfen und Ihre Broschüren gestalten.

Eine solche Situation ist nicht gesund. Marketing ist wie ein Tauziehen, und das können Sie auch nicht gewinnen, wenn alle Leute in verschiedene Richtungen ziehen. Sie gewinnen nur, wenn alle am selben Strang ziehen.

> »Am selben Strang ziehen ist besser als zerpflückt zu werden.«
> Bob Allisat

Sie sind für die Umsetzung des vierten Geheimnisses verantwortlich – sorgen Sie dafür, dass Ihr Marketing kongruent, also deckungsgleich ist. Dadurch wird es deutlich schlagkräftiger. Tauziehen und Super Bowls werden nicht von Einzelpersonen, sondern von Teams gewonnen. Gewinnerteams sind kongruent in ihren Bemühungen.

5. Inhalt

Ihre Mutter kennt das fünfte Geheimnis. Sie gibt kein Geld für Tand und Spezialeffekte aus. Sie kennt den Unterschied zwischen einer Bulette und einem Steak. Sie entscheidet sich fast immer für das Steak. Ganz oder gar nicht.

Deshalb ist das fünfte Geheimnis der Inhalt. Früher wurde uns beigebracht, dass die Öffentlichkeit die Intelligenz eines Zwölfjährigen hat. Inzwischen weiß man, dass es eher die Intelligenz Ihrer Mutter ist. Sie ist zu weise, um sich von Äußerlichkeiten blenden zu lassen. Das gilt auch für Ihre künftigen Kunden. Sie wollen den Inhalt Ihres Angebots und nicht nur das Äußerliche. Bilden Sie sich keinen Augenblick lang ein, dass sie keine Ahnung haben.

6. Sortierung

Das sechste Geheimnis erinnert Sie daran, dass Werbung nicht mehr so gut funktioniert wie früher. Das gilt auch für PR. Und Millionen Menschen haben gelernt, dass eine Website der Weg in das finanzielle Aus sein kann. Was funktioniert also?

Für Guerillas ist dies eine Kombination aus Marketingwaffen. Ihre Anzeigen stärken ihre PR und beide zusammen machen ihre Website effektiver. Kein Wunder, dass das sechste Geheimnis Sortierung heißt. Die Tage des Einzelwaffen-Marketing sind vorbei. Damit Marketing effektiv ist, muss man das ganze Spektrum der Möglichkeiten bedienen.

Preisschilder

Viele Geschäfte haben Preise, die direkt unter einem runden Wert liegen, wie etwa 9,99 € statt 10 € oder 99 € statt 100 €. Man nimmt an, dass dies gemacht wird, weil dem Kunden der Preis niedriger vorkommt. Das war aber nicht der ursprüngliche Grund.

Was war es dann? Ursprünglich war es ja so gedacht, dass der Verkäufer bei jedem Verkauf die Kasse öffnen musste, um Wechselgeld herauszugeben. Dadurch wurde der Verkauf aufgezeichnet und verhindert, dass der Verkäufer den Geldschein heimlich einsteckt.

Was schätzen Sie – warum kaufen die Menschen bestimmte Marken, Produkte oder Dienstleistungen? Eine ehrgeizige Studie, die in Advertising Age veröffentlicht wurde, enthüllte, dass der Preis unter allen Faktoren, die einen Kauf motivieren, an fünfter Stelle steht. 86 Prozent glaubten also, es gäbe wichtigere Faktoren als den Preis.

Einer dieser Faktoren war die Sortierung, die Nummer Vier bildete. Die Menschen wollen das Gefühl haben, dass sie die Kontrolle haben – nicht Sie –, weshalb sie die Wahl schätzen, die sich ihnen mit Ihrer Sortierung bietet.

»Erzählen Sie den Menschen nicht, wie gut Sie die Waren herstellen; erzählen Sie ihnen lieber, wie gut Ihre Waren die Menschen verändern.«
Leo Burnett

Service kam an dritter Stelle. Denken Sie daran, dass die einzig gültige Version für Service heutzutage lautet: »Alles, was der Kunde möchte«. Service ist nicht mehr das, was es einmal war. Er ist so wichtig, dass er an dritter Stelle der Liste der einflussreichen Einkaufsfaktoren steht.

Der zweite Platz geht an die Qualität. Wenn Sie keine Qualität anbieten, lässt das Guerilla Marketing Ihre Marke schneller wieder verschwinden, weil die Menschen eher davon erfahren. Glauben Sie nicht fälschlicherweise, dass Qualität mit Ihnen zu tun hat. Hat sie nicht. Für Guerillas lautet die Definition von Qualität: »was Kunden von Ihrem Angebot zu erwarten haben« und nicht, was Sie hineingelegt haben.

Natürlich ist den Menschen die Qualität durchaus wichtig, die Sie ihnen bieten. Aber wichtiger ist ihnen die Qualität, die sie bekommen. Guerillas sind sich durchaus bewusst, dass es immer um den Kunden geht und selten um sie.

7. Überzeugung

Der erste Platz in dieser Studie ging an etwas, das Sie nicht überraschen sollte, falls Sie bis hierher gelesen haben. Die Menschen sagen, dass sie eher von Unternehmen kaufen, von denen sie überzeugt sind – das siebente Geheimnis. Ihre Hingabe überzeugt sie, ebenso wie Ihre Fähigkeit, konsistent zu sein, Ihr Marketing als Investition zu betrachten, eine kongruente Botschaft zu vermitteln und ehrlichen Inhalt zu bieten.

Wer, glauben Sie, kann sich zu einer Investition verpflichten und konsistent genug sein, um die Menschen von dem zu überzeugen, was Sie anzubieten haben?

8. Geduld

Die Antwort auf die oben gestellte Frage ist das achte Geheimnis des Guerilla Marketing: geduldige Menschen. Wenn Sie nicht geduldig sind, werden Sie Probleme damit haben eine Verpflichtung einzugehen. Sie sind zu wankelmütig für eine Investition und versuchen ständig, an Ihrem Marketing etwas zu ändern, was kaum zu Konsistenz führt. Wenn Sie keine Geduld haben, sollten Sie sich vielleicht eine andere Arbeit suchen. Es ist ein Zeichen, dass Sie nicht zum Guerilla geeignet sind.

9. Staunen

Hier eine wahre, aber verstörende Tatsache: Die Menschen achten kaum auf Marketing oder Werbung. Worauf achten sie dann? Auf alles, was ihre Aufmerksamkeit erregt. Manchmal ist das Marketing oder Werbung, meist aber nicht. Deshalb müssen Sie versuchen, mit dem neunten Geheimnis ihre Aufmerksamkeit zu erringen – sorgen Sie dafür, dass Ihr Marketing etwas Staunenswertes bietet.

Wahrheit

Eine Frau namens Wahrheit wanderte in ein Dorf und klopfte an eine Tür. Die Tür wurde geöffnet und sofort wieder zugeschlagen. Sie ging zum nächsten Haus und klopfte erneut an die Tür. Wieder wurde die Tür geöffnet und sofort wieder geschlossen. Das geschah immer und immer wieder. Schließlich ging Wahrheit zum Haus von Fabel und fragte: »Wieso werfen die Menschen einen Blick auf mich und schlagen dann die Tür zu?« Fabel antwortete: »Weil die meisten Menschen die nackte Wahrheit nicht ertragen können. Versuche, Dich in eine Geschichte zu kleiden.«

Wahrheit tat das und begann eine Geschichte zu erzählen, sobald sich nach dem Anklopfen eine Tür öffnete. Sie wurde ausnahmslos hereingebeten, aufgefordert, es sich bequem zu machen und sogar zum Essen eingeladen.

Vergessen Sie alles, was Sie über Kinder und Aufmerksamkeitsspannen wissen. Es wird immer behauptet, Kinder hätten eine kurze Aufmerksamkeitsspanne. Doch was sagt ein Kind, nachdem Sie ihm eine Geschichte erzählt haben? »Gleich noch einmal!« Kinder lieben Geschichten, und Erwachsene sind nichts anderes als große Kinder.

Überraschen Sie Ihre künftigen Kunden mit wahren Geschichten. Geben Sie ihnen nicht nur die reinen Fakten. Sie werden Ihrem Marketing ihre ungeteilte Aufmerksamkeit widmen.

10. Praktisch

Um Ihnen das 10. Geheimnis zu verraten, müssen wir Ihnen eine Lüge erzählen. Wir machen das, weil es Ihr Geschäft, Ihre Familie und Sie selbst schädigt, vor allem aber, weil Sie vermutlich Ihr ganzes Leben daran geglaubt haben.

Hier ist die Lüge: Zeit ist Geld.

Das stimmt nicht. Die Harris Poll, die Roper Poll und die Universitäten von Pennsylvania und Maryland haben Umfragen durchgeführt um festzustellen, was die Menschen am meisten schätzen. 1988 war Zeit auf Platz 1 der Liste. Seitdem steht sie an dieser Stelle und wird vermutlich bis in alle Ewigkeit dort bleiben.

Die Menschen wissen, dass Zeit nicht gleich Geld ist. Zeit ist Leben. Deshalb ist das 10. Geheimnis, praktisch zu sein. Wagen Sie es nicht, die Zeit Ihrer Kunden zu verschwenden. Sie müssen Ihr ganzes Unternehmen darauf ausrichten, praktisch zu sein, damit Sie die Zeit Ihrer Kunden sparen.

Machen Sie es leicht, etwas über Sie zu erfahren, Sie zu kontaktieren, zu parken, zu bezahlen, bedient zu werden, Informationen einzuholen. Verschwenden Sie nicht eine wertvolle Sekunde eines Ihrer Kunden, sonst werden Sie ihn vermutlich nie wiedersehen. Die Kunden wissen, dass Zeit Leben ist, und jetzt wissen Sie es auch.

11. Einverständnis

Wir haben jetzt schon die Hälfte der Geheimnisse hinter uns und kommen nun zu einem, das hoffentlich nicht all Ihre Träume zerstört. Aber irgendjemand muss es Ihnen jetzt sagen, wenn Sie ein Guerilla Marketer werden wollen.

Sie müssen erkennen, dass Sie Ihre Verkäufe nicht länger mit Marketing erledigen können. In der Vergangenheit reichte es aus, Marketing zu machen, um etwas zu verkaufen. Doch das ist vorbei. Wir leben jetzt in einer Zeit der Nonstop-Medien. Es ist nicht leicht, mit Marketing ein Geschäft zu machen. Kluge Guerillas, angeführt von Guerilla Seth Godin mit seinem bahnbrechenden Buch Permission Marketing, zielen deshalb nicht auf den Verkauf ab, sondern auf das Einverständnis, etwas an Einzelpersonen zu vermarkten. Diese Einwilligung ist das 11. Geheimnis des Guerilla Marketing.

Die meisten Leute werden ihre Einverständnis verweigern. Andere stimmen freudig zu, Ihre Marketingmaterialien zu erhalten. Es wird geschätzt, dass zu jedem Augenblick vier Prozent der Leute Ihr Produkt sofort kaufen wollen, weitere vier Prozent wollen vor dem Kauf erst noch ein oder zwei Dinge wissen und 92 Prozent sind Sie und Ihr Kram völlig egal. Seien Sie froh darüber. So sparen Sie Zeit und Geld.

Einverständnismarketing

Die Betreiberin eines äußerst erfolgreichen Sommercamps im Nordosten der USA schaltet auf den hinteren Seiten von Zeitschriften winzige Anzeigen. Sie sagt etwas Gutes über ihr Camp und bittet dann Eltern, anzurufen, zu schreiben oder eine E-Mail zu schicken, um eine kostenlose DVD anzufordern. Reicht diese winzige Anzeige aus, um das Campingerlebnis zu verkaufen? Natürlich nicht.

Sie hat einen Stand an den unvermeidlichen Campingmessen, die es jeden Winter gibt. Sie zeigt dort einen lächelnden Betreuer, schöne Fotos und eine Sammlung von DVDs, die man kostenlos mitnehmen kann. Reicht der Stand aus, um Eltern dazu zu bewegen, ihre Sprösslinge für die nächste Sommersaison anzumelden? Sie wissen, dass es nicht annähernd ausreicht.

Die Eltern schauen sich die DVD an, sehen glückliche Camper, ausgebildete Betreuer, eine üppige Szenerie und eine ausgezeichnete Ausrüstung. Verkauft dies das Campingerlebnis? Nicht annähernd. Die DVD soll lediglich dafür sorgen, dass sich die Eltern zu einer kostenlosen Beratung anmelden.

84 Prozent der Leute, die eine Beratung in Anspruch nehmen, melden ihr Kind für den nächsten Sommer an. Geschwister werden möglicherweise ebenfalls gleich mit angemeldet. Möglicherweise auch Cousins und Klassenkameraden. Und sie melden sich nicht nur für diesen Sommer an, sondern auch für den nächsten und übernächsten.

Die Guerilla-Campbesitzerin macht einen lohnenden Verkauf, ohne viel Geld zu investieren – nur indem sie auf das Einverständnis ihrer Kunden aufbaut.

Konzentrieren Sie Ihre Anstrengungen stattdessen auf die potenziellen Kunden, die Ihre Dienste am dringendsten benötigen. Weiten Sie deren Einwilligung aus.

Das Einverständnis-Konzept ist der Grund, weshalb »Opt-in« (sich einwählen) mittlerweile auch hierzulande ein gängiger Begriff ist. Sie können zwar nicht alles mit Marketing erledigen, doch wenn das Marketing als Türöffner dient, ist der Verkauf zumindest recht wahrscheinlich. Guerillas haben es nur selten eilig.

12. Engagement

Man kann jemandem etwas auf der Straße hinterherrufen, es ist aber auch möglich, einer Person diese Information ins Ohr zu flüstern. Der Unterschied zwischen beiden Aktion zeigt den Grad des Engagements. Und Sie wissen, dass dieser Unterschied ziemlich groß ist. Deshalb ist das Engagement unser 12. Geheimnis.

> »Wahre Interaktivität dreht sich nicht um das Anklicken von Icons oder das Herunterladen von Dateien. Es geht darum, die Kommunikation anzuregen.«
> Edwin Schlossberg

Eines der besten Dinge am Internet ist seine Fähigkeit, sich einzubringen. Im Gegensatz zu einem Radio- oder Fernsehspot bzw. einer gedruckten Anzeige, die alle einfach nur da sind, lädt eine Website zum Mitmachen ein: Man kann sich kostenlos einen Bericht schicken lassen, einen Newsletter abonnieren, an einem Preisausschreiben teilnehmen – und unternimmt auf diese Weise die ersten Schritte in einer Beziehung.

Guerillas nutzen die Möglichkeiten des Internet zum Mitmachen – wie sie etwa von Twitter, Facebook und anderen vergleichbaren Diensten angeboten werden. Warum wohl erobern diese neuen Medien das Marketinguniversum im Sturm? Es liegt an der Beteiligung, einer Fähigkeit, die Sie als Guerilla auch besitzen.

Vor dem Aufkommen von Internet und sozialen Medien war es nicht leicht, eine warme, sorgende Beziehung aufzubauen. Jetzt dagegen ist es einfach – wenn Sie ein Guerilla sind. Niemand macht nach dem ersten Date schon einen Heiratsantrag, auch wenn ich das mit Jeannie getan habe. Doch Millionen Menschen wollen gern umworben sein. Wenn Sie es sich genau überlegen, ist das genau wie beim Marketing.

13. Anschließend

Nicht-Guerillas glauben, das große Geld werde zum Zeitpunkt des Verkaufs gemacht. Manchmal, wie z. B. bei Düsenflugzeugen und teuren Häusern, ist das tatsächlich der Fall. Meist aber stammt das große Geld aus den langfristigen Beziehungen, die Sie mit dem Kunden haben, und aus den Folgeverkäufen nach dem ersten Handel.

Es überrascht nicht, dass das 13. Geheimnis lautet: Das richtige Geld wird erst im Anschluss an den ersten Verkauf gemacht. Fast 70 Prozent aller verpassten Geschäfte haben nichts mit schlechter Qualität oder nachlässigem Service zu tun, sondern damit, dass Kunden nach dem Kauf ignoriert werden. Guerillas arbeiten schwer daran, einen Kunden zu gewinnen. Sie können davon ausgehen, dass sie nicht riskieren, den Kunden aufgrund ihrer Gleichgültigkeit wieder zu verlieren. Sobald ein Kunde auf der Kundenliste auftaucht, wird er zu einem Mitglied der Familie und entsprechend behandelt. Sie würden ein neugeborenes Baby ja auch nicht ignorieren, oder?!

14. Abhängig

Die Zeiten, in denen sich Geschäftsleute wie ein einsame Wölfe gebärdeten und allein handelten, sind endgültig vorbei. Heute ist es nicht mehr so wie früher. Einer der Hauptgründe dafür ist ein Phänomen namens »strategische Allianz«. Zwei oder mehr Unternehmen bündeln ihre Kräfte zumindest an der Marketingfront und teilen sich die Kosten. Sie ernten außerdem den Nutzen aus der zunehmenden Bekanntheit.

Unternehmen lernen, wie wertvoll es ist, voneinander abhängig zu sein. Deshalb ist abhängig das 14. Geheimnis des Guerilla Marketing.

Guerillas haben einen Namen für diese Abhängigkeit: »Fusion Marketing«. Unternehmen teilen sich die Kosten für das Bekanntmachen. Ein anderer Name ist »Affiliate-Marketing«, ein Konzept, das Sie selbst per Google erkunden können. Und heutzutage ist das Geheimnis auch unter dem Namen »Performance Marketing« bekannt.

Man kann es so zusammenfassen: Leute, die nicht von Ihnen bezahlt werden, versuchen Ihre Produkte und Dienstleistungen zu verkaufen. Sie werden nur bezahlt, wenn sie etwas leisten – tatsächlich Verkäufe für Sie erledigen.

Millionen Menschen auf der ganzen Welt bessern ihr Einkommen auf, indem sie Affiliates, d. h. Vertriebspartner werden. Millionen Unternehmen freuen sich, dass sie auf diese Weise ihre Verkäufe steigern können, ohne zusätzliche Kosten zu haben.

Von Gänsen lernen

Haben Sie sich schon einmal gefragt, wieso Wildgänse in einer Formation fliegen? Jeder Vogel, der mit den Flügeln schlägt, erzeugt einen Aufwind für den nachfolgenden Vogel.

In V-Formation erreicht die gesamte Schar auf diese Weise eine um 71 Prozent größere Reichweite, als wenn die Vögel allein fliegen würden.

Wenn eine Gans aus der Formation ausbricht, spürt sie plötzlich einen Widerstand gegen das Alleinfliegen ... und gliedert sich schnell wieder in die Formation ein.

Auch Unternehmen, die eine gemeinsame Richtung verfolgen und einen gewissen Gemeinschaftssinn spüren, kommen schneller ans Ziel als Unternehmen, die allein agieren.

Wir leben nicht mehr im Zeitalter der einsamen Wölfe, sprich: der Geschäftsleute, die unabhängig handeln und stolz darauf sind.

Wenn eine Gans müde wird, lässt sie sich in der Formation zurückfallen und eine andere Gans nimmt ihre Stelle ein.

Hätten Unternehmen so viel Verstand wie die Gänse, würden sie erkennen, dass der Erfolg von der Zusammenarbeit mit anderen Marketingpartnern abhängt. Sie würden sich bei den schwierigen Aufgaben abwechseln, wechselweise die Führung übernehmen und sich die Marketingbudgets teilen.

Um die Affiliates bei ihren Geschäften zu unterstützen, stellen Guerillas eine Menge Verkaufsmaterialien zur Verfügung, speziell für Websites. Sie zeigen den Affaliates, wie sie erfolgreich sein können. Schließlich nützt es ihnen ebenfalls. Natürlich werden die meisten Affiliates keinen Erfolg haben, einige jedoch werden zu »Super Affiliates« und bringen mehrere Tausend Dollar pro Jahr ein. Sie können sich lebhaft vorstellen, wie gut es einem Unternehmen mit einem Haufen Affiliates geht, die so viel Geld einbringen.

Im Prinzip läuft es auf »Eine Hand wäscht die andere« hinaus. Je besser Sie waschen, umso mehr Geld verdienen Sie mit Ihrer Abhängigkeit.

Fusion Marketing

Fusion Marketing basiert auf der Idee »Eine Hand wäscht die andere«. Man bezeichnet es auch als »Gemeinschaftliches Marketing« oder »Co-Marketing«.

Fusion Marketing bedeutet, dass ich an meinem Geschäftsort ein Hinweisschild für Sie aufstelle und Sie wiederum an Ihrem Geschäftsort ein Schild für mich. Ich lege meinen nächsten Mailings einen Werbezettel für Sie bei, wenn Sie das gleiche für mich tun.

In Amerika und nicht nur dort gibt es eine Menge Fusion Marketing. Sie sehen eine Anzeige, von der Sie glauben, sie sei für McDonald's. Beim genauen Hinsehen erkennen Sie, dass sie anscheinend für Coca-Cola ist, und Sie merken erst am Ende, dass es in Wirklichkeit um den neuesten Disney-Film ging.

Kleine Unternehmen greifen stark auf Fusion Marketing zurück. Wir hatten als Beispiele gerade große Unternehmen, aber es gibt auch viele kleine Firmen, die es tun.

---

15. Rüstung

Eine »Rüstung« ist im Prinzip die Ausrüstung, die nötig ist, um eine Schlacht zu schlagen und zu gewinnen. Für Guerillas ist das kein Geheimnis – ihre Rüstung ist die Technik – leicht zu benutzende, leicht zu bezahlende Technik. Dieses Geheimnis ermöglicht es den Guerillas, genau wie die großen Mitspieler Marketing zu machen und Service anzubieten, ohne genauso viel ausgeben zu müssen.

Eine Bibel sollte einigermaßen zeitlos sein. Wir wollen deshalb hier keine konkreten Technikempfehlungen für Ihr Geschäft aussprechen. Die Geschwindigkeit, mit der sich alles ändert und verbessert, ist atemberaubend – und ausgesprochen nützlich für alle, die sich heute rüsten, um selbst Guerillas zu sein. Es ist kein Geheimnis, dass das Internet die Kommunikation erleichtert und dass Auto-Responder die Szenerie für einen besseren Service bereiten. Alle Welt ist sich der Auswirkungen bewusst, die die sozialen Medien haben.

Wo gehen meine Kunden sonst noch hin?

In meiner Gegend, in der es sehr viele Restaurants gibt, öffnete ein neues Restaurant. Und dieses Restaurant stellte folgende Frage: »Welche anderen Unternehmen werden noch von unseren Kunden aufgesucht?«

Die Antwort lautete: Friseursalons. Das Restaurant schenkte deshalb allen Salonbesitzern im Umkreis von zwei Meilen einen Coupon für zwei kostenlose Essen. Und es waren wirklich zwei kostenlose Essen – keine Tricks. Man musste also nicht eines kaufen, um das zweite kostenlos zu bekommen, und der Coupon galt auch nicht nur mittwochs zwischen 17.15 und 17.30 Uhr.

Also, zwei kostenlose Essen, keine weiteren Tricks. Die Salonbesitzer würden in das Restaurant gehen, ihre Mahlzeiten genießen, wieder in ihre Salons zurückkehren und mit ihren Kunden über die Qualität des Essens reden.

Der Restaurantbetreiber hatte die Friseursalons ganz richtig als »Nervenzentrum« der Gemeinde erkannt und durch seine Aktion in kurzer Zeit viel Mundpropaganda ausgelöst. Innerhalb von sechs Monaten gab es eine Warteliste für Reservierungen und die Schlange vor dem Lokal war länger als bei den Restaurants, die es schon zehn Jahre lang gab.

Sie fragen sich jetzt, wie viel er in diese Marketingkampagne investiert hat. Und dann erkennen Sie, dass er kaum etwas investieren musste – nur die Kosten für die kostenlosen Essen der Salonbesitzer aus dem Zweimeilen-Umkreis. Fragen Sie sich also lieber: »Wo gehen meine Kunden noch hin?« Und dann tun Sie diesen Leuten einen Gefallen.

Gehen Sie auf den Times Square in New York. Wohin Sie auch schauen, sehen Sie riesige Leuchtwerbung. Es ist teuer, sie zu bauen, und teuer, sie zu warten, und trotzdem wird sie von den größten Marketern der Welt laufend eingesetzt.

Wir empfehlen Ihnen aber gar nicht diese Art von Rüstung. Stattdessen wollen wir Ihre Aufmerksamkeit auf die vielen tausend Menschen auf dem Times Square richten. Sie schauen weniger auf diese riesigen Schilder und Zeichen und mehr auf ihre mobilen Rüstungen – Smartphones und dergleichen. Wenn die Welt sich ändert und die Technik diese Änderungen vorantreibt, steigern Guerillas ihre Gewinne.

16. Experimentieren

Hier sind wir nun, loben die Macht der Hingabe im Marketing, doch woher wollen Sie wissen, wem bzw. was Sie sich hingeben sollen? Indem Sie sich das 16. Geheimnis des Guerilla Marketing zunutze machen: Seien Sie willens zu experimentieren, damit Sie wissen, was Ihrer Hingabe wert ist.

Für Guerillas sind die drei wichtigsten Wörter im Marketing: testen, testen, testen. Sie können sich bei Ihrer Jagd nach einem glänzenden Erfolg leicht billige Fehler leisten. Je mehr Sie aber testen, umso mehr lernen Sie.

Der Prozess des Guerilla Marketing ist relativ einfach: Seien Sie sich all der Marketingwaffen bewusst, die Ihnen zur Verfügung stehen, experimentieren Sie mit denen, die Ihnen am besten erscheinen, und legen Sie sich dann auf die Marketingkombination fest, die am besten funktioniert. Hingabe kommt von einem geduldigen Führer und den Lektionen, die Sie lernen, wenn Sie auf dem Weg zum finanziellen Ruhm herumexperimentieren.

Nanocasting

Nanocasting ist ein neues Wort, das unser Guerilla Marketing-Kollege Errol Smith geprägt hat.

Um Nanocasting zu verstehen, wollen wir von einem Geschäftsmann berichten, der das Produkt Viagra verkaufte. Eines Tages beschloss er, sein Viagra im landesweiten Fernsehen anzupreisen. Das wird als »Broadcasting« bezeichnet (dt.: ausstrahlen, aber auch: hinausposaunen). Er war mit dieser speziellen Werbekampagne nicht besonders erfolgreich.

Deshalb entschied er sich zu einem Experiment. Er ging zum Geschäftsführer des Senders und sagte: »Ich möchte die Werbung nur auf einem Kabelkanal senden lassen, der sich speziell an Männer richtet, wie zum Beispiel SPIKE oder ESPN.« Was er versucht, wird »Narrowcasting« genannt, die Konzentration auf ein schmales Zuschauersegment. Die Ergebnisse der Werbespots verbesserten sich allerdings nur wenig.

Der Geschäftsmann ging wieder zum Chef, um noch ein bisschen zu experimentieren. Er beschloss, sein Marketing dahingehend zu verfeinern, dass die Spots zu Zeiten gezeigt wurden, in denen Sendungen zur Gesundheit von Männern liefen. Dies wird als Microcasting bezeichnet. Nun waren die Ergebnisse deutlich besser, aber er war immer noch nicht ganz zufrieden mit ihnen.

Schließlich entdeckte er die präziseste Art von Marketing: Er zielte mit seinen Anzeigen auf Männerfernsehen, auf Gesundheitskanäle und auf Sendungen, die sich speziell mit dem Problem der erektilen Fehlfunktion befassten. Alle Zuschauer dieser Sendungen gehörten zur Zielgruppe, und seine Marketingkampagne wurde ein durchschlagender Erfolg.

Das ist Nanocasting.

17. Messen

Dieses Geheimnis des Guerilla Marketing kann Ihre Gewinne tatsächlich verdoppeln: Messen. Es ist nun mal so, dass einige Ihrer Marketingwaffen genau ins Schwarze treffen, während andere weit am Ziel vorbeischießen. Ihre Aufgabe als Guerilla besteht darin, den Unterschied zu erkennen.

Der berühmte Millionär John Wanamaker sagte: »Ich weiß, dass die Hälfte des Geldes, das ich für Werbung ausgebe, verschwendet ist. Dummerweise weiß ich nicht, welche Hälfte.«

Durch Aufmerksamkeit und gewissenhaftes Ausprobieren werden Sie schnell feststellen, welche Hälfte Sie vergeuden, und können die Gewinner von den Verlierern trennen. Das ist nicht einfach, doch für Guerillas ist diese Aufgabe obligatorisch. Weisen Sie alle Ihre Angestellten an, jeden einzelnen Kunden zu fragen: »Wo haben Sie von uns erfahren?« und vermerken Sie die Informationen sorgfältig in Ihrem Guerilla Marketing-Kalender.

Denken Sie sowohl kurz- als auch langfristig, wenn Sie Gewinne und Verluste abschätzen. Einiges, von dem Sie glauben, dass es nicht funktioniert, klappt in Wirklichkeit ganz gut. Es braucht nur einfach länger, bis es soweit ist. Messen ist kein Job für Amateure.

Möwen

Möwen fliegen unaufhörlich im Kreis und suchen unablässig nach Futter. Sie fliegen und fliegen und wenn sie Futter gefunden haben, landen sie, fressen es und steigen dann wieder in den Himmel auf – um wieder im Kreis zu fliegen und nach Futter zu suchen. Ihr Instinkt befiehlt ihnen das.

Der stärkste Instinkt eines Guerilla Marketers ist das ständige Lernen. Guerillas hören sich Bänder an, schauen DVDs, besuchen Seminare und lesen Bücher. Anstatt dann zu glauben, dass sie alles gelernt hätten, nehmen sie das Wissen in sich auf und ziehen dann los, um noch mehr zu lernen, weil ständig neue Informationen dazukommen. Deswegen sind Guerillas stetige Lerner.

18. Erleuchtung

Ja, wir meinen mit diesem Geheimnis exakt das, was Sie in diesem Augenblick tun, wenn Sie dieses Buch lesen. Sie werden klüger und sind besser über Marketing informiert. Das Geheimnis der Erleuchtung ist eines der wertvollsten Geheimnisse.

19. Verstärken

Nehmen wir einmal an, Sie praktizieren tatsächlich die Konzepte, die wir Ihnen mit diesen Geheimnissen enthüllt haben. Vermutlich werden Sie schnell feststellen, dass Ihre neuen Erkenntnisse Ihnen neue und eindrucksvolle Gewinne liefern. Was machen Sie jetzt?

Ein kleiner Tipp: Nicht zurücklehnen und sich auf Ihren Lorbeeren ausruhen. Jetzt kommt nämlich das 19. Geheimnis des Guerilla Marketing: Verstärken Sie Ihren Marketingangriff.

Sie können uns glauben – Ihre Konkurrenten werden jeden Tag schlauer. Sie behalten Sie im Auge und suchen gleichzeitig nach Wegen, mit Ihnen gleichzuziehen und Sie vielleicht sogar zu überholen. Sie dürfen deshalb nicht einfach abschalten und grinsen. Sie müssen Ihren Angriff verstärken und ihn effektiver, machtvoller, profitabler machen.

Ladies Night

In einer Straße gab es zwei Bars. Die erste machte die meisten ihrer Geschäfte, weil sie »KOSTENLOSE GETRÄNKE« für alle alleinstehenden Damen anbot. Der Besitzer der zweiten Bar dachte lange darüber nach, was er im Gegenzug anbieten könnte.

Als kreativer Guerilla stellte er vor der Tür ein auffälliges Schild auf. Bald rannten ihm alleinstehende Frauen förmlich die Tür ein. Was für ein Aufdruck auf dem Schild verursachte eine solche Massenwanderung?

Dort stand einfach: »KOSTENLOSE SCHOKOLADE«.

> »Der durchschnittliche Mensch hat vier Ideen im Jahr, von denen eine ihn zum Millionär machen könnte, wenn er sie umsetzen würde.«
> Brian Tracy

Es ist verlockend, sich für einen gut erledigten Marketingjob auf die Schultern zu klopfen. Guerillas verschwenden allerdings keine Zeit mit Eigenlob, sondern nutzen sie lieber für Verbesserungen. Ohne Konkurrenz wäre das sicher anders. Sie haben aber Konkurrenten und es existiert mehr Marketingwissen als jemals zuvor. Ein Guerilla Marketing-Angriff hat einen Beginn und eine Mitte, aber wenn Sie ein wahrer Guerilla sind, dann hat er kein Ende.

20. Umsetzen

Die anderen Geheimnisse des Guerilla Marketing bleiben auf der Strecke, wenn Sie das 20. Geheimnis nicht ausüben – Sie müssen Ihre Marketingideen im täglichen Leben umsetzen und sie nicht nur aus akademischen Gründen entwickeln.

Die Welt gehört den Machern und nicht den Denkern. Guerilla Marketing ist kein Zuschauersport. Das war es nie und wird es auch nicht sein. Es geht dabei um Action und entsprechend müssen Sie handeln – ergreifen Sie die Initiative, um die unbezahlbaren Geheimnisse mit Leben zu füllen.

Leider wird die Mehrheit der Leute, die diese Worte liest – ja, wirklich die Mehrheit –, nichts dergleichen tun. Eine Minderheit hingegen wird sie ins richtige Leben mitnehmen, ihre Geschäfte danach ausrichten und merken, wie sie ihre Aktionen in Gewinne verwandeln, von denen die Mehrheit nur träumen kann. Guerillas sind auch Träumer. Aber mehr noch sind sie Macher, die ihre Träume in die Tat umsetzen.

> »Alle unsere Träume können wahr werden – wenn wir den Mut haben, sie zu verfolgen.«
> Walt Disney

Die 20 Geheimnisse des Guerilla Marketing

1. Hingabe
2. Investition
3. Konsistenz
4. Kongruenz
5. Inhalt
6. Sortierung
7. Überzeugung
8. Geduld
9. Staunen
10. Praktisch
11. Einverständnis
12. Engagement
13. Anschließend
14. Abhängig
15. Rüstung
16. Experimentieren
17. Messen
18. Erleuchtung
19. Verstärken
20. Umsetzen

Ein unschätzbares Marketingwerkzeug ist die Fähigkeit, etwas über Marketing zu lernen und dann das Gelernte in einen Gewinn zu verwandeln. Einer der Schlüssel für das Online-Marketing ist Wissen über das Marketing an sich. Wenn Sie nichts über Marketing wissen, werden Sie im Internet vermutlich nicht viel Glück haben.

Diese 20 Geheimnisse liefern Ihnen den Schwung, um unter allen Umständen zu bestehen. Es ist nicht nötig, sie auswendig zu lernen, aber Guerillas müssen sich unbedingt nach ihnen richten.

Wissen Sie Bescheid aber über das Marketing, wie es heute betrieben wird, haben Sie einen wichtigen Wettbewerbsvorteil gegenüber denen, die Ihre Kunden (aktuelle und potenzielle) abwerben wollen. Diese 20 Geheimnisse liefern Ihnen den Schwung, um unter allen Umständen zu bestehen. Es ist nicht nötig, sie auswendig zu lernen, aber Guerillas müssen sich unbedingt nach ihnen richten. Je mehr Sie über Marketing wissen und je stärker Sie mit seinen Fortschritten und Durchbrüchen Schritt halten, umso besser werden Sie dabei.

Die Guerilla-Marketingstrategie

Es gibt zahllose Details, um die man sich als praktizierender Guerilla kümmern muss. Wir rechnen damit, dass Sie sich jedes einzelne annehmen, da Ihre Konkurrenten vermutlich einige von ihnen übersehen werden. Gut für Sie!

Gut auch, dass Sie jetzt sieben Bereiche erkunden werden, die man einfach nicht übersehen kann. Auf diese sieben Bereiche müssen Sie sich unbedingt konzentrieren. Es wird Ihnen sogar möglich sein, Ihre gesamte Guerilla-Marketingstrategie in diesen sieben Aussagen auszudrücken. Jede ist nur einen Satz lang und alle Sätze – mit Ausnahme des vierten – sind ausgesprochen kurz.

> **Nutzen Sie Ihre Guerilla-Marketingstrategie, um Ihre Anstrengungen für das nächste Jahr, die nächsten drei Jahre, fünf Jahre – oder für immer – zu lenken.**

Nutzen Sie Ihre Guerilla-Marketingstrategie, um Ihre Anstrengungen für das nächste Jahr, die nächsten drei Jahre, fünf Jahre – oder für immer – zu lenken. Probieren Sie, Ihre Strategie so langfristig wie möglich auszurichten. Überprüfen Sie alle sechs Monate, ob Sie sie verbessern können oder ob es günstiger ist, sie in Ruhe zu lassen. Gute Marketer verbessern sie regelmäßig. Gute Guerillas hingegen ändern sie nie, weil sie klug genug waren, alles von Anfang an richtig zu machen. Narren glauben, es gäbe viele Möglichkeiten. Kluge Menschen wissen, dass es nur eine gibt.

Guerilla-Marketingplan

Im Geschäftsleben ist es extrem wichtig, den Unterschied zwischen Strategie und Taktik zu kennen. Viele Unternehmer verwechseln die beiden und kommen deshalb nicht richtig zurecht.

Strategie ist das Licht, das den Weg erleuchtet.

Taktik sind die speziellen Schritte, die man auf diesem Weg unternimmt.

Sie brauchen nicht mehr als sieben Sätze, um sich als Guerilla in die Schlacht zu stürzen. In meinen Präsentationen lasse ich meinen Zuschauern fünf Minuten Zeit, um ihre Strategien zu entwerfen. Mehr ist nicht nötig. In mehr als 25 Jahren habe ich nicht einen angetroffen, der länger gebraucht hat – und das schließt auch viele Chefs von Fortune-500-Unternehmen ein. Ich gebe fünf Minuten, weil ich nicht möchte, dass der Fokus durch eine »Überanalyse« verloren geht. Die Leute sollen ihren Instinkten vertrauen. Das ist nicht einfach, aber viele Guerillas machen das.

> Sie brauchen nicht mehr als sieben Sätze, um sich als Guerilla in die Schlacht zu stürzen.

Der erste Satz gibt den Zweck Ihres Marketing an. Welche physische Handlung sollen Personen durchführen, nachdem sie Ihrem Marketing ausgesetzt waren? Sollen sie eine Website besuchen, einen Link anklicken, eine Telefonnummer wählen, ein Fax senden, eine E-Mail schicken, ihren Freunden eine SMS schreiben, beim nächsten Einkauf nach Ihrem Produkt suchen, in einen Laden gehen, in dem sie es kaufen können? Was sollen sie machen? Mit dieser Handlung nimmt alles Schwung auf. Wie erzeugen Sie diesen Schwung? Mit dem Anstoß, den Sie den Leuten mit dem ersten Satz geben.

Wettbewerbsvorteil

Frage: Welche Eigenart des Old Farmer's Almanac machte ihn über mehr als 100 Jahre im ländlichen Amerika beliebter als seine Rivalen?

Antwort: Der Old Farmer's Almanac hatte in der oberen linken Ecke ein Loch, das ideal war, um ihn im Plumpsklo an einen Nagel zu hängen.

Der zweite Satz nennt den besten Wettbewerbsvorteil, mit dem Sie die Leute zu der Handlung aus dem ersten Satz motivieren wollen. Wir nehmen an, dass Sie Ihren Käufern mehrere Vorteile bieten. Das machen Ihre Konkurrenten auch. Falls Sie etwas bieten, was Ihre Konkurrenten nicht haben, sind das Ihre Wettbewerbsvorteile. Suchen Sie sich den besten heraus und stellen Sie ihn ins Rampenlicht. Damit helfen Sie Ihrem Zielmarkt, sich auf Ihren Vorteil zu konzentrieren und zu erkennen, was er für ihn bedeutet. Wenn Ihnen das gelingt, nimmt der Schwung weiter zu.

Im dritten Satz listen Sie diesen Zielmarkt auf. Je kleiner er ist, umso deutlicher können Sie sich auf ihn konzentrieren. Geben Sie den Leuten in Ihrem Zielmarkt das unmissverständliche Gefühl, dass Sie sie direkt ansprechen. Sie meinen nicht irgendeine ominöse Figur, die hinter ihnen steht. Marketing ist ein bisschen wie Flirten, und der Zielmarkt ist die Person, um die Sie sich bemühen. Vielleicht haben Sie ja mehr als einen Zielmarkt. Vermutlich – falls es Ihnen um Gewinne geht. Vermutlich nicht – falls es Ihnen um das Umwerben geht. Überlegen Sie es sich.

Impulse gedeihen in diesen Märkten. Wenn Sie weiterlesen, erfahren Sie auch, warum.

Der vierte Satz ist eigentlich kein Satz, sondern eine Liste. Hier führen Sie die Marketingwaffen auf, die Sie einsetzen werden. Und da es wahrscheinlich nicht wenige sein werden, reicht ein Satz einfach nicht aus. Ab Seite 81 finden Sie alle 200 Guerilla-Marketingwaffen, die Ihnen zur Verfügung stehen. Es ist eine üppige Auswahl für einen Guerilla. Jetzt nimmt die Sache Fahrt auf. Halten Sie sich fest!

Apartments

Eine Reihe von Apartment-Gebäuden in Los Angeles waren zu 70 Prozent belegt. Bei einem der Gebäude waren es allerdings sogar 100 Prozent. Es war in derselben Gegend, mit denselben Kirchen, Schulen, demselben Smog und trotzdem waren in diesem Haus alle Wohnungen dauerhaft vermietet. Woran lag das?

Der Verwalter dieses speziellen Gebäudes hatte ein Schild angebracht, auf dem stand: »Mieten Sie … und bekommen Sie kostenlose Autopflege.« Man hatte also jemanden eingestellt, der einmal in der Woche die Autos der Mieter wusch.

Das Gehalt, das man dem Autowäscher zahlte wurde durch den Unterschied zwischen der 70-prozentigen und der 100-prozentigen Belegungsrate mehr als wettgemacht. Die Hausverwaltung hatte sich einfach gefragt: »Was wüssten unsere Mieter zu schätzen?«

Die Antwort war einfach. Und die Großzügigkeit für diesen einfachen wöchentlichen Akt des Autowaschens ließ das eine Gebäude hoch profitabel werden. Keine Geheimwissenschaft, sondern einfach nur gesunder Menschenverstand und ein großzügiger Geist.

Der fünfte Satz Ihrer Strategie sagt Ihnen, wofür Sie stehen. Er verrät Ihre Nische, Ihre Positionierung. Wenn Sie nicht völlig neu im Geschäft sind, stehen Sie garantiert schon für etwas. Entspricht dies auch dem Bild, das Ihre Kunden von Ihnen haben sollen? Denken die Menschen an günstige Preise, Qualität, Geschwindigkeit, Service, Innovation, Professionalität, Erfahrung oder etwas ähnliches, sobald sie den Namen Ihres Unternehmens hören? Sie sind hier verantwortlich. Was auch immer Sie wählen, sorgen Sie dafür, dass es aufgrund Ihres Marketings strahlt. Die Positionierung kann nicht hoch genug eingeschätzt werden.

Der sechste Satz verrät Ihre Identität – Ihre Unternehmenspersönlichkeit. Wir beziehen uns nicht auf ein künstliches Image, sondern auf Ihre ehrliche Identität. Ein Image ist im Prinzip eine Fassade und Fassaden verzerren die Wahrheit. Ehrliche Identitäten hingegen entspringen der Wahrheit.

Copy-Center

Wir berieten eines der größten Kopierunternehmen an der Bucht von San Francisco, ein Unternehmen, das potenziell 8 Millionen Kunden bedient.

Ich fragte den Eigentümer der Firma, welche Branche die meisten Kopien erzeugt. »Der juristische Bereich«, erklärte er. »Machen Sie Marketing, das sich ausschließlich an diesen Bereich richtet?« fragten wir.

»Eigentlich nicht. Soll ich einen Teil meines Marketingbudgets für diese Branche reservieren?« fragte er. »Nein, tun Sie das nicht – lenken Sie ein-

fach einen Teil des Geldes, das an kleine Unternehmen geht, auf die Rechts-
branche um«, schlugen wir vor.

Er machte das und seine Gewinne – nicht nur seine Verkäufe, sondern
seine Gewinne – stiegen im folgenden Jahr um 31 Prozent. Er musste keinen Cent zusätzlich in das Marketing für diese Branche investieren, sondern
lediglich erkennen, dass er mehr als einen Zielmarkt hat.

Wenn Menschen auf Ihr Image reagieren, merken sie schnell, dass Sie
nicht das sind, was Sie darstellen. Unter diesen Umständen kann keine
Bindung zustande kommen. Fast jeder hat sich schon einmal an zwei-
felhaftem Marketing die Finger verbrannt. Deshalb steht die Mehrheit
der Menschen dem Marketing kritisch gegenüber. Wenn Sie aber die
Wahrheit sagen und es sich für Ihre Geschäftspartner wie die Wahrheit anfühlt, entsteht zunehmend eine Bindung. Diese intensiviert den
Schwung, der zu einer dauerhaften Beziehung führt. Falschheit im Marketing fällt Ihnen irgendwann auf die Füße. Völlige Ehrlichkeit hingegen zahlt sich aus. Sie befeuert Ihren Schwung.

Der siebente Satz nennt Ihr Marketingbudget als Prozentsatz Ihrer geplanten Bruttoumsätze. Seit Beginn dieses Jahrhunderts hat das
durchschnittliche Unternehmen in den USA, Europa und Asien vier
Prozent seines Bruttoumsatzes in das Marketing investiert. Wir wissen
aber auch, dass es nicht unbedingt ratsam ist, dem Beispiel des durchschnittlichen Unternehmens zu folgen.

Procter & Gamble

Wir arbeiten viel für Procter & Gamble und halten das Unternehmen für eines der raffiniertesten Marketingunternehmen auf dem Planeten. Schauen
Sie selbst wie gut Procter & Gamble ist: In 97 Prozent der Haushalte in den
USA gibt es wenigstens ein Produkt von Procter & Gamble. P & G muss also
etwas richtig machen. Eines der Dinge, die sie richtig machen, ist folgendes:
Sie haben für jede einzelne Marke, die sie anbieten, einen sehr kurzen Marketingplan.

Wenn wir den P & G-Marketern unsere Präsentationen vorstellten, hatten
diese ebenfalls ultrakurze Strategien. Sie hatten vielleicht 200-seitige Doku-

mentationen, aber die Marketingpläne für ihre jeweiligen Marken fielen sehr kurz aus. Durch das Zusammenfassen waren sie gezwungen, sich auf das Wesentliche zu konzentrieren. Das wiederum führte dazu, dass alle, die mit den Produktentwicklern zusammenarbeiteten, das Ziel verstehen konnten.

Der Plan war also leicht zu verstehen und wurde für die Leser nicht langweilig. Die P & G-Leute schafften es, ihre Strategie auf ein präzises Maß zu optimieren.

Präzise und verständlich sind zwei der Markenzeichen guter Strategien. Damit beginnt alles.

Üblicherweise investieren Unternehmen mehr als das, um ihre Marke zu etablieren – vor allem zu Beginn. Ist die Marke dann eingeführt, können sie diesen Prozentsatz wieder ein wenig verringern. Vergessen Sie aber nicht, dass es beim Guerilla-Marketing nicht darum geht, Ihre Investitionen zu verringern, sondern darum, die Rendite, also die Gewinne zu steigern. Guerillas wissen, dass es eigentlich nur zwei Arten von Marketing gibt. Teures Marketing funktioniert nicht. Wenn Sie 100 Dollar in eine ganzseitige vollfarbige Werbeanzeige investieren und diese Ihnen nur 50 Dollar Gewinn liefert, dann ist das teures Marketing. Investieren Sie 10.000 Dollar und erhalten dafür 100.000 Dollar Gewinn, dann ist das preiswertes Marketing. Es hat nichts mit Ihren Kosten zu tun, sondern nur mit Ihren Gewinnen.

Ein Guerilla-Marketingplan in sieben Sätzen

1. Nennen Sie den physischen Zweck Ihres Marketing.
2. Nennen Sie den einen, besten Wettbewerbsvorteil, den Sie zu bieten haben.
3. Benennen Sie Ihren Zielmarkt.
4. Listen Sie die Marketingwaffen auf, die Sie benutzen.
5. Geben Sie an, wofür Sie stehen – das ist Ihre Nische, Ihre Positionierung.
6. Nennen Sie Ihre Identität, Ihre Unternehmenspersönlichkeit.
7. Listen Sie Ihr Marketingbudget als Prozentsatz Ihres geplanten Bruttoumsatzes auf.

Guerilla-Marketing für den unbewussten Geist

Paul Hanley war ein Freund, ein Guerilla-Marketing-Meisterlehrer in England und der Ko-Autor von *The Guerilla Marketing Revolution – Precision Persuasion of the Unconscious Mind.* Nachdem er dem Guerilla Marketing in Großbritannien, Russland und dem Nahen Osten enorm auf die Sprünge geholfen hat, starb Paul beim Absturz seines Flugzeugs im Jahre 2006.

Diese Seiten, die er ursprünglich für The Guerilla Marketing Revolution schrieb, haben vielen Guerillas weitergeholfen.

Das Gehirn nutzt Bilder, um dem Bewusstsein beim Verstehen zu helfen

Jedes Wort in Ihrer natürliche Sprache wird in Ihrem Geist durch ein Bild repräsentiert. Jeder Ton, den Sie hören, wird mit einem Bild in Ihrem Geist verknüpft. Auch jedes Gefühl, das Sie jemals gespürt haben oder sich vorstellen können, wird durch ein oder mehrere Bilder in Ihrem Geist repräsentiert. Die Art und Weise, wie Sie das Bild erleben und genau genommen sogar der absolute Inhalt des Bildes, machen es für Sie zu etwas Persönlichem.

Traditionelles Marketing erkennt an, dass Menschen Bilder in ihrem Hirn haben. Allerdings versteht bzw. weiß es in Wirklichkeit nicht, wie oder weshalb man diese wichtigen Informationen einsetzen sollte. Es gab schon Marketingkampagnen, die wunderbare Visualisierungen in den Gehirnen der Menschen entstehen lassen sollten.

Viele Anzeigen möchten tatsächlich, dass Sie sich etwas »vorstellen«. Die einzige Möglichkeit hierzu besteht darin, in Gedanken ein Bild entstehen zu lassen. Traditionelles Marketing ist also zumindest teilweise schon auf dem richtigen Weg. Allerdings hat das traditionelle Marketing nicht verstanden, dass niemand dieselbe Visualisierung erlebt wie der Werbedesigner. Keine zwei Menschen stellen sich exakt dieselben Bilder vor, ganz egal, wie speziell Ihre visualisierte Schöpfung auch sein mag. Es sollte daher Teil der Botschaft sein, absichtlich Bilder in die Gedanken der Leute zu pflanzen. Das ist aber nicht die Botschaft selbst.

Der nächste wichtige Grund, warum Guerillas auch das Unterbewusstsein ansprechen sollten, mag Sie vielleicht verletzen – bis Sie die Erläuterungen dazu gelesen haben.

Der unbewusste Geist ist viel klüger als der bewusste

Während Sie das hier lesen, kümmert sich Ihr Unterbewusstsein um Sie, überwacht und steuert Ihre Körpertemperatur, Ihr Immunsystem, Ihren Gleichgewichtssinn, Ihr räumliches Bewusstsein, Ihre Atmung, Ihren Herzschlag, Ihre Körperflüssigkeiten und Ihre fünf Sinne.

Was noch wichtiger ist – das alles tut es, ohne Ihr Bewusstsein zu belästigen. Es sagt Ihnen, wann Sie zwinkern sollen. Es verrät Ihnen, wann Ihr Körper mehr Sauerstoff oder Wasser oder Kohlenhydrate braucht. Wie oft sind Sie sich dieser Botschaften bewusst? Nicht besonders oft. Alles, was Sie bisher als Instinkt- oder Reflexhandlung angesehen haben, unterliegt eigentlich Ihrem unbewussten Systemmanagement.

Der unbewusste Geist erkennt, dass seine Leistung dem bewussten Geist überlegen ist, und schützt diesen daher, indem er nur Informationen anbietet, die der bewusste Geist anfordert oder zum Verständnis braucht. Und selbst dann ist der unbewusste Geist bei seinem Datentransfer sehr wählerisch und liefert die Informationen nur »tröpfchenweise«, um eine Überlastung zu vermeiden. Das kann daran liegen, dass die Informationen eine Herausforderung für bestehende Überzeugungen sind oder weil die Daten ganz einfach sehr komplex sind.

Obwohl der unbewusste Geist intelligenter ist als der bewusste, stellt er sich nur selten gegen Entscheidungen, die dieser getroffen hat. Ein Beispiel: Wenn ein Raucher sich eine Zigarette anzündet, dann sagt ihm sein Unterbewusstsein: »Zigaretten sind nicht gut für Deine Gesundheit. Sie werden dich umbringen.« Der bewusste Geist hält dagegen: »Aber ich mag sie.« Es gibt Frauen, die regelmäßig von ihren Partnern geschlagen werden, sie aber trotzdem nicht verlassen. Ihr Unterbewusstsein sagt vielleicht: »Eines Tages wird er dich ernsthaft verletzen. Er respektiert dich nicht. Du solltest ihn verlassen.« Dann meldet sich der bewusste Geist: »Aber vielleicht ändert er sich und wahrscheinlich war es sowieso meine Schuld.«

Diese Art von Interaktion zwischen dem Bewusstsein und dem Unterbewusstsein wird als interner Dialog bezeichnet. Man hört tatsächlich Stimmen in seinem Kopf. Und das bringt uns zu Grund Drei.

Der unbewusste Geist kontrolliert Ihren inneren Dialog

Lassen Sie mich eines klarstellen: Jeder hört Stimmen in seinem Kopf. Das hat nichts mit Schizophrenie oder einem anderen psychischen Problem zu tun. Es ist einfach die Art und Weise, wie unser Hirn denkt. Wir nennen es den inneren Dialog. Selbst jetzt, beim Lesen dieser Seite, können Sie sich zuhören. Ihr Gehirn sorgt dafür, dass Sie im Kopf jeden Satz aussprechen, weil der Großteil der Sprache verbal ist und das geschriebene nur eine Repräsentation des gesprochenen Wortes darstellt.

Innerer Dialog ist völlig normal. Und daher ist die Erkenntnis, wie er den Entscheidungsprozess beeinflusst, eine ausgezeichnete Marketingwaffe. Guerillas versuchen, jeden erkennbaren Vorteil auszunutzen. Und der Vorteil der Sprache, um einen positiven inneren Dialog anzuregen, ist immens.

Ihr Ziel als Guerilla sollte darin bestehen, Ihre potenziellen Kunden in einen positiven Zustand zu versetzen. Menschen in schlechten oder negativen Zuständen neigen nämlich dazu, schlechte Entscheidungen zu fällen.

Wenn sich ein potenzieller Kunde während einer Kaufentscheidung in einem positiven Zustand befindet, ist es unwahrscheinlich, dass er Kaufreue (»Buyer's Remorse) empfindet. In einer Studie wurde untersucht, wie viele Kunden noch einmal von einem Verkäufer kaufen würden, wenn man ein ähnliches oder verwandtes Produkt zu einem ähnlichen Preis anbieten würde. Die Antwort lautet 34 Prozent. Haben Sie eine Ahnung, wie viel Geld Sie in Marketing investieren müssten, um ein Publikum zu erreichen, das zwei Drittel Ihrer vorhandenen Kundenbasis umfasst? Die Summe ist nicht unerheblich, vor allem wenn Sie erkennen, dass Sie Ihre vorhandenen Kunden quasi kostenlos mit Ihrem Marketing erreichen können und 34 Prozent von ihnen mit hoher Wahrscheinlichkeit von Ihnen kaufen würden.

Wir wissen jetzt, dass es Möglichkeiten gibt, die Kaufentscheidung anzuregen. Die Mehrzahl dieser Methoden verlangt, dass der potenzielle Kunde in einem positiven Zustand ist und nicht kauft, um Unbehagen zu vermeiden. Man sollte sich sogar fragen, ob eine Person, die eine Konsequenz vermeiden möchte, kauft, weil sie motiviert ist oder weil sie sich dazu gezwungen fühlt?! Es ist ein schmaler Grat.

Guerillas wollen ihre Kunden nicht nur zufriedenstellen, sondern sie auch behalten. Ein Kunde, der das Gefühl hat, bei seiner Kaufentscheidung in die Ecke gedrängt zu werden, kommt vermutlich nicht wieder zu Ihnen zurück, ganz anders als ein Kunde, der viele Optionen und Auswahlmöglichkeiten hatte. Guerillas präsentieren Optionen und respektieren die Kunden in ihrer Fähigkeit, fundierte Entscheidungen zu treffen.

Damit potenzielle Kunden einen positiven Zustand erreichen und vorhandene Kunden diesen beibehalten, benutzen Guerillas Sprache, Bilder und die Guerilla-Marketingwaffen. Damit erzeugen Sie konstruktive Botschaften, die ihrerseits einen positiven inneren Dialog hervorrufen.

Antrieb ist eine mächtigere Marketingwaffe als Abneigung. So wartet z. B. das traditionelle Marketing mit der eher negativen Botschaft auf: »Ohne Alarmanlage sind Ihr Heim und Ihre Familie in Gefahr.« Das Guerilla-Marketing bevorzugt eine positivere Motivation: »Schlafen Sie ruhig in der Gewissheit, dass Ihr Heim und Ihre Familie geschützt sind.«

Überlegen Sie einmal: Was haben Sie sich gesagt, nachdem Sie das letzte Mal einen wertvollen Einkauf getätigt haben? Wenn Sie hinterher Zweifel an Ihrem Kauf hatten, war der Marketingprozess nicht abgeschlossen und Ihr innerer Dialog war nicht berücksichtigt worden. Wären Sie glücklich und zufrieden über Ihren Kauf gewesen, dann hätte Ihr innerer Dialog anders geklungen. Bei Kaufreue nimmt Ihr innerer Dialog einen völlig anderen Tonfall an als im positiven Zustand.

Stellen Sie sich vor, Sie informieren Ihre Freunde und die Familie über einen geplanten Kauf und diese versuchen, Ihnen davon abzuraten. Klangen sie dabei besonders enthusiastisch? War ihr Tonfall ermutigend, als sie sagten: »Das ist eine riesige Geldverschwendung. Bist du besoffen?« Waren Sie selbst eifrig bemüht, so schnell wie möglich in den Laden zu gehen? Natürlich nicht. Das ist beim inneren Dialog nicht anders. Wenn der Dialog nicht positiv ist und es nicht schafft, Begeisterung zu wecken, dann ist die Kaufentscheidung noch nicht ausgereift.

Der unbewusste Geist kann mehrere Botschaften verstehen und miteinander verbinden

In den letzten 30 oder 40 Jahren wurden viele wissenschaftliche Artikel über die Fähigkeit zur bewussten Erkenntnis veröffentlicht. Es gibt dazu zwar unterschiedliche Meinungen, doch alle sind sich im Allgemeinen darüber einig, dass das Bewusstsein jederzeit mit drei oder vier Problemen gleichzeitig zu kämpfen hat.

Unser Unterbewusstsein kann Millionen von Funktionen verwalten, fast wie ein Supercomputer. Es gibt jedoch einen riesigen Unterschied zwischen dem menschlichen Gehirn und jedem Computer auf Erden. Das Gehirn kann Datenströme basierend auf Relevanz miteinander verknüpfen, wobei unwichtige Informationen außer Acht gelassen werden, und Entscheidungen auf der Grundlage von historischen Daten, möglichen künftigen Ergebnissen und Erfahrungen treffen. Ein Computer kann nur entscheiden, indem er alle verfügbaren Informationen auswertet. Er weiß nicht, was relevant ist und was nicht.

Guerillas zielen mit ihrem Marketing auf das Unterbewusstsein ab, weil sie dabei mit mehreren Botschaften gleichzeitig verschiedene Teile des Geistes ansprechen können. Das wiederum beschleunigt den Entscheidungsprozess.

Guerillas wissen außerdem, dass der unbewusste Geist selbst die heikelsten Verbindungen knüpfen kann und Informationsgruppen miteinander assoziiert, um dem bewussten Geist ein besseres Verständnis zu ermöglichen. Im Prinzip kann man sagen, dass es produktiver ist, dem Unbewussten zu erlauben, selbst Verbindungen herzustellen, als direkte Anweisungen zu geben. Damit direkte Anweisungen akzeptiert werden, muss das Gehirn Vertrauen auf den Absender der Botschaft haben. Dieses Vertrauen aufzubauen, kann Tage, Wochen oder gar Monate dauern.

Gibt man dem Unbewussten eine Reihe von Marketingbotschaften, die es zusammensetzen kann, um einen kohärenten Marketingüberblick zu erschaffen, führt das zu einer schnellen und konkreten Entscheidung. Schließlich vertraut das Unterbewusstsein seinem eigenen Urteil mehr als jeder direkten Anweisung von einem anderen. Werden Marketingbotschaften dagegen als direkte Anweisung präsentiert, hinterfragt der bewusste Geist die Entscheidung – und der bewusste Geist ist nicht der schlaueste!

Der unbewusste Geist trifft Entscheidungen, bevor er den bewussten Geist konsultiert

Guerillas wissen, dass sie einen potenziellen Kunden zu einer Entscheidung veranlassen können, bevor er es überhaupt merkt. Dazu richten sie ihr Marketing an den unbewussten Geist.

Das ist eine der wichtigsten Lektionen, die Sie jemals über das menschliche Gehirn lernen werden: Das Unterbewusstsein kann nicht langsam arbeiten – es rast mit Höchstgeschwindigkeit.

Der unbewusste Geist fühlt sich am wohlsten und ist auch am effizientesten, wenn er mit hoher Leistung arbeitet. Er versucht außerdem, beim Verarbeiten ständig Abkürzungen zu finden, damit er seine Datenverwaltung und seine Entscheidungsstrategien beschleunigen kann. Dabei versucht er stets, relevante Assoziationen in einigen oder allen Datenmengen zu finden. Wieso ist das für Guerillas so wichtig? Nun, wir wissen, dass wir beim Marketing gegenüber dem Unterbewusstsein subtiler sein können als beim traditionellen Marketing. Wir können Sprachmuster ausnutzen, darunter Annahmen, Verallgemeinerungen, Mehrdeutigkeiten und Auslassungen.

Feuer

Die Feuerwehr wurde zu einem großen Feuer in einem Lagerhaus gerufen. Bei ihrer Ankunft wurde nach einer Einschätzung der Lage die Anweisung gegeben, das Gebäude zu betreten, um das Feuer zu bekämpfen. Nach zwei oder drei Minuten beschlich den Einsatzleiter ein ungutes Gefühl und er befahl seinem Team, das Gebäude wieder zu verlassen. Sie widersprachen, dass alles in Ordnung sei, aber er bestand auf einem sofortigen Rückzug.

Etwa 30 Sekunden nach dem Verlassen des Gebäudes gab es eine riesige Explosion und das Gelände, auf dem die Feuerwehrleute tätig gewesen waren, entwickelte sich zu einem grausigen Inferno. Das Team wäre zweifellos ums Leben gekommen, wenn es im Gebäude geblieben wäre – die Männer verdankten ihr Leben dem unbewussten Geist seines Chefs.

Als dieser etwa eine Stunde später interviewt wurde, konnte er sich immer noch nicht erklären, was ihn zu dieser Entscheidung gebracht hatte. Am nächsten Tag dagegen konnte er exakt erklären, wieso er sein Team nach draußen beordert hatte.

Ohne dass er es sich bewusst war, hatte sein Unterbewusstsein bemerkt, dass der Rauch, der aus dem Feuer kam, orange war und nicht schwarz. Außerdem hatte er gesehen, dass die Luft wieder in das Feuer gesogen wurde.

Sein Unterbewusstsein hatte außerdem bemerkt, dass das Feuer sehr still war und dass es kaum das typische Knistern gab, das man gemeinhin mit einem normalen Brand verbindet. Diese unbewussten Details lösten im Gehirn des Einsatzleiters einen wichtigen Vergleichsprozess aus.

Es zog Hunderte von Bränden in Betracht, die er schon erlebt hatte, fügte Lernstoff aus der Ausbildung hinzu und verglich all diese Daten mit der aktuellen Situation. Der unbewusste Geist des Einsatzleiters kam zu dem Ergebnis, dass es eine Rauchgasexplosion geben würde – eine der gefährlichsten Arten von Feuern.

Aufgrund der Dringlichkeit der Lage gab das Unterbewusstsein dem bewussten Geist nicht alle Einzelheiten oder bot ihm eine Chance zum Argumentieren. Stattdessen wurde ihm einfach mitgeteilt: »Es droht Gefahr. Du musst die Männer wegbringen.« Dem Einsatzleiter war nicht bewusst, weshalb, doch wegen der Intensität der Botschaft reagierte der bewusste Geist, ohne das Ganze zu hinterfragen.

Da das Unterbewusstsein so schnell und viel empfindlicher auf Feinheiten reagiert als der bewusste Geist, erkennt es Modelle, Assoziationen und Muster immer deutlich vor dem bewussten Geist. Das ist eine Erkenntnis, die nur wenige Marketer verstehen. Es wird inzwischen anerkannt, dass mentale Prozesse im Prinzip unbewusst ablaufen und das Bewusstsein auf diese Prozesse reagiert. Warum sollten wir unsere Marketinganstrengungen überhaupt an den bewussten Geist richten, wenn wir das wissen? Das traditionelle Marketing hat nicht erkannt, dass alle Entscheidungen zuerst vom Unterbewusstsein getroffen werden. Trotzdem wenden sich viele erfolgreiche Werbekampagnen an den unbewussten Geist, wenn auch meist nur aus Versehen.

Haben Sie jemals eine Entscheidung getroffen, die sich als falsch herausstellte, und sich hinterher bedauernd gesagt: »Ich wusste es«? Wenn Sie es wussten, wieso haben Sie sich dann überhaupt entschieden? Ganz einfach: Ihr bewusster Geist hatte beschlossen, die Entscheidung zu ignorieren, die Ihr Unterbewusstsein gefällt hatte. Ganz ehrlich,

> Guerillas wissen, dass das Marketing für das Unterbewusstsein der direkte Weg zu schnellen, aber dennoch stabilen Kaufentscheidungen ist. Normaler Marketer wissen das nicht – deshalb sind sie so normal.

wenn man die größeren Ressourcen, die dem unbewussten Geist zur Verfügung stehen, und seine Verarbeitungsfähigkeiten bedenkt, dann ist es unglaublich, dass wir es unserem Bewusstsein überhaupt erlauben, Entscheidungen zu treffen.

Als Guerillas ist uns klar, dass wir unser Marketing an das Unterbewusstsein richten müssen. Wir müssen aber auch den bewussten Geist aktiv mit einbeziehen. Nur selten lässt sich der bewusste Geist ausschließlich ausschließlich auf die Rolle des Mitfahrers ein. Es hat schließlich ein Ego! Guerillas wissen, dass man beim Marketing immer das Ego im Blick behalten muss, das gelegentlich auch einmal gestreichelt werden will. Das Unterbewusstsein kämpft regelmäßig mit dem Ego. Es ist deshalb eine gute Idee, sowohl den bewussten als auch den unbewussten Geist zu verstehen. Guerilla Marketing hat auf der ganzen Welt für einen Erfolg nach dem anderen gesorgt, weil Guerillas wissen, dass das Marketing für das Unterbewusstsein der direkte Weg zu schnellen, aber dennoch stabilen Kaufentscheidungen ist. Normale Marketer wissen das nicht – deshalb sind sie so normal.

Der unbewusste Geist

★ Das Gehirn nutzt Bilder, um dem Bewusstsein zu helfen zu verstehen.

★ Das Unterbewusstsein ist viel schlauer als das Bewusstsein.

★ Das Unterbewusstsein steuert Ihren inneren Dialog.

★ Das Unterbewusstsein kann mehrere Botschaften verbinden und sie damit verstehen.

★ Das Unterbewusstsein trifft Entscheidungen, bevor es sich mit dem Bewusstsein berät.

Die Guerilla-Marketingwaffen

Wenn die Guerilla-Marketingstrategie das Hirn des Marketingprogramms ist, dann sind die Guerilla-Marketingwaffen die Muskeln. Sie werden sicher nicht alle Waffen brauchen, die hier vorgeschlagen werden, aber sollten trotzdem alle kennen. Mit der Zeit weitet sich auch Ihr Blick. Ein Guerilla-Marketingangriff ist ein 360-Grad-Angriff, ein Rundumschlag. Bei nur 359 Grad hat er eine Schwachstelle.

Für jemanden, der gerade mit einer Guerilla-Marketingkampagne beginnt, ist dies zweifellos der beste Zeitpunkt, die Waffen kennenzulernen, ihre Zahl, ihre Wirksamkeit und ihre Wirtschaftlichkeit. Für uns ist es schon eine Leistung, alle Waffen zu kennen: 200 Waffen, 200 Wahlmöglichkeiten, unzählige Kombinationen.

> Wenn die Guerilla-Marketingstrategie das Hirn des Marketingprogramms ist, dann sind die Guerilla-Marketingwaffen die Muskeln.

Ihnen bleibt nichts weiter übrig, als sich Ihrer Beziehung zu den jeweiligen Waffen klarzuwerden. Entweder Sie kennen sie genau und sind ein Experte für ihre Benutzung oder ... Sie haben sie ausprobiert und benutzen sie auch, wissen aber in Ihrem Inneren, dass Ihre Expertise beschränkt ist, oder ... Sie haben sie nie ausprobiert oder ... Sie wissen, worum es geht, glauben aber nicht, dass sie in diesem Moment die richtige Wahl wäre. Kein Problem. Nirgends steht geschrieben, dass Sie alle 200 Waffen benutzen müssen. Berühmte Guerillas sind mit nur einer Handvoll zu Marketingruhm gelangt.

Wenn es Ihnen in diesem Geschäft wirklich ernst ist, müssen Sie sich mit allen 200 Waffen vertraut machen. Das ist es, was Profis tun. Guerilla-Marketing macht Spaß, ist aber kein Kinderspiel. Sie sollten mit mehreren der 200 Waffen experimentieren. Verschwenden Sie Ihre wertvollen Marketinginvestitionen nicht, weil Sie nicht ausprobiert haben, wie gut eine Waffe funktioniert. Wenn sie mehr kostet, als sie einbringt, dann eliminieren Sie sie – es sei denn, es gibt einen guten Grund, dies nicht zu tun. Wenn sie mehr einbringt, als sie kostet, dann setzen Sie sie in der nächsten Runde doppelt so oft ein. Bringen andere Waffen Ihnen noch mehr Gewinn ein? Finden Sie es heraus. Das war nicht rhetorisch gemeint!

> Wenn es Ihnen in diesem Geschäft wirklich ernst ist, müssen Sie sich mit allen 200 Waffen vertraut machen. Das ist es, was Profis tun. Guerilla-Marketing macht Spaß, ist aber kein Kinderspiel.

Nachdem Sie auf der Suche nach der Zauberformel mit verschiedenen Methoden herumgespielt haben, wird es Zeit, gnadenlos alle wertlosen Waffen zu verwerfen. Nun sind Ihnen nur noch die tödlichen Kombinationen an Waffen geblieben, die sich bereits im Feld bewährt haben. Merken Sie sich: »Tödliche Kombinationen«. Davon wollen Sie jede Menge haben. Sie erhalten sie, indem Sie sich mit allen Herausforderern vertraut machen, die Verlierer aussortieren und den Einsatz Ihrer Gewinner verdoppeln. Was zu welcher Kategorie gehört, lernen Sie durch Experimente.

Keine Bange, wir werden Ihnen nicht einfach einen Haufen Waffen vor die Füße werfen. Schließlich haben wir sie ordentlich aufgeteilt, um alles für Sie so klar und einfach wie möglich zu machen.

Mini- und Maxi-Medien

Einige der Waffen gehören in die Gruppe der »Mini-Medien«, weil sie zwar nicht zu den großen Medien gehören, aber trotzdem Medien sind. Mit Mini-Medien allein sind riesige Unternehmen aufgebaut worden.

Eine andere Möglichkeit sind Maxi-Medien, die logische Kategorie der größeren, kostspieligeren, sensationelleren und traditionelleren Medien. Dies sind die Waffen des 19. und 20. Jahrhunderts, immer noch wirksam, auch wenn der Lack bereits ab ist.

E-Medien

Die neueste Kategorie, E-Medien, ist neu, weil die meisten der Waffen darin neu sind. Die meisten von ihnen existierten noch nicht einmal als vage Idee im Kopf eines Softwareentwicklers, als die ersten Bücher über

Guerilla-Marketing in den Buchhandlungen auftauchten. Nichtsdestotrotz haben die E-Medien eine eigene Kategorie verdient und zwar eine ganz ansehnliche.

Info-Medien

Die meisten Medien vermitteln Informationen. Bei einigen Medien jedoch geht es ausschließlich um Informationen – diese sind nicht nur eine Randerscheinung in ihrer Existenz. Manche dieser Medien sind alt. Andere sind neu. Alle sind in der Lage, ein Geschäft zu retten. Und manche können das sogar kostenlos erledigen.

Menschliche Medien

Viele Medien sind Dinge. Andere sind Menschen. Es sind sogar so viele, dass wir beschlossen haben, eine eigene Kategorie für sie anzulegen. Um ganz genau zu sein, dreht es sich bei den menschlichen Medien um Sie! Sie sind derjenige, der einigen dieser Medien Leben einhauchen kann, und Sie sind derjenige, der diese Medien bildet. Diese übersehenen Marketingwaffen sind zu machtvoll, um sie zu ignorieren.

Nichtmedien

Bei der vorherigen Kategorie über Menschen ging es auch wirklich um Menschen. Und diese Kategorie über Nichtmedien dreht sich definitiv nicht um Medien. Nichtmedien können einen entscheidenden Beitrag zu Ihren Gewinnen liefern, machen das aber nicht als normale Medien. Da es offiziell keine »Medien« sind, dürfen wir sie nicht vernachlässigen. Wir schenken ihnen sogar ebenso viel Beachtung wie allen anderen hier aufgeführten Kategorien.

Unternehmenseigenschaften

Menschen fühlen sich natürlich zu Unternehmen hingezogen, die bestimmte Eigenschaften aufweisen. Je mehr dieser Eigenschaften Sie für Ihr Unternehmen beanspruchen können, umso rosiger sind die Aussichten auf Ruhm und Ehre in Ihrem Leben. Besitzt Ihr Unternehmen keine dieser Eigenschaften, können Sie den ganzen Laden auch gleich aufgeben. Also: Viele dieser Eigenschaften sind gleichbedeutend mit Erfolg. Das ist ganz offensichtlich.

Unternehmensstandpunkte

Bei den erwähnten Unternehmenseigenschaften ging es um Ihr Unternehmen. Bei den Unternehmensstandpunkten, die wir auflisten werden, dreht es sich um Ihren Geist. Alle Standpunkte bzw. Haltungen sollen Ihr Unternehmen beschreiben. In Wirklichkeit aber beschreiben sie Sie selbst. Sie beginnen mit Ihnen. Sie florieren wegen Ihnen. Wegen ihnen machen Sie Verkäufe und streichen Gewinne ein. Dabei helfen Ihnen vielleicht 5.000 Personen. Wir wissen aber, dass diese Standpunkte aus Ihrem Kopf kommen und auf Ihren Schultern ruhen. Und wir wissen, wie viel sie für Ihr Unternehmen bedeutend können.

>>Ihre Haltung, nicht Ihre Begabung, bestimmt Ihren Aufstieg.<<
Zig Ziglar

Denken Sie immer daran, dass ein erfolgreicher Guerilla-Marketingangriff damit beginnt, sich der 200 Waffen bewusst zu werden. Dann begibt man sich in das Reich der Experimente, in dem man durch gezieltes Ausprobieren feststellt, welche Waffen tödlich und welche nur Blindgänger sind. Schließlich entdecken Sie die Kombination der Waffen, die den meisten Gewinn für Sie erzielen. Wenn es soweit ist, bedauern wir Ihre Konkurrenten.

Die 200 Guerilla-Marketingwaffen

Maxi-Medien

1. Werbung
2. Mailings
3. Zeitungsannoncen
4. Radio-Spots
5. Zeitschriftenwerbung
6. Plakatwerbung
7. Fernsehwerbung

Mini-Medien

8. Marketingpläne
9. Marketingkalender
10. Identität
11. Visitenkarten
12. Briefpapier
13. Persönliche Briefe
14. Telefonmarketing
15. Gebührenfreie Telefonnummer
16. Vanity-Rufnummer (Buchstabenwahl)
17. Gelbe Seiten
18. Postkarten
19. Postkarten-Sets
20. Kleinanzeigen
21. Per-Order-, Per-Inquiry-Werbung
22. Einkaufstaschen
23. Wurfsendungen, Flyer
24. Schwarze Bretter in der Gemeinde
25. Filmwerbung
26. Außen angebrachte Hinweisschilder
27. Straßenbanner
28. Fenster-Displays
29. Innen angebrachte Hinweisschilder

30. Poster
31. Direktvertrieb
32. Türhänger
33. Elevator Pitches
34. Value Story
35. Back-End-Verkäufe
36. Empfehlungsschreiben
37. Teilnahme an Messen

E-Medien

38. Computer
39. Drucker, Fax
40. Chat-Räume
41. Foren
42. Internet-Bulletin-Boards
43. Listen aufbauen
44. Personalisierte E-Mails
45. E-Mail-Signaturen
46. Vorgefertigte (»Canned«) E-Mails
47. Massen-E-Mails
48. Audio-/Video-Postkarten
49. Domainnamen
50. Websites
51. Einstiegsseiten
52. Händlerkonten
53. Einkaufswagen
54. Auto-Responder
55. Suchmaschinen-Rankings
56. Elektronische Broschüren
57. RSS-Feeds
58. Blogs
59. Podcasts
60. Eigene E-Zines
61. Anzeigen in anderen E-Zines

62. E-Books
63. Inhalt für andere Websites
64. Webinar-Produktionen
65. Joint Ventures
66. Word-of-Mouse-Marketing
67. Virales Marketing
68. eBay, andere Auktionssites
69. Klick-Analyzer
70. Pay-per-Click-Werbung
71. Suchmaschinen-Stichwörter
72. Google AdWords
73. Gesponsorte Links
74. Gegenseitiger Link-Austausch
75. Banneraustausch
76. Web-Konversionsraten

Info-Medien

77. Kenntnis Ihres Marktes
78. Forschungsstudien
79. Spezielle Kundendaten
80. Fallstudien
81. Informationsaustausch
82. Broschüren
83. Kataloge
84. Unternehmensverzeichnisse
85. Öffentliche Serviceankündigungen
86. Newsletter
87. Reden
88. Kostenlose Konsultationen
89. Kostenlose Demonstrationen
90. Kostenlose Seminare
91. Veröffentlichte Artikel
92. Veröffentlichte Kolumnen
93. Veröffentlichte Bücher

Nichtmedien

123. Vorteilslisten
124. Wettbewerbsvorteile
125. Geschenke
126. Service
127. Öffentlichkeitsarbeit
128. Fusion-Marketing
129. Tauschgeschäfte
130. Mundpropaganda
131. Gerüchte
132. Beteiligung der Gemeinschaft
133. Mitgliedschaft in Clubs und Vereinigungen
134. Kostenlose Verzeichniseinträge
135. Messestände
136. Besondere Veranstaltungen
137. Namensschilder bei Veranstaltungen
138. VIP-Loge bei Veranstaltungen
139. Geschenkgutscheine
140. Audiovisuelle Hilfen
141. Flipcharts
142. Nachdrucke und Vergrößerungszeichnungen
143. Coupons
144. Kostenlose Testangebote
145. Garantien
146. Preisausschreiben und Wettbewerbe
147. Back- oder Bastelfertigkeiten
148. Lead Buying
149. Nachfassaktionen
150. Tracking-Pläne
151. Marketing-on-Hold
152. Branded Entertainment
153. Produktplatzierung
154. Gast bei Radio-Talkshows
155. Gast bei Fernseh-Talkshows
156. Unterschwelliges Marketing

Unternehmenseigenschaften

157. Richtige Auffassung von Marketing
158. Bewusstsein für Markennamen
159. Positionierung
160. Name
161. Mem
162. Titelzeile
163. Schreibfähigkeit
164. Fähigkeit zum Texten
165. Überschriften
166. Ort
167. Öffnungszeiten
168. Öffnungstage
169. Werden Kreditkarten akzeptiert
170. Mögliche Finanzierung
171. Glaubwürdigkeit
172. Reputation
173. Effizienz
174. Qualität
175. Service
176. Auswahl
177. Preis
178. Möglichkeiten zum Upgrade
179. Empfehlungsprogramm
180. Spionieren
181. Empfehlungen
182. Zusatzleistungen
183. Guter Zweck

Unternehmensstandpunkte

184. Es lässt sich gut Geschäfte mit ihnen machen
185. Ehrliches Interesse an den Menschen
186. Verhalten am Telefon
187. Leidenschaft und Enthusiasmus
188. Empfindsamkeit
189. Geduld
190. Flexibilität
191. Großzügigkeit
192. Selbstvertrauen
193. Ordentlichkeit
194. Aggressivität
195. Konkurrenzdenken
196. Viel Energie
197. Geschwindigkeit
198. Fähigkeit zu fokussieren
199. Liebe zum Detail
200. Bereitschaft zum Handeln

Guerilla-Werbung

Der Grundpfeiler einer profitablen Werbung ist Kreativität. Realität hilft auch, aber erst Kreativität bringt Sie an die Spitze. Manche glauben, sie seien nicht kreativ, aber sie haben nur noch nicht gelernt, was Guerillas über Kreativität wissen.

10 Dinge, die Guerillas über Kreativität wissen

1. Das beste Maß für Kreativität ist Rentabilität.
2. Kreativität beginnt mit einer Idee.
3. Die Idee ist in der inneren Bewunderung für Ihr Produkt oder Ihre Dienstleistung zu finden.
4. Die Idee schreibt ihre eigene Werbung.
5. Kreativität ist es egal, woher sie kommt, ob vom Chef des Unternehmens, dem Kreativdirektor einer Werbeagentur oder der Frau in der Poststelle.
6. Die beste Kreativität bringt langlebige Ideen hervor.
7. Im Prinzip ist Werbung Wahrheit, die faszinierend gemacht wurde. Noch einmal: Was ist Werbung? Wahrheit, die faszinierend gemacht wurde.
8. Je spezifischer Sie sind, umso kreativer können Sie sein.
9. Inspiration sorgt nicht für Kreativität.
10. Wissen sorgt für Kreativität. Welche Art von Wissen? Sie brauchen Wissen in 10 Bereichen: Wissen über Ihre Kunden, Ihre potenziellen Kunden, Ihre Konkurrenten, konkurrierende Unternehmen anderswo, Ihre eigene Branche, aktuelle Ereignisse, wirtschaftliche Trends, Ihre eigenen Angebote, Ihre eigene Gemeinschaft und erfolgreiche Werbung.

Zweck der Werbung ist es zu verkaufen, oder? Das ist sicher ein Zweck, aber es gibt noch 49 weitere gute Gründe, um Werbung zu betreiben. Manchmal kann Ihre Werbung mehreres erledigen, oft aber reicht schon ein Grund aus.

Werbung kann 50 unterschiedliche Dinge für Sie tun

1. Führung erzeugen.
2. Potenzielle Kunden über Ihre Vorzüge unterrichten.
3. Ihnen helfen, in neue Märkte zu expandieren.
4. Menschen beeinflussen, die andere beeinflussen.
5. Menschen Ihren Namen nennen, die Sie noch nicht kennen.
6. Die Bühne für Ihr anderes Marketing bereiten, indem Ihr Produkt oder Service schon vorab verkauft wird.
7. Eine PR-Story ergänzen.
8. Die Geschichte Ihres Unternehmens erzählen.
9. Ihre Verkaufspräsentationen unterstützen. Ein Verkäufer, der vor einem potenziellen Kunden steht, der noch nie von Ihrem Unternehmen oder dessen Zielen gehört hat, hat einen schweren Stand. Werbung kann den Auftritt des Verkäufers unterstützen.
10. Ihre Corporate Identity aufbauen.
11. Zutrauen in Ihr Produkt oder Ihre Dienstleistungen schaffen.
12. Ein hässliches Gerücht zerstreuen. Perrier hatte verschmutzte Produkte. Tylenol hatte vergiftete Produkte. Jack in the Box hatte verdorbene Produkte. Diese Unternehmen setzten Werbung ein, um den hässlichen Geschichten entgegenzutreten, die über sie veröffentlicht wurden. Jetzt verkaufen Perrier, Tylenol und Jack in the Box wieder gesunde Waren. Werbung half, unangenehme Gerüchte zu zerstreuen. Manchmal waren diese Gerüchte wahr.
13. Ihren Namen im Bewusstsein Ihrer Kunden halten.
14. Konkurrenten den Weg abschneiden.
15. Nach dem Geschäft Ihrer Konkurrenten streben.
16. Mit Erfolgsgeschichten Ihre Qualität beweisen.
17. Ihre Aktionäre glücklich machen. Wenn die Aktionäre Ihre Werbung nicht sehen, hinterfragen sie ihre Investition in Ihre Aktien. Sehen sie dagegen Ihre Werbung, glauben sie, dass alles

in Ordnung ist. Ob das stimmt oder nicht, kann ich nicht mit Sicherheit sagen, ich weiß aber, dass Werbung Ihre Aktionäre glücklich macht.

18. Die Finanzgemeinde beeindrucken. Sie wollen möglicherweise Geld auftreiben. Vielleicht müssen Sie auch einmal mit Ihrer Bank sprechen, weil Sie mehr Geld brauchen. Wenn die Banker Ihre Werbung sehen – und ich weiß, dass es schon vorgekommen ist –, dann sind sie beeindruckt, wenn Sie kommen und um das gewünschte Geld bitten.

19. Ihre Führung und Ihr Prestige behaupten.

20. Ihre konstante Präsenz aufrechterhalten und Zuversicht schaffen. Sie wissen, wie wichtig Zuversicht ist. Sie ist der Hauptgrund, weshalb Menschen sich überhaupt mit Unternehmen abgeben.

21. Ihre Mailings unterstützen.

22. Den Erfolg Ihrer Telemarketingkampagne sichern. Es ist eine Sache, Menschen anzurufen, die noch nie von Ihnen gehört haben. Ganz anders ist es, wenn man schon von Ihrem Unternehmen gehört hat, und zwar durch Ihre Werbung.

23. Dafür sorgen, dass Ihre Verkaufsstellenzeichen funktionieren. Diese Zeichen sollten denselben Gedanken ausdrücken wie Ihre Werbung.

24. Verbreitung finden, um den Händlern zu beweisen, dass sie Ihr Produkt vertreiben sollten, weil Sie deren Namen in Ihrer Werbung erwähnen werden. Oder wenn Sie selbst ein Werbetreibender sind, werden Sie feststellen, dass Geschäfte die Entscheidung, ob sie ein Produkt aufnehmen oder nicht, oft danach treffen, ob es für das Produkt Werbung gibt oder nicht.

25. Die Existenz Ihres Produkts oder Ihrer Dienstleistung ankündigen.

26. Glaubwürdigkeit für ein neues Produkt oder eine neue Dienstleistung gewinnen.

27. Aus Ihrem Namen einen Markennamen machen.

28. Eine besondere Aktion ankündigen, die Sie woanders durchführen.

29. Ihre Nische im Markt etablieren.

30. Empfehlungen zufriedener Kunden hervorheben.

31. Etwas mit einer Überschrift oder einem Angebot oder einem Preis oder einer speziellen Radiostation, Fernsehstation oder einem Werbemedium testen, die bzw. das Sie benutzen.
32. Den Wunsch hervorrufen, etwas zu kaufen. Und das ist vermutlich einer der besten Gründe für Werbung – nicht etwa die Idee, etwas zu verkaufen, sondern in den Gedanken Ihrer potenziellen Kunden den Wunsch reifen zu lassen, etwas von Ihnen zu kaufen.
33. Eine Präsenz in Ihrer Gemeinde oder Ihrer Branche zu schaffen.
34. Kunden in Ihren Laden locken.
35. Verkäufe machen. Viele Leute glauben, dies sei der einzige Grund für Werbung. Sie sind sich der anderen 49 Gründe nicht bewusst und denken, der einzige Grund für Werbung sei es, etwas zu verkaufen. Ich jedoch möchte hier noch einmal darauf hinweisen, dass Verkäufe nur ein Fünfzigstel der Gründe ausmachen, da es noch 49 weitere Gründe gibt.
36. Namen für Ihre Mailingliste sammeln, weil Sie wissen, dass Ihre Nachfolgeaktion Ihnen lebenslange Kunden bescheren wird.
37. Viele Menschen auf einmal über Ihre Vorzüge informieren.
38. Menschen motivieren, Sie anzurufen oder Ihre Website zu besuchen.
39. Menschen überzeugen, einen Coupon auszufüllen und an Sie zu schicken.
40. Recherchen durchführen, indem Sie die Reaktionen auf Ihr Angebot studieren.
41. Exakt betonen, wie die Konkurrenz im Vergleich zu Ihnen dasteht. Sagen Sie unbedingt die Wahrheit. Sie können die Konkurrenz nur schlagen, wenn Sie nicht Meinungen gegen Meinungen, sondern Fakten gegen Fakten antreten lassen.
42. Beweisen Sie Ihre Überlegenheit mit Fakten oder mit Grafiken oder mit beidem.
43. Erwerben Sie neue Kunden, indem Sie ein außergewöhnliches Angebot unterbreiten.
44. Demonstriert Ihre neue Zuversicht in Ihrem Angebot. Wenn Menschen sehen, dass Sie Werbung machen, glauben sie, dass Sie Ihrem Produkt vertrauen. Machen Sie dagegen keine Wer-

bung, glaubt man möglicherweise, dass Sie selbst Ihrem Produkt nicht trauen.

45. Teil Ihrer Gemeinde oder Branche werden.
46. Bringen Sie sich selbst auf das Niveau anderer.
47. Schaffen Sie Nachdrucke für Ihr anderes Marketing. Sie bringen die Werbung einmal heraus und stellen dann davon Kopien her, die Sie über viele Jahre weiterbenutzen können.
48. Mit den richtigen Leuten gesehen werden. Wie ich sage, man erkennt Sie auch an der Gesellschaft, in der Sie sich bewegen, und wenn Sie dort werben, wo die richtigen Leute Werbung machen, dann gehören Sie ebenfalls zu den richtigen Leuten und können wegen Ihrer Wettbewerbsvorteile sogar noch besser dastehen als diese.
49. Unterstützung für Ihre Vertreter, Ihren Vertrieb und Ihre Angestellten zeigen.
50. Einen Gewinn einfahren, was der Grund ist, der die Basis für alle anderen 49 Gründe bildet.

10 Dinge, die Ihr Werbetext immer sein sollte

1. Lesbar
2. Informativ
3. Klar
4. Ehrlich
5. Einfach
6. Strategisch
7. Motivierend
8. Konkurrenzfähig
9. Speziell
10. Glaubhaft

Die erfahrensten Werbemenschen halten sich selbst nicht für Texter, Art-Direktoren oder Videoproduzenten, sondern für Werber, die das ganze Spektrum der Werbung ausfüllen. Alle anderen, die sich lediglich auf explosive Bilder verlassen, verschießen ihr Pulver oft, weil sie dumme Fehler machen.

10 Dinge, die man mit Guerilla-Grafiken nie machen sollte

1. Lassen Sie das Bild nicht die Idee überstrahlen.
2. Lassen Sie das Bild nicht die Überschrift überstrahlen.
3. Lassen Sie das Bild nicht den Text überstrahlen.
4. Lassen Sie nicht zu, dass das Bild nicht den Verkauf steigert.
5. Lassen Sie nicht zu, dass das Bild es nicht schafft, die Aufmerksamkeit zufälliger Leser oder Betrachter zu erregen. Die meisten Leser oder Betrachter sind zufällig. Sie achten kaum auf das, was Sie zu sagen haben.
6. Lassen Sie nicht zu, dass das Bild nicht die Aufmerksamkeit auf die Anzeige oder den Spot zieht.
7. Lassen Sie nicht zu, dass das Bild nicht heraussticht.
8. Stellen Sie das Bild nicht in Eile her. Guerillas haben es niemals eilig.
9. Lassen Sie nicht zu, dass das Bild der Identität des Produkts entgegensteht.
10. Lassen Sie nicht zu, dass das Bild die Werbung dominiert. Die Idee sollte die Werbung dominieren.

An dieser Stelle hilft es, wenn man die verhängnisvollen Symptome einer fehlgeleiteten Werbekampagne erkennt. Wir könnten einen ganzen Monat lang die 2.500 Gründe aufschreiben, weshalb eine ganzer Haufen Werbung keinen Erfolg

> **Lassen Sie das Bild nicht die Idee überstrahlen.**

hat. Aber da auch unsere Zeit wertvoll ist, begnügen wir uns mit den 25 wichtigsten Gründen.

25 Gründe, weshalb so viel Werbung fehlschlägt

1. Vorzeitiges Aufgeben. Man stellt die richtige Werbung her, stellt sie an die richtige Stelle, sagt den richtigen Leuten die richtigen Dinge. Dann aber erwartet man viel zu schnell Ergebnisse und gibt eine potenzielle Knallerkampagne viel zu früh auf.
2. Unkluge Positionierung. Man positioniert seine Produkte von vornherein auf die falsche Weise. Es kann nichts Gutes heraus-

kommen, wenn man gleich mit einer schlechten Positionierung beginnt.

3. Nicht in der Lage zu fokussieren. Man versucht, allen alles zu erzählen, anstatt jemandem etwas zu sagen.

4. Einstieg ohne Plan. Es ist erstaunlich, wie viel Werbung von Art-Direktoren oder Textern hergestellt wird, die keinen Plan haben, wie sie eigentlich vorgehen wollen.

5. Wahl der falschen Medien für das richtige Publikum.

6. Wahl der richtigen Medien für das falsche Publikum.

7. Dem wirklichen potenziellen Kunden ist die Botschaft unklar.

8. Das Ziel wird nicht verstanden. Die Person, die die Werbung herstellt, hat keine wirkliche Vorstellung von den Kunden oder potenziellen Kunden.

9. Die Quelle wird nicht verstanden. Die Person, die die Werbung herstellt, hat keine wirkliche Vorstellung von sich selbst oder ihrem Geschäft.

10. Übertreibung. Diese Technik untergräbt die eigentliche Wahrheit.

11. Es wird nicht mit Änderungen schrittgehalten.

12. Unrealistische Erwartungen. Der Werber sollte wissen, was er zu erwarten hat.

13. Es wird zu viel für eine Produktion oder zu wenig für die Medien ausgegeben.

14. Man versucht, an den falschen Stellen Geld zu sparen. Warum sollte man einige Hundert Dollar an der Produktion sparen, wenn man Tausende von Dollar an Medien ausgeben wird und die Produktion das untergräbt, was man gesagt und getan hat?

15. Winzige, aber entscheidende Details werden nicht beachtet.

16. Werber haben nicht verstanden, dass auch ein Gewinn erwirtschaftet werden soll.

17. Man glaubt, dass man es auch ohne Anstrengung hinbekommt.

18. Wenig überzeugender erster Eindruck. Sie haben nur einmal die Chance, einen guten ersten Eindruck zu hinterlassen. Und wenn dieser nicht überzeugend ausfällt, haben Sie sich in eine Lage manövriert, aus der Sie kaum wieder herauskommen.

19. Komitees und Chefetagen. Ich habe noch nie erlebt, dass ein Komitee oder eine Chefetage eine gute Werbung hergestellt hat,

aber andersherum haben sie schon viele gute Werbungen um die Ecke gebracht.

20. Werber nutzen nicht alle Vorteile der Medien vollständig aus. Der Vorteil von Zeitungen sind die Nachrichten. Der Vorteil des Fernsehens ist die Demonstration. Der Vorteil des Radios ist die Vertraulichkeit. Der Vorteil von Magazinen ist die Lesereinbindung. Der Vorteil des Internet ist die Interaktivität. Der Vorteil der direkten Reaktion ist die Dringlichkeit. Der Vorteil des Telemarketing ist die Kundenbindung. Wenn Sie nicht verstehen, wo die größten Vorteile dieser verschiedenen Marketingarten liegen und diese zu Ihrem maximalen Nutzen einsetzen, werden Sie mit Ihrer Werbung keinen Erfolg haben.

21. Keine Unterstützung durch anderes Marketing. Sie wissen, dass Werbung allein nicht funktioniert.

22. Es startet schon in die falsche Richtung.

23. Zu viel früher Erfolg. Die ersten erfolgreichen Anzeigen erzeugen ein Gefühl von Lethargie und diese Lethargie führt dazu, dass man sich auf seinen Lorbeeren ausruht und seine Werbung nicht verbessert.

24. Die Zukunft wird basierend auf der Vergangenheit beurteilt. Das sollten Sie nicht.

25. Sie ist einfach langweilig.

Regionalausgaben

Zeitschriftenwerbung verleiht Ihnen mehr Glaubwürdigkeit als alle anderen Marketingmedien. Ich werde versuchen, Sie zu einer ganzseitigen Anzeige in einer landesweiten Zeitschrift wie Time zu überreden. Zuerst einmal sollten Sie wissen, dass eine ganzseitige Anzeige im Time-Magazin einen Werbetreibenden etwa 90.000 Dollar kostet.

Wir wollen allerdings nicht, dass Sie so viel Geld ausgeben. Außerdem sollten Sie wissen, dass richtig große Unternehmen Zeitschriftenwerbung nutzen, weil ihnen klar ist, wie wichtig regelmäßige Werbung ist.

> Zeitschriftenwerbung verleiht Ihnen mehr Glaubwürdigkeit als alle anderen Marketingmedien.

Guerillas bringen allerdings in diesem Fall ihre Anzeige nur einmal und wissen, dass es Regionalausgaben der Zeitschriften gibt. Nehmen wir einmal an, Sie leben in San Francisco. Sie wollen keine 90.000 Dollar für eine ganzseitige Anzeige im Time-Magazin ausgeben, die in ganz Amerika erscheint.

Sie können in der Regionalausgabe von Time erscheinen, z. B. im Gebiet von San Francisco. Diese Anzeige kostet nur wenige Tausend Dollar. Die Leute, die das Time-Magazin lesen, wissen nichts von den Regionalausgaben für Anzeigen – sie sehen nur eine ganzseitige Anzeige für Rolls Royce. Auf der nächsten Seite sehen sie eine ganzseitige Anzeige für Microsoft. Auf der übernächsten Seite sehen sie eine ganzseitige Anzeige für Sie.

> **Sie können in der Regionalausgabe von Time erscheinen.**

Nun, man beurteilt Sie nach Ihrer Gesellschaft, und deshalb werden die Leser des Time-Magazins Sie nun mit ganz anderen Augen sehen. Sie werden mit dieser einen Anzeige nicht viel Geld verdienen, aber ein Vermögen mit den Nachdrucken.

Die Nachdrucke dieser Anzeige kosten Sie nur Pennys. Und unten auf der Seite steht: »Wie im Time-Magazin inseriert«. Sie können dies viele Jahre lang benutzen. Time stellt diese Nachdrucke in verschiedenen Formen zur Verfügung, so dass diese Zeitschriftenwerbung Ihnen lange nützlich sein kann.

20 Jahre nach der Anzeige die Bank sprengen

Wir erzählten diese Geschichte in den frühen 70ern einem Kunden in San Francisco. Er sagte: »Moment einmal. Sie sagen, wenn ich eine ganzseitige Anzeige in Time aufgebe, werde ich zum Zeitpunkt der Anzeige kein Geld verdienen? Ich werde mit den Nachdrucken Geld machen?« Und wir erwiderten: »Ja, genauso ist es.«

Er sagte: »Okay, wo erscheint die billigste Ausgabe des Time-Magazins im Land?« Und wir sagten: »Savannah, Georgia.« Er fragte: »Wie viel?« Wir antworteten: »700 Dollar.« Er darauf: »Also los.« Er schaltete in der Time-Ausgabe für Savannah, Georgia, eine ganzseitige Anzeige für seinen Möbelladen in San Francisco.

Die Pointe ergab sich 20 Jahre später, als er Mailings an 20.000 Leute verschickte, denen er eine Kopie seiner Zeitschriftenwerbung beilegte, auf denen der Zusatz stand: »wie im Time-Magazin inseriert«. Mit diesem Mailing sprengte er förmlich die Bank, da er mit einer einzigen Anzeige in einer Zeitschrift eine enorme Glaubwürdigkeit erworben hatte.

Wenn Sie planen, Zeitschriftenwerbung auf diese Weise zu nutzen, dann gestalten Sie sie einigermaßen zeitlos. Sagen Sie auf keinen Fall Dinge wie: »Unser Unternehmen ist fünf Jahre alt«, weil Sie dann im nächsten Jahr eine neue Anzeige brauchen würden. Nennen Sie stattdessen das Gründungsjahr – das ändert sich schließlich nicht.

Zeigen Sie keine Bilder Ihrer Angestellten, weil Sie nicht wissen können, wie lange diese bei Ihnen arbeiten werden.

Stellen Sie einfach eine Anzeige her, die so zeitlos ist, dass Sie sie für die nächsten 10 Jahre verwenden können. So machen das Guerillas.

Vordergrund vs. Hintergrund

Radio ist das intimste aller Marketingmedien. Guerillas teilen Radiostationen in Vordergrund- und Hintergrundradio ein. Sie wissen, dass Vordergrundradio ein aktives Zuhören verlangt. Die Leute hören absichtlich diesen Sender und schenken ihm ihre Aufmerksamkeit – Nachrichtensendungen, Talkshows, Sportsendungen, religiöse Sendungen. Solche Sendungen sind perfekte Beispiele für Vordergrundradio. Selbst die Werbespots werden aufmerksam verfolgt. Musikorientierte Radiosender sind Hintergrundradio. Man kann leicht eine Zielgruppe eingrenzen, es ist aber schwer, sie zum Anhören der Werbespots zu bewegen. Die Leute hören diese Stationen wegen der Musik und achten weniger auf die Werbung. Sie können Hintergrundradio hören, wie Sie wollen, aber vermutlich ist Ihr Werbeetat beim Vordergrundradio besser angelegt.

> Radio ist das intimste aller Marketingmedien.

10 Dinge, die einen Fernsehwerbespot schrecklich machen

1. Der Fernsehwerbespot ist eher unterhaltend als motivierend.
2. Sein Versprechen ist unklar.
3. Er ist nicht optisch attraktiv. Er verlässt sich auf gesprochene Worte und Sie wissen, wie schnell die Leute das gesprochene Wort mit ihrer Fernbedienung zum Schweigen bringen.
4. Er ist zu amateurhaft und es mangelt ihm dadurch an Glaubwürdigkeit.
5. Er übt zu viel Druck aus oder ist allzu übertrieben.
6. Ein toller Film, aber eine schreckliche Werbung. Heutzutage trifft das auf viele Werbespots im Fernsehen zu. Man muss lange grübeln um herauszubekommen, von wem der Spot eigentlich ist. Und das darf auf keinen Fall passieren.
7. So schlau gemacht, dass man vergisst, von wem der Spot war.
8. So stark auf Spezialeffekte fokussiert, dass ihm die Idee fehlt.
9. Zu komplex, um noch Raum für die Idee zu lassen.
10. Langweilig, langweilig, langweilig.

10 Dinge, die einen Fernsehwerbespot herausragend machen

1. Eher motivierend als unterhaltend.
2. Sehr klare Aussage über die Wettbewerbsvorteile.
3. Ausgesprochen visuell.
4. Professionell gemacht.
5. Glaubwürdig und unwiderstehlich.
6. Machtvoll, weil er das Verlangen schürt, das Produkt zu kaufen.
7. Fokussiert darauf, den Verkauf voranzubringen, nicht darauf, schlau zu sein.
8. Eins mit dem Produkt.
9. Demonstriert seine Vorzüge.
10. Faszinierend, selbst beim zehnten Anschauen.

Die Gefahren von Humor im Marketing

Ein guter Witz ist beim ersten Mal lustig. Sieht man ihn zum zweiten Mal, ist er schon nicht mehr ganz so lustig. Beim dritten Anschauen ist er gar nicht mehr lustig. Beim vierten Mal nervt er. Danach beginnt man, das Produkt zu verabscheuen. Guerilla-Werbung ist beim 10. und 20. Anschauen noch faszinierend. Sie werden ihrer nie müde. Witze dagegen kann man schon bald nicht mehr ertragen.

Die 100 besten Werbekampagnen

1. Volkswagen, »Think small«, Doyle Dane Bernbach, 1959
2. Coca-Cola, »The pause that refreshes«, D'Arcy Co., 1940
3. Marlboro, »The Marlboro Man«, Leo Burnett Co., 1955
4. Nike, »Just do it«, Wieden & Kennedy, 1988
5. McDonald's, »You deserve a break today«, Needham, Harper & Steers, 1971
6. DeBeers, »A diamond is forever«, N.W. Ayer & Son, 1948
7. Absolut Vodka, »The Absolut Bottle«, TBWA, 1981
8. Miller Lite-Bier, »Tastes great, less filling«, McCann-Erickson Worldwide, 1974
9. Clairol, »Does she...or doesn't she?«, Foote, Cone & Belding, 1957
10. Avis, »We try harder«, Doyle Dane Bernbach, 1963
11. Federal Express, »Fast talker«, Ally & Gargano, 1982
12. Apple Computer, »1984«, Chiat/Day, 1982
13. Alka-Seltzer, Verschiedene Kampagnen, Jack Tinker & Partners, Doyle Dane Bernbach, Wells, Rich, Greene, 1960er, 1970er
14. Pepsi-Cola, »Pepsi hit the spot«, Newell-Emmett Co., 1940er
15. Maxwell House, »Good to the last drop«, Ogilvy, Benson & Mather, 1959
16. Ivory Soap, »99 and 44/100 percent pure«, Procter & Gamble Co., 1982
17. American Express, »Do you know me?«, Ogilvy & Mather, 1975
18. U.S. Army, »Be all that you can be«, N.W. Ayer & Son, 1981
19. Anacin, »Fast, fast, fast relief«, Ted Bates & Co, 1952
20. Rolling Stone, »Perception. Reality«, Fallon McElligott Rice, 1985

21. Pepsi-Cola, »The Pepsi generation«, Batton, Barton, Durstine & Osborn, 1964

22. Hathaway-Hemden, »The man in the Hathaway shirt«, Hewitt, Ogilvy, Benson & Mather, 1951

23. Burma-Shave, »Roadside signs in verse«, Allen Odell, 1925

24. Burger King, »Have it your way«, BBDO, 1973

25. Campbell Soup, »Mmm, mmm good«, BBDO, 1930er

26. U.S. Forest Service, Smokey the Bear, »Only you can prevent forest fires«, Advertising Council/Foote, Cone & Belding

27. Budweiser, »This Bud's for You«, D'Arcy Masius Benton & Bowles, 1970er

28. Maidenform, »I dreamed I went shopping in my Maidenform bra«, Norman, Craig & Kummel, 1949

29. Victor Talking Machine Co., »His master's voice«, Francis Barraud, 1901

30. Jordan Motor Car Co., »Somewhere west of Laramie«, Edward S. (Ned) Jordan, 1923

31. Woodbury Soap, »The skin you love to touch«, J. Walter Thompson Co., 1911

32. Benson & Hedges 100s, »The disadvantages«, Wells, Rich, Greene, 1960er

33. National Biscuit Co., »Uneeda Biscuits' Boy in Boots«, N.W. Ayer & Son, 1899

34. Energizer, »The Energizer Bunny«, Chiat/Day, 1989

35. Morton Salt, »When it rains it pours«, N.W. Ayer & Son, 1912

36. Chanel, »Share the fantasy«, Doyle Dane Bernbach, 1979

37. Saturn, »A different kind of company. A different kind of car«, Hal Riney & Partners, 1989

38. Creat Toothpaste, »Look, Ma! No cavities!«, Benton &Bowles, 1958

39. M&Ms, »Melts in your mouth, not in your hands«, Ted Bates & Co., 1954

40. Timex, »Takes a licking and keeps on ticking«, W.B. Doner & Co. & Vorgängeragenturen, 1950er

41. Chevrolet, »See the USA in your Chevrolet«, Campbell-Ewald, 1950er

42. Calvin Klein, »Know what comes between me and my Calvins? Nothing!«

43. Reagan for President, »It's morning again in America«, Tuesda Team, 1984

44. Winston-Zigaretten, »Winston tastes good – like a cigarette should«, 1954

45. U.S. School of Music, »They laughed when I sat down at the piano, but when I started to play!«, Ruthrauff & Ryan, 1925

46. Camel Cigarettes, »I'd walk a mile for a Camel«, N.W. Ayer & Son, 1921

47. Wendy's, »Where's the beef?«, Dancer-Fitzgerald-Sample, 1984

48. Listerine, »Always a bridesmaid, but never a bride«, Lambert & Feasley, 1923

49. Cadillac, »The penalty of leadership«, MacManus, John & Adams, 1915

50. Keep America Beautiful, »Crying Indian«, Advertising Council/ Marstellar Inc., 1971

51. Charmin, »Please don't squeeze the Charmin«, Benton & Bowles, 1964

52. Wheaties, »Breakfast of champions«, Blackett-Sample-Hummert, 1930er

53. Coca-Cola, »It's the real thing«, McCann-Erickson, 1970

54. Greyhound, »It's such a comfort to take the bus and leave the driving to us«, Grey Advertising, 1957

55. Kellogg's Rice Krispies, »Snap! Crackle! and Pop!«, Leo Burnett Co., 1940er

56. Polaroid, »It's so simple«, Doyle Dane Bernbach, 1977

57. Gillette, »Look sharp, feel sharp«, BBDO, 1940er

58. Levy's Rye Bread, »You don't have to be Jewish to love Levy's Rye Bread«, Doyle Dane Bernbach, 1949

59. Pepsodent, »You'll wonder where the yellow went«, Foote, Cone & Belding, 1956

60. Lucky Strike Cigarettes, »Reach for a Lucky instead of a sweet«, Lord & Thomas, 1920er

61. 7UP, »The Uncola«, J. Walter Thompson, 1970er

62. Wisk-Waschmittel, »Ring around the collar«, BBDO, 1968

63. Sunsweet-Pflaumen, »Today the pits, tomorrow the wrinkles«, Freberg Ltd., 1970er
64. Life cereal, »Hey, Mikey«, Doyle Dane Bernbach, 1972
65. Hertz, »Let Hertz put you in the driver's seat«, Norman, Craig& Kummel, 1961
66. Foster Grant, »Who's that behind those Foster Grants?«, Geer, Dubois, 1965
67. Perdue Chicken, »It takes a tough man to make a tender chicken«, Scali, McCabe, Sloves, 1971
68. Hallmark, »When you care enough to send the very best«, Foote, Cone & Belding, 1930er
69. Springmaid Sheets, »A buck well spent«, In-house, 1948
70. Queensboro Corp., »Jackson Heights Apartment Homes«, WEAF, NYC, 1920er
71. Steinway & Sons, »The instrument of the immortals«, N.W. Ayer & Sons, 1919
72. Levi's Jeans, »501 Blues«, Foote, Cone & Belding, 1984
73. Blackglama-Great lakes Mink, »What becomes a legend most?« Jane Trahey Associates, 1960er
74. Blue Nun Wine, »Stiller & Meara campaign«, Della Famina, Travisano & Partners, 1970er
75. Hamm's Beer, »From the land of sky blue waters«, Campbell-Mithun, 1950er
76. Quaker Puffed Wheat, »Shot from guns«, Lord & Thomas, 1920er
77. ESPN Sports, »This is SportsCenter«, Wieden & Kennedy, 1995
78. Molson Beer, »Laughing couple«, Moving & Talking Picture Co., 1980er
79. California Milk Processor Board, »Got Milk?«, 1993
80. AT&T, »Reach out and touch someone«, N.W. Ayer, 1979
81. Brylcreem, »A little dab'll do ya«, Kenyon & Eckhardt, 1950er
82. Carling Black Label Beer, »Hey Mabel, Black Label!«, Lang, Fisher & Stashower, 1940er
83. Isuzu, »Lying Joe Isuzu«, Della Famina, Travisano & Partners, 1980er
84. BMW, »The ultimate driving machine«, Ammirati & Puris, 1975
85. Texaco, »You can trust your car to the men who wear the star«, Benton & Bowles, 1940er

86. Coca-Cola, »Always«, Creative Artists Agency, 1993
87. Xerox, »It's a miracle«, Needham, Harper & Steers, 1975
88. Bartles & Jaymes, »Frank and Ed«, Hal Riney & Partners, 1985
89. Dannon Yogurt, »Old People in Russia«, Marstellar Inc., 1970er
90. Volvo, »Average life of a car in Sweden«, Scali, McCabe, Sloves, 1960er
91. Motel 6, »We'll leave a light on for you«, Richards Group, 1988
92. Jell-O, »Bill Cosby with kids«, Young & Rubicam, 1975
93. IBM, »Chaplin's Little Tramp character«, Lord, Geller, Federico, Einstein, 1982
94. American Tourister, »The Gorilla«, Doyle, Dane Bernbacg, späte 1960er
95. Right Guard, »Medicine Cabinet«, BBDO, 1960er
96. Maypo, »I want my Maypo«, Fletcher, Calkins & Holden, 1960er
97. Bufferin, »Pounding heartbeat«, Young & Rubicam, 1960
98. Arrow Shirts, »My friend, Joe Holmes, is now a horse«, Young & Rubicam, 1938
99. Young & Rubicam, »Impact«, Young & Rubicam, 1930
100. Lyndon Johnson for President, »Daisy«, Doyle Dane Bernbach, 1964

Die 10 besten Slogans des Jahrhunderts

1. Diamonds are forever (DeBeers)
2. Just do it (Nike)
3. The pause that refreshes (Coca-Cola)
4. Tastes great, less filling (Miller Lite)
5. We try harder (Avis)
6. Good to the last drop (Maxwell House)
7. Breakfast of champions (Wheaties)
8. Does she...or doesn't she? (Clairol)
9. When it rains it pours (Morton Salt)
10. Where's the beef? (Wendy's)

Lobende Erwähnungen

* ★ Look Ma, no cavities! (Crest-Zahnpasta)
* ★ Let your fingers do the walking (Yellow Pages)
* ★ Loose lips sink ships (öffentlicher Dienst)
* ★ M&Ms melt in your mouth, not in your hand (M&Ms)
* ★ We bring good things to life (General Electric)

Die 10 besten Jingles des 20. Jahrhunderts

1. You deserve a break today (McDonald's)
2. Be all that you can be (U.S.Army)
3. Pepsi Cola Hits the Spot (Pepsi-Cola)
4. Mmm, mmm good (Campbell)
5. See the USA in your Chevrolet (GM)
6. I wish I was an Oscar Mayer Wiener (Oscar Mayer)
7. Double your pleasure, double your fun (Wrigley's Doublemint gum)
8. Winston tastes good like a cigarette should (Winston)
9. It's the real thing (Coca-Cola)
10. A little dab'll do ya (Brylcreem)

Die 10 größten Werbeikonen des Jahrhunderts

Einige der beliebtesten Werbeikonen des 20. Jahrhunderts tragen Namen wie Tony, Betty und Ronald. Andere, wie der Marlboro Man, sind nicht ganz so heiß geliebt, hatten aber einen enormen weltweiten Einfluss auf die Wiedererkennbarkeit ihrer Marke, wie eben der Marlboro-Zigaretten von Philip Morris Co.

Tiefkühlgemüse, Backmischungen, Fast Food, Autoreifen und mehr werden von diesen sorgfältig gezeichneten Charakteren verkörpert, die dafür sorgten, dass kleine Marken irgendwann ihre Branche dominierten.

Viele der berühmtesten Werbeikonen entsprangen der Feder der in Chicago ansässigen Agentur Leo Burnett Co. unter der kreativen Leitung von Jay Conrad Levinson, der sich darauf spezialisiert hat, Marken mit Hilfe beliebter Figuren aufzubauen. Darunter ist die effektivste Marketingikone aller Zeiten, der Marlboro Man.

Die von der Zeitschrift Advertising Age aufgestellte Top 10 der Werbeikonen des 20. Jahrhunderts berücksichtigt diese Bilder, die den größten Einfluss auf die Märkte hatten. Zu den Auswahlkriterien gehörten Effektivität, Langlebigkeit, Wiedererkennbarkeit und kultureller Einfluss.

1. The Marlboro Man, Marlboro-Zigaretten
2. Ronald McDonald, McDonald's-Restaurants
3. The Green Giant, Green Giant-Gemüse
4. Betty Crocker, Betty Crocker-Lebensmittel
5. The Energizer Bunny, Eveready Energizer-Batterien
6. The Pillsbury Doughboy, verschiedene Pillsbury-Lebensmittel
7. Aunt Jemima, Aunt Jemima-Eierkuchenmischungen und -sirup
8. The Michelin Man, Michelin-Autoreifen
9. Tony the Tiger, Kellogg's Sugar Frosted Flakes
10. Elsie, Borden-Milchprodukte

Guerilla-Marketing in den sozialen Medien

Wie Shane Gibson, mein Co-Autor von Guerilla Social Media Marketing, sagt: Marketing gehört jetzt jedem und jeder muss gerüstet sein und in den sozialen Medien mitmischen. Ihr Kunde kann mit zwei Tweets, einem Videoblog und einem Status-Update bei Facebook Ihrer Marke stärker nützen oder schaden als eine Ihrer aufwendig geplanten Marketingkampagnen.

> Marketing gehört jetzt jedem, und jeder muss gerüstet sein und in den sozialen Medien mitmischen.

Der Guerilla-Weg in den sozialen Medien konzentriert sich ausgesprochen stark auf die Gemeinschaft, Innovation, Beteiligung und – was am wichtigsten ist – Gewinn. Er hat einen Anfang. Doch solange Sie das Geschäft nicht verkaufen oder in den Ruhestand gehen, hat er kein Ende. Er stellt eine Möglichkeit dar, Geschäfte zu machen und am Markt tätig zu sein, so dass wirkliche und langfristige Geschäftsergebnisse erzielt werden.

Obwohl der Weg nicht einfach ist, können Sie kaum scheitern, wenn Sie es schaffen, die Erkenntnisse aus diesem Buch umzusetzen. Jeder kann ein erfolgreicher Guerilla-Marketer in den sozialen Medien werden, er muss sich aber einer entsprechenden Wandlung unterziehen und alles tun, was nötig ist.

> »Das Internet ist wie eine Welt, die Zettelchen im Klassenraum herumreicht.«
> Jon Stewart

Neben den passenden Einstellungen, Marketingwaffen und Plänen brauchen Sie die richtigen Persönlichkeitsmerkmale, um erfolgreich zu sein. Es erwartet Sie eine riesige Belohnung.

Die 10 Persönlichkeitsmerkmale des Guerilla-Marketers in den sozialen Medien

1. Immun gegen Hypes

Rund um die sozialen Medien gibt es eine Menge Hype. Der Guerilla sucht nach Wahrheit, überprüft Informationen und setzt auf zuverlässige Werkzeuge und Strategien. Wenn so viele Menschen Twitter-Updates herausposaunen, Facebook-Nachrichten schicken und Blog-Einträge veröffentlichen, verliert man sich leicht in der Aufregung um ein neues Produkt, Werkzeug oder einen neuen Markt. Guerillas jedoch tappen nicht in diese Falle:

> **Ihr Kunde kann mit zwei Tweets, einem Videoblog und einem Status-Update bei Facebook Ihrer Marke stärker nützen oder schaden als eine Ihrer aufwendig geplanten Marketingkampagnen.**

* Jedes neue Marketingwerkzeug in den sozialen Medien und jede neue Community erfordert Zeit, Energie und Ressourcen, um sie effektiv zu testen und zu beurteilen.
* Großartige Technik ist nicht gleichbedeutend mit einem Marketingwerkzeug, in das zu investieren sich lohnt. Hinter dem Werkzeug muss ein gutes Unternehmen stehen und es sollte Langlebigkeit versprechen.
* Wenn Sie jedem Trend und neuen Werkzeug hinterherjagen, vernachlässigen Sie Gemeinschaften und Marketingwerkzeuge, die Fokus und Hingabe erfordern, um auf lange Sicht rentabel zu sein.
* Hype ist ein Zeichen dafür, dass etwas weithin benutzt wird. Guerillas suchen nach Gelegenheiten, den Vorteil des Früheinsteigers auszunutzen, anstatt der Herde zu folgen.

Unternehmen Sie folgende Schritte, um sich vor dem Hype zu schützen:

* Beobachten Sie andere Guerillas und Innovatoren, die denselben Zielmarkt bedienen wie Sie. Wie reagieren sie auf neue Techniken oder Werkzeuge?
* Suchen Sie nach belastbaren Daten über das Werkzeug, Produkt oder die Technik. Beziehen Sie Ihre Daten aus mehreren Quellen,

damit Sie sich über deren Richtigkeit sicher sein können. Forrester Research, MarketingProfs.com (http://www.marketingprofs.com) oder die lokale Abteilung des Social Media Club sind gute Einstiegspunkte für genaue Informationen.

★ Prüfen Sie die Glaubwürdigkeit derjenigen, die behaupten, mit der Technik Erfolg zu haben. Sind sie rentabel? Ist das, was sie machen, nachhaltig und skalierbar?

★ Denken Sie daran, ein guter Marketingangriff braucht Monate oder gar Jahre, um richtig wirksam zu sein. Hüten Sie sich davor, von Idee zu Idee zu hüpfen, ohne den Ideen Zeit zum Reifen zu gewähren. Das Neueste ist für Ihr Geschäft nicht unbedingt das Beste.

2. Neugier

Dass der Schotte Sir Alexander Fleming das Penicillin entdeckte, war ein Glücksfall. Er beobachtete Staphylokokken und suchte nach einer Möglichkeit, diese Bakterien zu bekämpfen, ohne dem Immunsystem des Menschen zu schaden. Ein nicht sehr ordentlicher Fleming stapelte nicht abgewaschene Petrischalen in ein Spülbecken. Während er auf eine kurze Reise ging, entwickelten sich in einigen der Petrischalen mehrere Schimmelkulturen.

Zufällig geriet der Schimmel in die Staphylokokken und Fleming beobachtete, dass dieser Pilz die Bakterien tötete. Dieses glückliche Ereignis führte zur Entdeckung des Penicillin, das mittlerweile Millionen von Leben gerettet hat. Fleming probierte ständig Neues aus und fragte: »Wieso?« und »Was wäre, wenn?« Guerillas fürchten sich nicht davor zu experimentieren, Fehler zu machen oder neue Dinge auszuprobieren, um einen Wettbewerbsvorteil zu erlangen. Genau wie Alexander Fleming müssen Guerillas bereit sein, unterschiedliche Elemente aus Marketing und Strategie auf kreative Weise zu mischen. Sie müssen neugierig sein, wenn neue und aufregende oder vielleicht sogar unerwartete Ergebnisse auftauchen. Sie untersuchen, messen und dokumentieren die Ergebnisse, damit sie sie in großem Maßstab reproduzieren können.

Einige der »Was wäre, wenn?«- und »Ich frage mich«-Fragen, die ein neugieriger Guerilla stellen könnte:

- ★ Was wäre, wenn ich online mehr Gutachten kostenlos abgeben würde?
- ★ Was wäre, wenn ich fünfmal pro Woche etwas in meinen Blog schreiben, die Länge der Einträge aber auf 200 Wörter beschränken würde?
- ★ Ich frage mich, was passieren würde, wenn ich Guy Kawasaki um einen Gastbeitrag für unseren Blog bitte.
- ★ Ich frage mich, ob ich mehr Leser behalten würde, wenn ich Transkripte von meinen Podcasts auf meinem Blog veröffentlichte.
- ★ Was wäre, wenn ich meine Leser bitte, Inhalt zu unserem Blog beizutragen, und sie dafür belohne?
- ★ Ich frage mich, wieso an den Wochenenden weniger Menschen bloggen. Liegt darin eine Chance für uns?

Fragen Sie sich: »Was wäre, wenn ich 144.000 Kopien meines Buches kostenlos online weggeben würde?« Für den Guerilla Chris Anderson war die Antwort auf diese Frage ein rasanter und anhaltender Bestseller-Status bei der New York Times sowie auf Amazon.com.

3. Die Fähigkeit zum Sprint

Guerillas sind immer bereit, auch die kleinsten Chancen mit all ihrer Energie, Leidenschaft und ihren Ressourcen auszunutzen. Die Welt und das Internet bewegen sich rasend schnell. Manchmal ergeben sich schnell Marketing- und Geschäftschancen. Zum richtigen Zeitpunkt an der richtigen Stelle zu sein, ist nur ein Teil der Gleichung. Die magische Zutat in der Erfolgsformel ist die Fähigkeit, bereit zu sein und diese Gelegenheiten beim Schopf zu packen.

Hier sind Methoden, mit denen Sie Ihre Bereitschaft zum Sprint sichern können:

- ★ Seien Sie mit einem Plan und einem Team zur Stelle, falls einer Ihrer Marketingangriffe viral wird. Sorgen Sie dafür, dass Ihre Geschäft einem erhöhten Bedarf standhält, d. h. dass es skalierbar ist.
- ★ Seien Sie darauf vorbereitet, eine 24-Stunden-Schicht einzulegen oder 14 Tage durchzuarbeiten, wenn die große Gelegenheit eintritt. Nutzen Sie den Schwung aus, den Sie einmal gewonnen

haben. Irgendwann beruhigt sich alles wieder und dann können Sie ausruhen.

★ In den sozialen Medien kann es auch einmal den Bach runtergehen. Manchmal bedeutet ein Sprint auch, dass Sie schnell und aggressiv auf negatives Feedback oder schlechte Nachrichten reagieren müssen. Sich 24 Stunden oder vielleicht auch nur zwei Stunden Zeit zu lassen, um auf Kundenbeschwerden oder Verleumdungen der Konkurrenz zu reagieren, könnte zu lang sein. Reagieren Sie sofort und lassen Sie es gar nicht erst zu Problemen kommen.

4. Die Fähigkeit zum Marathon

Viele Kämpfe sollen einfach nur aufreiben. Guerillas wissen, wie sie ihre Konkurrenz zermürben und durch Konsistenz eine Präsenz aufbauen. Einer der größten Kostenpunkte im Marketing sind nicht schlechte Kampagnen oder Werbeaktionen, sondern zu früh beendete gute Kampagnen und Marketingangriffe. Zur Fähigkeit, einen Marathon durchzustehen, gehören viele Aspekte. Guerillas müssen

★ einen langfristigen Plan haben, der über den Monat oder das Quartal hinausgeht.

★ täglich einem Marketingkalender folgen.

★ sich auf die Unternehmensziele konzentrieren und sich nicht von der neuesten Technik ablenken lassen.

★ verstehen, dass ein Kunde möglicherweise 27-mal einer Botschaft ausgesetzt werden muss, bevor er beginnt, die Marke wahrzunehmen. Häufigkeit und Mehrwert gewinnen Herzen und Gedanken und bringen Ihnen deshalb im Laufe der Zeit auch Gewinne.

★ verstehen, dass eine Soziale-Medien-Technik irgendwann langweilig wird, wenn man sich mit ihr vertraut gemacht hat. Sie werden der erste sein, der keine Lust mehr auf seinen Blog, seine Twitter-Aktivität oder seinen Google-Plus-Account hat. Doch aufregend und wirkungsvoll sind nicht immer dasselbe. Konzentrieren Sie sich auf das, was funktioniert und profitabel ist, und kümmern Sie sich nicht um den Coolness-Faktor, dem die meisten »Early Adopter« zum Opfer fallen.

5. Transparenz

Guerillas wissen, dass Wahrheit, Empathie und Integrität entscheidend für das Marketing in den sozialen Medien sind und bauen Vertrauen und Loyalität durch Transparenz auf. In der Vergangenheit konnten wir ein Doppelleben als Marketer, CEOs und sogar Bürger leben. Heute stehen wir 24 Stunden am Tag im Rampenlicht. Jeder ist mit einem Smartphone bewaffnet und kann Videos aufnehmen und Informationen über uns und unsere Pläne veröffentlichen.

Guerilla-Marketer in den sozialen Medien müssen transparent, offen und gemeinschaftsorientiert sein. Vertrauen und Glaubwürdigkeit sind heutzutage unsere Währung, speziell in den sozialen Netzwerken und Online-Gemeinschaften.

Guerilla-Transparenz bedeutet

★ nachzudenken, bevor wir etwas online veröffentlichen. Achten Sie darauf, dass es wahr und akkurat ist, bevor irgendjemand Unwahrheiten oder Halbwahrheiten entdeckt, was meist ausgesprochen schnell geht.

★ offen über Geschäftspraktiken und -regelungen zu reden und sich nicht hinter dem Kleingedruckten in den Allgemeinen Geschäftsbedingungen zu verstecken. Kunden beschweren sich nicht bei ihren 11 Freunden, wenn sie das Gefühl haben, in die Irre geleitet worden zu sein – sie beschweren sich bei ihren 11.000 Twitter-Freunden. Geheimhaltung und juristische Wortklauberei können einer Marke das Genick brechen.

★ sich selbst treu zu sein. Guerillas wissen, dass Menschen von Menschen kaufen. Sie wollen eine emotionale und persönliche Verbindung zu ihren Lieferanten und Unternehmensverbindungen. Sie bekennen Farbe und zeigen auch online ihre Persönlichkeit.

6. Gemeinschaftsorientiert

Ein Guerilla baut die Gemeinschaft mit auf, arbeitet in ihr und hilft ihr. In dieser Gemeinschaft gibt es andere Guerilla-Verbündete, die zur Verstärkung werden können. Marketing in den sozialen Medien ist zu 90 Prozent Gemeinschaft, Teilnahme und Verbindungen. Nur bei 10 Prozent geht es um gezieltes, relevantes Marketing für Menschen, die JETZT genau das brauchen, was Sie anzubieten haben. Sie können Erfolg haben, indem Sie guten Inhalt beitragen und Kunden sowie Mitgliedern der Gemeinschaft helfen, ihre Träume und Ziele zu verwirklichen.

Nehmen Sie sich Zeit, falls Sie neu in den sozialen Medien sind oder gerade einem neuen sozialen Netzwerk beitreten. Guerillas lernen eine Gemeinschaft erst kennen. Sie wollen feststellen, welche Werte vertreten werden und wie die Etikette aussieht, und außerdem die wichtigsten Beeinflusser in der Gemeinschaft identifizieren.

Wenn das erledigt ist, müssen Sie versuchen, bemerkt zu werden und Ihre Marke durch Beiträge und Werte aufzubauen. Das kann in vielen Formen geschehen:

★ Suchen Sie Beeinflusser in der Gemeinschaft und helfen Sie ihnen, ein Projekt, ein Produkt oder eine Sache bekanntzumachen, die ihnen am Herzen liegt. Beeinflussen Sie diejenigen, die andere beeinflussen.

★ Stellen Sie wertvolle Inhalte wie Whitepapers, Studien, Tipps, kostenlose Webinare, Podcasts oder andere geschäftliche oder persönliche Entwicklungswerkzeuge zur Verfügung.

★ Bieten Sie anderen Leuten in der Gemeinschaft Gelegenheit, in Verbindung zu treten, zusammenzuarbeiten oder Geschäfte miteinander zu machen.

★ Führen Sie weitere Leute in das Netzwerk oder die Gemeinschaft ein. Bauen Sie ein gutes Verhältnis zur Gemeinschaft auf und entwickeln Sie ein echtes Verständnis für die Bedürfnisse, Werte und Vorlieben der Gruppe. Dies hilft bei einem relevanten, konzentrierten und gezielten Guerilla-Marketingangriff. Es gibt viel zu viele Marketer, die den Aufbauschritt überspringen und gleich damit beginnen, Marketingbotschaften herauszuposaunen, obwohl das Publikum dies (noch) gar nicht will.

Guerillas schätzen und verstehen die Gemeinschaft. Sie nehmen sich Zeit, den Markt zu verstehen und in ihm aufzugehen.

7. Gewinnorientiert

Das Guerilla-Marketing misst seinen Erfolg an den Gewinnen, nicht an Klicks, Besuchern oder anderen Coolness-Faktoren. Viele Leute verwechseln Beliebtheit mit Rentabilität. Es gibt viele Blogger, Twitter-Promis und YouTube-Videogrößen, die andere mit ihren 30.000 Followern, 10.000 Blog-Abonnenten oder 50.000 Video-Zuschauern beeindrucken.

Das sind sicher wichtige und aufregende Statistiken, aber sie bedeuten den Guerillas nur sehr wenig, wenn sie keinen Gewinn oder eine andere positive Aktion zur Folge haben. Diese Abonnenten, Freunde oder Zuschauer müssen irgendwann zu etwas anderem werden. Viele Unternehmen prahlen mit ihren Einnahmen – mit ihren Gewinnen prahlen viel weniger, dabei geht es beim Guerilla-Marketing um Gewinne.

In den sozialen Medien treiben sich viele selbsternannte Experten herum, die Ihnen zeigen, wie Sie viele Follower, Fans und Abonnenten gewinnen. Hüten Sie sich vor diesen Versprechen. Denken Sie an Ihre Zeit und Ihren Aufwand und messen Sie Ihren Erfolg anhand des Gewinns und nicht anhand von Bruttoumsatz oder der Tatsache, dass man Sie als cool oder populär betrachtet.

Guerillas nutzen die Techniken der neuen Medien auch, um Fixkosten zu verringern und Unternehmensprozesse zu automatisieren. Schicke Büros, teure Parkplätze und tolle Adressen waren früher einmal das Kennzeichen von Erfolg. Erfolgreiche Menschen rühmten sich außerdem damit, wie beschäftigt sie waren.

Guerillas dagegen wissen, dass es heute darum geht, den Erfolg zu maximieren und gleichzeitig die Auswirkungen auf Ihre Zeit und die Gesamtkosten zu minimieren. Sie suchen ständig nach Methoden, um hochwertige Produkte oder Dienstleistungen herzustellen, während sie gleichzeitig teure Aktivitäten automatisieren, nach außen verlagern oder delegieren, die ihr wertvollstes Gut – die Zeit – beeinflussen.

8. Technikhungrig

Die Technik ist die wichtigste Waffe und Kompetenz des Guerilla-Marketers in den sozialen Medien. Guerillas lernen immer mehr über Technik. In der Geschäftswelt von heute gibt es keinen Platz für Technophobie. Stattdessen wird Technophobie für viele Unternehmen und Branchen im Laufe der nächsten zehn Jahre den Untergang bedeuten. Es ist absolut notwendig, sich komplett allen technischen Dingen hinzugeben und sie kennenzulernen, als würde Ihr Leben davon abhängen. Sie müssen die Technik und all ihre Anwendungen in Ihrem Unternehmen besser und schneller verstehen als Ihre Konkurrenz.

9. Selbstentwickler

Guerillas wissen, dass sich Technik und Geschäft schnell entwickeln. Sie lernen ständig weiter, um ihrer Konkurrenz voraus zu sein. Da die sozialen Medien uns weithin sichtbar machen, ziehen unsere Aktionen, Unternehmensstrategien und Innovationen viele Nachmacher an. Unsere Kunden und potenziellen Kunden entwickeln sich in Bezug auf die Nutzung der sozialen Medien ebenfalls ständig weiter. Sie selbst müssen stets nach Trends und Änderungen in der Mediennutzung Ausschau halten.

Sie können sich nicht leisten zu warten, bis irgendwer eine Trainingseinheit organisiert. Oft können wir auch nicht darauf warten, dass Branchenexperten alle erforderlichen Daten zusammenstellen, damit wir die perfekte Entscheidung treffen können. Um die Führerschaft gegenüber der Konkurrenz zu erhalten, müssen Guerillas lernen, recherchieren, experimentieren und innovativ sein.

Einstein war ganz ohne Zweifel der gekonnteste Selbstentwickler des 20. Jahrhunderts. Er stellte sich ein großes Ziel, etwas, über das andere nicht einmal Hypothesen aufzustellen wagten. Dann arbeitete er unablässig daran, seine Theorie zu beweisen. Wenn er nicht weiterkam, überlegte er sich, welches Spezialwissen und welche Erkenntnisse er brauchen würde.

Einstein setzte dann alles auf das Konzept. Seine Fähigkeit, sich komplett darauf zu konzentrieren, schnell und gründlich eine neue Kompetenz zu erwerben oder ein neues Wissenschaftsgebiet zu durchdringen, machte ihn zu einem Meister. Guerillas beginnen oft mit einem großen Ziel, einem Plan und nur einem Teil der Ressourcen, die sie eigentlich benötigen würden. Wenn sie steckenbleiben oder ein Hindernis auftaucht, weichen sie nicht zurück oder schlagen einen leichteren Weg ein, sondern finden heraus, was ihnen fehlt und konzentrieren sich intensiv auf diesen Aspekt, bis sie ihn gemeistert haben.

Manchmal bedeutet dies, dass sie sich mit anderen Guerillas zusammentun müssen. In den sozialen Medien kann es aber auch heißen, mit neuen Ansätzen und Disziplinen zu experimentieren. Als Selbstentwickler können Sie viel schneller vorankommen als der Rest des Marktes.

10. Anführermentalität

Die sozialen Medien sind eher ein Spiel um die Anführerschaft als um das Marketing.

Guerillas beobachten die Gemeinschaft und sammeln Informationen, denken aber immer auch darüber nach, was als Nächstes kommt. Sie schaffen Trends und einzigartige Lösungen und sind Vordenker. Vordenkerschaft und Engagement gegen Branding und Pitching.

Der Begriff Soziale-Medien-Marketing ist irreführend. Er wird oft als Werkzeug oder Taktik betrachtet. Viele Menschen sehen die sozialen Medien und Netzwerke nur als Vertriebskanäle für ihre cleveren Marketing- und Branding-Kampagnen. Dabei ist das nur eine Ebene der sozialen Medien.

Wie man ein Guerilla-Geek werden kann

Treten Sie www.Meetup.com bei und suchen Sie nach Gruppen, die sich treffen und Informationen über aufkommende Trends und Techniken austauschen. In vielen großen Städten gibt es solche Gruppen. Weitere Sammelpunkte sind:

- ★ Blogger-Treffen. Blogger tauschen Informationen über die neuesten Blogging-Werkzeuge, Anwendungen, Automatisierungstechniken, Strategien zum Ankurbeln des Traffic und besten Techniken zum Herstellen von Inhalten aus.
- ★ Flickr- und Fotografie-Treffen. Diese Gruppen diskutieren fast alles, was Sie über digitale Fotografie und Bildaufnahmegeräte wissen müssen.
- ★ Apple- und Mac-Treffen. Apple stellt einige der besten Werkzeuge für soziale Medien her. In diesen Gruppen können Sie Ihr Wissen rund um den Einsatz von Apple-Produkten erweitern.
- ★ Videotreffen. Hier konzentriert man sich vorrangig auf die besten Hinweise zum Aufnehmen und Produzieren, Bearbeiten und sogar Vertrieb und Marketing von Videos.

- ★ Internet-Suchmaschinen- und Marketing-Treffen. Diese Gruppen diskutieren alles vom Ranking bei Google bis zum wirkungsvollen Einkaufswagendesign.
- ★ Neue-Medien-Marketing-Treffen. In den meisten Städten gibt es mehr als eine dieser Gruppen. Hier kann man hervorragend andere Guerillas treffen und die besten Hinweise über das Marketing in den sozialen Medien austauschen.
- ★ Der lokale Social Media Club. Die weltgrößte Vereinigung für soziale Medien wurde im Juli 2006 von Chris Heuer gegründet. Er startete den Social Media Club, um die Branche zu professionalisieren und Techniken und ethische Probleme rund um die sozialen Medien mit anderen zu diskutieren. Eines seiner wichtigsten Ziele besteht darin, auf der ganzen Welt die Medienkompetenz zu verbessern.

Nehmen Sie sich jeden Tag Zeit, ausgewählte Blogs zu lesen, Podcasts über Technologie und globale Unternehmenstrends anzuhören. Dies sind einige großartige Blogs und Online-Ressourcen:

- ★ www.Technorati.com. Diese Site bewertet und indiziert die besten Blogs im Internet. In der Tech-Kategorie finden Sie die beliebtesten aktuellen Tech-Nachrichten aus tausenden von Blogs.
- ★ www.PostRank.com. Diese Site bewertet Blogs nach Beteiligung. Dabei werden Kommentare, Tweets, Links und soziales Bookmarking berücksichtigt. Hier werden die wichtigsten soziale-Medien- und Technik-Blogs aufgeführt. Die Ranglisten werden täglich aktualisiert.
- ★ www.iTunes.com. Es gibt Dutzende hochwertiger Podcasts auf iTunes. Sie brauchen dazu das iTunes-Programm für PC oder Mac. Klicken Sie nach dem Laden zuerst auf den iTunes Store-Button und anschließend auf Podcasts. Sie können nach Stichworten suchen oder die Kategorien anschauen. Dort haben Sie die Möglichkeit, kostenlose Podcasts zu abonnieren.
- ★ Wired-Magazin. Wired bietet sowohl ein Netzwerk aus Blogs als auch eine gedruckte Zeitschrift. Dort wird alles behandelt – von allgemeinen Techniktrends bis zu abgefahrenen Erfindungen. Es

ist eine großartige Quelle für neue Ideen, Trends und Einblicke.

★ Teilnahme an soziale-Medien- und Technikkonferenzen. Sie lernen schneller, wenn Sie an Seminaren teilnehmen und sich mit echten Experten in den sozialen Medien auseinandersetzen. Oft greift man hier Tipps, Tricks und Erkenntnisse viel schneller auf, als wenn man online nach Informationen sucht.

★ Nehmen Sie Verbindung zu Leuten mit gutem Technikwissen auf. Das müssen nicht unbedingt Guerillas sein. Lernen Sie einfach von diesen Leuten und wenden Sie Guerilla-Prinzipien auf das erworbene Wissen an. Gegenseitiges Mentoring und Lernen anhand von Vorbildern ist entscheidend. Schauen und hören Sie zu, was diese Menschen machen.

★ Folgen Sie Tech-Vorbildern auf Twitter, Facebook, LinkedIn, Google Plus und anderen Plattformen. Oft versenden diese Status-Meldungen über neue und aufregende Techniken und liefern sogar Einblicke in großartige Blogs, Konferenzen und Ressourcen.

Die 10 Persönlichkeitsmerkmale eines Guerilla-Marketers in den sozialen Medien

1. Immunität gegen Hypes
2. Neugier
3. Die Fähigkeit zum Sprint
4. Die Fähigkeit, Marathons zu laufen
5. Transparenz
6. Gemeinschaftsorientiert
7. Gewinnorientiert
8. Technikhungrig
9. Selbstentwickler
10. Anführermentalität

Guerilla-Marketing mit Memes

Man glaubte einst, dass alle Unternehmen ein Logo brauchen, weil man über das Auge 78 Prozent besser an die Menschen herankommt als über das Ohr. Heute wissen Guerillas, dass man viel mehr braucht als ein Logo. Sie brauchen ein Mem. Und was genau ist ein Mem? Die Antwort findet man in der Frühgeschichte.

Uba, der Höhlenmensch

Der prähistorische Mann, Uba, brachte den ganzen Tag im Nieselregen zu und versuchte, Fische zu fangen, weil seine Familie dringend Essen brauchte. Uba bekam aber im Fluss keinen Fisch zu fassen, obwohl er gelegentlich schon einen in der Hand hatte.

Frustriert und schon ganz schwach vor Hunger konnte er die Fische einfach nicht festhalten, weil sie ihm aus den Händen rutschten und wieder in den Fluss fielen. Noch schlimmer: Der Niesel wurde zu einem Regenguss und Uba suchte Zuflucht in einer nahen Höhle.

Als seine Augen sich an das Dunkel gewöhnt hatten, bemerkte er in der Höhle eine Reihe von Zeichnungen. Eine stellte einen Hirsch dar. Eine andere zeigte eine gottähnliche Gestalt.

Es war jedoch die dritte, die wirklich seine Aufmerksamkeit erregte. Auf der Höhlenwand war eine einfache Zeichnung eines Mannes zu sehen, der einen langen Stock in der Hand hielt. Am Ende des Stockes steckte ein Fisch. Plötzlich wusste Uba, was zu tun war!

Schon nach einer Stunde kehrte er mit fünf Fischen zu seiner Familie zurück. Er hatte sie alle mit einem angespitzten Stock erlegt. Ubas Familie wurde durch ein Mem gerettet. Seine Kultur wurde durch ein Mem gerettet. Seine ganze Zivilisation wurde durch ein Mem gerettet.

> Ein Mem ist ein selbsterklärendes Symbol, das Worte, Aktionen, Töne oder (in diesem Fall) Bilder nutzt, um eine ganze Idee zu vermitteln. Uba hat vielleicht das erste Mem der Geschichte entdeckt.

Memes können viel mehr, als nur eine Familie zu retten. Memes können auch Unternehmen retten und sie in die Hochgewinnzone katapultieren. Guerilla-Kreativität bedeutet, dass Sie die wundersamen Kräfte von Memes in Ihrem Marketing einsetzen.

> Ein Mem ist ein selbsterklärendes Symbol, das Worte, Aktionen, Töne oder (in diesem Fall) Bilder nutzt, um eine ganze Idee zu vermitteln.

Was Sie nicht über Kreativität wissen, geht Ihrem Gewinn Jahr für Jahr verloren. Was Sie hier dagegen lernen, erhöht Ihre Gewinne – jetzt und immerdar. Das mag Ihnen so fremd vorkommen, wie es das Internet in den 1970ern war – es ist aber für die Rentabilität Ihres Unternehmens ebenso wichtig wie das Internet.

Kreativität im Marketing ist ganz anders als Kreativität in der Kunst. Bei Memes im Marketing geht es um Gewinn. Und Guerilla-Kreativität besitzt in ihrem Kern ein Mem. Deswegen ist ein Mem der Schlüssel zu wahrer Guerilla-Kreativität.

Das Rad ist ein Mem. Der Green Giant ist ein Mem. Wenn Sie weiterlesen, werden Ihnen noch viel mehr Memes bewusst werden, aber vor allem werden Sie einen erstaunlichen Mangel an Memes im Marketing erkennen. So schlecht das ist, ist es doch ein tolles Zeichen für Guerillas.

Die Guerilla-Kreativität sagt Ihnen, es ist Zeit für Ihr Unternehmen, ein eigenes Mem zu schaffen. Damit werden Sie bei Ihrer Zielgruppe potenziellen Eindruck schinden – und diese wird es in ihrer Familie willkommen heißen.

> Memes reisen. Memes breiten sich aus. Memes sind viral. In wissenschaftlichen Kreisen bezeichnet man sie sogar als »Gedankenviren«.

Memes reisen. Memes breiten sich aus. Memes sind viral. In wissenschaftlichen Kreisen bezeichnet man sie sogar als »Gedankenviren«. Memes sind einfach herzustellen. Und Memes können die Rentabilität Ihres Unternehmens ankurbeln, ganz zu schweigen von der Zivilisation selbst.

Mit Memes sparen Sie Geld. Sie enthalten eine Botschaft, die wiederholt wird, bis allen klar ist, was Sie anbieten. So müssen Sie nicht ständig Ihre Marketingkampagne ändern.

Sie durchbrechen die sensorische Überlastung, die mit jedem Tag zunimmt. Je größer die Überlastung wird, umso dringender brauchen Sie ein Mem für Ihr Unternehmen.

Richard Dawkins, ein Biologe aus Oxford, der den Begriff »Mem« in seinem Buch Das egoistische Gen (1976) prägte, definiert es als eine Grundeinheit der kulturellen Übertragung oder Imitation. Guerilla-Marketer bezeichnen es als die Essenz einer Idee, ausgedrückt als ein Symbol oder eine Wortgruppe, eine Aktion oder einen Ton – oder alles zusammen.

Memes sind perfekte Partner für Marketingkampagnen – wo sich Ideen aus einem Ozean anderer abheben und sofort kommuniziert werden müssen, da sie ansonsten untergehen.

Sie müssen drei Dinge über das Mem wissen

1. Es ist der kleinste gemeinsame Nenner einer Idee, eine Grundeinheit der Kommunikation.
2. Es kann das menschliche Verhalten verändern. Für einen Guerilla bedeutet das, dass man Menschen dazu motiviert, das Angebotene zu kaufen.
3. Es ist die Essenz der Einfachheit, in Sekundenschnelle ohne Sprache verständlich.

Innerhalb von zwei Sekunden vermitteln Memes, wer Sie sind und weshalb jemand von Ihnen und nicht von Ihrem Konkurrenten kaufen sollte. Sie lösen außerdem eine emotionale Reaktion aus und erzeugen ein Verlangen.

Das Wesen der Guerilla-Kreativität besteht darin, Marketing mit der Macht der Memes zu schaffen. Guerilla-Kreativität erträumt ein Symbol oder Wort, Aktionen oder Töne, die ein Konzept vermitteln, das jeder sofort und einfach verstehen kann.

Die am häufigsten eingesetzten Memes der Welt sind heutzutage die internationalen Verkehrszeichen. Innerhalb von Sekunden sagen diese ohne Worte exakt, was Sie machen sollen.

Ihre Gewinne werden ansteigen, wenn Sie für Ihr Geschäft ein einfaches Mem schaffen – und es dann für Jahre, Jahrzehnte, Jahrhunderte anpreisen.

Memes können mit Worten (Lean Cuisine), mit Bildern (der Marlboro-Cowboy), mit Tönen (das fröhliche Ho Ho Ho des Green Giant), mit Aktionen (Clydesdale-Pferde, die den Budweiser-Wagen ziehen) oder mit Symbolik (Flammen auf dem Burger-King-Hamburger) kommunizieren. Memes sind seit Anbeginn der Zeit die Architekten des menschlichen Verhaltens.

Das Rad war eine riesige Verbesserung des Transports, es war aber auch ein Mem, weil es als selbsterklärendes Symbol eine ganze Idee repräsentiert. Wenn Sie ein Rad sehen, wissen Sie sofort, wie Sie es benutzen und warum es so nützlich ist. Sie brauchen keine weiteren Anweisungen. Sicher, ein Wagen mit Rädern transportierte Waren von Ort zu Ort. Wichtiger war aber, dass er gleichzeitig die Idee des Rades von Geist zu Geist trug.

Memes werden durch Wissen und Forschung geboren. Sie wirken Wunder, indem sie das Unterbewusstsein Ihrer potenziellen Kunden ansprechen. Obwohl es sie seit Beginn der Menschheit und sogar seit Beginn des Lebens auf der Erde gibt (Lebensformen hinterlassen oft mem-artige Signale, wie angefressene Sträucher, Kot und Schalen, die Verhaltensweisen bei anderen Lebensformen auslösen), sind Memes im Marketing relativ neu.

Lassen Sie sich davon nicht aufhalten und machen Sie sich mit ihnen vertraut. Nehmen Sie den größten visuellen Vorteil, den Sie zu bieten haben, und verwandeln Sie ihn in ein Mem. Je länger Sie ihn benutzen, umso stärker wird er.

Exzellenz im Guerilla-Marketing erreichen

Das dritte Guerilla-Marketingbuch von Jay unterschied sich von den ersten beiden. Diese widmeten sich der Frage, wie man Marketing macht. Das dritte Buch hingegen zeigte Guerillas, wie sie wahre Exzellenz darin erreichen. Es hält Sie von den schmerzlichen Fallen fern, während es Sie gleichzeitig auf den Weg zu höheren Gewinnen bringt. Damit vermeiden Sie es, wie andere wohlmeinende Unternehmen Unsummen für fehlgeleitetes Marketing zu verschwenden.

Natürlich wissen Guerillas, dass Marketing zwar wie ein lustiges Spiel ist, es andererseits aber auch mit echtem Geld gespielt wird. Hier ist kein Platz für Kinder, Amateure oder Schwindler. Wie Sie über Marketing denken, wirkt sich ganz entscheidend darauf aus, wie gut es für Sie funktioniert. Dieses Buch soll Ihnen helfen, Ihre Denkweise zu Ihren Gunsten (d. h. zu Gunsten Ihres Reingewinns) zu beeinflussen.

Die Themen in Guerilla Marketing Excellence, diesem dritten Buch, sind nicht Bestandteil des normalen Lehrbuchmarketings. Andererseits sind sie zu wichtig, um sie zu ignorieren, falls Sie tatsächlich die Rentabilität Ihres Unternehmens steigern wollen. Die Richtlinien in unseren früheren Büchern waren zielorientiert. Die Richtlinien, die gleich von den »50 goldenen Regeln« aufgestellt werden, dienen der Feinjustierung, so dass Sie immer ins Schwarze treffen.

Die hier gezeigten Ratschläge werden Ihnen möglicherweise schon ein wenig bekannt vorkommen, da sie vielfach Ausdruck des gesunden Menschenverstands sind. Als Guerilla sollten Sie diese Wahrheiten kennen. Doch das allein reicht nicht.

Sie müssen auch die Einstellung eines Guerilla haben. Sie müssen es wissen. Mit dem richtigen Wissen sind Sie nicht versucht, die Regeln zu brechen, auch wenn Ihnen langsam die Geduld ausgeht. Es ist nämlich keine gute Idee, eine goldene Regel zu brechen.

Das Wissen um diese Regeln spiegelt sich in Ihren Gewinnen wider. Wenn Sie sie praktizieren, bekommt Ihr Marketing den richtigen Biss – Naivität oder unsinnige Vorstellungen werden ausgeräumt.' Wissen erhöht Ihre Marketingexpertise und Ihr Verständnis, bis selbst Ihre Konkurrenten staunen, potenzielle Kunden machtvoll von Ihnen angezogen werden und Kunden den Respekt, den Sie ihnen zollen, in Form wiederholter Geschäfte und enthusiastischer Empfehlungen erwidern. Kann es wirklich so gut sein? Für Guerilla-Marketer kann es das.

Manche große Unternehmen umgehen diese Regeln mithilfe bodenloser Bankkonten. Die meisten kleinen Unternehmen können sich jedoch eine solche Ignoranz und Völlerei nicht leisten. Sie müssen lernen, was Guerillas wissen, damit jeder Dollar (oder Euro) die Arbeit vieler Dollars (oder Euros) leistet. Und wie sie lernen! Außerdem genießen Guerillas den Vorteil von Geschwindigkeit und Flexibilität.

Falls Ihnen irgendetwas auf diesen Seiten gegen den Strich geht oder eines Ihrer Idole vom Sockel stößt, entschuldigen wir uns nicht, denn genau das ist unsere Absicht. Es bedeutet, dass Sie es verstehen. Es bedeutet, dass Sie die Regeln lernen.

Guerillas streben genau wie Olympia-Teilnehmer nach Gold. Diese goldenen Regeln ermöglichen Ihnen dies ebenfalls. Sie bringen Sie auf Erfolgskurs, indem sie Ihnen die Feinheiten des Marketing nahebringen, die kleinen, aber allmächtigen Details, die in den meisten Marketingkursen nicht berührt und von vielen Marketingabteilungen nicht praktiziert werden.

> Manche große Unternehmen umgehen diese Regeln mithilfe bodenloser Bankkonten. Die meisten kleinen Unternehmen können sich jedoch eine solche Ignoranz und Völlerei nicht leisten.

Seien wir einmal ganz ehrlich. Das meiste Marketing in Amerika ist schrecklich. Wenn Sie feststellen, dass ein Unternehmen wächst, positive Mundpropaganda erhält, gedeiht und erfolgreich ist, liegt das mit hoher Wahrscheinlichkeit daran, dass es – bewusst oder unbewusst – den goldenen Regeln des Guerilla-Marketing folgt und merkt, dass die Regeln zu höheren Gewinnen und konzentrierterem Marketing führen.

Die Bekleidungskette The Gap fing klein an, wurde groß und befolgte die ganze Zeit diese Regeln. Viele kleinere Unternehmen beginnen mit wenig mehr als der Kenntnis dieser Regeln, werden in ihrer Gegend zum Marktführer und legen eine unerschütterliche Ergebenheit für die goldenen Regeln des Guerilla-Marketing an den Tag.

Als (angehender) Guerilla sollten Sie wissen, dass Sie sich von einer einfachen Guerilla-Marketingstrategie und einem Guerilla-Marketingkalender leiten lassen sollten, bewaffnet mit einem ganzen Arsenal voller Guerilla-Marketingwaffen – während Sie bequem in zwei Welten leben, der Online- und der Offline-Welt.

Diese Werkzeuge sowie die Kenntnis der kommenden Regeln erlauben es Ihnen, einen ansehnlichen Teil des Schlaraffenlandes – oder sogar ein bisschen mehr – für sich zu erobern. Dort sitzen auch Ihre potenziellen Kunden. Geschäftsleute, die das Marketing ohne ein Rahmengerüst angehen, gehen große Risiken ein, selbst wenn sie ehrlich davon ausgehen, dass sie einem konservativen Kurs folgen. Was Sie nicht wissen, schadet Ihnen in diesem Bereich, und oft werden Ihre Kunden – ob bestehend oder zukünftig – auch beschädigt.

> Doch wahre Guerilla-Denker kennen die Regeln, die sie absichtlich brechen, anstatt unabsichtlich Regeln zu brechen und damit der Katastrophe Tür und Tor zu öffnen.

Ist es wichtig, jede dieser goldenen Regeln zu kennen? Unbedingt. Ist es nötig, bei Ihren Marketingvorhaben jede einzelne Regel zu befolgen? Ist es nicht. Doch wahre Guerilla-Denker kennen die Regeln, die sie absichtlich brechen, anstatt unabsichtlich Regeln zu brechen und damit der Katastrophe Tür und Tor zu öffnen.

Natürlich ändern sich die Regeln ständig. Aber goldene Regeln enthalten einige grundsätzliche Wahrheiten, die sich viel langsamer ändern. Und einige ändern sich nie. Wie schnell ändert sich das menschliche Wesen? Man verliert nichts, wenn man diese Regeln kennt. Ist man sich ihrer aber nicht bewusst, steht sehr viel auf dem Spiel.

Der Guerilla-Geschäftsmann, der diese Regeln kennt, weiß, wie er über das Marketing denken muss – ein Talent, das viele Konkurrenten nie entwickeln. Seine Aktionen im Geschäft sind beispielhaft und weisen auf sein Wissen und de echten Guerilla hin.

Sie müssen entscheiden, ob Sie die 50 goldenen Regeln des Guerilla-Marketing befolgen oder ignorieren. Sie können sie hier nachlesen und müssen nicht erst Google bemühen oder einen MBA-Kurs in Marketing ablegen. Auf den folgenden Seiten finden Sie Regeln, die ein Unternehmen erfolgreich machen oder scheitern lassen können. So einfach und so wichtig sind sie. Folgen Sie ihnen oder lassen Sie es bleiben. Doch Ihr Unternehmen und Ihre Zukunft hängen von Ihrer Entscheidung ab.

50 Goldene Regeln

Goldene Regeln für Ihr DENKEN

1. Sie sind gesegnet mit der Vision eines Guerillas. Streben Sie deshalb nicht nach sofortiger Befriedigung, sondern suchen Sie Ihre Belohnung mit Weitsicht.
2. Die Fähigkeit, akkurat Ihren exakten Markt oder Ihre exakten Märkte zu definieren, beeinflusst drastisch Ihre Rentabilität.
3. Richten Sie Ihr Marketing auf Leute aus, die bereits im Markt sind, und stellen Sie fest, was diese wirklich kaufen wollen.
4. Es ist viel einfacher, eine Lösung für ein Problem zu verkaufen als einen Vorteil.
5. Ihre eigene Kundenliste ist die Beste auf der Welt – aber nur, wenn sie vor Informationen über die einzelnen Kunden strotzt.
6. Stellen Sie stets Ihre Achtung für Ihre Kunden zur Schau, indem Sie versuchen, ihnen mit Nachfolgeleistungen behilflich zu sein.
7. Gestalten Sie Ihr Unternehmen so, dass es zur Bequemlichkeit Ihrer Kunden agiert und machen Sie es leicht, Geschäfte mit Ihnen abzuschließen.
8. Fragen führen zu Antworten, Antworten führen zu einem guten Verhältnis mit den Kunden, ein gutes Kundenverhältnis führt zu Gewinn.
9. Marketing ist immer effektiver, wenn man es als Verkaufszeit betrachtet und nicht als Show-Zeit.
10. Wenn Sie neue Angebote vorstellen, kündigen Sie sie enthusiastisch als neu an und erklären Sie dann ganz deutlich, weshalb sie gut sind.

11. Je mehr Know-How Sie über den Gesamtmarketingprozess besitzen, umso mehr Gewinn werden Sie einstreichen.

12. Tun Sie alles in Ihrer Macht stehende, damit Ihre Marketingtechniken und -taktiken ehrlich und über alle Kritik erhaben sind.

13. Alles in Ihrem Marketing sollte so gestaltet sein, dass es nicht nur Ihre Verkäufe steigert, sondern Ihren Gewinn.

Goldene Regeln für Ihre EFFEKTIVITÄT

14. Es ist einfacher, einen gesunden Marktanteil und einen Anteil am Geld zu erzielen, wenn Sie zuerst einen gesunden Anteil im Geist erreichen.

15. Betonen Sie den Inhalt Ihres Angebots anstelle der Form, die es annimmt.

16. Ihr Marketing hat eine Verpflichtung, die Aufmerksamkeit und das Interesse so vieler potenzieller Kunden wie möglich zu erregen und zu halten.

17. Passen Sie auf, dass Ihr Timing stimmt – das richtige Marketing für die richtigen Leute bringt nur dann etwas, wenn es auch zur richtigen Zeit kommt.

18. Die Leute erinnern sich nur an den cleversten Teil Ihres Marketings. Sorgen Sie dafür, dass dieser sich direkt auf das bezieht, was Sie verkaufen.

19. Wie auch immer Sie es nennen: Wahr ist, dass jeder sich gern bestechen lässt – mit einem Geschenk, das zu einer Reaktion anregt, nicht mit Geld, das unter dem Tisch durchgereicht wird.

20. Der Schlüssel zum wirtschaftlichen Marketing besteht nicht darin, Geld zu sparen, sondern dafür zu sorgen, dass sich die Investition anständig auszahlt.

21. Es ist einfacher, jemanden zu dem schweren Schritt zu bewegen – etwas zu kaufen–, wenn er vorher schon den leichten Schritt gegangen ist – Informationen anzufordern.

22. Winzige Anteile eines riesigen Marktes sind reichlich vorhanden und profitabel, wenn Sie immer eine Person zu einem Zeitpunkt abfertigen.

23. Investieren Sie kein Geld in Originalität, wenn die Investition dazu da sein sollte, Gewinne zu generieren.

24. Gewinne werden maximiert, wenn Sie innovatives Marketing ausüben und sich vor anderen Guerillas schützen.

25. Vermarkten Sie Ihre Dienste sorgfältig, indem Sie die vielen wunderbaren Möglichkeiten betonen, die sich in einer einzigartigen Nische verbergen.

26. Es ist möglich, Ihr Produkt in fast jedem Geschäft zu verkaufen, wenn Sie TV-Marketing zu Hilfe nehmen.

27. Marketing ist nur erfolgreich, wenn Sie oder eine andere dazu ausgewählte Person regelmäßig Zeit und Energie hineinstecken.

28. Um Ihren künftigen Marketingerfolg zu sichern, sollten Sie eher auf Kooperation als auf Konkurrenz setzen.

Goldene Regeln für Ihre MARKETING-UNTERLAGEN

29. Identifizieren oder schaffen Sie Ihre Wettbewerbsvorteile und konzentrieren Sie Ihr Marketing dann darauf.

30. Wenn Sie zehn Stunden Zeit haben, um eine Werbung herzustellen, verwenden Sie neun Stunden davon für die Überschrift.

31. Die richtigen Worte führen eine großartige Idee zum Erfolg, während die falschen Worte eine großartige Idee zum Scheitern verurteilen.

32. Erkennen Sie, dass jeder Kunde zuerst ein Mensch und dann erst ein Kunde ist.

33. Vermeiden Sie den Einsatz von Humor, es sei denn, er ist für Ihr Angebot unerlässlich und lenkt nicht davon ab.

34. Die Glaubwürdigkeit und Überzeugungskraft Ihres Marketings nimmt proportional zur Menge der speziellen Daten zu, die Sie zur Verfügung stellen.

35. Viele Marketingwaffen sind nur dann wirkungsvoll, wenn sie mit anderen Marketingwaffen kombiniert werden.

36. Obwohl sich der Guerilla bedingungslos seinem Plan hingibt, braucht er manchmal eine Spielerei.

37. Lassen Sie Ihre Marketingunterlagen von einem Profi herstellen, da Sie selbst ein Hauch von Unprofessionalität Ihre Verkäufe kosten kann.

Goldene Regeln für Ihre AKTIONEN

38. Je mehr Sie bei Ihren Konkurrenten, in Ihrer Branche und bei sich selbst ausspähen, umso mehr Gelegenheiten zur Verbesserung finden Sie.

39. Schaffen Sie einen Weg des geringsten Widerstands zum Verkauf, indem Sie diesen Pfad mit Glaubwürdigkeit pflastern.

40. Reparieren Sie es nur, wenn Sie absolut sicher sind, dass es kaputt ist.

41. Es ist durchaus weise, der erste in der Schlange zu sein, wenn Ihr potenzieller Kunde kauft, es ist aber auch profitabel, der zweite in der Schlange zu sein, falls der erste es irgendwie vermasselt.

42. Im Geschäft gibt es mehr Unternehmen, die scheitern, als solche, die erfolgreich sind. Diejenigen, die Erfolg haben, sind auch die, die beweisen, dass sie sich Gedanken machen.

43. Unternehmen, die darüber nachdenken, was sie den Menschen geben können, geht es besser als solchen, die darüber nachdenken, was sie nehmen könnten.

44. Um richtig zu »netzwerken«, müssen Sie Fragen stellen, Antworten anhören und sich auf die Probleme der Leute konzentrieren, mit denen Sie in Verbindung treten wollen.

45. Wenn Sie als erster mit einem neuen Produkt oder einer neuen Dienstleistung herauskommen, müssen Sie darauf gefasst sein, Apathie und Angst entgegenzutreten.

46. Um während einer Wirtschaftsflaute erfolgreich Marketing zu betreiben, konzentrieren Sie Ihre Kräfte auf vorhandene Kunden und größere Transaktionen; betonen Sie einen hohen Wert stärker als einen niedrigen Preis.

47. Bei besonders wichtigen Kunden ist Marketing besonders wichtig.

48. Wenn Sie das Marketing planen, herstellen und anschließend beurteilen, ist es unabdingbar, sich von einem Guerilla-Kalender leiten zu lassen.

49. Behandeln Sie Verkaufstransaktionen nicht als Einzelereignisse, sondern als den Beginn oder die Fortführung enger und dauerhafter Beziehungen. Betrachten Sie Ihre Website genauso.

50. Falls Sie nicht die Kontrolle über Ihr Marketing übernehmen, liegt die Zukunft Ihres Unternehmens in den Händen Ihrer Konkurrenten. Fressen oder gefressen werden.

Die Goldenen Regeln brechen

Es ist unausweichlich, dass Regeln – selbst goldene – gebrochen werden. Sie müssen sie deshalb in- und auswendig kennen, um zu wissen, was Sie brechen und warum.

Als wir unseren Kindern den Namen dieses Kapitels verrieten, sagten sie: »Jep, dafür sind Regeln da.« Das stimmt nicht. Nicht diese goldenen Regeln.

Diese Regeln wurden formuliert, damit Sie Ihr Geschäft verbessern, indem Sie mehr Gewinne erzielen. Das führt hoffentlich außerdem zu weniger Stress und mehr Freizeit. Wenn Sie diesen Regeln folgen, vermeiden Sie hoffentlich die Fallen, in die viele Unternehmer in Unkenntnis der Regeln gestolpert sind.

Als sie die goldenen Regeln brachen, war ihnen gar nicht bewusst, dass sie dies taten. Sie können nicht auf diese bequeme Ausrede zurückgreifen. Sie kennen die Regeln. Wenn Sie welche brechen, dann müssen Sie einen außerordentlich guten Grund dafür haben. Die Regeln sind dazu da, befolgt zu werden – bis zu einer kontinuierlich steigenden Verkaufskurve und in ein unternehmerisches Nirvana.

> Es ist unausweichlich, dass Regeln – selbst goldene – gebrochen werden. Sie müssen sie deshalb in- und auswendig kennen, um zu wissen, was Sie brechen und warum.

Falls Sie Regeln brechen wollen, fahren Sie einfach schneller als erlaubt oder reißen das Siegel von Ihrer Matratze, das Sie vor ernsten Folgen warnt, falls Sie dies tun. Folgen Sie jedoch den goldenen Regeln und denken Sie daran, dass Dinge sich ändern, auch wenn die Regeln erst einmal absolut passgenau sind – entsprechend müssen sich auch einige dieser Regeln ändern. Eigentlich ist das eine Schande, weil die Geschäfte deutlich einfacher laufen, wenn man Regeln hat, die man befolgen kann.

Die goldenen Regeln des Guerilla-Marketing bieten Ihnen diese Klarheit. Hier wird nicht um die grundlegenden Probleme herumgeeiert. Handeln Sie wie ein Guerilla und folgen Sie diesen Regeln. Wir sagen nicht, dass es einfach sein wird. Wir sagen nicht, dass es ein Spaziergang wird. Wir sagen nicht, dass es schnell gehen wird. Wir versprechen Ihnen aber, dass Sie mehr Gewinne einfahren und weniger Stress haben werden, wenn Sie sich mit Ihrem Unternehmen an diese goldenen Regeln halten.

Uns ist klar, dass Geschäft mehr bedeutet als nur Marketing. Sie müssen alle Details parat haben, da das Marketing – und damit meinen wir auch Guerilla-Marketing, das sich an die goldenen Regeln hält – sonst seine Magie nicht entfalten kann. Diese Regeln bieten Ihnen viele der Details. Schließlich kann ein Großteil des Geschäfts unter die Bezeichnung Marketing fallen. Lassen Sie sich nicht von kleineren Überschneidungen irremachen.

Angesichts der menschlichen Natur schätze ich, dass auch Sie manchmal versucht sind, die Regeln hinsichtlich der Cleverness, Zurückhaltung, des Networking, des Humors oder der Originalität zu brechen. Das überrascht uns nicht. Diese Regeln werden am häufigsten gebrochen. Doch sind wir auch der Meinung, dass Sie es nicht mehr als einmal wagen werden, sie zu brechen.

»Autsch! Das Feuer war heiß! Ich werde meine Hände nicht wieder in die Flammen halten.« Diese Regeln verhindern, dass Sie diese schmerzvolle Lektion lernen müssen.

Noch unwahrscheinlicher ist, dass Sie an den Regeln herumspielen, die Gewinn, Ehrlichkeit, Interessantsein, wirtschaftliches Handeln, Ihre Bereitschaft, sich zu kümmern, oder das Erlangen von Glaubwürdigkeit betreffen. Dafür sind Sie zu klug. Wenn Sie in einem Buch über Marketing schon so weit vorgedrungen sind, werden Sie solche offensichtlich wichtigen Regeln nicht missachten. Versuchen Sie, dieselbe Stetigkeit auch für die goldenen Regeln an den Tag zu legen, die eine etwas größere Herausforderung für Sie darstellen.

Sie wissen jetzt Bescheid, wie wichtig es ist, Regeln zu folgen. Gehen Sie nun los und entdecken Sie selbst Regeln. Das Internet ist noch zu neu für einen Kanon an Regeln. Das gilt auch für die sozialen Medien. Stellen Sie neue Regeln auf, indem Sie mit Ihrem Marketing experimentieren. Engagement schließt Experimentieren nicht aus, wenn die Experimente in Testmärkten durchgeführt werden.

Guerilla-Marketing ermutigt sogar zum Experimentieren und scheut auch nicht das Risiko von Fehlschlägen. Lassen Sie sich nicht von potenziell heißen Ideen abbringen, nur weil Sie kalte Füße bekommen. Wenn Sie noch nicht auf die Nase gefallen sind, haben Sie es vielleicht nicht kräftig genug probiert oder Sie sind ein Guerilla, der weiß, wo die Hindernisse stehen. Machen Sie sich auf jeden Fall klar, dass Experimentieren nicht unbedingt bedeutet, die Regeln zu brechen.

Okay, soweit sind wir uns einig. Jetzt wollen wir komplett die Richtung ändern und Sie einladen, über das Brechen von Regeln nachzudenken.

Vielleicht fällt Ihnen selbst ein guter Grund dafür ein. Dann machen Sie es einfach! Vielleicht wollen Sie mit Absicht eine Ausnahme von der Regel sein und haben alles gründlich durchdacht, einschließlich der Regel.

Unsere Kinder haben behauptet, Regeln seien dazu da, um gebrochen zu werden. Dabei sind Regeln dazu, um befolgt, aber auch, um in Frage gestellt zu werden. Viele dieser Regeln sind Antworten auf Fragen, die von Guerillas aufgeworfen wurden. Viele sind entstanden, weil man genau das Gegenteil der Regel gemacht hat und ständig frustriert war. Viele haben sich durch die Jahrhunderte und auf der ganzen Welt bewährt.

Wir haben diese Regeln ebenso wenig erfunden wie Moses die Zehn Gebote. Wir stellen sie Ihnen nur vor und geben Ihnen den Rat, ihnen zu vertrauen. Sie funktionieren für Sie genauso, wie sie für andere funktioniert haben.

Genauer gesagt: Eine Missachtung dieser Regeln hat viele Unternehmen in den Ruin getrieben – viele Unternehmer waren durchaus bewandert in allen Dingen des Lebens, hatten aber keine Ahnung vom Guerilla-Dasein.

Tun Sie sich den Gefallen und fragen Sie sich, weshalb Sie eine Regel brechen, wenn Sie es tun. Sie werden sich dafür ewig dankbar sein. Wenn Sie keinen Grund finden, sollten Sie der Regel unbedingt folgen. Wenn Sie eine Regel brechen, tun Sie es bewusst. Immerhin machen Sie es dann mit Absicht und nicht aus Ignoranz.

Es ist schwer, sich eine dümmere Verschwendung von Unternehmensgeld vorzustellen, als das versehentliche Brechen einer goldenen Regel. Verlieren Unternehmen auf diese Weise Milliarden? Ist es nachts dunkel? Wir können uns nun zumindest sicher sein, dass Sie es nicht machen.

Diese goldenen Regeln geben Ihnen Marketingerkenntnisse. Das ist für einen Guerilla, dessen Unternehmen jetzt und in Zukunft blühen soll, eine gute Sache. Seien Sie also froh! Ein altes chinesisches Sprichwort sagt: Hat man Vorausschau, ist man gesegnet, hat man dagegen Erkenntnis, ist man tausendmal gesegnet. Diesen Erkenntnissen fügen wir die goldenen Regeln hinzu.

Guerilla-Selbstvermarktung

> Ob Sie es wissen oder nicht, Sie vermarkten sich jeden Tag selbst, und zwar an viele Menschen. Immer senden Sie Botschaften über sich selbst hinaus.

> »Sie haben nur eine gute Chance, einen guten ersten Eindruck zu hinterlassen.«

Ob Sie es wissen oder nicht, Sie vermarkten sich jeden Tag selbst, und zwar an viele Menschen. Sie vermarkten sich, um etwas zu verkaufen, eine Beziehung wiederaufleben zu lassen, einen Job zu bekommen, eine Verbindung herzustellen oder etwas zu bekommen, was Sie verdienen. Immer senden Sie Botschaften über sich selbst aus.

Guerillas steuern die Botschaften, die sie aussenden. Entscheidend ist der Vorsatz. Guerillas leben bewusst. Nicht-Guerillas senden unbeabsichtigt Botschaften aus, auch wenn diese Botschaften schädlich für ihre Ziele im Leben sind. Sie wollen einen Beratungsvertrag abschließen, aber ihre Unfähigkeit, Blickkontakt aufzunehmen oder die hingenuschelte Nachricht auf dem Anrufbeantworter schrecken den potenziellen Geschäftspartner ab.

Guerillas senden keine unbeabsichtigten Botschaften

Unbeabsichtigte Botschaften errichten eine unüberwindliche Hürde. Ihre Aufgabe: Sorgen Sie dafür, dass es keine Hürde gibt. In Ihnen gibt es zwei Menschen – Ihr versehentliches Selbst und Ihr absichtliches Selbst. Die meisten Menschen sind in der Lage 95 Prozent ihres Lebens mit Vorsatz zu bewältigen. Das reicht aber nicht.

Es sind die restlichen fünf Prozent, die Sie in Schwierigkeiten bringen – oder Ihnen aus der Patsche helfen. Ich rede hier nicht von Falschheit. Seien Sie einfach, wer Sie sind und nicht, wer Sie nicht sind – seien

Sie sich bewusst, was Sie machen, ob Ihre Aktionen Ideen vermitteln, die Ihnen das bescheren, was Sie haben wollen und verdienen.

An wen vermarkten Sie sich, ohne es überhaupt zu merken?

- ★ Angestellte
- ★ Kunden
- ★ Potenzielle Kunden
- ★ Lehrer
- ★ Eltern
- ★ Kinder
- ★ Chefs
- ★ Arbeitgeber
- ★ Partner
- ★ Potenzielle Partner
- ★ Freunde
- ★ Verkäufer
- ★ Vermieter
- ★ Nachbarn
- ★ Experten
- ★ Mitglieder der Gemeinschaft
- ★ Polizei
- ★ Dienstleister
- ★ Familie
- ★ Banker

Drei große Fragen, suchen Sie eine Antwort

Beantworten Sie diese drei Fragen, um sich selbst ordentlich zu vermarkten:

1. Wer sind Sie jetzt? Was würden Freunde sagen, um Sie zu beschreiben? Seien Sie ehrlich statt höflich.
2. Was erwarten Sie vom Leben? Seien Sie genau.
3. Woran wollen Sie erkennen, dass Sie Ihre Ziele erreicht haben?

Wenn Sie diese Fragen nicht beantworten können, dann sind Sie zu versehentlichem Marketing verdammt und werden Ihr Leben damit zubringen zu reagieren, anstatt zu antworten. Die Aussichten, Ihre Ziele zu erreichen, sind auch nicht rosig.

Diese Leute können Ihnen helfen oder Sie daran hindern, das zu bekommen, was Sie verdienen. Sie können sie mit der Selbstvermarktung beeinflussen.

Wie senden Sie im Moment Botschaften aus und vermarkten sich?

Mit Ihrem Äußeren, das ist schon einmal sicher. Außerdem sind Blickkontakt und Körpersprache, Ihre Angewohnheiten und Ihre Sprechmuster beteiligt. Sie vermarkten sich schriftlich mit Ihren Briefen, E-Mails, Websites, Notizen, Faxen, Broschüren und anderen gedruckten Materialien. Sie vermarkten sich mit Ihrer Einstellung – dies ganz besonders. Sie vermarkten sich mit Ihrer Ethik.

Wie Menschen Sie beurteilen

Es mag Ihnen nicht bewusst sein, aber Menschen beurteilen Sie ständig, indem sie viele Dinge an Ihnen abschätzen und bewerten. Sie müssen dafür sorgen, dass die Botschaften Ihres Marketings nicht Ihre Träume zerstören.

Sie sind sich Ihres absichtlichen Marketings voll bewusst und stecken möglicherweise Zeit, Energie und Fantasie hinein, wenn nicht sogar Geld. Allerdings unterlaufen Sie diese Investition, wenn Sie nicht auf Dinge achten, die für andere sogar wichtiger sind: das Einhalten von Versprechen, Pünktlichkeit, Ehrlichkeit, Auftreten, Respekt, Dankbarkeit, Aufrichtigkeit, Feedback, Initiative, Zuverlässigkeit. Sie bemerken auch Leidenschaft – oder das Fehlen davon. Sie bemerken, wie gut Sie ihnen zuhören.

Anhand welcher Eigenschaften treffen Menschen Entscheidungen über Sie?

★ Bekleidung

★ Haare

★ Gewicht

★ Größe

★ Schmuck

★ Gesichtsbehaarung

★ Makeup

★ Visitenkarte

★ Lachen

★ Brille

★ Titel

★ Sauberkeit

★ Geruch

★ Zähne

★ Lächeln

★ Was Sie tragen

★ Blickkontakt

★ Gang

★ Körperhaltung

★ Tonfall

★ Handschrift

★ Rechtschreibung

★ Hut

★ Aufmerksamkeit

★ Auto

★ Büro

★ Zuhause

★ Nervöse Ticks

★ Händedruck

★ Sinn für Humor

★ Verfügbarkeit

★ Schreibfähigkeit

★ Telefonbenutzung

★ Enthusiasmus

★ Energie

★ Komfort online

Was Sie jetzt machen müssen

Was sollten Sie jetzt machen, da Sie diese Dinge wissen? Benjamin Franklin sagte, drei der härtesten Dinge in der Welt seien Diamanten, Stahl und sich selbst zu kennen. Nichtsdestotrotz präsentieren wir Ihnen hier einen dreistufigen Plan, der Sie auf den Weg zu Selbsterkenntnis und Selbstmarketing bringt.

1. Schreiben Sie eine positive Aussage über sich selbst. Stellen Sie fest, wer Sie sind und welche positiven Dinge an Ihnen am meisten auffallen.
2. Identifizieren Sie Ihre Ziele. Schreiben Sie die drei Dinge auf, die Sie am liebsten in den nächsten drei Monaten, drei Jahren und zehn Jahren erreichen wollen.
3. Nennen Sie Ihren Maßstab. Schreiben Sie detailliert auf, woran Sie erkennen wollen, ob Sie Ihre Ziele erreicht haben. Seien Sie kurz und spezifisch.

Um sich selbst als Guerilla zu vermarkten, seien Sie sich der Botschaften bewusst, die Sie aussenden, und kontrollieren Sie sie. Ihre Ziele sind dann viel einfacher zu erreichen.

10 Anforderungen, um ein Guerilla zu werden

1. Sie müssen Ihren Geist dem vollen Ausmaß des Marketings öffnen. Er ist voller, als Sie glauben.
2. Sie müssen die Persönlichkeit anderer erfolgreicher Guerilla-Marketer annehmen. Sonst wird das Leben hart.
3. Sie müssen anders über das Marketing denken. Viele der alten Wahrheiten sind inzwischen zu Mythen geworden. Und keine hat etwas mit dem Internet oder den sozialen Medien zu tun.
4. Sie müssen Ihren Guerilla-Marketingangriff mit einer leicht verständlichen und umsetzbaren Kampfstrategie planen.
5. Sie müssen mit Präzision und Realismus definieren, was Sie mit Ihrem Angriff erreichen wollen. Wenn Sie nicht definieren, greifen Sie nicht an.

Die ersten fünf Anforderungen sind nur die Grundlagen für den Kampf um gesunde, ehrliche und wachsende Gewinne. Sie werden Ihnen auf dem Weg zum Schlachtfeld helfen.

6. Sie müssen angreifen – machen Sie genau das, was Ihr Plan vorsieht. Treten Sie in Aktion!
7. Sie müssen verstehen, welche Medien Ihren Bedürfnissen am besten dienen können – und ob Sie überhaupt Medien brauchen.
8. Sie müssen Ihr ganzes Geschäft auf Ihren Kunden ausrichten – vor allem kann er Ihnen helfen, erfolgreich zu sein. Ihr Kunde muss Ihre Hingabe spüren.
9. Sie müssen erkennen, dass sich Marketing heutzutage schnell ändert. Es ist wilder als je zuvor, doch Sie können es meistern, wenn Sie damit Schritt halten. Guerillas machen das.
10. Sie müssen Ihren Guerilla-Marketingangriff aufrechterhalten. Wenn Sie die anderen neun Anforderungen erfüllen, bei dieser jedoch versagen, sind Sie verloren.

Meisterschaft im Guerilla-Marketing

★ Exzellenz ist weniger ein Ziel als vielmehr ein Prozess.
★ »Hat man Vorausschau, ist man gesegnet, hat man dagegen Erkenntnis, ist man tausendmal gesegnet.« Chinesisches Sprichwort
★ Ein Job, der zu 99 Prozent gut erledigt wurde, ist ein schlecht erledigter Job.
★ Das meiste Marketing heutzutage ist ziemlich schlecht. Es sieht viel besser aus, als es ist. Es strebt mehr nach Auszeichnungen als nach Verkäufen, ist also eher auf Lacher und Effekte aus als auf Gewinne.
★ Wenn Leute Ihre Fernsehwerbung sehen, sollen sie sagen: »Wow! Ich will Ihr Produkt haben!« und nicht: »Wow! Was für ein toller Film!«
★ Guerillas definieren Kreativität im Marketing als etwas, das die Gewinne erhöht.
★ Guerillas lernen, indem sie etwas machen, experimentieren, realistisch sind, aufpassen, aufmerksam sind, sich verbessern und ihre erfolgreichen Experimente ausnutzen.

Der Guerilla-Marketingangriff

* ★ Sie sind umzingelt. Sie sind umgeben von Feinden, die denselben Schatz suchen wie Sie. Diese Feinde haben sich als Besitzer kleiner und mittlerer Unternehmen getarnt. Sie wollen das verfügbare Einkommen haben, das Ihre künftigen und vergangenen Kunden besitzen. Sie streben nach der Aufmerksamkeit jedes warmblütigen Kunden.

* ★ Ihre Feinde meinen es ernst: Sie wollen Ihre Geschäfte, Ihre Gewinne. Möglicherweise überflügeln sie Sie in jedem Bereich, den man mit Geld kaufen kann. Aber in Marketingbereichen, die man nicht mit Geld kaufen kann, können sie Sie nicht übertreffen. Und auch im Denken können Ihre Feinde Sie nicht immer ausstechen. Mit ausreichend Zeit, Energie und Informationen gewinnen Sie denselben Marketingvorteil wie viele Ihrer Feinde, die dafür Unmengen an Geld hinauswerfen.

* ★ Gutes Marketing löst in den Gedanken potenzieller Kunden bestimmte Reaktionen aus. Eines der wichtigsten Wörter im Marketing ist »Schwung«. Wenn Ihre Verkäufer den Schwung Ihres anderen Marketings ausnutzen, rücken erfolgreiche Verkäufe in greifbare Nähe.

* ★ »Erzählen Sie den Menschen nicht, wie gut Sie die Waren machen; erzählen Sie ihnen lieber, wie gut Ihre Waren die Menschen machen.« Leo Burnett

* ★ Sprechen Sie mit Ihren potenziellen und bestehenden Kunden über sie selbst, und deren Aufmerksamkeit ist Ihnen sicher.

* ★ Der Guerilla-Marketingangriff konzentriert sich auf eine Person zu einem Zeitpunkt, nicht auf demografische Gruppen. Achten Sie darauf, dass der Angriff sich auf Personen richtet, eine nach der anderen. Beweisen Sie mit jedem Wort und jedem Bild in Ihrem Marketing, dass Sie sie jeweils einzeln im Sinn haben.

Die 10 Schritte des Guerilla-Marketingangriffs

1. Alles recherchieren
2. Eine Liste der Leistungen schreiben
3. Waffen auswählen und priorisieren
4. Einen Marketingplan anlegen
5. Einen Marketingkalender entwerfen
6. Partner für das Fusionsmarketing finden
7. Langsam den Angriff starten
8. Den Angriff aufrechterhalten
9. Alles durch Messungen überwachen
10. In jedem Bereich verbessern

Der Gartenjunge

Eines Tages kam ein kleiner Junge in einen Laden und bat den Besitzer, das Telefon benutzen zu dürfen. »Aber sicher,« erwiderte der Ladenbesitzer.

Der kleine Junge wählte eine Nummer und sagte zu der Person am anderen Ende der Leitung: »Ich rufe an, um Ihnen die Dienste des besten Gartenjungens der Stadt anzubieten.«

»Nun, um dir die Wahrheit zu sagen,« antwortete der Gesprächspartner, »wir glauben, wir haben schon den besten Gartenjungen in der Stadt.«

Der kleine Junge sagte dann: »Ich rufe in Wirklichkeit an, weil ich möchte, dass Sie den schönsten Vorgarten in der ganzen Straße bekommen, damit Sie stolz sind, wenn Sie ihn sehen.« »Ich muss sagen,« kam die Antwort, »wir sind ziemlich stolz, wenn wir unseren Rasen sehen.«

»Wenn das der Fall ist, dann gratuliere ich ihnen. Das freut mich wirklich für Sie«, antwortete der Junge. Er legte auf und gab dem Ladenbesitzer das Telefon zurück.

»Junger Mann,« rief der Mann aus, »ich konnte nicht anders, als alles mit anzuhören, und ich muss sagen, mit einer solchen Einstellung solltest Du keine Probleme haben, einen Job als Gartenjunge zu bekommen.«

»Oh, ich bin schon ein Gartenjunge,« erklärte der kleine Junge. »Um genau zu sein, bin ich Gartenjunge bei den Leuten, die ich gerade angerufen habe. Ich wollte mich nur selbst überprüfen.«

Wie Sie Ihre Konkurrenten recherchieren

1. Bestellen Sie etwas.
2. Besuchen Sie Ihre Konkurrenten.
3. Rufen Sie Ihre Konkurrenten an.
4. Fordern Sie etwas an.
5. Vergleichen Sie alles.
6. Kaufen Sie etwas.
7. Spionieren Sie sich selbst hinterher.

Der Guerilla-Entrepreneur

Guerilla-Entrepreneure haben viele Dinge hinter sich gelassen, die sie lieben – oder hassen – gelernt haben. Sie haben neue Arten zu denken, zu arbeiten, zu leben angenommen. Sie wissen ganz genau, dass sie ein Zeitalter hinter sich gelassen haben, in dem der Gewinn vergöttert wurde, es ein Übermaß an Arbeitsstunden gab und nicht genügend Zeit für die Familie blieb.

> Auch Guerilla-Entrepreneure wollen Gewinne machen, aber nicht auf Kosten drakonischer Arbeitszeiten oder unter Aufgabe kostbarer Lebenszeit.

Sicher, auch Guerilla-Entrepreneure wollen Gewinne machen, aber nicht auf Kosten drakonischer Arbeitszeiten oder unter Aufgabe kostbarer Lebenszeit. Sie definieren Erfolg nicht nur mit dem normalen Begriff der Finanzen, sondern auch mit dem gesegneten Begriff der Balance – zwischen Arbeit und Freizeit, Arbeit und Familie, Arbeit und Humanität, Arbeit und Selbst. Sie suchen und finden Erfolg jenseits von Gewinn-und-Verlust-Rechnung, jenseits des Arbeitsplatzes.

Heute gibt es mehr Entrepreneure als je zuvor, aber nur wenige wahre Guerilla-Entrepreneure. Ihre Eltern oder Großeltern hatten noch nicht die Möglichkeit, eines von beiden zu sein, weil der Weg noch nicht von Technik und sozialer Erleuchtung geebnet war.

Das puritanische Arbeitsethos unserer Vorfahren ist genau wie die Puritaner auf der Strecke geblieben. Es hat keinen Platz für Balance, nur für harte Arbeit. Das Arbeitsethos des Guerilla-Entrepreneurs schließt beides ein. Kennzeichen sind eine Kombination aus dem besten der alten Methode, wie sinnvolle Arbeitsstunden, Zeit für die Familie und eine menschliche Behandlung der Angestellten, mit dem besten der neuen Methode, wie zeitsparende Technologien, fortschrittliche und mobile Kommunikationstechniken und aufgeklärte Einstellungen hinsichtlich der Arbeit und des gesellschaftlichen Lebens.

Guerilla-Entrepreneure, die sich die neuen, preiswerten, leicht anwendbaren Techniken zunutze machen, entdecken zahllose, ungeahnte Möglichkeiten. Sie haben gelernt, dass hohe Ziele nicht so wichtig sind wie vernünftige Ziele. Dies erlaubt es vielen von ihnen, ihre Ziele eher zu erreichen als erwartet.

Sie machen den Gewinn zur dritten Priorität, noch vor Verkauf und Vorsprung, aber weit hinter Humanität und Balance. Ihre Unternehmungen sind flexibel, innovativ, unkonventionell, auf dem neuesten Stand der Technik, kostenbewusst, abhängig, interaktiv, großzügig, erfreulich und Geld einbringend. Eines ihrer Ziele besteht darin, diese Unternehmungen so beizubehalten.

Schauen Sie sich die Entrepreneure in Ihrere Umgebung an. Wenn Sie keine sehen können, liegt es daran, dass es keine Guerillas sind. Stattdessen sind sie begraben unter Arbeit und tauchen nur selten auf. Guerilla-Entrepreneure wirken mit ihrer Arbeit glücklicher und scheinen sich wie verrückt darum zu kümmern, die Bedürfnisse ihrer Kunden zu befriedigen. Sie bleiben ständig in Verbindung mit ihren Kunden. Sie drücken ihre Leidenschaft für das Arbeiten mit Exzellenz aus und verwandeln sie in Gewinne.

Ihre langfristigen Ziele sind erhaben. Diese Ziele existieren in der Zukunft. Ihre kurzfristigen Ziele sind sogar noch erhabener. Diese Ziele existieren in der Gegenwart – denn dies ist schließlich die Domäne der Guerilla-Entrepreneure. Hier finden sie Ziele im Überfluss.

Sie blühen auf, wenn es nichttraditionell zugeht, machen es unkonventionell, wenn das Konventionelle unsinnig ist, und wissen, dass der wahre Name des Spiels der Weg ist – das beste aller Ziele. Wenn der Weg das Ziel ist, können Sie mit einer Arbeit beginnen, die Sie zufriedenstellt, Zeit mit anderen Aktivitäten verbringen als der Arbeit, die Sie lieben, und eine bemerkenswerte Freiheit von arbeitsbedingtem Stress gewinnen. Sie können Ihre Gesundheit erhalten und müssen nicht Opfer von Rezessionen werden.

Die anderen Ziele des Guerilla-Entrepreneurs: Arbeit, die befriedigend ist, genug Geld, um sich keine Sorgen darum machen zu müssen, Gesundheit, auf die man sich verlassen kann, eine Bindung an andere, durch die Sie Liebe und Unterstützung geben und empfangen, und Langlebigkeit, damit Sie mit Weisheit genießen können, was Sie erreicht haben. Um ein Guerilla-Entrepreneur zu sein, müssen Sie wissen, was einer wirklich ist.

Was ist ein Guerilla-Entrepreneur?

Guerilla-Entrepreneure wissen, dass der Weg das Ziel ist. Sie erkennen außerdem, dass sie ihre Unternehmungen steuern und nicht andersherum, und dass sie den Zweck des Weges verfehlt haben, wenn sie mit dem Weg unzufrieden sind. Anders als altmodische Unternehmen, die zum Wohle des Ziels oft riesige Opfer erfordern, legen Guerilla-Unternehmen den Schwerpunkt auf eine angenehme Reise zum Ziel.

Guerilla-Entrepreneure erreichen von Anfang an Balance. Sie bauen in ihre Arbeitszeitpläne freie Zeiten ein, um einen Ausgleich zu schaffen. Sie respektieren Freizeit ebenso wie Arbeitszeit und lassen es niemals zu, dass die eine die andere übermäßig behindert. Traditionelle Entrepreneure haben die Arbeit immer über die Freizeit gestellt und sich keinerlei persönliche Freiheit erlaubt. Guerillas schätzen ihre Freiheit ebenso sehr wie ihre Arbeit.

Guerilla-Entrepreneure sind nicht in Eile. Ein falsches Streben nach Geschwindigkeit untergräbt oft die besten Strategien. Eile geht häufig zu Lasten der Qualität. Der Guerilla ist sich der Geduld als Verbündetem bewusst und plant intelligent, um die meisten Notfälle auszuschließen, die nach übereiltem Eingreifen verlangen würden. Das Tempo ist immer hoch, aber niemals gehetzt.

Guerilla-Entrepreneure nutzen Stress als Benchmark. Wenn sie Stress verspüren, wissen sie, dass sie die Dinge falsch angepackt haben. Guerilla-Entrepreneure lassen Stress als Teil des Geschäfts nicht zu und betrachten ihn als Warnsignal, dass etwas schiefläuft – im Arbeitsplan des Guerilla oder im Geschäft selbst. Sie nehmen Änderungen vor, mit denen sie nicht den Stress selbst, sondern die Ursache des Stresses eliminieren.

Guerilla-Entrepreneure freuen sich auf die Arbeit. Sie haben eine Liebesbeziehung zu ihrer Arbeit und halten es für einen Glücksumstand, dafür auch noch bezahlt zu werden. Sie sind gut in ihrer Arbeit, bringen Leidenschaft für sie auf, um immer mehr zu lernen und ein besseres Verständnis für sie zu gewinnen, was wiederum auch ihre Fertigkeiten verbessert. Guerilla-Entrepreneure denken nicht an den Ruhestand, da sie niemals aufhören wollen, das zu tun, was sie lieben.

Guerilla-Entrepreneure haben keine Schwächen. Sie sind in jedem Aspekt ihrer Unternehmung effektiv, weil sie die Lücken in den Stärken und Talenten mit Leuten gefüllt haben, die das Können mitbringen, das ihnen fehlt. Sie sind Teamspieler und tun sich mit gleichgesinnten Guerillas zusammen, die den Teamgeist teilen und ergänzende Fähigkeiten besitzen. Sie schätzen Teamkameraden ebenso wie die altmodischen Entrepreneure ihre Unabhängigkeit geschätzt haben.

Guerilla-Entrepreneure sind fusionsorientiert. Sie suchen ständig nach Möglichkeiten, ihr Unternehmen mit anderen im eigenen Land oder anderswo zusammenzulegen. Sie sind willens, Marketinganstrengungen, Techniken, Produktionsfertigkeiten, Informationen, Vorsprünge, Mailinglisten und anderes zu kombinieren, um die Effektivität und Marketingreichweite zu erhöhen und gleichzeitig die Kosten für all diese Unterfangen zu senken. Fusionsbemühungen sind absichtlich kurzfristig und nur selten permanent. In Geschäftsbeziehungen wünschen Guerilla-Entrepreneure weniger eine Hochzeit als vielmehr eine Affäre.

Guerilla-Entrepreneure veralbern sich nicht selbst. Sie wissen, dass die Qualität leidet, die Kunden, Angestellten, Investoren, Lieferanten und Fusionspartnern versprochen wurde, wenn sie ihre eigenen Fähigkeiten überschätzen. Sie stellen sich täglich der Wirklichkeit und erkennen, dass alle Geschäftspraktiken an den tatsächlichen Geschehnissen beurteilt werden müssen und nicht an dem, was man sich wünscht.

Guerilla-Entrepreneure erkennen, dass Routine zu Vernunft führt. Deshalb schaffen sie Systeme für Arbeitsaktivitäten und lassen wenig Raum für Improvisationen. Diese Systeme verlängern die Lebenserwartung der Unternehmen und eliminieren gleichzeitig schlampige Arbeitsweisen. Das Leben für die Angestellten und Partner wird dadurch viel klarer.

Guerilla-Entrepreneure leben in der Gegenwart. Sie sind sich der Vergangenheit bewusst und finden die Zukunft faszinierend. Aber das Hier und Jetzt ist es, wo sie sich aufhalten, die Technologien der Gegenwart aufgreifen und künftige Technologien dort lassen, wo sie hingehören – am Horizont. Erst wenn sie bereit sind, machen sich die Guerilla-Entrepreneure diese Technologien zunutze. Guerilla-Entrepreneure achten auf das Neue, auf die Avantgarde, lassen sich aber erst von einer wahren Verbesserung zu einem Wechsel bewegen, nicht schon von einer bloßen Änderung.

Guerilla-Entrepreneure verstehen das wertvolle Wesen der Zeit. Sie glauben nicht an die alte Lüge, dass Zeit Geld ist, sondern wissen in ihrem Inneren, dass Zeit viel wertvoller ist als Geld. Zeit ist Leben. Ihnen ist bewusst, dass ihre Kunden das genauso sehen. Deshalb respektieren sie die Zeit der Kunden und hüten sich davor, sie zu verschwenden. Als praktizierende Guerillas sind sie der Inbegriff der Effizienz, lassen ihre Effektivität aber niemals durch ihre Effizient stören.

Guerilla-Entrepreneure arbeiten immer nach Plan. Sie wissen, wer sie sind, wohin sie gehen und wie sie dorthin gelangen. Sie sind vorbereitet, wissen, dass alles passieren kann und wird, und können mit Hürden auf dem Weg zum Erfolg umgehen, weil ihre Pläne die Schwierigkeiten vorhergesehen und genau gezeigt haben, wie sie sie überwinden. Der Guerilla schätzt seinen Plan regelmäßig neu ein und zögert nicht, Änderungen daran vorzunehmen. Die Hingabe zum Plan ist allerdings ausgesprochen wichtig.

Guerilla-Entrepreneure sind flexibel. Sie werden von einer Strategie zum Erfolg geleitet und kennen den Unterschied zwischen einem Führer und einem Meister. Wenn es nötig ist, sich zu ändern, dann ändert sich der Guerilla, akzeptiert die Änderung als Teil des Status Quo und ignoriert oder bekämpft sie nicht. Guerillas sind auch in der Lage, sich an neue Situationen anzupassen. Sie erkennen, dass Service das ist, was der Kunde sich wünscht, und wissen, dass unflexible Dinge irgendwann zerbrechen.

Guerillas streben eher nach Ergebnissen als nach Wachstum. Sie sind auf Rentabilität und Balance, Vitalität und Verbesserung, Wert und Qualität fokussiert, weniger auf Größe und Wachstum. Ihre Pläne verlangen nach stetig wachsenden Gewinnen, ohne dafür persönliche Zeit zu opfern. Aktionen sind entsprechend ausgerichtet. Sie hüten sich davor, zu groß zu werden und setzen Größe nicht mit Exzellenz gleich.

Guerilla-Entrepreneure sind von vielen Leuten abhängig. Sie wissen, dass das Zeitalter des einsamen Wolfs passé ist, der unabhängig handelt und stolz darauf ist. Der Guerilla ist ausgesprochen abhängig von Fusionspartnern, Mitarbeitern, Kunden, Zulieferern und Mentoren. Was er erreicht hat, hat er mit eigener Kraft, Klugheit und Entschlossenheit erreicht und außerdem mit Hilfe seiner Freunde.

Guerilla-Entrepreneure lernen ständig weiter. Eine Möwe fliegt im Kreis und sucht endlos nach Futter. Wenn sie es gefunden hat, landet sie und frisst sich satt. Anschließend erhebt sie sich wieder in die Lüfte und fliegt erneut im Kreis auf der Suche nach Futter. Menschen haben nur einen Instinkt, der sich damit vergleichen lässt: das Bedürfnis, ständig weiterzulernen. Guerilla-Entrepreneure besitzen dieses Bedürfnis im Übermaß. Sie wissen, dass heutzutage der Schlüssel nicht darin liegt, alles über ein Thema zu lernen, sondern ein Thema nach dem anderen zu erlernen.

Guerilla-Entrepreneure bringen Leidenschaft für ihre Arbeit mit. Sie haben einen Enthusiasmus für das, was sie tun, der für jeden offensichtlich ist, der diese Arbeit sieht. Dieser Enthusiasmus breitet sich auf alle Mitarbeiter aus – selbst auf die Kunden. In seiner reinsten Form lässt sich dieser Enthusiasmus am besten mit dem Wort Leidenschaft ausdrücken – ein intensives Gefühl, das in ihnen brennt und sich in der Hingabe des Guerillas für sein Geschäft äußert.

Guerilla-Entrepreneure sind auf ein Ziel fokussiert. Sie wissen, dass sich Balance nicht leicht erreichen lässt und dass sie die Werte und Erwartungen ihrer Vorfahren ablegen müssen. Dazu müssen Guerillas auf den Weg konzentriert bleiben und sich die Zukunft klar vorstellen, während sie gleichzeitig in der Gegenwart ruhen. Sie sind sich bewusst, dass die Feinheiten von Geschäft und Leben ablenken können, und unternehmen daher Schritte, diese Ablenkungen nur kurzzeitig wirken zu lassen.

Guerilla-Entrepreneure erledigen alle Aufgaben mit großer Disziplin. Sie sind sich bewusst, dass jede Aufgabe, die zum täglichen Kalender hinzugefügt wird, ein Selbstversprechen darstellt. Als Guerillas, die sich nichts vormachen, halten sie diese Versprechen. Sie wissen, dass das Erreichen ihrer Ziele eine mehr als adäquate Belohnung für diese Disziplin ist. Sie finden es leicht, sich zu unterwerfen, weil als Lohn anschließend Muße winkt.

Guerilla-Entrepreneure sind sowohl zuhause als auch bei ihrer Arbeit gut organisiert. Sie wollen keine wertvolle Zeit damit vergeuden, nach Dingen zu suchen, die sie verlegt haben. Deshalb organisieren sie sich, wenn sie arbeiten und neue Arbeit hereinkommt. Dieses Gefühl von Organisation wird von der daraus resultierenden Effizienz beflügelt. Allerdings ist der Guerilla niemals überorganisiert, weil dies ebenfalls Zeitverschwendung wäre.

Guerilla-Entrepreneure haben eine optimistische Grundhaltung. Sie wissen, dass das Leben unfair ist, Probleme auftreten, Menschen sich irren können und die Coolen die Erde erben werden. Deshalb lassen sie sich von Hindernissen nicht aus der Bahn werfen, sondern bewahren sich ihre Sicht auf die Dinge und ihren Sinn für Humor. Dieser immer vorhandene Optimismus begründet sich in der Fähigkeit, die positive Seite aller Dinge wahrzunehmen, das Negative zu erkennen, aber sich niemals damit aufzuhalten. Solch eine Einstellung ist förmlich ansteckend.

Der Guerilla-Entrepreneur

★ weiß, dass der Weg das Ziel ist

★ erreicht von Anfang an Balance

★ hat es nicht eilig

★ nutzt Stress als Benchmark

★ freut sich auf die Arbeit

★ hat keine Schwächen

★ ist fusionsorientiert

★ stellt sich der Wirklichkeit

★ erkennt, dass Routine vernünftig ist

★ lebt in der Gegenwart

★ versteht das wertvolle Wesen der Zeit

★ sieht das Ziel und wie man dorthin gelangt

★ handelt immer nach Plan

★ ist flexibel

★ strebt mehr nach Ergebnissen als nach Wachstum

★ ist von vielen Menschen abhängig

★ lernt ständig

★ spürt Leidenschaft für seine Arbeit

★ konzentriert sich auf das Ziel

★ erledigt seine Aufgaben diszipliniert

★ ist zuhause und bei der Arbeit gut organisiert

★ hat eine optimistische Einstellung

Aber warten Sie ... da ist noch mehr!

Es reicht nicht zu wissen, wie der Guerilla-Entrepreneur tickt. Es gibt noch weitere Wahrheiten, die Sie kennen sollten. Hier ist eine Liste von »10 schmutzigen Lügen, die Sie gekannt und geliebt haben«. Diese Aussagen, die von vielen Menschen als Wahrheit akzeptiert wurden, sind Lügen, die einen Guerilla-Entrepreneur scheitern lassen können.

10 schmutzigen Lügen, die Sie gekannt und geliebt haben

1. Zeit ist Geld.
2. Ein Unternehmen zu besitzen, bedeutet, immer nur zu arbeiten.
3. Marketing ist teuer.
4. Große Unternehmen sind wie ein Mutterleib.
5. Jugend ist besser als das Alter.
6. Sie brauchen einen Job.
7. Himmel ist das Nachleben.
8. Der Zweck der Ausbildung besteht darin, Fakten zu vermitteln.
9. Ruhestand ist eine gute Sache.
10. Wenn Sie wollen, dass etwas richtig gemacht wird, dann machen Sie es selbst.

Das Geschäft ist jetzt schwerer und leichter als je zuvor

Viel SCHWERER ist es wegen dieser fünf Fakten, die heute Realität sind.

1. Zeit

Die Bedeutung der Zeit wird noch zunehmen. Freie Zeit an der Arbeit gehört der Vergangenheit an. Freie Zeit wird verehrt, aber nicht während der Arbeit. Auch Sie haben sicher schon das neue Bewusstsein für die Zeit erkannt, das allenthalben an den Tag gelegt wird. Kunden verlangen und erwarten Geschwindigkeit. Sie tun das ebenfalls.

2. Kontakt

Wenn man weniger direkten Kontakt hat, geht ein Teil der Wärme beim Arbeiten verloren. Heutzutage bekommen die Menschen mehr als die Hälfte ihrer Nachrichten in nonverbaler Form. Das bedeutet, dass nonverbale Kommunikation weniger akkurat wird und die verbale Genauigkeit einen höheren Wert gewinnt. Die Freude an der sozialen Interaktion nimmt stark ab. Facebook und Twitter sowie die anderen sozialen Medien helfen in vielerlei Hinsicht – wenn Sie sich die richtige Perspektive darauf bewahren.

3. Änderung

Änderungen werden uns aufgezwungen und vieles von dem, auf das wir uns früher verlassen konnten, gilt nicht mehr. Selbst Gelerntes hat nur noch eine begrenzte Gültigkeit, bevor es durch neue Wahrheiten ersetzt wird. Das Genie liegt nicht darin, etwas zu lernen, sondern darin, es nacheinander zu tun. Wenn Sie sich nicht anpassen können, eignen Sie sich nicht zum Guerilla.

4. Talent

Talent verstreut sich, da Spitzenkräfte die Vitalität eines großen Unternehmens gegen die Beschaulichkeit des Arbeitens zuhause eintauschen werden. Das ist für sie schön und gut, aber für Guerilla-Entrepreneure bedeutet es, dass die großen Denker nicht mehr unter einem Dach zu finden sind. Sie müssen sie suchen.

5. Technik

Die Technik wird in unserem Leben immer wichtiger. Sie müssen sie verstehen, um den vollen Nutzen daraus ziehen zu können. Andererseits wird die Benutzung technischer Dinge immer einfacher. Handbücher sind verständlicher und das Wesen des Trainings – Wiederholung wird Ihr Freund für's Leben – hat sich verbessert. Wenn Sie technophob sind, sollten Sie sich behandeln lassen.

LEICHTER wird das Geschäft nicht aus fünf, sondern aus 5.000 Gründen, aber aus Zeitgründen haben wir uns auf folgende fünf beschränkt.

1. Zeit

Sie haben mehr Zeit für das, was wirklich erledigt werden muss. Technische Fortschritte sorgen dafür. Ihr Netzwerk aus unabhängigen Vertragspartnern setzt ebenfalls einen Teil Ihrer Zeit frei. Nutzen Sie die Zeit, um Ihre Gewinne zu erhöhen, Ihr Unternehmen zu verbessern oder einfach für etwas, das Ihnen Freude bereitet.

2. Werte

Werte ändern sich und passen sich an Ihre Guerilla-Werte an. Im 20. Jahrhundert lag das Hauptaugenmerk darauf, Geld zu machen. Im 21. Jahrhundert treten stattdessen menschliche Werte in den Vordergrund wie Spaß bei der Arbeit, Freizeit, Familie, Spiritualität. Sie werden feststellen, dass das Generieren von Profit nicht verschwindet, sondern eine andere Priorität erhält.

3. Fortschritte

Fortschritte im Geschäft, sowohl psychologischer als auch technischer Art, machen den Arbeitsplatz zu einem aufregenderen Ort, der einfacher zu benutzen ist und sogar Freude bereitet. Flexible Arbeitszeiten und Telekonferenzen erleichtern das Pendeln und machen es vielleicht sogar überflüssig. Das virtuelle Büro ist das Büro zuhause. Und es ist schon da. Wir hatten es sogar in unserem Wohnmobil, mit dem wir sechs Jahre lang durch die Gegend gezogen sind. Wir wussten, dass es Spaß machen würde, ahnten aber nicht, wie viel.

4. Prozeduren

Durchrationalisierte Prozeduren und Systeme machen Ihr Arbeitsleben effizient, organisiert, einfach und schnell. Sie verschwenden keine Zeit, weil Sie gelernt haben, zu einer effizienten Arbeitsmaschine zu werden. Als Guerilla-Entrepreneur erkennen Sie außerdem, dass der ganze Prozess der Rationalisierung dazu dient, die Effektivität zu steigern.

5. Menschen

Sie haben es mit klügeren Menschen zu tun, aber insgesamt auch mit weniger Menschen. An Ihrer Arbeitsstelle gibt es weniger Bürokraten. Ihr von zuhause aus geführtes Unternehmen bringt Sie in Kontakt mit hellen, talentierten Entrepreneuren, die sich aus dem Unternehmensleben zurückgezogen haben und denen es – wie Ihnen – sehr gut dabei geht. Einer Ihrer besten und klügsten Freunde wird Google sein.

Die 10 Fallstricke Ihres Daseins als Entrepreneur

Fallstrick 1: Die Zeitfalle

So sehr die Menschen ihre Freizeit auch schätzen, sie haben davon weniger als jemals zuvor. Hier stehe ich und male die Dreitagewoche in den schillerndsten Farben, wenn immer mehr Amerikaner sich fragen, wie sie auf weniger als sechs Arbeitstage pro Woche kommen sollen. Gewohnheiten lassen sich viel einfacher bilden als brechen. »Ich arbeite einfach jetzt 60 Stunden in der Woche und kürze das später.« Das wird nicht geschehen.

Fallstrick 2: Die große Verlockung

Ihnen wird die Chance geboten, mehr Geld zu verdienen, zu expandieren, mehr Leute einzustellen, an einen größeren Ort zu ziehen und sich aus einem Entrepreneur in einen Großunternehmer zu verwandeln. Naja, es ist Ihr Leben, aber Sie müssten Ihren Guerilla-Ausweis zurückgeben, wenn Sie sich für Größe statt für Freiheit und Balance entscheiden.

Fallstrick 3: Der Geldsumpf

Geld ändert das menschliche Verhalten dergestalt, dass aus wohlmeinenden Besitzern kleiner Unternehmen Typen werden, die nach finanziellem Erfolg streben und dabei den emotionalen, ehelichen, elterlichen oder gesellschaftlichen Erfolg aus den Augen verlieren. Geld ist schließlich leichter zu bekommen als Balance und wird daher häufiger gesucht. Allerdings wird man schnell feststellen, dass der Preis, den man dafür bezahlt, den Wert des Geldes oft übersteigt. Der Geldsumpf ist der höchste und schlimmste Fallstrick von allen. Zu wenig Geld kann die menschliche Existenz vergiften, zu viel Geld aber auch. Deshalb wenden Entrepreneure wie John D. Rockefeller und Bill Gates die Hälfte ihres Lebens auf, Geld zu sammeln, und die andere Hälfte, es wieder auszugeben.

Fallstrick 4: Die Burnout-Hürde

Sie suchen nach einer Methode, um Ihren Lebensunterhalt zu verdienen und starten Ihr Unternehmen mit all den richtigen Vorsätzen. Sie arbeiten hart und klug, und ernten reichlichen Gewinn. Aber irgendwo auf diesem Weg haben Sie den anfänglichen Enthusiasmus für Ihre Arbeit eingebüßt. Sie machen weiter, weil Sie erfolgreich sind, aber Sie empfinden immer weniger Freude an der Arbeit. Der Nervenkitzel ist weg. Sie haben keinen Enthusiasmus mehr. Sie sind ausgebrannt. Jetzt müssen Sie etwas anderes tun. Wenn der Funke erloschen ist, suchen Sie sich einen anderen Traum. Enthusiasmus entfacht den Funken, doch wenn er fehlt, erlischt das Feuer in Ihrer Seele – das Feuer, das der Schlüssel zu Ihrem Erfolg war. Guerillas wissen, dass sie das Feuer für ein neues Abenteuer wieder entzünden können. Studien haben gezeigt, dass Sie besser sind, wenn Sie etwas tun, das Sie lieben. Wenn Sie also die Liebe nicht mehr spüren, dann beenden Sie die Beziehung und beginnen Sie eine neue.

Fallstrick 5: Das Menschlichkeitshindernis

Wir hoffen ganz stark, dass Sie auf dem Weg zum erfolgreichen Entrepreneur niemals Ihre persönliche Wärme, Ihren Sinn für Humor oder Ihre Liebe zu anderen Menschen verlieren. Leider gibt es mehr als genug Geschichten von Personen, die sich ohne Rücksicht auf andere Menschen auf den Weg nach oben gemacht haben. Für den Guerilla kommen die Menschen vor dem Geschäft, und auch die Familie und die Liebe haben eine höhere Priorität. Lassen Sie sich nicht vom Gewinn und von Ihrer Arbeit blenden. Nur weil Sie sich alle Wünsche erfüllen, sollten Sie sich nicht jedermann zum Feind machen. Ein Manager in einem Fortune-500-Unternehmen hatte ein Glasauge. Als wir ihn fragten, welches dies sei, sagte man uns: »Es ist das warme.« Es gibt keine Regel, die Ihnen vorschreibt, Ihre Menschlichkeit aufzugeben, nur um unternehmerischen Erfolg zu haben.

Fallstrick 6: Der Fokusfehler

Es ist nicht schwer, den Fokus zu verlieren oder ihn auf ein falsches Ziel zu richten. Sie verstricken sich derart in den Details Ihrer Operation, dass Sie von Ihrer Hauptstoßrichtung abweichen. Sie verschwenden Ihre Zeit mit Kleinigkeiten anstatt mit großen Taten. Erweitern Sie Ihren Geist, wenn Sie Ihr Geschäft ausweiten, aber behalten Sie Ihre Richtung bei.

Fallstrick 7: Die Perfektionsfalle

Ganz oben auf der Liste der Zeitverschwender, Lebenszeitdiebe und Unternehmensruinierer sind Perfektionisten und das Streben nach Perfektion. Wir freuen uns alle an Exzellenz und bewundern Perfektion in einem Bowlingspiel oder bei der Teilnahme an einem Trainingskurs – zwei Bereiche, in denen Perfektion möglich ist. Guerillas versuchen, perfekt zu sein, wenden aber nicht all ihre Zeit und Energie dafür auf. Sie wissen, dass die Welt voller Entrepreneure ist, die danach lechzen, das Unerreichbare zu erreichen. Möge Ihr Unternehmen frei von Unvollkommenheiten und Perfektionisten sein!

Fallstrick 8: Die Verkaufsfalle

Diese Falle zwingt Sie dazu, die gleiche Sache immer und immer wieder zu verkaufen. Und so machen es Guerillas: Erledigen Sie mehrere Verkäufe auf einmal. Statt einer einzelnen Zeitschrift verkaufen Sie ein Abonnement. Guerillas tun alles, um Produkte oder Dienstleistungen zu entwickeln, die regelmäßig erworben werden müssen. In viele Angebote sind Nachfolgeverkäufe quasi schon eingebaut – von unserer Guerilla Marketing Association bis zum Kabelfernsehen, von Reinigungsdiensten bis zum Windel-Service, von Versicherungen bis zur Gartenhilfe, von Mobilfunkgebühren bis zu den Benzinkosten, von der Swimming-Pool-Wartung bis zum Fitnessstudio. Der Grundgedanke ist, beim Verkauf das Beste zu geben, damit noch für Jahre ein Gewinn herausspringt. Wenn Sie in die Falle tappen, nur Einzelleistungen zu verkaufen, dann müssen Sie für das Verkaufen eine Menge Zeit aufwenden und können die Früchte Ihrer Arbeit gar nicht genießen.

Fallstrick 9: Die Freizeitverlockung

Lassen Sie sich nicht zu dem Glauben verleiten, dass Freizeit automatisch eine gute Sache ist. Freizeit kann, wenn Sie nicht wissen, was Sie damit anstellen sollen, zu einer Vielzahl von Problemen führen – von Langeweile bis Drogenmissbrauch. In Wirklichkeit ist es so, dass viele Menschen ihre Arbeitszeit eigentlich mehr genießen als ihre Freizeit, weil sie dabei wenigstens wissen, was sie mit sich anstellen sollen. Guerillas haben auch für ihre Freizeit etwas vor – und sie haben ein Hobby oder machen Urlaub oder verfolgen irgendwelche Interessen, die nichts mit der Arbeit und dem Geldverdienen zu tun haben. Sie genießen ihre

Freizeit fast genauso sehr wie ihre Arbeitszeit, weil sie an etwas arbeiten, das sie lieben, und weil sie sich viele Gedanken darüber machen, was sie mit ihrer Freizeit tun werden. Sie wissen, dass Freizeit an sich eine Belastung sein kann.

Fallstrick 10: Die Ruhestandslist

Es ist traurig, aber wahr: Mehr als 75 Prozent aller Rentner sterben innerhalb von zwei Jahren nach Beginn ihres Ruhestands. Wenn sie aufhören zu arbeiten, ist es so, als würden sie aufhören zu leben. Machen Sie nicht den Fehler, den Ruhestand zu planen. Planen Sie, weniger zu machen, aber planen Sie nicht komplett aufzuhören. Die Arbeit hält Sie in Gang und Ihr Gehirn in Form. Wenn Sie aufhören zu arbeiten, tritt auch Ihr Gehirn in den Ruhestand. Worum sorgen sich die meisten Ruheständler? In einer Studie sagten 38 Prozent, dass sie nicht genug Geld hätten. Weitere 29 Prozent hatten Angst, nicht gesund zu bleiben. Acht Prozent sagten, sie hätten zu viel Zeit und würden sich langweilen. Und weitere acht Prozent waren der Meinung, sie würden nicht lange genug leben, um sich des Lebens zu erfreuen. Guerillas haben genügend Geld, weil der Ruhestand bei ihnen denselben Stellenwert genießt wie eine Gefängnisstrafe. Das Geld fließt auch dann weiter, wenn ihre Mitstreiter schon lange in den Ruhestand getreten sind. Sie bleiben gesund, weil sich die Spannung durch die Arbeit positiv auf die Gesundheit und die Lebenserwartung auswirkt. Sie leiden nicht unter zu viel Zeit, da sie gerade ausreichend Zeit zum Arbeiten und zum Spielen haben. Und sie genießen das Leben ganz allgemein, weil sie ihre Arbeit lieben – ein Markenzeichen des Guerilla-Entrepreneurs. Denken Sie daran, dass in der Natur auch nichts in den Ruhestand geht. Und da wir uns wieder einem besseren Verständnis der Natur nähern, verstehen wir auch, dass Ruhestand ungesund ist. Als Entrepreneur sind Sie Ihr eigener Boss. Niemand zwingt Sie, in den Ruhestand zu treten. Was passiert, wenn Sie sich nicht mehr für das Geschäft interessieren? Treten Sie davon zurück – und verfolgen Sie einen anderen Traum. Treten Sie nur nicht vom Leben zurück. Wenn Sie Ihren Ruhestand planen, dann ist das so, als würden Sie Ihren Selbstmord planen – herbeigeführt durch Inaktivität.

Vom Vorteil, ein Guerilla-Entrepreneur zu sein

Sie haben die Einsichten des Guerillas. Sie haben über Ihre Prioritäten nachgedacht. Sie lassen sich nicht von den unternehmerischen Mythen in Bezug auf Überarbeitung, übermäßiges Wachstum und Überstrapazierung Ihrer Reichweite irreleiten. Sie erkennen, dass der Weg das Ziel ist und dass Ihr Plan als Ihre Landkarte dient. Diese Einsicht hilft Ihnen, sich die Leidenschaft zu bewahren.

Sie haben den Vorteil des Guerillas in Bezug auf Beziehungen. Jeder Verkauf führt zu einer bleibenden Beziehung. Jeder Kunde, den Sie gewinnen, wird ein Kunde für's Leben sein. Ihre Verkäufe und vermutlich auch Ihre Gewinne gehen hoch und runter, doch die Anzahl Ihrer Beziehungen steigt stetig an, und irgendwann folgen auch die Verkäufe und die Gewinne.

Sie haben den Vorteil des Guerillas in Bezug auf Service. Sie sehen Ihren Service aus Sicht des Kunden und nicht nur aus Ihrer eigenen Sicht. Sie erkennen, dass Ihnen Ihr Service einen enormen Wettbewerbsvorteil gegenüber denjenigen beschert, die vielleicht größer, aber dafür weniger den Kunden ergeben sind. Sie kennen die Macht von Mundpropaganda und wissen, dass ausgezeichneter Service damit einhergehen muss.

Sie haben den Vorteil des Guerillas in Bezug auf Flexibilität. Sie haben sich nicht in die Sklaverei von Unternehmensregularien und Präzedenzfällen pressen lassen. Stattdessen handeln Sie schnell, haben einen Sinn für Kundenwünsche, sind sich bewusst, dass Flexibilität beim Aufbau von Beziehungen, Gewinnen und bei der Entwicklung Ihres Unternehmens hilft. Sie lassen sich von der aktuellen Lage leiten und nicht von den Gewohnheiten der Vergangenheit. Ihre Flexibilität ergänzt die Leidenschaft, die andere angesichts Ihres Unternehmens empfinden.

Sie haben den Vorteil des Guerillas in Bezug auf Nachfolgeaktionen. Sie müssen nicht an die Anzahl der Beziehungen erinnert werden, die zerstört wurden, weil Kunden nach einem Kauf ignoriert wurden. Anstatt sie zu ignorieren, schenken Sie ihnen Ihre Aufmerksamkeit, erinnern sie daran, wie froh Sie sind, sie als Kunden zu haben, und überschütten sie mit Sonderangeboten, Insiderinformationen und Sorge. Sie fühlen sich von Ihnen nicht ignoriert und ignorieren im Gegenzug Ihr Unternehmen auch nicht, wenn sie über weitere Einkäufe nachdenken oder Empfehlungen aussprechen sollen.

Sie haben den Vorteil des Guerillas in Bezug auf Kooperationen. Sie betrachten andere Unternehmen als potenzielle Partner, als Firmen, die Ihnen helfen können, so wie Sie ihnen helfen. Sie suchen nicht nach Konkurrenten, die Sie vernichten müssen, sondern nach Partnern, mit denen Sie sich zusammentun und Netzwerke bilden können. Ihre Einstellung hilft Ihnen, in einer Ära, in der massenweise kleine Unternehmen entstehen, erfolgreich zu sein.

Sie haben den Vorteil des Guerillas in Bezug auf Geduld. Als Guerilla sind Sie niemals in Eile. Sie wissen, wie wichtig Zeit ist, sind sich aber auch darüber im Klaren, dass Eile normalerweise zu einer verminderten Qualität führt. Aufgrund Ihrer Planung sind Sie in der Lage, Notfälle und dringende Situationen zu vermeiden. Geduld ist einer Ihrer zuverlässigsten Verbündeten als Guerilla.

Sie haben den Vorteil des Guerillas in Bezug auf Wirtschaftlichkeit. Sie wissen, wie Sie etwas vermarkten, ohne zu viel Ihres schwer verdienten Geldes zu investieren. Sie kennen den Wert von Zeit und Energie als Ersatz für große Budgets. Sie wissen, dass Sie in den meisten Geschäftsaktivitäten die Wahl von zwei dieser drei Faktoren haben: Geschwindigkeit, Energie und Qualität. Guerilla-Entrepreneure bekommen alle drei. Falls Sie dies noch nicht sind, können Sie immer noch für Wirtschaftlichkeit und Qualität stimmen. Ihre Geduld hilft Ihnen beim Sparen.

Ein Guerilla-Entrepreneur zu sein, gibt Ihnen viele Vorteile

1. Einsichten
2. Beziehungen
3. Service
4. Flexibilität
5. Nachfolgeaktionen
6. Kooperation
7. Geduld
8. Wirtschaftlichkeit
9. Pünktlichkeit
10. Hingabe

Sie haben den Vorteil des Guerillas in Bezug auf Pünktlichkeit. Sie betreiben ein rationalisiertes Geschäft, frei von überflüssiger oder unnötiger Arbeit. Ihre Vertrautheit mit der Technik erlaubt es Ihnen, mit maximaler Effektivität zu handeln. Ihr Geschäft ist auf der Höhe der

Zeit, weil es in der Umgebung von heute arbeitet, und nicht auf der von vor 10 Jahren. Obwohl Sie den Fokus auf Ihrem Plan halten, kennen Sie die Magie des richtigen Timings und können entsprechende Anpassungen vornehmen. Auf diese Weise sind Sie genau dann da, wenn die Kunden Sie brauchen.

Sie haben den Vorteil des Guerillas in Bezug auf die Hingabe. Diese Hingabe unterscheidet Sie von vielen anderen Unternehmen. Sie hilft Ihnen, sicher Ihr Ziel zu erreichen. Sie ist so machtvoll, dass Sie Leidenschaft für die Hingabe selbst verspüren – es der Leidenschaft erlauben, Ihre Hingabe zu befeuern und umgekehrt. Ohne diese innere Hingabe, gehen selbst die besten Pläne den Bach runter. Mit ihr verwandeln sich Pläne in eine strahlende Wirklichkeit.

Wenn Sie genauer hinschauen, dann merken Sie, dass der Weg des Guerillas vom leuchtenden Licht der Liebe erhellt wird – der Liebe für das Selbst, die Arbeit, die Familie, andere, für

> **Der Guerilla liebt das Leben ein Leben lang.**

die Freiheit, die Unabhängigkeit, das Leben. Der Guerilla liebt das Leben ein Leben lang. Je tiefer und herzlicher diese Liebe ist, umso eher kann der Guerilla die feurige und erlesene Leidenschaft erzeugen, die die Feuer anfacht.

Liebe ist der Schlüssel

1. Liebe zum Selbst
2. Liebe zur Arbeit
3. Liebe zur Familie
4. Liebe zum Spiel
5. Liebe zur Freiheit
6. Liebe zur Unabhängigkeit
7. Liebe zu den Freunden
8. Liebe zu den Kunden und Mitarbeitern
9. Liebe zu einer höheren Macht
10. Liebe zum Leben

Das Leben des Guerilla-Entrepreneurs ist eine Liebesgeschichte, weil die Liebe den Weg des Guerillas erhellt.

Teil 2

Guerilla-Weisheit von Guerilla-Co-Autoren

Beim Teilen sind Guerillas besonders gut. Die ersten Bücher, die ich über das Guerilla-Marketing schrieb, spornten offensichtlich andere an, ihre eigenen Guerilla-Einsichten zu teilen. Im zweiten Teil der Guerilla Marketing Bibel, finden Sie die wertvollsten Tipps von den besten Guerilla-Marketing-Co-Autoren. Es war gar nicht so einfach, die besten Weisheiten aus den z.T. recht umfangreichen Büchern herauszufiltern. Statt ganzen Kapiteln bieten wir hier kondensierte Zusammenfassungen, die knapp genug sind, um sie schnell zu lesen, aber groß genug, um Ihre Arbeit als Guerilla-Unternehmer nachhaltig zu beeinflussen.

Aus dem
Guerilla-Marketing-Handbuch

Co-Autor Seth Godin

Geben Sie Ihrem Geschäft einen Namen

Ihr Name sollte Ihren Namen und Ihre Positionierung widerspiegeln. Die Namensgebung für ein Produkt oder ein Unternehmen ist eine schwierige Entscheidung. Anders als bei den meisten Ihrer Herausforderungen, hält sich in diesem Bereich so ziemlich jeder für einen Experten. Merken Sie sich bei der Namensgebung vor allem eines: Verlassen Sie sich nicht zu sehr auf den Rat anderer. Zu viele Köche verderben den Brei – und der Name wird ein Durchläufer.

> **Merken Sie sich bei der Namensgebung vor allem eines: Verlassen Sie sich nicht zu sehr auf den Rat anderer. Zu viele Köche verderben den Brei – und der Name wird ein Durchläufer.**

Vergessen Sie die Gesetze nicht. Ihr Name kann zu einem echten Problem werden, wenn Sie nicht zuerst eine amtliche Namenssuche durchführen. Schließlich wollen Sie nicht zuerst einen großen Hit landen und dann gezwungen sein, den Namen zu ändern, weil ein winziges Unternehmen denselben Namen trägt und jetzt 100 Millionen Dollar für die Namensrechte von Ihnen fordert.

> **Prüfen Sie zuerst die Rechtslage für Ihren Namen.**

Schreiben Sie zunächst einmal auf, was der Name für den Kunden bedeuten soll. Häagen-Dazs soll Sie an kalte Fjorde und fette, cremige Milch denken lassen. Es spielt keine Rolle, dass es keine Person namens Häagen oder keinen Ort namens Dazs gibt – der Name erfüllt seinen Zweck.

Sie müssen entscheiden, was der Name andeuten soll. Er ist schließlich das erste, was ein potenzieller Kunde von Ihnen kennenlernt. Hier sind einige der Dinge, die Ihr Name einem möglichen Kunden über Sie verraten kann:

* ★ Schnell
* ★ Der Beste
* ★ Bequem
* ★ Höchste Qualität
* ★ Erfahren
* ★ Spaß
* ★ Unerhört
* ★ Zuverlässig
* ★ Preiswert
* ★ Garantiert
* ★ Empfohlen
* ★ Ehrlich
* ★ Gefährlich
* ★ Einzigartig

Wenn Sie die Liste mit den Attributen zusammengestellt haben, testen Sie sie an Ihren Kollegen und Zielgruppen. Falls Sie z. B. eine chemische Reinigung aufmachen wollen, fragen Sie die Testpersonen, ob die gewählten Attribute

> Ein ausgefallener Name ist das beste Markenzeichen.

– schnell, zuverlässig und preiswert – ihren Ansprüchen genügen würden. Falls nicht, passen Sie die Liste entsprechend an und probieren es noch einmal.

Anschließend müssen Sie eine Entscheidung treffen. Wollen Sie einen allgemeinen, einen anschaulichen oder einen ausgefallenen Namen? Jeder Rechtsanwalt wird Ihnen sagen, dass ein ausgefallener Name das beste Markenzeichen ist. Er lässt sich am einfachsten vor Übergriffen Ihrer Konkurrenten schützen und ist einfach ziemlich stark. Ein ausgefallener Name ist ein Name, bei dem sich kein Bild aufdrängt. Niemand weiß, wie ein Nike oder Xerox aussieht.

Das Problem mit ausgefallenen Namen ist, dass es unglaublich viel Zeit und Geld kostet, um den Kunden von der Bedeutung des Namens zu überzeugen. Der Name selbst beginnt nicht mit der Positionierung des Produkts oder Unternehmens. Für die meisten Guerillas ist es deshalb zu teuer, einen ausgefallenen Namen in einen Aktivposten zu verwandeln.

Die zweite Alternative, die viel schwieriger zu schützen ist, ist ein anschaulicher Name. Diese Namen helfen Ihnen bei der Positionierung Ihres Unternehmens oder Produkts und vermitteln Informationen darüber, was genau Sie machen. Einige Beispiele:

* ★ Speedy Muffler
* ★ Ultimate Auto Body
* ★ College Pro Painters

Anschauliche Namen sind die Favoriten von Guerillas. Sie kommunizieren genügend über Ihr Produkt, um den Verkauf zu unterstützen, sind aber trotzdem einzigartig, bleiben im Gedächtnis des Kunden haften und halten die Konkurrenz auf.

Schließlich könnten Sie auch einen allgemeinen Namen wählen. Solche Namen lassen sich praktisch nicht schützen, verraten aber sofort, was Ihr Unternehmen macht.

Allgemeine (generische) Namen sind z. B.:

* ★ International Business Machines
* ★ U.S. Steel
* ★ Park Avenue Cleaners
* ★ General Foods
* ★ Mister Donut

Wie Sie sehen, können allgemeine Namen auch funktionieren, aber meist ist es schwierig – Sie haben Ihr Unternehmen positioniert, aber das Unternehmen hat keine Identität.

Beispiele für gute Namen

★ Fearless Computing – kennzeichnet die Positionierung der Firma. Sie setzt die Hemmschwelle herab, die den Kunden eventuell von der Benutzung des Computers abhält.

★ Faith Popcorn – ein einprägsamer Name, der Sie daran erinnert, dass man Dinge nicht zu ernst nehmen sollte.

★ National Public Radio – ein einfacher Name, der sofort Gewicht, Seriosität und die Tatsache kommuniziert, dass jeder beteiligt ist.

★ Beverly Hills Brownies – steht für Reichhaltigkeit und Eleganz.

★ Staples – ein einfaches Wort, das einen allgegenwärtigen Büro-artikel mit einem anderen Wort für wichtige Waren kombiniert (»staples« ist die Büroklammer, das Wort kann aber auch »Haupt-produkt« bedeuten). Wenn der Anwender es verstanden hat, vergisst er diese Verbindung nie wieder.

★ Federal Express – das Wort »Federal« in diesem Beispiel ist groß-artig und eine große Hilfe im Konkurrenzkampf mit Postal Service.

★ Head and Shoulders – der Name zeigt Ihnen den Vorteil dieses Produkts: keine Kopfschuppen auf den Schultern.

★ Apple Computer – einfach, freundlich, fundamental, leicht zu merken.

★ Tic Tacs – leicht zu merken und auszusprechen, stellt aber nicht unbedingt eine Verbindung zum Tic-Tac-Toe-Spiel her.

Produkt- oder Unternehmensnamen, die man vermeiden sollte

★ Einen Namen, der mit »International« beginnt – Es ist nicht ein-zigartig, es bedeutet normalerweise nichts und es ist verwirrend. Derart viele Unternehmen benutzen das Wort »International« am Anfang, dass dies meist ignoriert wird. Wenn Sie z. B. an International Business Machines denken, dann konzentrieren Sie sich nur selten auf den »International«-Teil. Auch Ihre Konkurrenten agieren international. Sorgen Sie deshalb lieber dafür, dass Sie ein Teil des Namens von den anderen unterscheidet.

★ Alles mit einem Wortspiel oder Witz – Sie wollen ein Unterneh-men haben, dessen Name Kunden anlockt und nicht ein Stöhnen und eine blöde Bemerkung verursacht. Denken Sie daran, dass Ihnen der Name sehr lange erhalten bleibt. Frisöre sind berüchtigt für schlimme Namen. Schauen Sie sich diese Beispiele an:

* Shear Madness
* Mane Attraction
* Hair Today, Gone Tomorrow

Oder auch im deutschen Sprachraum:

* Vor Hair, Nach Hair
* HauptSache Haar
* Rund Hair Um
* Technikbezogene Namen – niemand möchte ein Auto von Consolidated Buggywhips kaufen. Wenn Sie Ihr Unternehmen nach der Technik benennen, die Sie verkaufen, dann sind Sie festgelegt. Falls Sie das Geschäft z. B. »Fax-Modems GmbH« nennen, dann haben Sie sich möglicherweise als Händler für eine Technik positioniert, die in einigen Jahren veraltet ist. Tappen Sie nicht in diese Falle.
* Die meisten Namen, die den Namen einer Person enthalten – wie etwa Wilson, Wilson und Dundas, Davis Consulting Group oder Stew Leonards. Diese Namen sind ausgefallen, wie Nike oder Reebok. Im Gegensatz zu einem wirklich ausgefallenen Namen lassen sich diese Unternehmen schwerer ausweiten (jeder möchte mit dem Typen arbeiten, nach dem das Unternehmen benannt ist), schwer verkaufen, wenn der Gründer ausgestiegen ist, und sind besonders anfällig für Skandale. Kommt es zu einem Skandal, an dem der Gründer beteiligt ist, wirft dies ein schlechtes Licht auf das Unternehmen mit seinem Namen. Einen Vorteil hat so ein Name allerdings: Ist das Geschäft sehr persönlich, dann weiß der Kunde aufgrund des Namens genau, wer dahinter steht.

Regeln zum Auswählen eines Unternehmensnamens

* Ihr Name sollte einen positiven Klang haben. Vermeiden Sie alles Negative. Wenn die Leute Ihren Namen hören, sollten sie enthusiastisch und optimistisch mit Ihnen zusammenarbeiten wollen.

★ Vermeiden Sie schwierige Namen. Wenn die Leute Probleme haben, ihn auszusprechen oder zu buchstabieren, dann merken sie sich ihn nicht. (Ausnahmen von der Regel: »Häagen-Dazs« und »Guerilla«)

★ Machen Sie Ihren Namen einzigartig. Sie wollen nicht, dass die Leute ihn mit einem bereits existierenden Unternehmen verwechseln, vor allem, wenn dieses einen schlechten Ruf genießt.

★ Verwenden Sie keinen Namen, der Sie irgendwann einmal einschränken wird. Acme Sleep Shop beschränkt Sie auf den Verkauf von Schlafprodukten. Acme Interiors lässt schon mehr Raum für Expansion.

★ Nutzen Sie einen aussagekräftigen Namen, wie etwa Jiffy Lube. Dieser Name deutet außerdem auf einen Vorteil hin (»jiffy«: Augenblick, Minütchen; »in a jiffy«: gleich, sofort)

★ Lassen Sie sich nicht von Trends oder Modeerscheinungen irreleiten. Auf kurze Sicht mag das profitabel sein, aber langfristig gesehen ändern sich Trends. Und als Guerilla denken Sie langfristig.

★ Ihr Name sollte Ihre Identität reflektieren: Würde, Größe, Identifizierung mit dem Ort, Qualität usw.

★ Wählen Sie einen Namen, der am Telefon, im Radio, auf Ihrem Briefkopf oder auf Ihrer Website attraktiv klingt und aussieht.

★ Ziehen Sie einen Namen in Betracht, der mit »A« beginnt, falls Sie in den Gelben Seiten Werbung machen wollen. Ihr Name steht dann immer am Anfang.

Zeitschriften haben ein glückliches Händchen bei Namen. Sie müssen sich innerhalb kürzester Zeit positionieren, darum investieren sie viel, um einen griffigen Namen zu finden. Hier sind einige Favoriten:

★ Time
★ Success
★ American Demographics
★ Wired
★ Mac Week
★ Vogue
★ Sassy

Und dann gibt es noch Zeitschriften, die erfolgreich sind, obwohl sie einen verwirrenden Namen tragen. Sie belohnen also ihre Eigentümer mit machtvollen, ausgefallenen Namen wie:

* ★ Forbes
* ★ Vanity Fair
* ★ The Utne Reader

Beim Wählen eines Namens für ein Unternehmen oder Produkt werden viele Menschen ausgesprochen sentimental. Beschränken Sie das Namensteam – warten Sie, bis Sie Ihre Wahl auf zwei oder drei Kandidaten eingegrenzt haben, bevor Sie anderen erlauben, mit abzustimmen oder zu kommentieren. Ein uns bekanntes Unternehmen hat mehr als 250 Mannstunden (für 50 Dollar pro Stunde) dafür aufgewandt, über den Namen für eine Produktlinie zu streiten.

»Guerilla-Einzelhandel«

Co-Autoren Orvel Ray Wilson und Elly Valas

Die Schlacht hat begonnen. Sie sind absolut unterlegen – zahlenmäßig, geldmäßig und überhaupt. Wenn Sie nicht sofort mit allem zurückschlagen, was Sie haben, haben Sie keine Chance. Sie müssen ein Guerilla werden, vor allem in einer Zeit, die scheinbar eine Dauerrezession ist.

Es gab immer schon seit Erfindung der schlechten Zeiten kreative Möglichkeiten, schlechte Zeiten im Einzelhandel zu überstehen. Guerillas sind darauf spezialisiert, zumal viele von ihnen nichts kosten. Es hilft allerdings auch, eine Kristallkugel bei der Hand zu haben, die einem die Zukunft verrät. Hier ist Ihre, Guerilla.

20 wichtige Trends im Einzelhandel

1. Experten sagen einen dauerhaften Erfolg für Walmart und dergleichen voraus, da die Käufer immer stärker auf Schnäppchenangebote achten.
2. Wir erkennen außerdem eine stetige Zunahme des Supercenter-Formats. Die Verkäufe in Supercentern steigen mit rasanter Geschwindigkeit.
3. Dennoch gibt es Gelegenheiten für herkömmliche Einzelhändler, in einer Welt zu überleben, die von den Großen dominiert wird.
4. Kein Eine-Größe-für-alle mehr. Guerilla-Einzelhändler müssen mehr als einen Marketingansatz im Portfolio haben, um anspruchsvolle Käufer zufriedenzustellen. Selbst Kunden, die bisher in Riesenmärkten eingekauft haben, wenden sich an Spezialgeschäfte, die nur Fußballsachen oder nur Schneemobile

verkaufen. Oder hier, das ultimative Beispiel: Golf For Her, die Boutique von Entrepreneur Chris Foy in Broomfield, Colorado.

5. Kaufhäuser trudeln in einer Todesspirale. Zunehmende Konkurrenz durch Discounter auf der einen Seite und Spezialgeschäfte auf der anderen nimmt sie in die Zange, die sich daher neu orientieren und verkleinern muss.

6. Malls leiden. Viele werden sich komplett ändern müssen, um überleben zu können. Die gute Nachricht für Guerillas: Kunden, die es leid sind, die ewig gleichen und nahezu austauschbaren Malls zu besuchen, wenden zunehmend den Spezialgeschäften zu, die exakt das richtige Produkt und überlegenen Service bieten.

7. Statt Auffrischungen sind neue Konzepte angesagt. Verkürzte Lebensdauern für Produkte, Einzelhandelskonzepte und Marken bedeuten das Ende der riesigen, auf Massenprodukte ausgerichteten Ketten. Es gab einmal ein Restaurant in der Highland Avenue in Downer's Grove, Illinois, mit dem Namen The Highland Grill.

> Kunden, die bisher in Riesenmärkten eingekauft haben, wenden sich an Spezialgeschäfte.

Tolles Essen, großartiger Service, aufwendiges und hochwertiges Burger-Steak-Fritten-Grillkonzept, sehr erfolgreich, immer voll. Dann plötzlich war es geschlossen! Zweieinhalb Monate später öffnete der Laden wieder, dieses Mal als Parker's Ocean Grill mit einer völlig neuen Ausstattung, neuer Karte, aber denselben Angestellten. Wir fragten, was passiert war. Der Manager erklärte: »Wir gehören zu einer Kette aus acht Restaurants, Select Restaurants Inc. mit Sitz in Cleveland, Ohio. Wir haben erfahren, dass wir alle vier oder fünf Jahre den Platz komplett umkrempeln und etwas völlig anderes machen müssen, bevor wir uninteressant werden und die Kunden sich mit uns langweilen.« Heute betreiben sie 17 Restaurants.

8. Die Erlebniswirtschaft blüht. Guerilla-Einzelhandelskonzepte mischen wie nie zuvor Inhalt und Kommerz. Das Rainforest Café könnte vermutlich nicht überleben, wenn es nur auf die Qualität des Essens setzte. REI und seine zwei Etagen hohen Kletterwände schaffen eine abenteuerliche Atmosphäre, schon bevor Sie Ihre neue Ausrüstung haben.

9. Klicken und kaufen. Elektronische Einkaufsmöglichkeiten sprengen alle Vorstellungen. Forrester Research sagt ihnen heutzutage eine helle und florierende Zukunft voraus, in der die Gewinne sich auf Hunderte Milliarden Dollar belaufen.

> Kunden, die es leid sind, die ewig gleichen und nahezu austauschbaren Malls zu besuchen, sich zunehmend den Spezialgeschäften zuwenden, die exakt das richtige Produkt und überlegenen Service bieten.

10. Intelligentes Einkaufen. Kunden begrüßen Technologien, die ihnen bessere Informationen über Produkte und eine größere Kontrolle des Einkaufsprozesses bieten. Mehr als die Hälfte der US-Kunden kauft bereits wenigstens gelegentlich im Internet ein. Ein größerer Anteil nutzt das Web, um zu recherchieren, bevor er zum Einkaufen in einen normalen Laden geht. Die erfolgreichsten Betreiber kombinieren informationsorientierte Online-Kataloge mit Angeboten in realen Geschäften. Guerilla-Einzelhändler stellen ein Terminal mit Internet-Zugang auf und laden ihre potenziellen Kunden ein, konkurrierende Produkte gleich vor Ort zu prüfen und zu vergleichen, anstatt zum Einkaufen woanders hinzugehen.

11. Intelligente Geschäfte. Einzelhändler übernehmen Techniken, die die Produktivität der Verkaufsfläche und der Partner erhöhen. Manche Lösungen, darunter Kioske und Selbstbedienungsschalter, erhöhen die Effektivität der Angestellten und machen das Einkaufen bequemer. Guerilla-Einzelhändler statten ihre Verkäufer mit Mobilgeräten aus, mit denen man von beliebigen Stellen im Geschäft aus das Inventar prüfen, Installationen planen und sogar Rechnungen schreiben kann. Autovermietungen und sogar einige Restaurants nutzen bereits Drahtlostechnik. Schon bald werden Sie an Ihren Einkaufswagen kleine Computer vorfinden, die sich melden, wenn Sie an einem Sonderangebot vorbeikommen, so dass Sie angeregt werden, mehr und ergänzende Produkte zu kaufen.

12. Mobile Verkäufe bleiben schwer fassbar. Starbucks hat mit Mikromarketing experimentiert. Auf dem Bildschirm Ihres Mobiltelefons erscheint ein Coupon, wenn Sie in der Gegend sind.

Verkäufe von Produkten und Dienstleistungen über Mobiltelefone und andere Mobilgeräte sind im Kommen.

13. Die globale Landnahme geht weiter. Trotz wachsender Spannungen auf der Welt bleiben Händler in anderen Geschäften weiterhin international tätig.

14. Einzelhändler handeln mehr und mehr wie Zulieferer. Mit zunehmender Größe sucht der Handel nach alternativen Quellen für seine Produkte, so dass Zulieferer feststellen, dass ihre Handelskunden auf einmal ihre größten Konkurrenten werden. Walmart verhandelt mittlerweile direkt mit Bekleidungsfabriken in China und schließt Verträge zwei Jahre im Voraus ab.

15. Einzelhändler werden zu Markenmanagern. Exklusive Marken sind eine wichtige Abgrenzungsstrategie für Guerilla-Einzelhändler. Sie finden immer mehr Geschäfte, die nur eine Marke führen, wie Victoria's Secret, Talbot's, J. Crew, Eddie Bauer, Abercrombie & Fitch, Gap und Orvis. Viele andere kommen und verschwinden auch wieder.

16. Zulieferer beginnen, wie Einzelhändler aufzutreten. Einzelhändler wenden sich wiederum an wichtige Zulieferer und beraten sie in Fragen der Kategorien, legen die Strategien für die Kategorien fest, verwalten das Inventar und vermieten oder verpachten Platz.

17. Brand Sharing. Einzelhändler zapfen gegenseitig die Kundenbasis an, indem sie Geschäfte in Geschäften eröffnen. In Kaufhäusern gibt es oft eigene Geschäfte für Ralph Lauren, Calphalon oder Nautica. Starbucks ist im örtlichen Barnes & Noble sowie in Albertson's zu finden, gleich neben Krispy Kreme.

18. Über-Einzelhändler. Manche riesigen Einzelhändler nutzen ihre Markenidentitäten, Kundenbeziehungen und ihre Größe, um praktisch alle Bedürfnisse bestimmter Kundenkategorien zu erfüllen. Cabela's ist ausgesprochen erfolgreich geworden, als man sich auf Jagd, Fischfang und Outdoor-Ausrüstung spezialisierte.

19. Zulieferer werden zu Einzelhändlern. Manche Zulieferer versuchen, direkt an die Kunden zu verkaufen, wie im Nike Store oder im Sony Store. BOSE verkauft seine Kopfhörer mit Rauschunterdrückung direkt an Kunden auf Flughäfen sowie in eigenen Geschäften und per Mail-Order.

> Bei Mikromarketing erscheint auf dem Bildschirm Ihres Mobiltelefons ein Coupon, wenn Sie in der Gegend sind.

20. Kunden haben das Sagen. Kundenbeziehungen werden in zunehmendem Maße der wichtigste Wettbewerbsaspekt für Guerilla-Einzelhändlern werden.

»Guerilla-Deals abschließen«

Co-Autor Donald Hendon

Selbst Nichtguerillas wissen, ein guter Deal ist ein Geben und Nehmen. Guerillas sind in beidem geübt. Natürlich ist es ziemlich einfach, die Zugeständnisse anderer anzunehmen. Schwerer ist es dann schon, selbst Zugeständnisse zu machen, die man anderen gewähren muss. Diese Tipps helfen Ihnen dabei.

20 Dinge, die Sie tun sollten, wenn Sie Zugeständnisse machen

Handeln

1. Lassen Sie die Großen (oder den anderen Guerilla) glauben, dass Ihr Zugeständnis für Sie wichtig ist, auch wenn das eigentlich nicht der Fall ist. Seien Sie ein guter Schauspieler.
2. Zeigen Sie ein schmerzvoll verzerrtes Gesicht, wenn Sie ein Zugeständnis machen müssen. Lassen Sie den anderen glauben, dass Ihr Zugeständnis Ihnen wehtut.

Agenten

3. Nutzen Sie einen Agenten, der für Sie mit dem Großen verhandelt und machen Sie es nicht selbst. Agenten machen normalerweise weniger Zugeständnisse und außerdem sind ihre Zugeständnisse kleiner.

Haltung

4. Denken Sie immer daran: Wenn Sie gewillt sind, sich mit weniger zufriedenzugeben, dann erhalten Sie üblicherweise auch weniger.

Deadlines

5. Setzen Sie nur dann eine Deadline, wenn Sie sie als Ultimatum nutzen wollen.
6. Versuchen Sie, die Deadline der anderen Partei herauszufinden. Testen Sie, ob es denen ernst ist. Wenn sie verhandelbar ist, dann ist es keine wirkliche Deadline.

Geldwert

7. Weisen Sie jedem Zugeständnis einen Geldwert zu. Sagen Sie, wie viel dieses Zugeständnis Sie kostet, selbst wenn dies zu Ihrem Vorteil ausfällt.
8. Versuchen Sie auch, den Geldwert jedes Zugeständnisses der anderen Partei herauszufinden.
9. Arbeiten Sie nicht mit richtigem Geld, sondern mit Prozentwerten oder mit Preis pro Einheit. Prozentwerte klingen kleiner als Dollar: 1 Dollar pro Einheit klingt wenig, aber wenn Sie 1 Million Einheiten kaufen, dann sind das 1 Million Dollar, die Sie ausgeben müssen. Wenn Sie den Zulieferer bewegen, den Preis um 2 Cent pro Einheit zu senken, sparen Sie 20.000 Dollar.
10. Teilen Sie große Zugeständnisse in mehrere kleine auf. Verteilen Sie sie über einen Zeitraum. Die andere Partei wird möglicherweise davon ausgehen, dass mehrere kleine Zugeständnisse größer sind als ein großes, selbst wenn der Gesamtwert gleich ist.
11. Geben Sie sich selbst ausreichend Raum. Falls Sie verkaufen, beginnen Sie hoch. Falls Sie kaufen, beginnen Sie niedrig.
12. Dokumentieren Sie sorgfältig alles, aber lassen Sie niemanden wissen, dass Sie es tun. Stellen Sie fest, ob die anderen Verhandlungspartner ein Muster haben – eskalieren, deeskalieren, bis zum Ende warten. Dadurch lässt sich einfacher vorhersagen, was sie tun werden.

13. Lassen Sie die anderen Verhandlungspartner hart für alles arbeiten, was sie von Ihnen bekommen. Sie werden Ihr Zugeständnis mehr zu schätzen wissen und es für wertvoller halten. Wenn sie es dagegen zu schnell und zu leicht erhalten, verliert es in ihren Augen an Wert.

14. Fragen Sie sich immer: »Ist mein Zugeständnis vernünftig?« Falls nicht, lassen Sie es sein.

Begrenzte Autorität

15. Nutzen Sie sie. Sagen Sie: »Ich muss erst bei meinem Chef nachfragen, bevor ich mehr Zugeständnisse machen kann.«

Gut zuhören

16. Zuzuhören, was Ihr Gegenspieler zu sagen hat, ist das billigste Zugeständnis, das Sie machen können – und das wichtigste.

17. Hören Sie gut zu, dieses Mal mit Ihren Augen. Beobachten Sie die Körpersprache des Verhandlungspartners, wenn er nachgibt, damit Sie erkennen, ob sein Zugeständnis wichtig ist oder nicht.

Timing

18. Machen Sie langsam Zugeständnisse. Teilen Sie sie auf.

19. Wenn Sie zuerst nachgeben, sollte es nur für ein kleines Zugeständnis sein.

Gegenleistungen

20. Lassen Sie sich immer etwas zurückgeben, wenn Sie ein Zugeständnis machen.

20 Dinge, die Sie nicht tun sollten, wenn Sie Zugeständnisse machen

Annahmen

1. Gehen Sie nicht davon aus, dass nach jedem Zugeständnis immer ein Gegengeschäft notwendig ist. Irgendwann muss auch einmal Schluss sein.

2. Nehmen Sie nicht an, dass Sie immer automatisch nachgeben, nur weil Sie bei einem Problem nachgegeben haben. Sie bewegen sich nicht unbedingt auf dünnem Eis. Wenn Sie auf festem Grund agieren, ist der Weg nach vorn durch Ihre Zugeständnisse nicht gefährdet. Der Trick besteht darin, mit Ihren Zugeständnissen bedeutungsvolle Fixpunkte zu schaffen.

Deadlines

3. Verraten Sie den anderen Parteien Ihre Deadlines nicht. Sie geben sonst eine Menge Macht ab. Ein solches Zugeständnis wäre albern. Wenn die anderen Ihre Deadline kennen, schinden sie möglicherweise Zeit und verhandeln erst dann ernsthaft, wenn Ihnen die Zeit davonläuft. Unter Zeitdruck würden Sie viel mehr Zugeständnisse machen.

4. Vergessen Sie nicht die 80-20-Regel: 80 Prozent aller ernsthaften Aktionen geschehen in den letzten 20 Prozent der Zeit vor der Deadline.

5. Setzen Sie sich nicht selbst eine Deadline. Deadlines beschränken Ihre Flexibilität. Machen Sie sich um die Deadlines nicht allzu große Sorgen. Fragen Sie sich immer: »Wessen Deadline bereitet mir die größten Sorgen? Ihre oder meine?«

6. Machen Sie sich keine Sorgen um deren Deadline. Denken Sie immer daran, dass deren Deadline deren Flexibilität einschränkt, nicht Ihre. Lassen Sie die anderen sich darum sorgen und sie verteidigen. Sie sind ohne Deadline viel flexibler.

Geld

7. Machen Sie nicht das größte Einzelzugeständnis beim Aushandeln des Deals. Die Person, die dies macht, gewinnt normalerweise deutlich weniger als die andere Person.

Ego

8. Gehen Sie nicht einfach, wenn Sie ein lächerliches Angebot erhalten. Kontrollieren Sie Ihr Ego. Seien Sie höflich. Warten Sie ab, wohin sich das lächerliche Angebot entwickelt.

9. Beleidigen Sie niemanden, wenn Sie ein lächerliches Angebot erhalten.

10. Lechzen Sie nicht so sehr nach Anerkennung, dass Sie den Laden für ein Lächeln weggeben. Mögen Sie sich selbst so sehr, dass es Ihnen egal ist, ob die anderen Sie mögen oder nicht.

Fehler

11. Verstecken Sie Ihre Fehler nicht. Sagen Sie, dass Sie einen Fehler gemacht haben, wenn Sie ein Zugeständnis zurückziehen. Ihre Aktion wird dann leichter akzeptiert.

12. Machen Sie allerdings nicht zu viele Fehler. Die anderen Verhandlungspartner glauben sonst, Sie seien ignorant oder versuchen, sie zum Narren zu halten.

Timing

13. Machen Sie nicht das erste Zugeständnis. Halten Sie Ihre Forderungen verdeckt, während die andere Partei sie enthüllt.

14. Haben Sie aber auch keine Angst davor, selbst ein Zugeständnis zurückzugeben. Alles ist möglich, bis Sie beide den ersten Vertrag unterschreiben.

15. Seien Sie niemals der erste, der sagt: »Teilen wir uns die Differenz.« Absolut nicht! Das ist verboten! Warum? Damit verraten Sie den anderen Verhandlungspartnern Ihren Reingewinn, bevor Sie deren Reingewinn wissen. Die Person, die als erste sagt: »Teilen wir uns die Differenz.«, hat am wenigsten zu verlieren.

16. Machen Sie kein Zugeständnis, bevor Sie nicht alle Forderungen kennen.

17. Enthüllen Sie nicht zu früh, dass Sie gewillt sind, Zugeständnisse zu machen. Dadurch steigen sofort die Erwartungen. Es ist viel besser, dies später zu verraten, am besten so spät wie möglich.

18. Akzeptieren Sie nicht zu früh irgendwelche Zugeständnisse. Wenn Sie ein Angebot zu schnell akzeptieren, ohne zuvor zu feilschen, glaubt die andere Partei, dass sie zu viel preisgegeben hat, und versucht, aus dem Deal auszusteigen.

Worte

19. Fürchten Sie sich nicht davor, »Nein« zu sagen. Je mehr Sie es sagen, umso leichter wird es für Sie.

20. Sagen Sie nicht zu oft oder zu schnell »Ich denke darüber nach«. Diese vier Wörter sind eigentlich ein Zugeständnis, weil sie die Erwartungen steigern. Auch hier sollten Sie kein Zugeständnis machen, ohne eines zurückzubekommen. Sagen Sie stattdessen: »Was werden Sie für mich tun, falls ich mich entschließe, darüber nachzudenken?« Machen Sie das aber nur, wenn Sie mehr Macht haben als die andere Partei.

Es wird Ihnen nicht schwerfallen, einigen dieser Richtlinien zu folgen, da Sie ihnen durchaus zustimmen. Bei anderen wiederum haben Sie vermutlich Probleme, weil es in der Vergangenheit auch anders funktioniert hat. Bleiben Sie offen. Probieren Sie Neues aus. Ich habe diese Richtlinien über eine lange Zeit hinweg entwickelt und meine Kunden auf der ganzen Welt haben sie mit großem Erfolg angewandt.

Wenn Sie Amerikaner sind, sollten diese ausgewählten Richtlinien Sie veranlassen, sich neu zu beurteilen. Beginnen wir mit dem ersten Grund: der Annahme, wir gehörten zu den ganz Großen – die Santa-Claus-Mentalität. Falls Sie ein großes Ego haben, legen Sie es ab. Wenn Sie sich für die Nummer Eins halten und auch so handeln, wollen die Leute immer mehr von Ihnen, und das erweist sich beim Verhandeln als nachteilig. Denken Sie stattdessen in kleineren Dimensionen. Das ist eine der mächtigsten und dennoch am seltensten eingesetzten Taktiken. Guerillas nutzen sie im Krieg und sind deshalb so erfolgreich. Auch Geschäftsleute, die wie Guerillas denken, haben damit Erfolg. Und das liegt daran:

> Falls Sie ein großes Ego haben, legen Sie es ab. Denken Sie stattdessen in kleineren Dimensionen.

Kleinere Unternehmen sind von Natur aus Guerillas – sie können fast alles machen, was sie wollen, weil sie nur wenig zu verlieren haben. Große Unternehmen dagegen glauben oft, dass sie nur wenige Wahlmöglichkeiten haben, weil sie viel verlieren können. Deshalb sind sie auch viel vorsichtiger. Es ist schwierig, Manager in großen Unternehmen dazu zu bewegen, wie Guerillas zu denken, klein zu denken. Und deshalb können kleinere Guerillas alles tun. Sie können den Großen auf der Nase herumtanzen. Sie können es ausnutzen, dass die Großen vor Sorge wie gelähmt sind. Mao Zedong sagte in seinem Buch Yu Chi Chan (Guerilla-Krieg):

Greif auf dem Land an. Zieh dich zurück, wenn der Feind beginnt, nach dir zu suchen. Blute den Feind aus. Besetze das Land. Der Feind wird sich in seine Stadtfestung zurückziehen, seine Zugbrücke hochziehen und auf deinen Angriff warten.

Die Geschichte von Sam Walton

Um klein zu denken und gleichzeitig erfolgreich zu sein, braucht man eine Menge Fantasie und Kreativität. Wie Sam Walton, der Gründer von Walmart. Er war von Natur aus ein Guerilla. Er hatte keine Angst vor Fehlschlägen. Andererseits hatte er eine großartige Idee und war klein genug, um sie umzusetzen, ohne den Einzelhandelsriesen in die Quere zu kommen. Wie Mao begann er auf dem Land, nahm es ein und begab sich schließlich in die großen Städte. Und er schlug die Großen seiner Zeit – Kmart (gibt es noch), Woolco (lange verschwunden), E. J. Korvette (ebenso) und andere große Discount-Ketten. Und dies ist in Kurzform die Geschichte des erfolgreichsten Guerilla-Geschäftsmannes aller Zeiten:

Sam besaß in den 1940ern und 1950ern eine Reihe kleiner Billigläden im nordwestlichen Arkansas. Irgendwann hatten er und sein Bruder 16 Geschäfte in diesem Teil der Vereinigten Staaten – Arkansas, Missouri und Kansas. Er verlor Kunden an Discount-Ketten wie Woolco und Kmart, obwohl deren Läden sich in größeren Städten befanden, die mehr als 100 Meilen entfernt waren. Die Leute aus Bentonville, seinem Hauptquartier, fuhren über gefährliche, kurvige Bergstraßen nach Little Rock, Fort Smith, Springfield, Joplin, Tulsa und Kansas City, um dort einzukaufen. Er konnte mit den niedrigen Preisen der Ketten nicht mithalten – seine Läden waren zu klein, um größere Mengen einzukaufen. Deshalb beschloss er, sie auszumanövrieren. Dazu setzte er eine unerhörte Idee um, die ihn einen Großteil seines Kapitals kostete.

Er dachte sich, drei Läden in der Größe seines ursprünglichen Ben-Franklin-Ladens in Bentonville entspräche der Kaufkraft eines kleineren Woolco oder Kmart. Deshalb richtete er ein kleines Lager-haus im Zentrum mehrerer kleiner Städte in Arkansas ein. Er kaufte so große Mengen an Waren ein, dass er mit den Preisen von Woolco und Kmart in den größeren Städten mithalten konnte. Seinen ersten Wal-mart eröffnete er 1962 in Bentonville. Die großen Ketten ignorierten ihn. Sie wollten sich sowieso nicht in den kleineren Städten ansiedeln. Sie waren – genau wie Chiang Kai-shek in China – zu vorsichtig, um ihre Feinde auf dem Land zu verfolgen. Und schließlich verloren sie den Krieg.

Sam nutzte die Unentschlossenheit der großen Ketten aus und ex-pandierte weiter. Er richtete immer mehr Lagerhäuser ein und eröffnete weitere Läden. Er hielt sich an Kleinstädte. Schließlich beschloss er wie Mao Zedong und Le Duan, der Guerilla-Architekt des Sieges von Nord-vietnam über die USA und Südvietnam, massiv die großen Städte an-zugreifen. Er startete in Philadelphia und ging als Sieger hervor. Inzwischen war er zu groß, um von den großen Ketten gestoppt zu werden. Er begann, in den Vorstädten großer Städte Wal-mart-Läden zu eröffnen, wo der Grund und Bo-den billiger war. Seine Läden waren größer als die Woolcos und Kmarts. Ökonomie des Maßstabs. Die Amerikaner zo-gen aus den Städten in die Vorstädte, wo Sam seine Walmarts eröffnete. Die älteren Woolcos und Kmarts waren nicht so groß, sauber und at-traktiv wie die neueren Walmarts, und sie mussten mehr für Miete und Versicherungen bezahlen. Bei diesen höheren Betriebskosten konnten sie mit der Effizienz von Walmarts nicht Schritt halten und mussten ihre Waren teurer verkaufen.

> **Wenn man klein denkt, denkt man in Wirklichkeit groß.**

Schließlich wurde Walmart zum Einzelhändler Nummer Eins auf der Welt. Woolco musste dichtmachen. Kmart fusionierte mit Sears. Auch andere große Discounter verschwanden. Erinnert sich noch jemand an E. J. Korvette, einen riesigen Discounter im Nordosten der USA? Lange verschwunden. Was ist mit GEM? Treasure Island? Richway? Genau. Die Moral von der Geschichte: Wenn man klein denkt, denkt man in Wirklichkeit groß. Denken Sie wie Gewinner – denken Sie klein! Selbst wenn Sie in einem großen Unternehmen sind! Sie gewinnen mehr.

»Guerilla-Öffentlichkeitsarbeit«

Co-Autorin Jill Lublin

Medientraining für das digitale Zeitalter

Stellen Sie sich vor, Sie müssten plötzlich in einem voll besetzten Stadion mit einem Team Profisportler auftreten. Wie gut wären Sie? Wahrscheinlich nicht so gut. Vermutlich wären Sie völlig aus Ihrem Element und würden sich vielleicht sogar lächerlich machen. Und das passiert den meisten Menschen, wenn sie es zum ersten Mal mit den Medien zu tun haben.

Wenn die Medien Sie kontaktieren, müssen Sie das Beste aus jeder Gelegenheit machen. Falls Sie unvorbereitet oder nicht auf der Höhe sind, können Sie in große Schwierigkeiten geraden. Schließlich ist dies vielleicht Ihre einzige Chance. Die Medien haben viele Möglichkeiten. Wenn Sie also nicht überragend sind, geht man einfach weiter zur nächsten Story und das war's dann für Sie. Das spricht sich herum und auch andere Medienkanäle ignorieren Sie. Stellen Sie dagegen ein verlockendes, unterhaltsames und attraktives Thema dar, kommen die Medien immer wieder auf Sie zurück.

Beim Umgang mit den Medien betreten Sie eine andere Welt, eine Welt, auf die Sie nicht vorbereitet sind. Medienmenschen spezialisieren sich auf Tätigkeiten, die Sie nur selten oder nie erledigen. Ihr Ziel ist klar: Die wollen ihrem Publikum ständig die fesselndsten und unterhaltsamsten Geschichten präsentieren. Sie kennen die Regeln und wissen, wie sie ihr Publikum zufriedenstellen – das ist schließlich ihr Geschäft.

Sie dagegen sind ein Außenseiter. Wahrscheinlich sind Sie noch nie im Radio oder Fernsehen gewesen oder haben ein Interview gegeben.

Sie wissen nicht, wie die Medien funktionieren oder was eine gute Geschichte ausmacht, auch wenn Sie das vielleicht anders sehen. Wenn Sie mit den Medien zu tun haben, begeben Sie sich auf fremdes Terrain. Die Medien übernehmen das Ruder, sie stellen die Fragen, geben die Richtung vor und bestimmen, wie Ihre Geschichte erzählt wird.

Die meisten Menschen, selbst die klügsten und sprachgewandtesten, sind keine von Natur aus begabten Kommunikatoren. Sie mögen Ihr Geschäft in- und auswendig kennen, doch deshalb muss es Ihnen noch lange nicht gelingen, es einem Massenpublikum verständlich und unterhaltsam zu erklären. Vielleicht wirft es Sie aus der Bahn, wenn Sie vor Publikum auftreten und knallharte, schnell auf Sie abgefeuerte Fragen beantworten müssen.

Viele Leute glauben, dass sie vor die Medien treten, ihre Geschichte erzählen und dabei gut aussehen können. Sie glauben, ihr natürlicher Charme, ihr gutes Aussehen und ihre Intelligenz reichen aus. Tut uns leid, aber so läuft das meistens nicht. Viele Menschen wissen nicht, was sie auf Journalistenfragen antworten sollen. Sie wissen nicht, was sie bei schwierigen Fragen, knallharten Interviewern, Zwischenrufern oder teilnahmslosen oder feindseligen Zuschauern tun müssen. Die meisten wissen nicht einmal, wie sie sich kleiden oder hinstellen sollen.

Guerilla-Intelligenz

Wenn Sie Ihre Waren oder Dienstleistungen über die Medien bekannt machen wollen, brauchen Sie Medientraining, selbst wenn Sie einen Pressesprecher haben. Im digitalen Zeitalter ist ein guter Eindruck unerlässlich, da jedes Interview und jeder Auftritt, und sei er noch so kurz oder unbedeutend, schnell im Cyberspace auftauchen kann. Wenn Sie nicht in Topform sind, macht man sich vielleicht über Sie lustig – und das möglicherweise über eine lange Zeit.

Ein wenig Medientraining kann entscheidend sein, um überhaupt gebucht zu werden. Bevor Produzenten Gäste in ihre Programme einladen, führen sie Vorgespräche durch. So entwickeln Sie ein Gefühl, ob jemand ein guter Gast sein könnte. »Vorgespräche sind teils Probe, teils

Kaufgespräch und wichtig, um gebucht zu werden, aber die meisten wissen nicht, was zu tun ist«, erklärt Jess Todtfeld, der Präsident von Media Training Worldwide. Beim Medientraining können Sie lernen, wie Sie mit Produzenten reden sollten, verstehen, was diese meinen, weshalb sie Entscheidungen treffen und wie Sie handeln sollten.

Medientraining lehrt Sie, wie Sie das Interesse der Medien erregen und was Sie tun sollten, wenn man »böse« zu Ihnen ist. Es zeigt Ihnen, wie Sie einen tollen Eindruck auf die Produzenten machen und sie überzeugen, Ihre Geschichte zu bringen und Sie in die Sendungen einzuladen. Wenn Sie dann erst einmal gebucht sind, bereitet Sie das Medientraining darauf vor, Ihre Chancen zu nutzen, ein großartiges Thema zu sein und wieder eingeladen zu werden.

> **Die Botschaft ist die Information, die Sie mit der Menschheit teilen wollen, während Ihr Aufhänger Sie überhaupt in die Medien bringt.**

Joel Roberts von Joel Roberts and Associates zeigt seinen Studenten, wie man zwischen seiner Botschaft und seinem Aufhänger unterscheidet. »Die Botschaft ist die Information, die Sie mit der Menschheit teilen wollen, während Ihr Aufhänger Sie überhaupt in die Medien bringt,« erklärt Roberts. Aufhänger sind Strategien, darunter folgende:

★ Eine Nachricht sein. Die Medien sind vor allem Dingen daran interessiert, ihrem Publikum Nachrichten zu bieten, und Medienmacher lieben brandheiße Storys. Wenn Ihre Geschichte Nachrichtenwert hat, wollen die Medien sie aufgreifen. Bieten Sie eine neue Lösung für ein bedeutendes Problem oder stellen Sie etwas her, das für große Teile des Publikums interessant ist, werden sich die Medien bei Ihnen die Türklinke in die Hand geben.

★ Ihre Geschichte mit aktuellen Nachrichten verknüpfen. Stellen Sie eine Verbindung Ihrer Geschichte zu aktuellen Themen in den Medien her. Geschichten, die nicht zeitgemäß sind, können, selbst wenn sie faszinierend und ausgesprochen unterhaltsam sind, durch Dinge ersetzt werden, die die Medien heißer, aktueller und berichtenswerter finden.

★ Ihre Geschichte mit Geld, Sex und Gesundheit in Verbindung setzen. Die Medien halten die Öffentlichkeit für besessen von Geld,

Sex und Gesundheit besessen ist, deshalb bringen sie eher Geschichten mit solchen Themen. Wenn Sie Ihre Story mit zwei oder sogar drei dieser Themen verknüpfen können, steigen Ihre Chancen auf Medienpräsenz ungemein. In einem geringeren Maße sind die Medien außerdem an Beziehungen und Karrieren interessiert.

★ Mythen aufdecken. Neben Sensationsmeldungen und aufregenden Neuigkeiten lieben die Medien nichts mehr, als Blasen zerplatzen zu lassen. Sie nehmen etablierte Ideen und versuchen, sie zu widerlegen. Das Aufdecken ist für das Publikum unterhaltsam und setzt die beliebte journalistische Tradition des Unruhestiftens fort.

★ Neue Blickwinkel und Vorgehensweisen schaffen. Die Medien lieben Innovation. Sie erklären dem Publikum gern neue Prozesse und Möglichkeiten, sich alten oder existierenden Problemen zu nähern. Sie lieben es zu unterrichten.

★ Dem Publikum greifbare Vorteile bieten. Wenn Sie Vorteile bieten können, wie etwa solide Informationen, Ratschläge, Unterhaltung oder kostenlose, preiswerte oder preisgesenkte Waren, geben die Medien dies an ihr Publikum weiter.

★ Eingängige Wörter oder Phrasen erfinden. Kommunikationsexperten interessieren sich für Sprache und speziell für neue und ungewöhnliche Wörter oder Wendungen. Sie wissen, dass witzige und kluge Sprache die Aufmerksamkeit des Publikums erregt, so dass Sie eine entsprechende Sprache in ihren Berichten verwenden.

★ Verbindung zu Prominenten. Die Medien wissen um die Faszination von Prominenten. Wenn Sie also in Ihre Geschichte eine bekannte Persönlichkeit einbauen können, interessiert das die Medien.

Medientrainer lehren außerdem, wie Sie Ihr Publikum ausweiten und Ihr Auftreten verbessern. Falls sich Ihr Produkt sich z. B. traditionell an Frauen wendet, zeigen sie Ihnen, wie Sie es auch Männern oder Kindern schmackhaft machen können. Trainer zeigen Ihnen, wie Sie Fragen beantworten: harte Fragen, einfache Fragen, wie Sie bei Ihrer Botschaft bleiben und die wichtigsten Punkte vermitteln. Sie lernen, wie Sie sitzen, stehen, gestikulieren, reden, Zeit schinden, das Publikum anschauen und die Fassung behalten.

Trainer erkennen schnell Ihre Schwächen und Stärken und sagen Ihnen genau, wie Sie sich verbessern können. Viele Leute erkennen ihre eigenen Stärken nicht oder wissen nicht, wie sie darauf aufbauen. Deshalb nutzen sie ihre besten Mittel gar nicht voll aus, das, was die Medien und das Publikum eigentlich sehen wollen.

Der Prozess

Jeder Medientrainer arbeitet anders, deshalb hängt das Training vom Trainer ab. Die meisten Trainer bieten verschiedene Arten von Training an, wie etwa Einzel- und Gruppensitzungen. Normalerweise sind sie auch für besondere Konsultationen verfügbar, ebenso wie für Auffrischungskurse vor wichtigen Terminen. Trainer bieten darüber hinaus maßgeschneiderte Sitzungen für Einzelpersonen und Unternehmen. Da die Länge der Gruppensitzungen variieren kann, sollten Sie sich vor dem Unterschreiben eines Vertrags mit dem Trainer absprechen.

Das Medientraining basiert auf der Tatsache, dass Interviews und Auftritte in den Medien keine normalen Gespräche sind. »Interviews und Auftritte sind besondere Situationen, die besondere Fähigkeiten erfordern,« erklärt Jess Todtfeld. »Die Leute müssen die Fähigkeiten ebenso erlernen, wie ein Schauspieler das Schauspielen erlernt.«

Trainer bringen ihren Schülern die Grundregeln für Interviews und öffentliche Auftritte bei, etwa, dass die Interviewer oder Gastgeber die Kontrolle haben, weil sie die Fragen stellen. Sie sind ihnen ausgeliefert, weil sie die Richtung vorgeben. »Medientraining bringt Menschen bei, wie sie die Kontrolle über ihr Auftreten bekommen, wie sie vorbestimmte Antworten in Interviews einflechten, ohne diese zu sprengen,« merkt Todtfeld an. »Es zeigt ihnen, wie sie genau feststellen, was für sie aus dem Interview herausspringen soll, welche Informationen sie vermitteln wollen und wie sie das erreichen. Es bietet ihnen einen Plan oder einen Pfad, dem sie folgen können.«

Heute setzen die meisten Medientrainer ihre Schüler vor eine Kamera, zeichnen sie auf und schauen die Aufzeichnung später an. Damit sollen die Schüler selbst erkennen, was sie ändern müssen. Wenn Menschen sich sehen, sind sie meist schneller gewillt, sich zu ändern. Ihr

Fokus verbessert sich. Nach dem Aufzeichnen der Sitzungen über die Trainer Kritik und reden mit ihren Schülern über deren Leistung. Dann werden Änderungen vorgenommen, die Schüler erneut aufgezeichnet und der Vorgang wiederholt.

Im Prinzip sollen die Schüler ihre Auftritte beobachten, um ihre Schwächen und Stärken zu erkennen, auf die die Trainer sie auch noch einmal hinweisen. »Die Leute lernen am besten dadurch, dass sie sich selbst sehen,« sagt Todtfeld. »Wir wollen, dass sie erkennen, was sie falsch gemacht haben und was richtig war. Darauf bauen wir dann auf. Wir zeichnen sie oft auf, kritisieren jeden Auftritt, fügen Informationen hinzu, arbeiten an ihrer Botschaft und holen sie dann wieder vor die Kamera.«

»Denken Sie Energie, Energie, Energie, wenn Sie sich auf ein Interview vorbereiten,« betont Todtfeld. »Denken Sie vor einem Fernsehauftritt daran, dass dies ein abkühlendes Medium ist, das Sie wirken lässt, als hätten Sie deutlich weniger Energie, als Sie dachten. Menschen zeigen ohne Ausnahme weniger Energie, als sie glauben.«

Botschaften

Medientrainer lehren die Menschen, wie sie ihre inneren und äußeren Botschaften perfektionieren. Äußere Botschaften sind, wie sie sich selbst präsentieren, wie sie aussehen und handeln. Dazu gehört alles bis auf die Worte, die sie sagen. Diese stellen die innere Botschaft dar.

Für ihre äußeren Botschaften zeigen die Trainer den Schülern, wie sie stehen, sitzen, reden, gestikulieren und reagieren sollten. Sie weisen sie an, sich nicht hängenzulassen, sich nicht zurückzulehnen, keine Grimassen zu schneiden und auch nicht ständig mit den Händen zu fuchteln. Trainer geben ihren Schülern außerdem Ratschläge, was sie anziehen sollten.

So kommt es z. B. zu einer Reihe von Problemen, wenn Fernsehgäste weiße Kleidung tragen. Weiß ist für die Zuschauer der dominierendste Farbton. Wenn Gäste also weiß tragen, konzentrieren sich die Zuschauer nicht immer auf deren Gesichter. Das kann die Wirkung der Präsentationen deutlich mindern. Das kann Probleme verursachen, da der Gesichtsausdruck die Körpersprache unterstützt und Rückschlüsse auf die Ehrlichkeit, Aufrichtigkeit, Leidenschaft, Zuversicht und wei-

> Die meisten Leute sind den Umgang mit den Medien nich gewöhnt und sollten deshalb ein Medientraining absolvieren, bevor sie eine Publicity-Kampagne starten.

tere Faktoren zulässt. Medientrainer raten ihren Schülern daher, weiße Kleidung zu meiden.

Trainer helfen ihren Schülern, verbale Botschaften zu entwickeln und zu präsentieren. »Am schwierigsten ist es für die meisten Menschen, ihre Botschaft in einem Satz zusammenzufassen,« sagt Todtfeld. Da Menschen oft mehrere Aspekte kommunizieren wollen, helfen Trainer ihnen dabei, diese auf die drei oder vier wichtigsten zu kommunizieren.

Außerdem bringen Trainer ihren Schülern bei, ihr Denken zu schärfen sowie Geschichten und Beispiele hinzuzufügen, die ihr Auftreten noch einprägsamer und unterhaltsamer machen. Sie zeigen den Leuten auch, wie man Dinge schreibt und spricht, wie man Fragen beantwortet und geschickt seine Fakten in die Antworten einbaut.

Tipps und Videos, die Ihnen zeigen, wie Sie besser in den Medien auftreten, finden Sie unter http://www.speakingchannel.tv.

Denken Sie daran

Die meisten Leute sind den Umgang mit den Medien nicht gewöhnt und sollten deshalb ein Medientraining absolvieren, bevor sie eine Publicity-Kampagne starten. In der heutigen digitalen Welt wird Medientraining immer wichtiger, weil Ihre Auftritte sich schnell und weit im Cyberspace ausbreiten können. Medientraining lehrt Sie, wie Sie die Aufmerksamkeit der Medien erregen, wie Sie deren Fragen beantworten und wie Sie wieder eingeladen werden.

»Guerilla-Schreibtipps«

Co-Autor Roger C. Parker

Das Schreiben spielt beim Erfolg des Guerilla Marketing eine große Rolle. Die Fähigkeit zu schreiben, ist in der heutigen Welt des Web 3.0 und des Self-Publishing eine Notwendigkeit und kein Luxus. Ihre Fähigkeit, sich auf Papier und auf dem Bildschirm auszudrücken, ist unerlässlich, wenn Sie in der Lage sein wollen, Jay Levinsons bewährte Guerilla-Marketingideen in neue Chancen und dauerhafte Gewinne umzuwandeln.

Obwohl mein Guerilla-Talent im Design liegt, wie ich hoffentlich mit meinen Designbüchern und meinen Projekten bewiesen habe, finde ich mich aufgrund meiner Rolle als Autor, Buchberater und Marketingconsultant in diesem Buch wieder. Ich traf Jay bereits, als wir beide Mitglied des Microsoft Small Business Council waren. Jay und Jeannie baten mich, Ihnen zu sagen, dass ich Guerilla-Marketern auf der ganzen Welt geholfen habe, ihren Zugang zum Schreiben zu ändern. Schreiben muss kein Grund für Stress sein! Stattdessen kann es eine willkommene Gelegenheit sein, eine Gefolgschaft anzuziehen und dauerhafte Beziehungen zu Kunden und künftigen Kunden aufzubauen.

Universelle Ideen

Hier sind neun Ideen, die Ihnen helfen, Ihren Zugang zum Schreiben zu ändern. Die Ideen sind universell – sie funktionieren bei kleinen Projekten wie Artikeln und Blog-Postings ebenso wie bei großen Projekten, wie Büchern, E-Books, Anträgen, Berichten und Whitepapers.

1. Identifizieren Sie Ihre Ziele

Werden Sie sich über Ihre Ziele klar, bevor Sie mit dem Schreiben beginnen. Stellen Sie sich dazu zuerst die folgenden Fragen:

* **Wer sind meine potenziellen Leser?** Finden Sie heraus, wer sie sind und warum sie Ihr Buch, E-Book, Blog-Posting oder die Startseite Ihrer Website lesen sollten.
* **Welches sind die Anliegen meiner Leser?** Wo brennt ihnen der Kittel? Überlegen Sie, was Sie über Ihre Leser wissen. Listen Sie deren offensichtliche Frustrationen und Probleme auf und forschen Sie dann nach den zugrundeliegenden Ursachen. Identifizieren Sie schließlich deren unerreichte Ziele und die Gründe, weshalb sie sie noch nicht verwirklicht haben.
* **Welches sind Ihre Ziele?** Denken Sie über die »große Idee« nach, an die die Leser sich erinnern sollen, listen Sie die wichtigen Punkte auf, die Sie mitteilen möchten, und enden Sie mit einer Schlussfolgerung, die den nächsten Schritt erkennen lässt, den Ihre Leser unternehmen sollen. Ihr Ziel besteht darin, einen Kompromiss zwischen den Anliegen Ihrer Leser und Ihren Zielen zu finden. Effektives Schreiben schlägt eine Brücke zwischen Ihren Zielen und den Sorgen der Leser, so dass am Ende beide Parteien gewinnen.

> **Ihr Ziel besteht darin, einen Kompromiss zwischen den Anliegen Ihrer Leser und Ihren Zielen zu finden.**

2. Immer verkaufen

Betonen Sie immer die Bedeutung all dessen, was Sie schreiben. Der Verkauf beginnt schon beim Titel und im ersten Absatz. Sie müssen die Aufmerksamkeit Ihrer Leser fesseln und sie überzeugen, weiterzulesen.

Wenn Sie es nicht schaffen, die Aufmerksamkeit des künftigen Lesers mit einer faszinierenden Schlagzeile, Überschrift oder Betreffzeile zu wecken, lesen die potenziellen Kunden wohl kaum weiter. Sie wechseln einfach zu einer der tausenden anderen Meldungen, die jeden Tag um ihre Aufmerksamkeit buhlen. Ihr Schreiben war dann umsonst.

> **Erwarten Sie von den Lesern nicht, dass sie Ihr Geschriebenes lesen, nur weil Sie es geschrieben haben.**

3. Seien Sie spezifisch

Vermeiden Sie Allgemeinplätze. Seien Sie in den Überschriften und den ersten Absätzen so spezifisch wie möglich. Stellen Sie fest, für wen Sie schreiben, welche Vorteile die Leser von Ihrer Botschaft zu erwarten haben und wie viele Punkte – oder Schritte – folgen.

> **Unterschätzen Sie niemals die Macht der Zahlen.**

Man kann gar nicht hoch genug schätzen, wie wichtig Zahlen am Anfang sind! Zahlen in den Überschriften bieten Ihnen einen Rahmen beim Schreiben Ihres Projekts. Sie helfen außerdem Ihren Lesern, ihren Fortschritt durch Ihr Projekt zu verfolgen. Ihr Schreibprozess beginnt, wenn Sie sich verpflichten, 3 Schritte, 6 Schlüssel, 7 Angewohnheiten oder 10 Gebote mit dem Leser zu teilen.

Zahlen erhöhen darüber hinaus die Glaubwürdigkeit von Überschriften, wenn sie mit ihnen die Vorteile näher beschreiben, die der Leser aus Ihrem Text ziehen wird. Welche der folgenden Überschriften wirkt glaubwürdiger?

- ★ Der innere Führer zum Abnehmen
- ★ Der innere Führer zum Abnehmen von 30 Pfund in drei Monaten

Die 30 Pfund und die drei Monate lenken die Aufmerksamkeit auf die Vorteile, so dass aus einem schwachen, allgemeinen Titel ein spezielles, machtvolles Programm wird.

Zahlen in Überschriften verstärken außerdem das Versprechen schnelleer Ergebnisse, wenn sie in Titeln wie Guerilla-Marketing in 30 Tagen verwendet werden.

Zur Genauigkeit gehört auch, dass man die Leser in der Überschrift wiederfindet. Schauen Sie sich den Unterschied in den folgenden Titeln an:

- ★ Der innere Führer zum Abnehmen
- ★ Der innere Führer des Entrepreneurs zum Abnehmen

Falls Sie ein Entrepreneur sind, reagieren Sie vermutlich eher auf den zweiten Titel, da er auf Sie zugeschnitten ist. Es ist viel wahrscheinlicher, dass die Information Ihnen beim Abnehmen hilft.

4. Zeichnen Sie eine Content-Map

Machen Sie die Struktur Ihres Projekts so sichtbar wie möglich. Beginnen Sie das Schreiben niemals ohne einen visuellen Plan für Ihr Projekt. Nachdem Sie sich auf eine Zahl festgelegt haben, wie im vorherigen Abschnitt ausgeführt, notieren Sie die Themen, die Sie in Ihre 3 Schritte, 6 Schlüssel, 7 Angewohnheiten oder 10 Gebote aufnehmen und somit mit Ihren Lesern teilen wollen.

> **Jeder Plan ist besser als überhaupt keiner.**

Schon eine einfache Liste auf einem Bierdeckel kann Ihnen helfen voranzukommen!

General George Patton erinnerte uns daran, dass ein ziemlich guter Plan für heute besser ist als ein perfekter Plan für morgen. Jay, Jeannie und ich gaben ihm Recht.

5. Halten Sie es einfach

Schreiben Sie nicht um zu beeindrucken. Schreiben Sie so, wie Sie sprechen – so klar und einfach wie möglich. Vermeiden sie lange Wörter und seltsame Ausdrücke. Benutzen Sie eine einfache, alltägliche Sprache. Halten Sie Wörter, Sätze und Absätze so kurz und knapp wie möglich. Vermeiden Sie es, Ihr Schreiben mit unnötigen Ideen und Wörtern zu verstopfen.

> **Sie werden nicht nach der Komplexität Ihres Textes bewertet. Halten Sie sich deshalb zurück!**

Sie schreiben nicht, um eine Schulnote zu erhalten, sondern um Informationen zu teilen, die Beziehungen zu Ihren Kunden und potenziellen Kunden aufbauen und stärken. Es zählt nur, dass Sie die richtigen Informationen so prägnant wie möglich ausdrücken.

Vermeiden Sie einen »endlosen Strom an Absätzen«. Die Leser haben keine Lust, Seite um Seite oder Bildschirm um Bildschirm an Absätzen zu lesen. Sie müssen Ihre Botschaft in kleine Häppchen unterteilen.

Benutzen Sie entsprechend Teilüberschriften, um die Absätze zu organisieren und neue Ideen einzuführen. Teilüberschriften erregen Aufmerksamkeit und kündigen die nachfolgenden Absätze an. Denken Sie daran, dass Ihre Leser Ihre Botschaft überfliegen, bevor sie sie lesen, und nach Ideen und Phrasen suchen, die zum genaueren Hinschauen anregen.

Verwenden Sie außerdem Listen, um Informationen in leicht verdaulichen Häppchen zu präsentieren. Listen machen einen Text visuell interessanter und verbessern die Lesbarkeit.

6. Beginnen Sie früh

Hüten Sie sich vor dem Mythos, dass Schreiben unter Zeitdruck einfacher ist. Das ist eine verbreitete, aber auch gefährliche Meinung.

Etwas bis auf den letzten Augenblick aufzuschieben, erzeugt wahrscheinlich einfach nur Stress, der Ihr Denken und Ihre Schreibfähigkeit lähmen kann. Sie fühlen sich vielleicht vom Stress »angeregt«, aber er untergräbt gleichzeitig Ihre Fähigkeit, logische Verbindungen zu ziehen und beim Schreiben die richtigen Entscheidungen zu treffen.

Das Schreiben kurz vor Ablauf der Deadline führt deshalb unweigerlich zu peinlichen Fehlern, Auslassungen und mangelnder Klarheit.

Werden Sie einen Tag früher fertig und prüfen Sie Ihre Arbeit am nächsten Tag noch einmal. Veröffentlichen Sie eine Arbeit niemals unmittelbar nach Fertigstellung. Legen Sie sie stattdessen für eine Stunde – oder besser über Nacht – beiseite. Prüfen Sie dann noch einmal sorgfältig, was Sie geschrieben haben.

Lesen Sie sich das Geschriebene immer noch einmal laut vor.

Durch das laute Lesen entdecken Sie Fehler und Auslassungen, die Sie am vorherigen Tag nicht bemerkt haben. Schlangensätze, seltsame Formulierungen und fehlende oder unnütze Ideen fallen Ihnen auf diese Weise leichter auf.

7. Verpflichten Sie sich zu Konsistenz

Hüten Sie sich vor Schreibmarathons. Gewöhnen Sie sich kurze, häufige Schreibsitzungen an. Sie können auch in 15- oder 30-minütigen Schreibphasen viel erreichen, wenn sich diese über viele Tage verteilen.

Prüfen Sie am Ende des Tages, was Sie geschrieben haben, und denken Sie darüber nach, was Sie am nächsten Tag schreiben möchten. Sie werden überrascht sein, wie viel Sie auch in kurzen Sitzungen schaffen.

8. Prüfen Sie das Geschriebene aus Sicht einer Suchmaschine

Vermeiden Sie die »Autoren-Kurzsichtigkeit«. Prüfen Sie Ihr Projekt aus Sicht einer Suchmaschine. Autoren-Kurzsichtigkeit tritt auf, wenn Sie sich ausschließlich auf die Ideen Ihres Projekts konzentrieren und dabei

> Es reicht nicht, einen großartigen Text zu verfassen, Sie müssen dafür sorgen, dass potenzielle Kunden ihn auch finden, wenn sie nach Informationen suchen.

die Stichwörter und Suchmaschinenoptimierung aus dem Blick verlieren, damit künftige Kunden Ihren Text auch finden.

Prüfen Sie nach der Rechtschreib- und Grammatikkorrektur Ihr Projekt auch auf Stichwörter und Phrasen, die potenzielle Kunden anlocken. Sorgen Sie dafür, dass diese in den Überschriften, Abstracts, Einleitungstexten und Schlussfolgerungen auftauchen.

9. Streben Sie nach Effizienz

Hüten Sie sich davor, bei jedem neuen Projekt das Rad noch einmal neu zu erfinden. Schaffen Sie ein System, mit dem Sie Ihre Ideen verfolgen und sie auf unterschiedliche Weise für künftige Projekte erneut verwenden. Suchen Sie z. B. nach Methoden, um Blog-Postings in Artikel, Kapitel für künftige Bücher, Podcasts, Reden oder Tutorials zu verwandeln.

Suchen Sie außerdem nach Gelegenheiten, um Ihren Inhalt als Artikel weiterzuverkaufen oder sie als Gast-Postings in anderen Blogs zu veröffentlichen.

Überwachen Sie die Ergebnisse Ihres Schreibens. Stellen Sie fest, welche Blogs und Themen das meiste Interesse und die meisten Verweise in den sozialen Medien hervorrufen. Achten Sie auf die Stichwörter, die die meisten Besucher zu bestimmten Blog-Postings und Webseiten führen.

Sichern Sie Ihre Arbeit so, dass Sie früher geschriebene Artikel leicht wiederfinden. Wenn Sie z. B. Blog-Postings in WordPress schreiben, kopieren und sichern Sie alle Postings zusätzlich in einer Textverarbeitung.

Schlussfolgerung

Schreiben ist ein Prozess, kein Ereignis. Es gibt auf dem Weg nur wenige Orientierungshilfen. Schreiben ist eher eine geistige Verfassung als eine Wunderwaffe oder Fertigkeit, die Sie auf einer Wochenendtagung meistern lernen.

Es gibt nur eine Sache, über die sich erfolgreiche Autoren einig sind: Je mehr Sie schreiben, umso besser werden Sie und umso leichter halten Sie Termine ein und organisieren Projekte, um die zeitlose Weisheit erfolgreicher Guerilla-Marketer umzusetzen.

»Guerilla-Tipps zum Werbetexten«

Co-Autor David Garfinkel

Beim Guerilla-Werbetexten geht es nicht um Sie, Ihr Produkt, Ihre Dienstleistung oder Ihr Unternehmen – es geht um Ihren Kunden! Also darum, wie Ihr Angebot das Leben des Kunden verbessert.

> **Beim Guerilla-Werbetexten geht es darum, wie Ihr Angebot das Leben des Kunden verbessert.**

Sobald Ihre Kunden das merken, werden zumindest einige von ihnen versuchen, mehr über Sie, Ihr Produkt, Ihren Service und/oder Ihr Unternehmen herauszufinden. Zumindest wollen sie sofort etwas von Ihnen kaufen! Und indem Sie Verlockendes über die Verbesserung des Kundenlebens zu Papier bringen, schaffen Sie auf jeden Fall die Art Beziehung zwischen Ihnen und Ihrem Markt, die man mit Geld nicht kaufen kann.

Die Vorteile der Vorteilslisten

Um herauszufinden, wie Ihr Produkt das Leben Ihrer Kunden verbessert, sollten Sie mit Vorteilslisten beginnen. Genauer gesagt, beginnt das Guerilla-Werbetexten mit Vorteilslisten und endet auch damit.

Und so schreiben Sie eine solche Liste:

★ Führen Sie ein Meeting durch. Laden Sie Ihre wichtigsten Angestellten und wenigstens einen Kunden ein – weil Kunden auf Vorteile aus sind, die Sie vielleicht gar nicht als Vorteile empfinden.

★ Hören Sie zu – und schreiben Sie mit. Achten Sie auch hier wieder auf Vorteile, die Ihnen noch gar nicht in den Sinn gekommen sind.

★ Nachdem Sie Ihre Vorteilsliste erstellt haben, entscheiden Sie sich für den Wettbewerbsvorteil, an dem Sie Ihr Marketing festmachen.

Mit der Vorteilsliste und den Wettbewerbsvorteilen haben Sie nun den Grundstock für Ihre Werbetexte geschaffen.

Falls Sie keinen Wettbewerbsvorteil haben, müssen Sie einen schaffen. Sie brauchen ihn nämlich. Schließlich könnte jeder mit einer Vorteilsliste daherkommen. Überlegen Sie sich, wieso die Kunden ausgerechnet zu Ihnen und nicht zu Ihrem Konkurrenten kommen sollten.

Mit der Vorteilsliste und den Wettbewerbsvorteilen haben Sie nun den Grundstock für Ihre Werbetexte geschaffen, ganz egal, ob Sie diese für eine Website, für Twitter, einen Blog, eine Rundfunkwerbung, eine überregionale Zeitschrift oder einen Handzettel im örtlichen Supermarkt schreiben wollen.

Jetzt können Sie damit beginnen, Ihre Werbetexte zu schreiben.

Suchen Sie für Textideen nach Kenntnissen in 10 Bereichen

1. Kunden
2. Aktuelle Ereignisse
3. Potenzielle Kunden
4. Wirtschaftliche Trends
5. Konkurrenz
6. Ihre eigenen Angebote
7. Äquivalente Unternehmen anderswo
8. Ihre Gemeinschaft
9. Ihre eigene Branche
10. Erfolgreiche Werbung

Die Macht mächtiger Überschriften

Jede Botschaft muss mit einer Überschrift oder einem Äquivalent dazu beginnen. Ihre Überschrift sollte entweder eine Idee vermitteln oder den Leser so faszinieren, dass er mehr erfahren möchte.

Schneiden Sie die Überschrift so zu, dass sie sich direkt an Ihr Zielpublikum wendet, und zwar an jede Person einzeln. Selbst wenn sie 50 Millionen Menschen lesen, tun sie dies jede für sich. Experimentieren Sie mit Überschriften im Nachrichtenstil.

Experimentieren Sie mit Überschriften, die folgende Wörter enthalten – eines nach dem anderen: neu, ankündigen, präsentieren und jetzt. Setzen Sie nach Möglichkeit ein Datum in die Überschrift. In Rundfunkwerbung bzw. auf Twitter gelten die Überschriftenregeln für den ersten Satz.

Beginnen Sie die Überschrift mit einer Frage, deren Antwort »Ja« lautet. Dadurch bekommt das Ganze einen Impuls. Halten Sie diesen Impuls in Gang. Je mehr Zustimmung Sie bei den Menschen erhalten – selbst wenn diese nur schweigend mit dem Kopf nicken –, umso wahrscheinlicher ist es, dass sie »Ja« sagen, wenn sie zu etwas aufgefordert werden.

> Vergessen Sie niemals das mächtigste Wort in der Sprache der Werbung – es heißt »kostenlos«, dicht gefolgt von »du«.

Vergessen Sie niemals das mächtigste Wort in der Sprache der Werbung – es heißt »kostenlos«, dicht gefolgt von »du« (oder »Sie«, falls Sie besonders höflich sein wollen). Wieso? Weil jeder etwas kostenlos haben möchte, auch reiche Leute! Und nach dem eigenen Namen hört jeder gern das Wort »du«.

Verkaufen durch Geschichtenerzählen

Fesseln Sie Leser oder Zuhörer, indem Sie ihnen eine Geschichte erzählen. Je persönlicher die Geschichte ist, umso besser. Ein Geheimnis (angeblich weiß man dies in vielen Bereichen der Werbewelt nicht) lautet, dass auch die größten Unternehmen aus Menschen bestehen! Mit Namen. Und Gesichtern. Und faszinierenden Geschichten, die andere gern hören würden.

Denken Sie daran, dass Überschriften, Eröffnungs- und Themenzeilen die erste Verbindung zu Ihren potenziellen Kunden herstellen. Je stärker sie sich angesprochen fühlen, umso wahrscheinlicher kaufen sie etwas – und wiederholt bei Ihnen. Und nur mit einer starken Verbindung werden sie Ihr Unternehmen auch an andere weiterempfehlen.

Natürlich ist es wichtig, was Sie zu sagen haben. Genauso wichtig ist aber auch, wie Sie es sagen. Und noch wichtiger ist, ob Sie es richtig sagen. Nutzen Sie in Ihren Werbetexten Empfehlungsschreiben. Nehmen Sie sie als Werbetext, als Überschrift, als Motiv. Aber seien Sie vorsichtig! Versprechen Sie keine Ergebnisse, die Sie nicht als »typisch« nachweisen können.

Eine gesunde Einstellung für Werbetexter ist: Der Leser oder Betrachter geht definitiv woanders hin, wenn man ihn aufhält. Das ist nicht einfach. Fesseln Sie deshalb die Aufmerksamkeit des Lesers und machen Sie Ihre Botschaft zum wichtigsten Ereignis seines Tages.

Texte müssen immer

1. lesbar
2. strategisch
3. motivierend
4. informativ
5. klar
6. ehrlich
7. einfach
8. wettbewerbsorientiert
9. spezifisch
10. glaubwürdig sein.

Wörter zum Sehen, Wörter zum Hören

Manche Wörter sind Ohrwörter und eignen sich ideal zum Hören, während andere Wörter Augenwörter sind, die am besten aussehen, wenn man sie liest. »Guerilla« bedeutet für die Augen das eine und für die Ohren etwas anderes.

Traditionelles Werbetexten drehte sich um Grammatik, Wortschatz und Rechtschreibung. Beim Guerilla-Werbetexten geht es um Motivation, Überzeugungskraft und Leidenschaft. Verstecken Sie Ihre Leidenschaft, Aufregung und Intensität nicht vor Ihren Lesern. Die sind nämlich auch menschlich. Und sobald man sie daran erinnert, dass Sie es ebenfalls sind, kommen Sie mit Ihren Texten viel weiter.

Verben aktivieren den Geist. »Mach' es jetzt.« »Passen Sie genau auf.« »Bessere Texte schreiben.« »Laufen, nicht gehen.« »Klicken Sie hier.«

Mark Twain war sehr streng mit Werbetextern. Er sagte: »Streichen Sie jedes dritte Wort. Das gibt Ihrem Text ungeahnte Energie.« Thomas Jefferson war noch strenger. Er sagte, man solle die Hälfte der Wörter streichen. Nachdem Ernest Hemingway beides ausprobiert hatte, war er überzeugt, dass das Schreiben von Werbung viel schwieriger sei als von Romanen.

Um ein guter Werbetexter zu werden, müssen Sie so tun, als würden Sie sich echte Klischees ausdenken.

Lassen Sie jeden Satz, den Sie schreiben, zum nächsten Satz hinführen. Dadurch fließt Ihr Werbetext bis zum letzten Wort. »Wie der schwarze Tod.« »Wie ein Schwarm Heuschrecken.« Vermeiden Sie Reime, Wortspiele und raffinierte Wendungen. Es macht sicher Spaß, sie zu schreiben und auch zu lesen, aber meist treffen sie den Kern nicht und zerstören den Fluss.

Und dies ist die schlimmste Nachricht von allen: Raffinierter, eingängiger Text drückt Verkäufe. Tot vor Ankunft. Das darf Ihnen nicht passieren! Das Gegenteil von raffiniert und einprägsam ist fesselnd und plaudernd. Machen Sie es so!

Nutzen Sie diese magischen Wörter:

* Kostenlos
* Neu
* Du/Sie
* Angebot
* Ergebnisse
* Leicht
* Nachgewiesen
* Garantiert
* Liebe
* Vorteile/Vorzüge
* Alternative
* Jetzt
* Gewinn
* Nutzen
* Glücklich
* Vertrauenswürdig
* Gutaussehend
* Bequem
* Stolz
* Vorstellen
* Sparen
* Geld
* Entdecken
* Gesund
* Sexy
* Sicher
* Richtig
* Sicherheit
* Gewinne
* Spaß
* Wert
* Rat
* Gewünscht
* Ankündigen
* Ihre
* Menschen
* Wieso
* Wie man (etwas) macht

Vermeiden Sie tragische Wörter, die Ihren ansonsten schönen Text zerstören können:

* Kaufen
* Verpflichtung
* Fehler
* Schlecht
* Verkaufen
* Verlust
* Schwierig
* Falsch
* Entscheidung
* Deal
* Verbindlichkeit
* Schwer
* Bezahlen
* Tod
* Bestellung
* Fehlschlagen
* Kosten
* Sorgen
* Vertrag
* Stress
* Müssen

Verwenden Sie niemals ein langes Wort, wenn es auch ein kurzes tut. Schreiben Sie nie einen langen Satz, wenn ein kurzer Satz ausreicht. Benutzen Sie nie einen langen Absatz, weil Ihre Leser sich sonst durch Ihren Text quälen müssen.

Versuchen Sie so zu schreiben, wie Sie sprechen – mit Widersprüchen, Satzfragmenten und formloser Sprache, besonders bei Ihrem Vokabular. Seien Sie ruhig hemdsärmelig.

Vergessen Sie niemals, auch nicht ganz kurz, dass der Hauptzweck Ihres Werbetextes darin besteht, Gewinn zu machen.

> Vergessen Sie niemals, auch nicht ganz kurz, dass der Hauptzweck Ihres Werbetextes darin besteht, Gewinn zu machen.

Guerilla-Werbetexte lassen sich viel einfacher schreiben, wenn Sie eine Idee als Ausgangspunkt haben. Der Text schreibt sich dann fast von selbst.

Die Aufgabe beim Guerilla-Werbetexten besteht darin, die Menschen nur mit Ihren Worten und Ideen zum Handeln zu bewegen. Wenn Sie das können, haben Sie in Ihrem Geschäft die ultimative Waffe. Sie können Kunden immer billiger anlocken und halten. Mit sozialen Medien und Webvideo haben Sie oft überhaupt keine Kosten mehr für die Werbung. Und wenn Ihre Werbetexte gut sind, schaffen Ihre Worte Geschäfte und beneidenswerte Beziehungen – zu Menschen, die Sie nie zuvor getroffen haben.

»Guerilla-Marketing für Jobjäger 2.0«

Co-Autor David Perry

Wieso Sie Guerilla-Jobjäger werden sollten

Unter dem Ansturm von Entlassungen, Produktionsverlagerungen, Kürzungen und Pleiten befindet sich Amerika mitten in einem umfas-

> »Nicht die stärksten oder die intelligenteren Arten überleben, sondern die, die am besten auf Änderungen reagieren.«
> Charles Darwin

senden geschäftlichen Umbauprozess. Dieser ist das Ergebnis von Entwicklungen in Information und Kommunikation, Technologien und sich ändernden menschlichen Werten sowie des Aufstiegs der globalen, wissensbasierten Wirtschaft. Die schiere Komplexität und technische Raffinesse des Geschäfts hat den Arbeitsmarkt umgekrempelt. Geschäfte werden wissensbasiert und technikintensiv.

Sie brauchen einen klaren, detaillierten Plan

Jedes Jahr wechseln 20 bis 40 Millionen Amerikaner ihre Jobs. Arbeiter, die ohnehin schon unter der schwächelnden Wirtschaft zu leiden haben, sehen sich einer immer härter werdenden Konkurrenz ausgesetzt. Die Regeln für Arbeitsstellen haben sich geändert, und die globale Konkurrenz sorgt weiterhin dafür. Viele Menschen driften unnötigerweise zwischen Berufen ohne Zukunft, weil sie nicht wissen, welche Branchen künftig bestehen bleiben oder wie sie sich richtig präsentieren sollen.

Um auf diesem neuen Arbeitsmarkt erfolgreich sein zu können, müssen Sie einen Plan haben, der in jeder Weise klar und detailliert ist. Er muss

★ klug

★ ergebnisgesteuert

★ marktorientiert

★ preiswert auszuführen

★ erreichbar

sein. Keine Regierungsstelle, keine Bildungseinrichtung und auch kein Expertenkommission besitzt eine Kristallkugel, um die Zukunft vorherzusagen. Es gibt einfach zu viele Unbekannte auf dem Gebiet der Wirtschaft. Eines ist jedoch sicher, egal, ob Sie angestellt, aber unglücklich, oder arbeitslos und auf der Suche nach einer neuen Chance sind: Als Jobjäger stehen Sie an einer strategischen Kreuzung.

Wissensarbeiter sind das Rückgrat der Vereinigten Staaten von Amerika. Sie sind in allen Sektoren der Wirtschaft angestellt, vor allem im Bereich Informationstechnik und Kommunikation, aber in zunehmendem Maße auch in den Bereichen Gesundheit, Produktion, Ausbildung, Finanzen, natürliche Ressourcen, Verteidigung und Verwaltung – in jedem Bereich, der Innovation erfordert, um konkurrenzfähig zu bleiben. Wettbewerbsvorteile finden ihren Ursprung in den neuen Ideen dieser Fachleute.

Das neue globale Theater

Die USA stehen wieder einmal an einem Scheideweg in der Geschichte. Das aktuelle »beschäftigungsfreie Wachstum« ist eine Folge der rapiden Entwicklung einer Wirtschaft auf Basis natürlicher Ressourcen und Produktion zu einer wissensbasierten.

Wir sind Zeuge des ersten wirtschaftlichen Aufschwungs in eine vollständige Informationswirtschaft.

Für den größten Teil des 20. Jahrhunderts war eine Rezession eine konjunkturelle Abnahme der Nachfrage – das Ergebnis eines Überschusses, der verkauft werden musste. Menschen wurden zeitweise entlassen, Lagerbestände wurden reduziert und die Nachfrage stieg wieder an. Mit zunehmender Nachfrage wurden die Arbeiter wieder eingestellt – entweder in ihren alten Unternehmen oder sie fanden einen äquivalenten Job anderswo.

Im Laufe der letzten Jahre haben es drastische Fortschritte in der Informationstechnik Unternehmen erlaubt, straff integrierte Nachfrage- und Lieferketten aufzubauen und Produktion und einfache Dienstleistungen auszulagern, um Geld zu sparen. Viele der Jobs, die aus den USA verschwunden sind, tauchten in Indien, China und Lateinamerika wieder auf. Menschen wurden nicht mehr einfach nur beurlaubt, sondern auf Dauer entlassen und mussten die Branche oder den Wohnort wechseln oder umschulen, um wieder Arbeit zu finden.

> Anstelle von Ressourcen oder Land bedeutet Kapital heutzutage menschliches Kapital ... Das wahre Kapital ist nicht greifbar: der Wissensstand einer Person kombiniert mit eine Begabung für Anwendungen.

Wenn das Jobwachstum jetzt von der Schaffung neuer Positionen abhängt, sollten Sie eine lange Verzögerung erwarten, bevor die Beschäftigungssituation sich erholt. Arbeitgeber gehen Risiken ein, wenn sie neue Jobs schaffen, und brauchen zusätzliche Zeit, um Positionen zu etablieren und zu füllen. Investition in neue Betriebsmittel ist nicht länger ein Pendel, das von Rezession zu Aufschwung und wieder zurück schwingt.

Anstelle von Ressourcen oder Land bedeutet Kapital heutzutage menschliches Kapital. Man muss keine Schuhfabrik mehr besitzen, um in die Schuhbranche einzusteigen. Auch Rohmaterialien oder eine Flotte von LKW sind nicht mehr nötig. Nike wurde zu einer führenden Kraft in der Schuhbranche, indem man sich auf die werteproduzierenden Fähigkeiten ihrer Mitarbeiter für Design, Marketing und Vertrieb konzentrierte. Das wahre Kapital ist nicht greifbar: der Wissensstand einer Person kombiniert mit eine Begabung für Anwendungen.

Warum Sie ein Guerilla sein müssen

Angesichts eines radikal verkleinerten Pools an Facharbeitern und einem zunehmenden Gewinnstreben hat sich der ursprüngliche »Kampf um Talente« der späten 1990er Jahre aus einem quantitativen Krieg in einen qualitativen verwandelt, der von Peter Weddle in seinem 2004 erschienenen Buch Generalship: HR Leadership in a Time of War passenderweise als »Kampf um das beste Talent« beschrieben wird. Die alte »Hauptsache Arbeiter«-Mentalität vieler Arbeitgeber wurde schnell durch »Hauptsache Denker« ersetzt.

Hören Sie zu!

Ein Mann bewarb sich in einem Büro für einen Job. Als er in dem geschäftigen, lauten Büro eintraf, sagte man ihm am Empfang, dass er ein Formular ausfüllen und dann warten solle, bis er gerufen werde.

Er füllte das Formular aus und wartete mit vier weiteren Kandidaten, die schon vor ihm eingetroffen waren.

Nach einigen Minuten stand er auf und ging in das innere Büro – wo er sofort den Job bekam.

Die anderen Kandidaten, die schon vor ihm da waren, wurden wütend. Der Manager erklärte, wieso der Mann den Job erhalten hätte.

Es passierte im 19. Jahrhundert. Der Mann hatte sich als Telegrafist beworben. In den Hintergrundgeräuschen war eine Morse-Botschaft versteckt: »Wenn Sie das verstehen, gehen Sie in das Büro.«

Es war ein Test der Fähigkeiten und der Aufmerksamkeit der Kandidaten. Er war der einzige, der bestanden hat.

Aufgrund der stärkeren Konkurrenz und der strikteren Einstellungsanforderungen gehen Unternehmen aller Art ausgesprochen gezielt in Bezug auf Produktivität und Nettoleistung vor.

In der Folge nimmt die Konkurrenz um Jobs zu, da das Management nur Personen einstellen möchte, die potenziell am besten die Gewinne des Unternehmens ankurbeln können. Viele Unternehmen betrachten ihre Angestellten jetzt als variable Kosten – daher der Begriff »menschliches Kapital« –, die nur so lange vorgehalten werden, wie sie produktiv sind. Wie unsere Väter nach einem altmodischen Job zu suchen, ist Zeitverschwendung – in der neuen Wirtschaft haben Arbeitsstellen temporären Charakter –, und daher müssen Sie immer nach der nächsten Chance suchen.

> **Wer seine Talente am besten vermarktet, gewinnt.**

Wer seine Talente am besten vermarktet, gewinnt.

»Guerilla-Forschung«

Co-Autor Robert Kaden

Unternehmerische Inspiration lässt sich durch nichts ersetzen – jene aufregenden Tage, an denen man ganz genau spürt, dass das Produkt oder die Dienstleistung Millionen einbringen wird. Die Energie, Freude und erschöpfte Verzückung, weil aus der Vision sicher eines Tages eine profitable Wirklichkeit wird.

Legionen an Unternehmen sind den fruchtbaren Hirnen von Entrepreneuren entsprungen. Leonard Lavin und Alberto-Culver. Harland Sanders und KFC. Bill Gates und Microsoft. Andrew Groove und Intel. Walt Disney und Mickey Mouse. George Halas und die Chicago Bears. Und so weiter und so weiter. Haben diese Genies auf die Kunden gehört? Vermutlich nicht – zumindest zuerst.

Was bedeutet es wirklich, auf Kunden zu hören?

Marktforschung soll kein Ersatz für Inspiration sein, auch wenn sie manchmal bahnbrechende Ideen hervorbringen kann. Sie ist als Verbindung zu Ihren bestehenden oder potenziellen Kunden gedacht, die Sie, wenn Sie sie richtig einsetzen, schneller und profitabler an die gewünschten Stellen bringen soll.

Im Herzen der Marktforschung liegt der unbedingte Glaube, dass es wichtig sei, auf die Meinungen der Kunden zu hören. Dass die Kunden, wenn man ihnen die richtigen Fragen stellt, Ihnen sagen können, wie Sie Ihr Geschäft profitabler machen. Dass Sie durch Zuhören öfter klug handeln, als wenn Sie allein kämpfen.

Ein Entrepreneur fragte einmal: »Woher sollte ich das Geld für die Forschung nehmen? Ich habe nicht einmal genügend Geld für die Kisten, die ich zum Verpacken meiner Produkte bräuchte.« Er zog von dannen und ich überlegte mir, dass sich sein neues Shampoo in nichts von den Dutzenden Konkurrenzprodukten unterschied und ein bisschen Forschung ihn vermutlich von einer neuen Produktidee überzeugt hätte.

Lost in Translation

Achten Sie bei globaler Werbung auf kulturelle Unterschiede. Eine der erfolgreichsten Werbeagenturen der USA bekam einen Kunden im Nahen Osten. Ihre erste Anzeige machte sie zum Gespött der Leute.

Warum?

Die Agentur hatte vergessen, dass die Menschen dort von rechts nach links lesen. Die Leute sahen eine Serie mit »Vorher«- und »Nachher«-Bildern, die die Benutzung eines bestimmten Waschmittels erklärten. Für sie machte das Waschpulver die Wäsche schmutzig!

New Coke-Taubheit

Erinnern Sie sich, wie Coca-Cola New Coke einführte – und kläglich scheiterte? Sergio Zyman, der damalige Marketingchef von Coca-Cola, sagte Folgendes über das dem-Kunden-Zuhören:

Wir organisierten einen riesigen Start (von New Coke), wurden umfassend in den Medien erwähnt ... waren ausgesprochen zufrieden mit uns ... bis die Verkaufszahlen eintrudelten. Innerhalb weniger Wochen merkten wir, dass wir einen großen Fehler gemacht hatten. Die Verkäufe brachen ein und die Medien wandten sich gegen uns. 77 Tage nach der Geburt von New Coke trafen wir die zweitschwerste Entscheidung in der Geschichte des Unternehmens. Wir zogen die Notbremse. Was war schiefgegangen? Die Antwort war beschämend einfach. Wir wussten nicht genug über unsere Kunden. Wir wussten nicht einmal, was sie motivierte, überhaupt Coke zu kaufen. Wir tappten in die Falle zu glauben, dass Innovation – unser vorhandenes Produkt zugunsten eines neuen aufzugeben – reichen würde, um all unsere Sorgen zu beheben.

Nach dem Debakel gingen wir auf unsere Kunden zu und stellten fest, dass sie mehr als Geschmack haben wollten. Coke war gleichbedeutend mit dem Coca-Cola-Erlebnis. Sie hatten teil an der Geschichte des Unternehmens und spürten die Kontinuität und Stabilität der Marke. Statt auf Neuerfindung hätten wir auf Erneuerung setzen sollen. Anstatt ein Produkt herzustellen und zu hoffen, dass die Leute es kaufen, hätten wir die Kunden nach ihren Wünschen fragen sollen. Sobald wir auf sie hörten, steigerten sich unsere Verkäufe von 9 Milliarden auf 15 Milliarden Kästen.

Im Fall von New Coke hätte die Kundenmeinung eine teure Katastrophe verhindern können. Doch wie bei vielen kleinen oder großen Unternehmen wird das oft durch das Ego oder die Sturheit des Unternehmers verhindert. Speziell kleine Unternehmen sehen häufig nicht ein, dass Forschung wichtig ist und man beachten sollte, was der Kunde zu sagen hat. Und selbst wenn man es zur Kenntnis nimmt, wird es oft als unbezahlbar abgetan.

Das Hören auf den Kunden beginnt damit, dass Sie sich selbst zuhören. Es bedeutet, dass man sein Ego zurückstellt und seine Sturheit ausschaltet.

Stellen Sie sich das nächste Mal diese Fragen, wenn Sie es wieder einmal alleine schaffen wollen

★ Wie viel wird es mich kosten, falls ich mich irre?

★ Wie lange kann ich es mir leisten, falsch zu liegen, bevor mir das Geld ausgeht?

★ Würden mir Informationen von Kunden helfen obwohl ihnen mein Erfolg oder Misserfolg eigentlich egal sind?

★ Weiß ich mit Sicherheit, wieso potenzielle Kunden zu einem Konkurrenten anstatt zu mir gehen?

★ Habe ich bestehende und potenzielle Kunden gefragt, was sie von mir und meinem Unternehmen brauchen und wünschen?

★ Weiß ich, ob meine Kunden glauben, dass ich ihnen das gebe, was sie brauchen und wünschen?

★ Weiß ich, was ich meinen Kunden noch bieten kann, damit sie mir mehr bezahlen ... und damit auch noch glücklicher sind?

★ Kennen bestehende und potenzielle Kunden die Vorteile, die ihnen der Kauf meines Produktes bringt?

★ Habe ich das Gefühl, dass ich mir Marktforschung nicht leisten kann?

★ Kann ich akzeptieren, dass meine Kunden klüger sein könnten als ich, während sie mir helfen, mein Geschäft auszubauen?

Sagen die Kunden Ihnen tatsächlich die Wahrheit?

Ich verstehe es eigentlich nicht, aber ich habe viele Unternehmen kennengelernt, die keine Forschung durchführen, weil sie glauben, von Kunden angelogen zu werden. Oder dass Kunden unberechtigt kritisch sind. In meinen 35 Jahren der Marktforschung mit mehr als 4.000 Fokusgruppen und 3.000 Umfragen bin ich nie einer Person in einer Fokusgruppe begegnet oder habe Daten aus einer Umfrage analysiert, die mich darauf schließen ließen, dass Kunden lügen oder boshaft kritisch wären.

> Kunden lügen nicht. Sie haben keine Ahnung, wie sie in Bezug auf Ihr Unternehmen lügen sollten, weil sie nicht wissen, was Sie hören wollen.

Nein, Kunden lügen nicht. Sie haben keine Ahnung, wie sie in Bezug auf Ihr Unternehmen lügen sollten, weil sie nicht wissen, was Sie hören wollen. Meist ist ihnen Ihr Unternehmen hinreichend egal, so dass sie Ihnen einfach die Wahrheit sagen.

Ein größeres Problem besteht darin, dass Kunden oft nicht besonders gründlich über die Probleme nachdenken, die Sie recherchieren. Die wahre Herausforderung beim Umgang mit den Kunden besteht deshalb darin, Ihnen den Wert ihrer Ausagen zu vermitteln. Es ist niemals eine Frage des Lügens. Es ist immer die Frage, wie man die Wahrheit herausfindet.

Es ist Ihre Aufgabe als Forscher, unter die Oberfläche zu schauen und die Kunden immer und immer wieder zu testen, um die wirkliche Kaufmotivation herauszufinden. Stellen Sie sich eine Zwiebel mit ihren vielen Häuten vor. Bei Kunden ist es so ähnlich. Sie lügen nicht. Sie sagen Ihnen, was ihnen gerade durch den Kopf geht, und dann müssen Sie entscheiden, was Sie akzeptieren und für Ihr weiteres Handeln nutzen können und was Sie verwerfen müssen.

Fragen und Antworten aus einer echten Fokusgruppe für einen Baumarkt

Frage des Moderators: Was wäre der wichtigste Grund für Sie, öfter in unser Geschäft zu kommen?

Antwort des Kunden: Senken Sie die Preise.

Frage des Moderators: Was wäre neben niedrigeren Preisen noch wichtig?

Antwort des Kunden: Möglicherweise schnelleres Kassieren. Es gibt meist lange Schlangen, wenn ich in einem Ihrer Läden bin.

Frage des Moderators: Noch etwas?

Antwort des Kunden: Naja, es wäre schön, wenn die Angestellten mehr über die Produkte wüssten. Oft können sie meine Fragen nicht beantworten. Ich glaube, ich weiß mehr über die Produkte als die Leute, die da arbeiten.

Schauen Sie sich diese Fragestellungen an. Der Moderator stellte die erste Frage ganz objektiv. Würde man hier stoppen und nicht weiter nachfragen, dann wäre die gewünschte Aktion eine Preissenkung. Glauben Sie mir, es gibt nicht ein Marketingproblem, bei dem die Kunden nicht zuerst sagen: »Ich kaufe mehr bei euch, wenn ihr die Preise senkt.« Und das ist immer eine falsche Fährte. Es ist keine Lüge. Es ist eine reflexartige Kundenantwort – und auch wenn sie berechtigt ist, darf man sie nicht so ernst nehmen.

Im Fokusgruppenbeispiel (siehe Kasten) ist es ziemlich wahrscheinlich, dass die Kunden mehr in dem Baumarkt kaufen würden, wenn sie wüssten, dass sie schneller bedient werden. Oder sie kommen öfter, wenn die Mitarbeiter besser Bescheid wüssten.

Kunden sagen uns nicht, was wir gern hören wollen. Sie antworten einfach auf unsere Fragen. Eine Forschungsstudie liefert uns erst dann die richtigen Erkenntnisse, wenn wir auf die richtige Weise die richtigen Fragen stellen.

Sicher gibt es Zeiten, in denen eine Preissenkung die richtige oder vielleicht sogar die einzige Antwort ist. Aber die Welt ist voller gescheiterter Marketingprogramme und obskurer Produkte, bei denen die Marktforscher die Kunden beim Wort genommen und einfach die Preise gesenkt haben, um im Wettbewerb mitzuhalten. Normalerweise werden Kunden besser zufriedengestellt, wenn man ihnen nicht unbedingt bessere Preise, sondern bessere Werte anbietet.

Sie werden bei Ihren Recherchen irgendwann herausfinden, was wirklich den Unterschied ausmacht. Manchmal, wenn Sie alles andere ausprobiert haben, wenn Sie alles getestet haben und nichts mehr übrig ist, was die Wettbewerbsfähigkeit verbessert, können Sie nur noch beim Preis ansetzen. Aber eine Preisstrategie zu verfolgen, kann tödlich sein, wie die Luftfahrtbranche gezeigt hat.

Die Unfähigkeit von American, United, Delta und USAir, sich anhand ihrer Werte voneinander abzuheben, hat sie an den Rand des Abgrunds gebracht. Nicht eine einzige Gesellschaft hat es geschafft, die Kunden davon zu überzeugen, wie sich ein höherer Preis bezahlt macht. In der Folge konkurrieren alle weiterhin über die Preise miteinander und scheinen sich in einer niemals endenden finanziellen Abwärtsspirale zu befinden. Irgendwann erkennt einer von ihnen vielleicht, wie man genügend Wert einsetzt, um eine Preiserhöhung zu rechtfertigen.

Erfahre ich wirklich etwas, was ich noch nicht weiß?

Ich habe in zahllosen Forschungspräsentationen von Kunden gehört: »Sie sagen mir nichts, was ich nicht schon weiß.« Ich finde, dies ist eine defensive und selbstzerstörerische Einstellung. Sie hinterlässt den Anschein von jemandem, der unsicher ist oder nicht die Disziplin hat, seinen eigenen Überzeugungen zu folgen. Ich frage mich dann: Wenn sie es schon wissen, warum tun sie es dann nicht einfach?

Wenn die Forschung Ihnen etwas sagt, was Sie schon zu wissen glauben – Sie aber noch nicht gehandelt haben –, toll! Handeln Sie jetzt. Wenn es das bestätigt, was Sie bereits machen, toll. Machen Sie weiter und lernen Sie, wie Sie es besser machen können.

Sinnvolle Forschungsergebnisse

Gerry Linda von Gerald Linda and Associates Marketing sagt:

Manchmal bestätigt die Forschung Ihre Lieblingstheorie über Kunden, den Markt, die Konkurrenz, die Vor- und Nachteile Ihres Produkts. Haben Sie Ihr Geld verschwendet, falls das der Fall ist? Absolut nicht! Eine Theorie in eine Tatsache zu verwandeln, ist ein völlig sinnvolles Ergebnis. Es erlaubt Ihnen nämlich, mit Zuversicht weiterzumachen. Und Sie werden mit Sicherheit eine Nuance in den Daten entdecken, die Ihnen beim Vorankommen hilft.

Es ist ganz einfach. Bestehende und potenzielle Kunden sind der ultimative Richter über Ihren Erfolg. Wenn Sie ihnen genau zuhören, hören Sie viele hilfreiche Ideen. Natürlich müssen Sie diesen Ideen nicht folgen, aber es wäre auf jeden Fall ein Fehler, überhaupt nicht hinzuhören.

Funktioniert Forschung für alle Arten von Unternehmen?

Forschung funktioniert, solange Sie bestehende oder potenzielle Kunden oder beides haben. Forschung funktioniert überall, für jedes Unternehmen und für alle Produkte oder Dienstleistungen, für die Leute Ihnen ihre Meinung sagen können. Vielleicht müssen Sie sogar einmal unter Ihren eigenen Angestellten forschen.

Forschung hilft jedem Unternehmen, das Potenzial für höhere Gewinne zu ermitteln, ob es nun Dichtungen an andere Unternehmen verkauft oder Frühstücksflocken für Kinder.

Zu meinen interessanteren Kunden gehören:

★ Ein Hersteller, der Schaltgeräte an Telefonanbieter verkauft
★ Ein Friedhof, der Grabstellen verkauft
★ Ein Unternehmen, das über das Internet Tapete verkauft
★ Ein Katalog für Büromöbel
★ Ein Unternehmen, das Strumpfhosen an Frauen verkauft, die mehr als 125 kg wiegen
★ Ein Unternehmen, das Raucher überzeugen möchte, mit dem Rauchen aufzuhören
★ Ein Tabakhersteller, der Kautabakkonsumenten überzeugen möchte, die Marke zu wechseln
★ Ein Mailorder-Musikclub, der Mitglieder davon überzeugen möchte, DVDs zu kaufen
★ Ein Technikunternehmen, das Webentwickler von seiner Software überzeugen möchte
★ Ein Popcorn-Unternehmen, das neue Popcorn-Geschmacksrichtungen entwickeln möchte

★ Ein Museum, das Spenden einwirbt
★ Ein Enzyklopädie-Verlag, der seine jährlichen Updates verkauft
★ Ein Kunstverlag, der limitierte Drucke verkauft
★ Eine Krankenversicherung, die ihre Versicherten von Wellness-Programmen überzeugen möchte

> Im Herzen der Marktforschung herrscht der unbedingte Glauben, dass es wichtig ist, auf die Meinungen der Kunden zu hören.

Denken Sie schließlich daran: Im Herzen glaubt Marktforschung an die Bedeutung der Kundenmeinung.

»Guerilla-Marketing im Internet«

Co-Autoren Mitch Meyerson und Mary Eule Scarborough

Aus »Guerilla-Marketing im Internet« von Mitch Meyerson, Mary Eule Scarborough und mir (Jay) lernen wir, dass der Markt heute voller Konkurrenten ist. Das gilt in einem noch viel stärkeren Maße für das Internet. Wenn Ihr Ziel darin besteht, sich über Ihre Konkurrenten zu erheben und ein profitables Geschäft aufzubauen, müssen Sie sich mit den passenden Einsichten, Kenntnissen und Werkzeugen bewaffnen.

Bevor wir uns aber in die verschiedenen Instruktionen stürzen, wollen wir die häufigsten Missverständnisse und Fehler beim Marketing im Internet aufdecken, damit Sie online nicht unter falschen Illusionen arbeiten.

Lassen Sie uns zunächst noch einmal wiederholen, dass Internet-Marketing Teil Ihrer gesamten Marketinganstrengungen sein muss, ganz egal wie groß Ihr Unternehmen ist, in welcher Branche es operiert, wo es sich befindet oder was es tut. Sie mindern nämlich sonst Ihre Erfolgsaussichten ganz beträchtlich.

Als nächstes folgen fünf Regeln. Lesen Sie sie, verstehen Sie sie, schreiben Sie sie auf Klebezettel und kleben Sie sich diese an die Stirn und an den Bildschirm. Das sind nämlich die Prinzipien, die allem zugrundeliegen, was wir in diesem Kapitel behandeln.

Fünf Grundregeln des Internet-Marketing

Regel 1

Jedes Unternehmen, jede Regierungsbehörde und jede nichtkommerzielle Einrichtung muss irgendeine Art von Website oder Internet-Präsenz haben. Ausnahmen von dieser Regel gibt es nicht.

Regel 2

Guerilla-Websites verfolgen einen Hauptzweck: direktes oder indirektes Einkommen generieren.

> Jedes Unternehmen, jede Regierungsbehörde und jede nichtkommerzielle Einrichtung muss irgendeine Art von Website oder Internet-Präsenz haben. Ausnahmen von dieser Regel gibt es nicht.

Regel 3

Online sein oder eine Website haben ist nicht gleich Internet-Marketing. Jeder, der mit dem Internet Geld verdienen möchte, muss wirkungsvolle Online-Marketingstrategien lernen und einsetzen. Sie müssen Marketing können, um mit Internet-Marketing erfolgreich zu sein.

Was genau müssen Sie wissen? Welches ist die richtige Methode für dieses sogenannte Internet-Marketing? Die Antworten auf diese Fragen zu finden, ist ungefähr so schwierig, wie Rauch einzufangen. Wenn Sie ihn geschnappt haben, ist er schon wieder verschwunden.

Online-Marketing ist von Natur aus fließend und unstrukturiert, und das wird sich auch in den kommenden Jahren nicht ändern, während innovative Techniken verbessert werden und sich weiterentwickeln, und auch Otto-Normalverbraucher versucht, wie er sie bequem in sein Leben und seine Geschäfte einpasst. Für die meisten von uns ist die Online-Technik sowohl erhebend als auch verwirrend.

> Wenn Sie auf dem heutigen Markt mithalten wollen, müssen Sie offen dafür sein, neue Techniken kennenzulernen und zu benutzen.

Wir lassen uns ungemein gern vom neuesten technischen Schnickschnack berichten und können es kaum erwarten, ihn selbst in den Händen zu halten, nur um dann frustriert zu sein und genau die Dinge zu verfluchen, die uns angeblich das Leben erleichtern sollten. Klingt vertraut? Sie sind damit nicht allein. Nur ein Beispiel für die vielen Gelegenheiten, bei denen wir das

Gefühl hatten, »Fortschritt« ist nicht das, wofür wir ihn hielten, und es wäre vielleicht besser, ihn gleich ganz zu meiden. Deshalb kommen zu unserer Liste noch zwei weitere Regeln hinzu.

Regel 4

Wenn Sie auf dem heutigen Markt mithalten wollen, müssen Sie offen dafür sein, neue Techniken kennenzulernen und zu benutzen. Bei richtigen Einsatz wirken sie sich nämlich äußerst positiv auf Ihr Leben aus.

Regel 5

Manchmal existiert Technik, weil sie es kann. Wenn ein bisschen gut ist, dann ist mehr nicht unbedingt besser. Größere, strahlendere, schnellere, neue und verbesserte Software, Buttons und Funktionen sind wertlos, wenn Sie sie nicht benutzen können oder wollen. Wir wollen in diesem Kapitel zwar darüber reden, wie man Internet-Ausrüstungen und Techniken benutzt, um sein Leben und sein Geschäft zu verbessern, wir müssen aber auch daran denken, dass es noch viele andere innovative Techniken gibt, die wir unmöglich alle behandeln können. Und selbst wenn wir es könnten, würden wir es nicht tun, weil es uns überwältigen würde und außerdem unnütz wäre. Es gibt praktisch Hunderte von Wegen, wie man sein Geschäft mit dem Internet ausbauen kann. Dann besteht eine der größten Herausforderungen darin, die Auswahl einzuschränken und diejenigen auszuwählen, die am besten passen, einen priorisierten Plan zu entwickeln und diesen umzusetzen. Im Prinzip ist nur eines sicher, nämlich, dass nichts in Bezug auf das Internet sicher ist. Guerillas passen immer ganz genau auf.

Nehmen Sie sich nun etwas Zeit um zu lernen, wie Sie die 12 häufigsten Denk-, Strategie- und Handlungsfehler vermeiden, die Unternehmer beim Marketing im Internet machen.

Fehler #1: Ohne Plan beginnen

Geschäftsleute, die zum Internet-Marketing entschließen, haben dazu viele gute Gründe, weil sie ihre hochfliegendsten Träume verwirklichen wollen. Sie beginnen daher ihre Reise, bewaffnet mit guten Absichten und Enthusiasmus – aber ohne Plan. Leidenschaft und Energie halten das Ganze eine Weile am Laufen, aber mit der Zeit schwächt ihre

Kurzsichtigkeit die Fähigkeit, angemessen auf unvorhergesehene Herausforderungen und Chancen zu reagieren. Im Prinzip planen viele Internet-Marketer ihre Urlaube mit größerer Präzision als ihre Geschäfte.

Nehmen wir z. B. an, dass unser Freund David aus Baltimore, Maryland, ein klares Ziel hat. Er möchte in vier Tagen in Boise, Idaho, eintreffen. Er beschließt, mit dem Auto zu fahren, obwohl er die Strecke noch nie zuvor gefahren ist. Deshalb wäre es unklug von David, einfach ins Auto zu steigen und loszuziehen. Ziemlich wahrscheinlich würde er sonst auf Schwierigkeiten stoßen, die verhindern, dass er pünktlich und munter in Boise eintrifft.

Wir sind uns sicher einig, dass es für David deutlich klüger und sicherer wäre, seine Reise sorgfältig zu planen und bereits im Vorfeld sicherzustellen, dass er die Ressourcen und nötigen Geldmittel besitzt, um sein Ziel zu erreichen.

So könnte er etwa die abgefahrenen Reifen an seinem Auto ersetzen, sein Auto noch einmal zur Durchsicht in die Werkstatt bringen, seine Sachen packen, überprüfen, dass er genügend Geld für Benzin und Essen hat, vorher seine Route planen, festlegen, wie weit er jeden Tag fahren möchte, und noch einmal nachschauen, ob er Ersatzrad, Starthilfekabel, Führerschein, Autopapiere, Kreditkarten, Notfallnummern und Hotelreservierungen dabei hat.

Wenn er all diese Dinge tut, denkt David voraus. Er weiß, was nötig ist, um an seinem Ziel anzukommen, und verbessert seine Chancen auf eine erfolgreiche Reise. Noch besser ist, dass er billiger, schneller und ohne zusätzlichen Stress reist.

Diese Analogie verdeutlicht, wie ungemein wichtig Planung ist.

Beginnen wir mit dem Ziel. Besitzer kleiner Unternehmen verplempern jedes Jahr Milliarden Dollar, weil sie die Realität des Marketing falsch verstehen und sich kopfüber hineinstürzen – speziell im Internet.

Ein riesiger Anteil dieses verschwendeten Geldes wird für Websites ausgegeben, die entwickelt, veröffentlicht und ignoriert werden. Falls Sie nicht wissen, wovon wir reden, gehen Sie online und schauen Sie sich um. Es gibt Unmengen an beziehungslosen Websites, die aussehen, als seien sie seit 1999 nicht mehr aktualisiert worden – vollgestopft mit veralteten oder mangelhaften Informationen, nicht funktionierenden Links, ohrenbetäubender Musik und nervenden Animationen. Besucher haben keine Ahnung, was sie tun sollen oder welche Art von Geschäft repräsentiert wird. Sie sind verwirrt, frustriert und genervt, so dass sie schnell wieder verschwinden und nie wiederkommen.

Guerillas wissen: Es ist schwierig, potenzielle Kunden dafür zu interessieren, die eigene Website zu besuchen, so dass sie sie auf keinen Fall enttäuschen wollen, wenn sie einen erst einmal gefunden haben.

Es ist außerordentlich wichtig, jeden Aspekt der Entwicklung Ihrer Website – und all Ihrer anderen Internet-Marketingarbeiten – zu planen, bevor sie online gehen. Auch von der Pflege und weiteren Aktualisierung der Online-Aktivitäten müssen Sie eine Vorstellung haben.

Sobald Sie wissen, wohin Sie gehen und wie Sie dorthin gelangen, werden Sie merken, wie eine Last von Ihren Schultern fällt. Ganz egal, wo Sie sich auf dem Weg gerade befinden, Sie kommen immer weiter voran, denn Sie haben die Voraussicht, sich auf unerwartete Ereignisse einzustellen.

Fehler #2: Sich aus den falschen Gründen verlieben

Zwar sind es vor allem Anfänger, die diesen Fehler machen, doch auch erfahrenen Geschäftsleuten passiert es, dass sie sich in ein cooles Produkt oder eine kreative Idee verlieben und kopfüber in ein Abenteuer stürzen, ohne sich vorher gründlich zu informieren. Sicher, es ist großartig, sich Dinge anzuschauen, die Sie am liebsten machen, und zu überlegen, ob sich diese Leidenschaft in brauchbare Produkte oder Dienstleistungen verwandeln lässt, aber das reicht nicht. Wenn nicht genügend Leute Ihren Enthusiasmus teilen oder den Wunsch verspüren, Ihre Produkte zu kaufen, sind Sie verloren. Darüber hinaus ist es wichtig festzustellen, dass der Markt nicht bereits mit Konkurrenten übersättigt ist, damit Sie Ihre eigene kleine Nische schaffen können.

Die gute Nachricht lautet: Das Internet ist voller Ressourcen – es sind viel zu viele, um sie hier aufzuführen –, in denen Sie schnell und einfach kostenlose Informationen finden können. Benutzen Sie Suchwörter um herauszufinden, wie viele Menschen bestimmte Wörter und Phrasen verwendet haben, um in letzter Zeit nach Produkten und Dienstleistungen zu suchen. Geben Sie dann die Wörter und Phrasen ein, die Ihre potenziellen Kunden vermutlich verwendet haben – 14-Karat-Goldketten, Hochzeitsberatung, Flohshampoo für Hunde, Garnelen, Grützerezepte.

Sie bekommen eine Liste mit Stichwörtern und Phrasen – diejenigen, die Sie eingegeben haben, und ähnliche – sowie die ungefähre Anzahl, wie oft sie zum Suchen eingesetzt wurden, zurück. Um das Ganze noch weiter zu verfeinern, doppelklicken Sie auf ein Wort oder eine Phrase in der Liste. Bei allgemeineren Begriffen sind die Zahlen vermutlich höher. So liefert ein Wort wie »Tennis« deutlich höhere Suchzahlen als »rosa Tennissocken«, »Titan-Tennisschläger« oder »Tennis-Handbuch für Anfänger«. Es ist ein Balanceakt.

In Ihrem Zielbereich müssen genügend Menschen sein, allerdings ist Quantität nicht so wichtig wie Qualität. Wenn Sie »Tennis-Armbänder« verkaufen, bringt es Ihnen nichts, Menschen auf Ihre Website zu locken, die nach Tennisunterricht suchen. Sie verstehen, oder?! Und es hilft immer, ein Auge auf die Konkurrenz zu haben. Stellen Sie fest, was sie verkauft und wie sich deren Websites, Services und Preise zu Ihren verhalten. Geben Sie bei Google dieselben Suchwörter ein wie in Schritt 1, stellen Sie fest, was Sie erhalten, und besuchen Sie einige der Konkurrenzseiten. Beantworten Sie sich dabei einige Fragen:

★ Wie stehen deren Produkte und Services im Vergleich zu meinen da?
★ Haben sie einen ähnlichen Preis?
★ Haben die Konkurrenten eine größere oder eine kleinere Auswahl?
★ Welche Pakete bieten sie an?

Suchen Sie dann nach Möglichkeiten, Ihre Site noch deutlicher von den anderen abzuheben, indem Sie Ihre Nische für Produkte im selben Zielmarkt weiter ausbauen. Ihr Zielpublikum verkleinert sich, aber die Qualität der potenziellen Kunden wird besser oder Sie decken nicht erfüllte Bedürfnisse auf. Alternativ spezialisieren Sie sich und werden Experte in einem ganz besonderen Bereich. Ihre Recyclingberatung mag zwar dem ganzen Planeten dienen, aber vielleicht ist es für Sie besser, wenn Sie sich auf Recyclinglösungen in trockenen Klimaten oder für chemische Reinigungen spezialisieren.

Guerillas nehmen sich die Zeit herauszufinden, was andere verkaufen oder worüber sie reden, besonders im Internet. Nutzen Sie Websites wie ClickBank.com, Amazon.com und eBay.com um festzustellen, was die Menschen kaufen, News-Seiten wie CNN.com, NYTimes.com und Online-Magazine um zu erfahren, was die Menschen machen, und Chat-Räume, Foren und Blogs um herauszufinden, worüber die Menschen reden.

Im Prinzip ist es nicht allzu schwer, den Finger am Puls des Zielpublikums zu halten: Geben Sie in einer Suchmaschine »Französische Bulldogge Blogs« oder »Kleinunternehmer Marketingforum« ein und folgen Sie den Links.

Fehler # 3: Die Macht des Designs nicht verstehen

Online-Studien über das Kundenverhalten haben gezeigt, dass sich in den ersten 10 Sekunden entscheidet, ob ein Besucher auf einer Website bleibt oder wieder verschwindet. Wenn sie unprofessionell aussieht oder schwer zu benutzen erscheint, geht er und kommt normalerweise nicht wieder zurück. Mit anderen Worten, Ihr Zielpublikum beurteilt Sie, Ihre Produkte und Dienstleistungen und Ihr Unternehmen in Sekundenbruchteilen – und Sie bekommen wahrscheinlich nur eine Chance, um ihn zu beeindrucken.

Angesichts dessen sollten Website-Besitzer alles tun, damit die Online-Besucher vom Aussehen, der Anmutung und der Navigierbarkeit der Website schier vom Hocker gerissen werden. Leider ist das oft nicht der Fall. Relativ viele kurzsichtige Entrepreneure unterschätzen die negative Wirkung schlecht geschriebener Texte, amateurhafter Designs und verwirrender Navigation. Denken Sie daran, dass dies einer der Bereiche ist, in denen es sich nicht lohnt zu knausern – er ist einfach zu wichtig. Nerven oder verschrecken Sie potenzielle Kunden nicht nur deshalb, weil der Bruder des Nachbarn der Freundin Ihrer Tante sich angeboten hat, für wenig Geld Ihre Website zu gestalten.

Fehler #4: Direct-Response Marketing nicht verstehen

Direct-Response Marketing hat ein Hauptziel: Es soll das gewünschte Publikum zum Handeln bringen. Guerillas stellen fast ausschließlich Texte her, die eine direkte Antwort auslösen sollen, da es sich hierbei um eine außerordentlich effektive Form der Werbekommunikation handelt, die man ganz leicht für alle möglichen Verteilungsformen adaptieren kann.

Wir erwähnen das hier, weil es die meisten Besitzer kleiner Unternehmen trotz aller verfügbaren Hilfe nicht schaffen, effektive Direct-Response-Textelemente in ihrer schriftlichen, Rundfunk- oder Videokommunikation einzusetzen.

Unserer Meinung nach enthalten die meisten Websites keine aufsehenheischende Überschriften, Risikogarantien und überzeugende Kundenreferenzen. Stattdessen finden Sie so etwas wie »Willkommen auf unserer Website« oder den Namen des Unternehmens groß und breit oben auf der Seite, also genau an der Stelle, an der eigentlich die Überschrift stehen sollte, die Ihre Aufmerksamkeit fesselt.

Wir verstehen, dass viele Kunden sehr vorsichtig, Geld im Austausch für Produkte oder Dienstleistungen ausgeben. Wieso erleichtern Sie dies dann nicht, indem Sie das Risiko mit einer wasserfesten Garantie von den Kunden auf Sie selbst verschieben?

Rückmeldungen von Drittparteien gehören zu den schnellsten und effektivsten Methoden, um Glaubwürdigkeit auszudrücken. Dennoch nutzen nur wenige Entrepreneure deren Vorteile und stellen auf ihren Websites und an anderen Stellen Referenzschreiben ihrer Kunden aus.

Direct Response erklärt die Richtung, in der sich Marketing und Geschäft bewegen. Anstatt unklare Botschaften in die Menge zu rufen, stellen Marketer spezielle Botschaften für bestimmte Leute zusammen und regen sie zum Handeln an. Diese Guerillas verstehen, dass Interaktivität der Kern der Direct Response ist und das Internet die beste Direct-Response-Technik in der Geschichte.

Fehler #5: Die Macht Ihrer E-Mail-Liste nicht verstehen

Stellen Sie einem erfolgreichen Internet-Guerilla-Marketer diese Frage: »Welches ist der Heilige Gral des Online-Marketing?« Er wird Ihnen sagen, dass dies seine E-Mail-Liste sei. Ganz egal, ob er abgepackte Waren verkauft, kostenlose Informationen abgibt oder irgendetwas dazwischen macht, alles konzentriert sich darauf, die Namen und E-Mail-Adressen der Website-Besucher zu erhalten. Warum? Weil Menschen, die sich dort einschreiben, im Prinzip ihre Erlaubnis erteilen, ihnen Werbe-E-Mails und/oder andere Informationen zu schicken.

Viele Entrepreneure vergessen jedoch, diese wertvollen Informationen zu sammeln – und das ist ein riesiger Fehler. Einer der Gründe dafür ist die irrige Vorstellung, dass Marketing eine einmalige Angelegenheit sei. Zu viele Entrepreneure konzentrieren ihre Anstrengungen auf sofortige Verkäufe, anstatt erst einmal eine stabile Beziehung aufzubauen. Das Internet-Marketing ist ein bisschen wie das Eingehen einer persönlichen Bindung. Es braucht Zeit, Anstrengung und Hingabe, um etwas Dauerhaftes zu schaffen. Entwickeln Sie dazu ein System, das Ihre potenziellen Kunden auf einen bequemen und natürlichen Weg hin zum ersten Verkauf und anschließend zu vielen weiteren danach führt.

Wenn Sie also nicht gerade Produkte verkaufen, bei denen die Käufer spontan zugreifen, oder Ihr Zielpublikum bereits von vornherein »auf Ihrer Seite« ist – das sind die beiden Ausnahmen zu dieser Faustregel –, sollten Sie unbedingt einen Marketingtrichter einsetzen.

Diese sichere Strategie funktioniert, weil sie zwei grundlegende Gesetze der Kundenpsyche befolgt: Menschen kaufen viel eher Produkte und Dienstleistungen von Menschen und Unternehmen, die sie kennen, mögen und denen sie vertrauen, und es ist wirkungsvoller und preiswerter, mehr von vorhandenen Kunden zu bekommen, als neue anzulocken.

Fehler #6: Keine Strategie um mehr Traffic zu generieren

Ganz böser Fehler.

Viele Entrepreneure glauben irrigerweise, der berühmte Spruch »bau es auf und sie werden kommen« gelte für ihre Websites. Damit liegen sie falsch. Wenn Leute zu Ihrer Site kommen sollen, müssen Sie die Grundregeln und Prinzipien verstehen und anwenden, die für den Traffic im Internet gelten.

> **Ihr Ziel muss darin bestehen, die richtigen Leute auf Ihre Website zu locken.**

Guerillas verstehen, dass großartiges Marketing ein methodischer und nachvollziehbarer Prozess ist. Es gibt keine geheimen Tricks, Tausende von qualifizierten Besuchern auf Ihre Website zu locken. Auch wenn es viele Dinge gibt, mit denen Sie Ihren Fortschritt ankurbeln können, müssen Sie jedes einzelne sorgfältig planen, wenn aus Ihrer Site ein unverzichtbarer Ort im Internet werden soll. Denken Sie immer an zwei Dinge:

1. Ihr Ziel muss darin bestehen, die richtigen Leute auf Ihre Website zu locken, nicht einfach irgendwelche.
2. Die richtigen Leute besuchen Ihre Website nicht zufällig. Sie kommen, weil Sie einen umfassenden Plan entwickelt und diesen mithilfe durchdachter Strategien und Taktiken umgesetzt haben.

Fehler #7: Keine Sozialen Medien und Web 2.0-Techniken einsetzen

Während der frühen Tage des Internet waren die meisten Menschen damit beschäftigt, die Benutzung ihrer neuen Computer und Softwareprogramme zu erlernen, so dass sie sich weniger darum kümmerten, Verbindungen über das World Wide Web aufzunehmen.

Heutzutage beherrschen die meisten weit mehr als die Grundlagen und konzentrieren sich stärker darauf, sich mit den Menschen im Internet auszutauschen. Und wir sehen jeden Tag Beweise für die Auswirkungen des Ganzen. So nutzte z. B. ein großer Fernsehsender die mächtige Technik des Internet, um während einer Fernsehdebatte im Januar 2008 in Echtzeit Reaktionen sowie Fragen der Zuschauer zu sammeln. Die Produzenten der Sendung richteten auf Facebook ein interaktives Forum ein, in dem Zuschauer Fragen stellen und Antworten bekommen konnten. Noch besser: Die Ergebnisse wurden sofort gesendet und die Gastgeber der Sendung konnten neue Fragen hinzufügen und Antworten erhalten. Das war einmal eine großartige Marketingwaffe! Leider verpassen allzu viele Entrepreneure solche unglaublichen Gelegenheiten, weil sie nicht auf die preiswerten und leicht zu benutzenden webbasierten Werkzeuge der sozialen Medien zurückgreifen.

Marketing will nicht das Rad neu erfinden. Es geht darum, weniger zu arbeiten und mehr dafür zu bekommen. Es geht darum zu wissen, was es gibt, und die Werkzeuge und Waffen zu wählen, die die größte Wirkung zum kleinsten Preis zeigen. Und wenn Sie die neue Internet-Kultur und die neuen Techniken nicht verwenden, machen Sie einen riesigen Fehler.

Fehler #8: Keine Online- und Offline-Marketingkombinationen benutzen

Guerillas wissen, dass eine Website heute ein Muss ist. Sie erkennen außerdem, dass die meisten Kunden auch weiterhin die Mehrzahl ihrer Waren und Dienstleistungen sowie den Großteil ihrer Informationen in der Offline-Welt erwerben. Sie arbeiten daher daran, dort das Bewusstsein für die Online-Welt zu wecken. Leider konzentrieren viele Besitzer kleiner Unternehmen ihre Anstrengungen entweder auf das eine oder das andere – ein großer Fehler. So vergessen sie z. B., ihre Website-Adressen auf ihre Visitenkarten und Schilder zu schreiben oder in ihren Büros Hinweise auf die Websites anzubringen.

Das sollte Ihnen nicht passieren. Schreiben Sie Ihre Website-Adressen in Ihre Werbung, auf Rechnungen, Visitenkarten, Broschüren, Flyer, Zeitungsanzeigen, Kundengeschenke, Kataloge, Geschenkgutscheine, Newsletter usw. Verweisen Sie darauf in Seminaren, Rundfunk- und Fernsehwerbung, Mailings, Faxen und überall sonst, wo der Name Ihres Unternehmens auftaucht. Mit anderen Worten, machen Sie die Adresse aktiv bekannt. Sie sollte nicht nur eine Fußnote sein. Reden Sie mit Enthusiasmus über Ihre Website und Sie werden mehr Menschen anlocken. Sie wissen, dass Sie gute Arbeit geleistet haben, wenn man Sie fragt, ob Ihr Name auf »dot.com« endet.

Hören Sie an dieser Stelle jedoch nicht auf, sondern werden Sie kreativ. Setzen Sie z. B. eine kleine, preiswerte Anzeige in Ihre Lokalzeitung, in der steht:

»7 Dinge, die Makler Hausbesitzern nicht verraten. Sie wollen Ihr Haus verkaufen? Denken Sie gar nicht daran, bevor Sie das hier nicht gelesen haben. Kommen Sie zu IhreWebsite.com, um den KOSTENLOSEN Bericht zu lesen.«

Wenn interessierte potenzielle Kunden dann auf Ihre Website kommen, werden sie gebeten, ihre Namen und E-Mail-Adressen anzugeben, damit sie den Bericht herunterladen können. Wenn Sie diese Informationen haben, können Sie Werbe-E-Mails über Ihren Mini-Online-Kurs über Maklerverkäufe versenden. Sie verstehen, was ich meine?!

Fehler #9: Marketingkampagnen nicht überwachen

Jede Art von Werbung kostet etwas – Zeit, Energie, Arbeitskraft oder Geld. Deswegen müssen Sie alles im Auge behalten. Es ist die einzige Möglichkeit um festzustellen, was funktioniert und was nicht. Nur so bauen Sie ein erfolgreiches Geschäft auf. Leider nehmen sich viele Geschäftsleute nicht die Zeit, ihre Aktivitäten zu überwachen und zu messen und verschwenden daher Tausende Dollar und wertvolle Zeit.

Falls Sie schon eine Weile Marketing machen, haben Sie vermutlich schon diesen Spruch gehört: »Was Du nicht überwachst, kannst Du nicht verbessern.« Man kann das aber auch so sagen: »Wenn Du es überwachst, wirst Du es verbessern.« Durch das Beobachten Ihrer Ergebnisse können Sie alles, was nicht funktioniert, verbessern oder stoppen.

Nehmen wir einmal an, Sie haben fünf Werbe-E-Mails verschickt. Zwei davon funktionierten gut, drei dagegen nicht. Sie würden einfach die drei verwerfen, die nicht funktioniert haben, und die beiden anderen behalten. Dann könnten Sie weiterhin neue Ideen testen, bis Sie den Gewinner geschlagen haben.

Sie müssen wichtige Eckpunkte kennen, wie etwa die Anzahl der Besucher, die Ihre Website einmal besucht haben, die auf Ihre Seite umgestiegen sind und die, die auf die Bestellseite gehen und wie viele von ihnen dann tatsächlich kaufen.

Fehler #10: Denken, dass Sie alles selbst machen können

Allzu viele Besitzer kleiner Unternehmen glauben, alles selbst machen zu können. Sie entwickeln deshalb keine Systeme zum Zeitsparen und suchen auch nicht nach Möglichkeiten, Routineaufgaben zu automatisieren. Was passiert? Sie gehen ans Telefon, schreiben E-Mails, kaufen Waren ein, befassen sich mit den Lieferanten, schreiben Verkaufsunterlagen, entwerfen Logos und mehr. Irgendwann sind sie ausgebrannt und müssen sich mit unterdurchschnittlichen Ergebnissen zufriedengeben. Es gibt absolut keinen Grund, so zu arbeiten, wenn im Internet so viele bezahlbare Ressourcen zur Verfügung stehen. Heutzutage können Sie einmalige Aufgaben nach außen delegieren oder virtuelle Assistenten für Ihre laufenden Pflichten engagieren, selbst wenn Ihr Budget begrenzt ist.

Darüber hinaus verpassen es viele Entrepreneure, Fusion-Marketing-beziehungen zu entwickeln oder ihre sozialen und geschäftlichen Netzwerke auszuweiten.

Die Zusammenarbeit mit anderen Leuten über strategische Allianzen, Joint Ventures und Partnerschaften ist der Schlüssel zum Online-Marketing, weil sie so am besten den Traffic erhöhen, Abonnentenlisten aufbauen, Produktlinien weiterentwickeln und so weiter. Die Zukunft des Internet-Marketing beruht darauf, dass Menschen zusammenarbeiten. Wenn Sie also eher der Einsame Wolf sind, sollten Sie Ihre Einstellung unbedingt ändern.

Fehler #11: Kein System schaffen

Die meisten Entrepreneure haben kein System, um an bestehenden und potenziellen Kunden dranzubleiben. Das ist ein riesiger Fehler:

1. Es sind manchmal bis zu 27 Erinnerungen erforderlich, bevor aus einem interessierten potenziellen Kunden ein wirklicher Kunde wird.
2. Kunden, die nach einem Kauf ignoriert werden, wenden sich beim nächsten Mal woandershin.

Guerillas wissen, dass ausgezeichnetes Marketing Geduld und Hingabe verlangt und dass der beste Weg zu lebenslangen Kunden darin liegt, oft und konsistent mit ihnen zu kommunizieren. Früher schrieben und versendeten Guerillas Briefe. Heute nutzen sie bezahlbare, webbasierte, automatisierte Techniken und bleiben mühelos in Kontakt.

Nehmen wir einmal an, dass sich 40 Prozent der Besucher Ihrer Website anmelden – das heißt, sie geben Ihnen ihre Namen und E-Mail-Adressen, auch wenn sie nichts kaufen. Indem sie Ihnen diese Informationen überlassen, geben diese potenziellen Kunden Ihnen die Erlaubnis, Marketingmaterialien an sie zu senden. Man nennt dies erlaubnisbasiertes Marketing.

Sie müssen nun einen detaillierten Plan entwickeln, wie Sie mithilfe von Software automatisch E-Mails an die potenziellen Kunden schicken, in denen diese über die Vorteile und Funktionen Ihrer Produkte informiert werden.

Fehler #12: Nicht verstehen, wie die Technik helfen kann

Wir haben diese letzte Warnung hinzugefügt, obwohl sie eigentlich nicht unter den Internet-Marketing-Schirm passt. Wir glauben dennoch, dass sie an dieser Stelle wichtig ist, weil es Entrepreneuren oft schwerfällt, mit der heutigen sich schnell entwickelnden Technik Schritt zu halten. Wenn Sie diesen entscheidenden Aspekt Ihres Geschäfts vernachlässigen, legen Sie sich auf dem Weg zu Ihren Zielen selbst riesige Hindernisse in den Weg.

Darüber hinaus bietet die heutige Technik die Gelegenheit, viele Dinge selbst zu machen, für die wir noch vor gar nicht allzu langer Zeit Spezialisten engagieren mussten. Das ist für kleine Unternehmen ganz wunderbar, da sie nun mehr Auswahl haben. Sie können bei einigen Dingen Geld sparen und es anders einsetzen. Die meisten Unternehmen haben daher Computer und viel Software. Manche Geschäftsleute nutzen ihre Computer nur gelegentlich, sie sind aber eine Ausnahme. Heute verlassen sich viele Entrepreneure auf ihre Computer. Sie verwenden sie für eine Vielzahl von Aufgaben, wie etwa das Beobachten von Marketinganstrengungen, die Kommunikation mit Kunden, den Entwurf von Marketingunterlagen, die Verwaltung der privaten Informationen der Kunden und vieles mehr.

> Computer sind ein bisschen wie Autos. Sie sind Maschinen. Sie haben eine bestimmte Lebensdauer und erfordern regelmäßige Wartung und Pflege.

Wenn sich Geschäftsleute morgens an ihren Schreibtisch setzen, erwarten sie, dass ihre Computer funktionieren. Sie vertrauen darauf, dass die Dokumente, die sie am Dienstag gespeichert haben, auch Mittwoch noch da sind. Sie nehmen an, dass die Software heute funktioniert, wenn sie es auch gestern getan hat. Sie spüren keinen Bedarf dafür, wichtige Kundeninformationen zu sichern, weil sie keine Probleme vorhersehen. Sie glauben, dass ein preiswerter Laptop ihre Arbeit schafft. Und sie irren sich.

Machen Sie Ihre Hausaufgaben und stellen Sie sicher, dass Ihre Computerausrüstung robust genug für Ihre geschäftlichen Anforderungen ist. Es gibt viele Menschen, die damit ihr Geld verdienen, dass Computer abstürzen. Es ist nicht die Frage, ob es passiert, sondern wann.

Und noch eins: Preiswerte Computer bringen selten kostenlose Wartungsverträge mit. Das heißt, auch wenn Sie zuerst Geld sparen, zahlen Sie schließlich drauf. Viele kleine Unternehmer kaufen billige Computerausrüstung. Das rächt sich früher oder später. Computer sind ein bisschen wie Autos. Sie sind Maschinen. Sie haben eine bestimmte Lebensdauer und erfordern regelmäßige Wartung und Pflege. Wenn Sie sie oft benutzen, zeigen sich irgendwann Abnutzungserscheinungen. Sie können nicht erwarten, dass Computer besser sind als ihre technischen Spezifikationen vorgeben, aber viele Entrepreneure tun genau das.

Billiger ist hier nicht unbedingt besser. Ja, Sie können heute stabile Computer für relativ wenig Geld erwerben. Aber das ist ein Fehler, wenn Sie einen Großteil Ihres Einkommens mit diesem Computer generieren wollen. Wir sagen nicht, dass sie nicht funktionieren werden – sie sind prima für eine mäßige Benutzung –, aber sie sollten sich nicht mit einem billigen Computer selbst bemogeln, der nicht für die geschäftliche Nutzung ausgelegt ist. Recherchieren Sie und beurteilen Sie jeden Computer so, wie Sie das Fundament Ihres Hauses beurteilen würden. Fragen Sie sich: Kann dieser Computer dem Gewicht meines Geschäfts standhalten oder schafft er das nicht? Eine gute Faustregel ist es, doppelt so viel Leistung zu kaufen, wie Sie zu brauchen glauben.

Laptops, Tablets und Desktop-Computer sind nur so gut wie ihr Inhalt. Die Art der Software kann Ihnen das Leben erleichtern oder erschweren. Sie müssen deshalb recherchieren und klug wählen. Es gibt zwei allgemeine Arten von Software: kommerziell lizenzierte Software, die Sie kaufen müssen, und Open-Source-Software, die kostenlos ist. Jede Art hat ihre eigenen Vor- und Nachteile – informieren Sie sich!

Wählen Sie Softwareprogramme, die Ihren Anforderungen entsprechen und von aktuellen Benutzern positive Kritiken erhalten. Bei all den Schlagzeilen zu Datenklau und Identitätsdiebstahl ist es kein Wunder, dass Computersicherheit auch für kleine Unternehmen ein wichtiges Thema ist. Statten Sie Ihre Computer mit den neuesten Spam-Blockern und Antivirenprogrammen aus.

Es ist erstaunlich, wie viele Geschäftsleute ihre wichtigen Informationen niemals sichern oder – falls sie es tun – niemals die Wiederherstellung ihrer Daten testen. Millionen von Dollar gehen verloren und Hunderte von Unternehmen müssen in den USA schließen, weil sie kein zuverlässiges und sicheres Backup-System für ihre Informationen haben.

Leider gilt der Spruch »einrichten und vergessen« nicht für Informationssysteme. Genau wie Ihr Auto muss Ihr Computer gepflegt und gewartet werden. Holen Sie sich einen IT-Fachmann, der wenigstens alle sechs Monate Ihre Systeme prüft. Information ist Macht, und mächtige Unternehmen sind diejenigen, die es Kunden, Lieferanten, Angestellten und anderen erlauben, 24 Stunden am Tag und sieben Tage in der Woche auf sie zuzugreifen. Angesichts heutiger Smartphones, portabler USB-Geräte und anderer mobiler Gerätschaften ist es nicht mehr nötig, die Verbindung zu verlieren. Versuchen Sie, mit Ihrem kleinen Unternehmen die Glaubwürdigkeit eines großen Unternehmens zu erlangen.

20 Fragen, die Sie sich über Ihre Website stellen müssen

1. Welches ist das sofortige, kurzfristige Ziel Ihrer Website? Welches genau?
2. Was genau sollen Ihre Besucher tun?
3. Welches sind Ihre langfristigen Ziele? Seien Sie spezifisch.
4. Wer soll Ihre Website besuchen?
5. Welche Lösungen oder Vorteile können Sie diesen Besuchern bieten?
6. Welche Daten sollte Ihre Site bereitstellen, um Ihr primäres Ziel zu erreichen?
7. Welche Informationen können Sie bereitstellen, um zum sofortigen Handeln zu bewegen?
8. Welche Fragen werden Ihnen am Telefon am häufigsten gestellt?
9. Welche Fragen und Kommentare hören Sie auf Messen am häufigsten?
10. Welche Daten sollte Ihre Site anbieten, um Ihre langfristigen Ziele zu erreichen?
11. Wohin geht Ihr Zielpublikum, wenn es Informationen sucht?
12. Wie oft sollen Besucher auf Ihre Website zurückkehren?
13. Aus welchen Gründen verkaufen Sie nicht so viel, wie Sie gern verkaufen würden?

14. Wer ist Ihr gerissenster Konkurrent?
15. Besitzt Ihr Konkurrent eine Website?
16. Wie können Sie sich von Ihren Konkurrenten abheben?
17. Wie wichtig ist der Preis für Ihr Zielpublikum?
18. Wer ist Ihr Markt?
19. Welche Informationen braucht Ihr Markt, um die von Ihnen ge-wünschten Handlungen zu unternehmen?
20. Was machen Sie, um dafür zu sorgen, dass Ihr Markt Ihre Website be-sucht – und wiederkommt?

Denken Sie daran, das Internet explodiert förmlich vor neuen Ideen, neuen Freundschaften und neuen Gelegenheiten. Nutzen Sie das aus! Hier ein paar wichtige Fragen zu Ihrer Website:

* ★ Lädt sie schnell?
* ★ Kommuniziert sie Ihr Expertengebiet?
* ★ Beschreibt sie die angebotenen Produkte und Dienstleistungen?
* ★ Bietet sie Informationen, die den Benutzern nützen?
* ★ Beschreibt sie Ihren Wettbewerbsvorteil?
* ★ Lädt sie zu Benutzerbeteiligung ein?
* ★ Schafft sie das Gefühl von Professionalität?
* ★ Vermittelt sie Glaubwürdigkeit?
* ★ Stehen auf allen Seiten Kontaktinformationen?
* ★ Gibt sie die Länge und die Bedingungen Ihrer Garantien an?
* ★ Bietet sie eine angenehme Erfahrung für den Benutzer?

»Guerilla-Marketing für soziale Medien«

Co-Autor Shane Gibson

Im herkömmlichen Geschäftsleben kursiert die Weisheit: »Es ist nicht privat ... es ist Geschäft«. Guerillas wissen, Kunden nehmen die Art und Weise, wie sie behandelt werden, sehr persönlich. Am Ende einer Marketingkampagne zählen die meisten Leute die Anzahl der Tweets, Website-Besuche, Facebook-Freunde und YouTube-Video-Aufrufe, die sie während der Kampagne gesammelt haben. Am Ende Ihrer Marketingkampagne sollten Sie sich aber darauf konzentrieren, wie viele neue Beziehungen Sie aufgebaut und wie viele bestehende Beziehungen Sie vertieft haben. Auch wenn wir den Erfolg unseres Marketings über die Zeit in Form unserer Gewinne messen, sind es doch die starken Kundenbeziehungen, die uns zu diesen Gewinnen geführt haben.

> »Behandeln Sie Ihre B-Listen-Kunden wie Könige, und Ihre A-Listen-Kunden wie Ihre Familie.«
> Jay Conrad Levinson

Beziehungen bringen uns an einen Punkt, an dem der Kunde einwilligt, dass Sie bestimmte Dinge an ihn vermarkten. Wie Jay Levinson sagt: »Vergessen Sie nie, zwischen Ihren B-Listen-Kunden, die Sie wie Könige, und Ihren A-Listen-Kunden, die Sie wie Ihre Familie behandeln sollten, zu unterscheiden.«

In den sozialen Medien gibt es verschiedene Stufen der Beziehungsentwicklung. Nach dem ersten Kauf halten die meisten Marketer und Verkäufer ihre Arbeit für erledigt. Dabei ist der erste Kauf nur der Beginn einer langfristigen, profitablen Beziehung, die darauf beruht, dass auf allen Stufen Beiträge geleistet werden und Verbindungen bestehen.

Schon vor dem Kauf durchlaufen Sie mit den Kunden mehrere Stadien der Beziehungsentwicklung: die fünf Stufen der Zustimmung.

Die fünf Stufen der Zustimmung

1. Entdeckung
2. Konsum
3. Interaktion
4. Verbindung
5. Zustimmung

Entdeckung

Der Begriff Entdeckung sagt schon, worum es hier geht. Marketer entdecken mithilfe von Guerilla-Werkzeugen und natürlich durch Empfehlungen aus der Gemeinschaft neue Kunden und finden neue Mitglieder für die Gemeinschaft.

Für Kunden kann die Entdeckung sehr unterschiedlich verlaufen. Sie finden Ihren Namen vielleicht öfter in Tweets aus ihrer Gemeinschaft, ein Freund könnte ihnen den Link auf einen interessanten Blog-Artikel schicken, den Sie geschrieben haben, oder Google liefert sie nach einer Stichwortsuche gleich auf Ihrer Website ab. In diesem Schritt sollen die richtigen Verbindungen gefunden werden und auch Sie sollen durch die richtigen Verbindungen gefunden werden. Guerillas sollten immer aufmerksam und bereit sein, weil wir normalerweise weniger als 15 Sekunden haben, um einen guten Eindruck zu hinterlassen und den Kunden zum nächsten Schritt zu bringen. Das kann passieren, indem man sein Guerilla-Hauptquartier aufbaut, z. B. Ihren Blog oder eine soziale Site. Wichtig ist hierbei vor allem, dass Ihre Website oder Ihr Blog sofort Glaubwürdigkeit beim angepeilten Publikum suggeriert.

Konsum

Nachdem Sie Ihre Besucher ausgemacht haben und diese noch nicht von Ihrer Site oder Ihrem Twitter-Profil verschwunden sind, beginnen diese, Ihren Inhalt zu konsumieren. Zu viele Menschen treten an dieser Stelle sofort in Aktion, überfluten ihre Besucher mit Marketingbotschaften, Sonderangeboten und verschiedenen anderen Arten von »Ich«-Marketing.

Zustimmung gewinnen Sie, weil Sie vertrauenswürdig sind, und Vertrauen basiert auf Glaubwürdigkeit.

Um Menschen zu beteiligen, für Vertrauen zu sorgen und sie dazu zu bringen, mehr über unsere Angebote zu erfahren, müssen Guerillas die Erwartungen potenzieller Kunden mithilfe hochwertigen Inhalts übertreffen. Hier kommt die Qualität Ihrer Blog-Artikel, die Nützlichkeit Ihrer Studien und Whitepapers und der Unterhaltungswert Ihrer YouTube-Videos ins Spiel. Zustimmung gewinnen Sie, weil Sie vertrauenswürdig sind, und Vertrauen basiert auf Glaubwürdigkeit.

Glaubwürdigkeit ist eine Herausforderung, weil sie vom Kontext abhängt.

Glaubwürdigkeit ist eine Herausforderung, weil sie vom Kontext abhängt. Alle Menschen haben etwas andere Vorstellungen darüber, was sie für wertvoll halten. Manchen haben zwei Blog-Artikel gefallen, sie melden sich vielleicht für Ihren E-Mail-Newsletter an und schicken Ihnen einen schnellen Tweet. Andere lesen Ihren Blog ein halbes Jahr lang, folgen Ihnen auf Twitter und beobachten Sie erst einmal auf Facebook, bevor sie sich Ihnen nähern. Konsistent produzierter, hochwertiger Inhalt, der auf verschiedene soziale Medien zurückgreift, sorgt dafür, dass Ihre Besucher Ihre Informationen in dem Format und zu der Zeit konsumieren können, die ihnen am liebsten ist. All das führt zu einer Interaktion, bei der der Kunde, den Sie nicht kennen, zu Ihnen kommt.

Interaktion

Interaktion kann auf verschiedene Arten erfolgen. Manchmal stimmt das Timing und Sie können gleich in das Stadium der Interaktion springen. Wenn Sie eine Autowerkstatt besitzen und bemerken, dass jemand auf Twitter eine Frage zu Winterreifen stellt, ist diese Person sicher offen für Ihre Antworten. Interaktion kann auch auftreten, indem Sie selbst aktiv werden und Blogs, Twitter-Profile und Facebook-Seiten Ihres Zielpublikums besuchen, wertvolle Kommentare abgeben und Gespräche anregen.

Die andere Form der Interaktion ist natürlich kundengetrieben. Das heißt, potenzielle Kunden kommentieren Ihren Blog. Vielleicht stellen sie auch eine Frage oder tragen etwas zu Ihrer Facebook-Seite oder Ihrer Flickr-Gruppe bei oder teilen einen Ihrer Tweets mit ihren Followern. All dies sind Türöffner zur nächsten Stufe der Beziehungsentwicklung.

Verbindung

Verbindung ist ein weicher Schritt im Stadium der Zustimmung, wird aber oft als Zustimmung zum Vermarkten missverstanden. Verbindung ist, wenn jemand Sie in Facebook als Freund hinzufügt, einen Kontakt in LinkedIn herstellt oder Ihnen auf Twitter folgt. Bei der Partnersuche wäre es das Äquivalent einer Verbindung auf Match.com – Sie wollen kein Date mit der Person haben, sondern drücken lediglich aus: »Ich würde gern mehr über dich erfahren.« Es heißt aber auch: »Ich hätte es gern, wenn du mehr über mich erfährst.«

Geben Sie auf keinen Fall der Versuchung nach, Marketingbotschaften, Sonderangebote und alle anderen Arten von »Ich-Marketing« an Ihre Verbindungen zu übermitteln. Im Moment möchte diese Person mehr über Sie erfahren, aber nicht von Ihnen kaufen. Dieser Schritt ist sehr wichtig, wenn man Glaubwürdigkeit schaffen möchte. Wenn jemand über Facebook oder LinkedIn eine Verbindung zu Ihnen sucht, dann erlaubt Ihnen diese Person, mehr von ihrer Welt, ihrem Geschäft und ihrer Persönlichkeit zu sehen, so dass Sie Ihr Marketing und Ihre Kommunikation an ihr Glaubwürdigkeitsmodell und ihre Werte anpassen können.

Zustimmung

Wären Beziehungen eine Währung, dann wäre die Zustimmung der Goldstandard. Viele Unternehmen wenden sehr viel Zeit darauf, Kunden zu gewinnen, vernachlässigen aber den eigentlichen Aufbau der Beziehungen und verpassen so langfristige Gelegenheiten. Andererseits gibt es viele Marketer in den sozialen Medien, die freundliche Chats haben und recht beliebt sind, aber keine Zustimmung zum Vermarkten haben. Zustimmung ist die Stelle, an der Sie vom netten, unverbindlichen Marketing zum eigentlichen Geldverdienen kommen. Sie haben Zustimmung, wenn jemand einwilligt, Ihren Newsletter zu abonnieren und Ihnen zu diesem Zweck seine E-Mail-Adresse gibt. Zustimmung kann auch in Form einer Frage oder Erkundigung über Twitter erfolgen, wenn Ihnen jemand eine spezielle Frage über einen von Ihnen angebotenen Service oder ein von Ihnen verkauftes Produkt stellt.

Andere Formen der Zustimmung sind, wenn jemand an einem kostenlosen Webinar Ihres Unternehmens teilnimmt. Es wird normalerweise davon ausgegangen, dass Sie tatsächlich etwas Nützliches lehren, aber die Leute erwarten am Ende Ihres Webinars natürlich auch ein gewisses Maß an Werbung für Informationen über Ihr Produkt oder Ihre Dienstleistungen. Nach Ihrem Webinar ist es auch akzeptabel, eine E-Mail zu schicken, in der Sie für die Teilnahme danken und Informationen über Ihr Geschäft und Ihre Angebote anbieten.

> **Wären Beziehungen eine Währung, dann wäre die Zustimmung der Goldstandard.**

Offline-Verbindungen, bei denen Ihnen also jemand auf einer Veranstaltung über den Weg läuft und Sie um Informationen über Ihr Geschäft bittet, sind natürlich eine der ältesten Formen von Zustimmung. Guerillas schätzen dieses Maß an Erlaubnis so sehr, dass sie genau darauf achten, keine Grenzen zu überschreiten und ein gutes Verhältnis zwischen hochwertigen Inhalten und Marketingbotschaften zu wahren.

Denken Sie immer daran: Es kostet eine Menge Geld, einen guten, loyalen Kunden zu gewinnen, und Guerillas nutzen Beziehungen als Sicherheit für diese Investition.

Guerilla-Marketing in den sozialen Medien ist sowohl eine Strategie als auch eine Art des Denkens und des Lebens virtueller Leben in der rasanten Welt der digitalen sozialen Netzwerke.

Ein anständiger Guerilla-Marketingangriff hat einen Anfang, eine Mitte und in den meisten Fällen kein Ende. Das gilt auch für Beziehungen. Sobald Zustimmung gewonnen wurde, weiten Sie diese durch Ihre Verkäufe oder den Marketingprozess mit diesem potenziellen Kunden aus. Während dieser Zeit konsumieren die Kunden immer noch die großartigen Inhalte Ihrer Blogs, auf Twitter, Google Plus oder anderen Plattformen, über die sie mit Ihnen in Verbindung stehen. Der Unterschied liegt nun darin, dass diese Werkzeuge jetzt dazu dienen, das Wissen eines Kunden über das, was Sie für ihn tun können, sowie Ihr Wissen über die wichtigsten Bedürfnisse, Herausforderungen und Ziele der Kunden zu erweitern.

Nach dem ersten Ziel müssen Sie daran arbeiten, die Vertrautheit, Einsichten und Beziehungen mit Ihren Kunden weiterzuentwickeln. Es kostet eine Menge Geld, einen guten, loyalen Kunden zu gewinnen, und Guerillas nutzen Beziehungen als Sicherheit für diese Investition. Wenn sie richtig gepflegt werden, zahlen sich diese Beziehungen Jahr für Jahr in Form von Käufen sowie von Weiterempfehlungen aus.

Guerilla-Marketing in den sozialen Medien ist sowohl eine Strategie als auch eine Art des Denkens und des Lebens virtueller Leben. Es geht darum, erprobte Prinzipien zum Aufbau von Gemeinschaften, zum Entwickeln von Beziehungen, Innovationen und Fantasie auf die rasante Welt der digitalen sozialen Netzwerke anzuwenden. Sie müssen einen Guerilla-Angriff ein Jahr lang oder länger aufrechterhalten, bevor Sie seine vollen Vorzüge genießen können. Guerillas wissen, dass sie für eine lebhafte und machtvolle Marketingkampagne eine Heimatbasis haben müssen, von der sie starten können. Sie müssen lernen, ihr Marketinghauptquartier aufzubauen und zu beschützen.

Marketingwaffen für das Guerilla-Marketing in den sozialen Netzwerken

Hardware
- ★ Smartphone mit Flatrate
- ★ Notebook-Computer
- ★ Videokamera
- ★ Digitalkamera
- ★ Gutes Mikrofon
- ★ Webcam

Software
- ★ Grafik- und Fotobearbeitungssoftware
- ★ Audioschnittsoftware
- ★ Videoschnittsoftware
- ★ Software zum Verwalten von Kontakten und Kundenbeziehungen
- ★ Browser mit Plugins für soziale Medien und Google

Soziale Netzwerke

Facebook
- ★ Facebook-Profil
- ★ Facebook-Seiten
- ★ Facebook-Gruppen
- ★ Facebook-Ereignisse
- ★ Facebook-Anwendungen

Andere Sites
- ★ XING
- ★ Orkut
- ★ Hi5
- ★ Ecademy
- ★ Brazen Careerist

LinkedIn
- ★ LinkedIn-Profil
- ★ LinkedIn-Slideshare
- ★ LinkedIn-Google-Präsentationen
- ★ LinkedIn-Twitter
- ★ LinkedIn-Blog-Import
- ★ LinkedIn-Gruppen
- ★ LinkedIn-Antworten
- ★ LinkedIn-Ereignisse

Sonstige, quasi unabhängige Netzwerke
- ★ Ning
- ★ BuddyPress
- ★ Jive Software
- ★ Pluck
- ★ Awareness, Inc.
- ★ Acquia
- ★ Drupal

Waffen zum Nanoblogging

* Twitter
* Komplettes Twitter-Profil
* Öffentliche Twitter-Listen
* Private Twitter-Listen
* Status-Updates
* FriendFeed
* Kurz-URL-Dienste wie Bit.ly und Ow.ly

Anwendungen von Drittanbietern für Soziale Netzwerke

* TweetDeck
* HootSuite
* SocialToo
* Seesmic
* Ping.fm

Foto-Sharing

* Flickr
* Picasa
* Instagram

Dokumenten-Sharing

* SlideShare
* Scribd
* issuu

Audio und Video

* Podcasts
* Youtube
* Nischen- und Spezial-netzwerke
  * Vimeo
  * FameCast:
  * blip.tv

* Facebook-Video
* Tudo
* Strutta

Soziale Medien in Echzeit

* Ustream
* Justin.tv
* Skype
* CoveritLive
* Tinychat

Webcasts und Web-Conferencing

* GoToMeeting
* WebEx
* Screencast.com
* Ihre Website
* Foren
* Microsites
* Ihr Blog

WordPress, selbstgehostete Blog-Sites und -Waffen

* WordPress.com
* WordPress.org
* WordPress-Themen

Plugins

* All in One SEO
* ShareThis
* Tweet This
* Google Sitemap Generator
* PowerPress
* Google Analytics
* WPtouch
* WP-o-Matic
* Akismet

- ★ WP to Twitter
- ★ WordPress.com Stats
- ★ Kommentarsystem
- ★ Disqus
- ★ IntenseDebate

Content-Management-Systeme (CMS)

- ★ Joomla!
- ★ Drupal
- ★ Mambo
- ★ Ubertor (Immobilien)
- ★ RSS-Feeds
- ★ Feedblitz
- ★ Yahoo Pipes
- ★ Wikis

Microblogging-Werkzeuge

- ★ Tumblr
- ★ Posterous

Social Bookmarking

- ★ Digg
- ★ Stumble Upon
- ★ Reddit
- ★ Delicious

Mobile und ortsbasierte Werkzeuge

- ★ foursquare
- ★ Brightkite
- ★ Facebook Mobile
- ★ Qik
- ★

Guerilla-Suchwerkzeuge

- ★ search.twitter.com
  - ★ Nach Worten
  - ★ Nach Sprache
  - ★ Leute
  - ★ In einem bestimmten Umkreis
  - ★ Daten
  - ★ Nach Einstellungen
  - ★ Mit Links
  - ★ Einschließlich Retweets
- ★ Twitter Grader
- ★ BackType
- ★ BackTweets
- ★ Twellow (Tweetup)
- ★ PostRank

Guerilla-Management

- ★ Biz360-Community
- ★ Twazzup
- ★ PostRank Analytics
- ★ Bezahlsysteme

Verzeichnisse

- ★ Blog-Verzeichnisse
- ★ Podcast-Verzeichnisse
- ★ iTunes
- ★ Twitter-Verzeichnisse

Die großen Verzeichnisse

- ★ Klout
- ★ Twellow
- ★ Twibes
- ★ WeFollow
- ★ Twitterholic

Google-Waffen

- ★ Google-Apps
- ★ Google for Business
- ★ Google-Kalender
- ★ Google Docs
- ★ Google-Gruppen
- ★ Google-Video
- ★ Google-Profile
- ★ Google Friend Connect
- ★ Google Wave
- ★ Google Alerts
- ★ Google Feedreader
- ★ Google-Feed-Bundles

E-Mail

- ★ Ihre E-Mail-Signatur
- ★ E-Mail-Newsletter

Listenverwaltungssoftware

- ★ AWeber
- ★ Constant Contact

Werkzeuge zum Event-Marketing

- ★ Meetup
- ★ Eventbrite
- ★ Tweetup-Sites

Topaktuelle Waffen

- ★ Augmented-Reality-Anwendungen
- ★ Soziales CRM
- ★ Bezahlsysteme für Smartphones

»Guerilla-Marketing wird grün«

Co-Autor Shel Horowitz

Kunden wollen Geschäfte mit Unternehmen machen, die dieselben Werte haben wie sie – und heutzutage gehört dazu ein starkes Bewusstsein für den Klimawandel und andere Umweltprobleme.

Wir leben in einer ganz besonderen Zeit: Zum ersten Mal ist die Umwelt tief genug in das kollektive Bewusstsein eingedrungen, um Heerscharen von Menschen zu einem »grünen« Lebenswandel zu bewegen. Gleichzeitig ermöglicht es die Technik (vor allem das Internet), ein globales Geschäft mit wenig oder ganz ohne Personal oder Ressourcen und ohne große Infrastruktur zu führen.

Dadurch eröffnen sich alle möglichen Gelegenheiten für den grünen Guerilla, der aufrichtig in diesen Markt passt.

> Die Umwelt ist heute tief genug in das kollektive Bewusstsein eingedrungen, um Heerscharen von Menschen zu einem »grünen« Lebenswandel zu bewegen.

Wie Sie von grünem Marketing profitieren

Bei all den Vorlieben eines grünen Unternehmens ist es kaum zu verstehen, wieso sich nicht alle Unternehmen auf der Welt sich bereits geändert haben.

★ Grüne Waren und Dienstleistungen lassen sich viel leichter vermarkten.

★ Sie bringen oft einen Spitzenpreis ein und sind deshalb viel profitabler.

★ Natürlich sind sie besser für die Umwelt: Sie brauchen weniger Ressourcen, weniger Energie und mehr natürliche Materialien. Sie verursachen eine geringere Umweltverschmutzung, haben einen geringeren Kohlendioxidausstoß (so dass sie weniger zur Erderwärmung beitragen) und sind einfacher zu entsorgen.

★ Im Gegensatz zur landläufigen Meinung lassen sich grüne Produkte tatsächlich billiger herstellen – wenn sie korrekt entwickelt wurden.

Das Umweltbewusstsein der Kunden auf der ganzen Welt hat exponentiell zugenommen. Noch 2004 gab es in der Allgemeinheit kaum Diskussionen über Klimawandel und Nachhaltigkeit – jetzt sind sie allgegenwärtig. Ein Beispiel: Das Magazin Plenty nannte »10 Ideen, die unsere Welt ändern werden«. Sechs dieser 10 Ideen (Abfall in neue Ressourcen verwandeln, bezahlbarer grüner Wohnungsbau, grüne Medien, grüne Jobs, Kohlenstoffkennzeichnung und Umrüstungen zum Energiesparen) haben ihre Wurzeln direkt im grünen Denken. Die anderen vier besitzen eine grüne Komponente.

Lebensbereiche, die wir als gegeben hinnehmen, werden unter einem grünen Blickwinkel neu bewertet. Grün ist plötzlich in jeder Branche ein Aspekt.

Ein anderes Beispiel: Das sehr erfolgreiche Ezine Healthy, Wealthy, and Wise brachte einen Artikel über die Wahl eines grünen Kinderarztes. Der Autor schrieb: »Ebenso wie Ihr Frauenarzt soll auch der Kinderarzt medizinisch Spitze sein. Wie viel besser wäre es dann, wenn er außerdem eine umweltmäßig nachhaltige Sicht auf die Kinderheilkunde mitbringen würde?!«

Je effektiver ein Unternehmen seine Hingabe an Umweltwerte demonstrieren kann, umso einfacher wird es, Kunden zu überzeugen, ihre Geschäfte mit diesem Unternehmen zu machen. Hier sind einige Beispiele, die funktioniert haben:

★ Der Wandel der Einstellung des Hotelgewerbes in Bezug auf das Waschen von Handtüchern ist praktisch auf keinerlei Widerstand bei den Kunden gestoßen, da diese Maßnahme zum Reduzieren der Kosten als grüne Initiative vermarktet wurde.

★ Verlage verkleinern mit Hinweis auf ökologische und ökonomische Gründe Lager
und streichen die Praxis, nichtverkaufte
Bücher aus Buchläden zurückzunehmen.

Grünes Denken kann Geld sparen

Praktischerweise lassen viele grüne Initiativen
ein Unternehmen nicht nur für die Kunden at-
traktiver werden, sondern können tatsächlich die
Kosten reduzieren. So kann das Unternehmen durchaus auch Umstruk-
turierungen überleben. Wenn ökologische Schritte sowohl Geld sparen als auch Geld einbringen, werden diese sicherlich nicht gestrichen,
sollte ein Unternehmen harten Zeiten entgegen-
sehen oder ein neues Management bekommen.

In Unternehmen, die es nicht schaffen, ihre
Umwelterfolge und -anstrengungen in geschäftliche Vorteile umzuwandeln, müssen die grünen
Aktivitäten oft als erstes dran glauben müssen,
wenn es schwierig wird – wenn es eine Änderung in der Führungsebene gibt, wenn die Aktionäre beginnen, Fragen zu stellen oder wenn das
Unternehmen merkt, dass es nicht länger günstig ist, als Vorreiter in Umweltfragen angesehen
zu werden. Falls Sie andererseits sagen können:
»Unsere Nachhaltigkeitsinitiativen haben die Kosten reduziert und die
Gewinne angekurbelt, da sich durch sie neue Märkte, neue Produkte
und eine erhöhte Loyalität der Kunden ergeben haben«, können Sie eine
Nachhaltigkeitsstrategie und ökologische Maßnahmen langfristig und
auf ganzer Linie rechtfertigen.

Melissa Chungfat, die klarstellt, dass Umweltschutz und Gewinnstreben einander nicht ausschließen müssen, rät Unternehmen: »Hören Sie
auf, immer vom Opfer zu sprechen. Versuchen Sie lieber, darauf hinzuweisen, dass Ihr Produkt oder Ihre Dienstleistung einfacher, gesünder,
bequemer oder preiswerter ist. Seien Sie positiv und lösungsorientiert.«
Sie schlägt außerdem vor, auf tatsächliche Errungenschaften anstatt auf
manchmal nur vage Versprechen hinzuweisen.

> Lebensbereiche, die wir als gegeben hinnehmen, werden unter einem grünen Blickwinkel neu bewertet. Grün ist plötzlich in jeder Branche ein Aspekt.

> Praktischerweise lassen viele grüne Initiativen ein Unternehmen nicht nur für die Kunden attraktiver werden, sondern können tatsächlich existierende Kosten reduzieren.

Wie Sie andere darauf aufmerksam machen, dass Sie grün handeln

Eine Druckerei schaltete in einer lokalen Unternehmenspublikation eine Anzeige, die besagte, dass 60 Prozent ihres Energiebedarfs aus Wasserkraft gedeckt würde, und bat potenzielle Kunden, sich für sie zu entscheiden, falls Nachhaltigkeit »für sie so wichtig ist wie für uns«. Der Text der Anzeige war mithilfe heller und dunkler Buchstaben (alles groß geschrieben) in Form eines Steckers gestaltet. Neben dem eigentlichen Anzeigentext gab es das Logo, eine kurze Erklärung des Forest Stewartship Council (FSC) sowie den Namen der Druckerei und die Kontaktinformationen. Die Überschrift nannte lediglich den Namen des Unternehmens, gefolgt von drei Punkten (...) und dem Wort »Unplugged«.

Diese Anzeige kombinierte einen glücklichen Zufall – dass der lokale Stromversorger des Unternehmens sauberen Strom aus Wasserkraft lieferte – mit einer wirklichen ökologischen Festlegung: der Zertifizierung durch das Forest Stewartship Council, die in der Papier- und Druckbranche eine wirklich große Sache ist.

Dies ist einerseits ein Schritt in die richtige Richtung, andererseits aber auch eine verschenkte Gelegenheit.

Erstens erzählt die Überschrift nicht die Geschichte. Sie konzentriert sich auf das Unternehmen und bringt nichts weiter, als ein bisschen neugierig zu machen, wieso ein Druckunternehmen einen Begriff aus der Musik verwendet.

Dann kommt die Mischung aus heller und dunkler Schrift, die allerdings eng und komplett in Großbuchstaben daherkommt. Wörter werden einfach willkürlich und ohne Trennstriche getrennt, so dass der Text schwer zu lesen ist. Außerdem muss man zweimal hinschauen, bevor man erkennt, dass ein Stecker geformt wird.

Die gute Absicht muss in der Realität durch das Design unterstützt werden, da sie sonst nicht wahrgenommen wird.

Fazit: Wenn man eine großartige Idee nicht deutlich kommuniziert, ist das ganze grüne Handeln für die Katz.

»Guerilla-Marketing für nichtkommerzielle Einrichtungen«

Co-Autoren Frank Adkins und Chris Forbes

Der Zweck Ihrer Organisation kann der wichtigste auf der ganzen Welt sein, aber Sie werden die Menschen nicht dazu bewegen, bei Ihnen mitzumachen, wenn Sie es nicht schaffen, ihnen den Zweck sinnvoll zu vermitteln. Sie müssen eine überzeugende und inspirierende Möglichkeit finden um zu beschreiben, weshalb es Sie gibt, was Sie tun und wieso das der Allgemeinheit nützt. Die meisten nichtkommerziellen Organisationen haben ein offiziell formuliertes Leitbild, allerdings setzen sie diese Aussage oft nicht für ihr Marketing ein. Interessenten an Ihrer Sache beurteilen all Ihre Schritte, wenn Sie Ihre Organisation als Lösung für die Bedürfnisse Ihrer Gemeinschaft präsentieren. Guerillas achten also sehr genau darauf, wie sie sich selbst in der Öffentlichkeit darstellen. Nichts wird dem Zufall überlassen, weil sie wissen, dass eine klare Vorstellung von den Zielen der Organisation auch über deren Zweck informieren kann und die Wirkung des Marketing verstärkt.

Was ein Leitbild für Ihre Organisation bewirkt

★ Stärkt die strategische Planung und den Aufbau von Kapazitäten

★ Hilft bei der Entwicklung stärkerer Markenbotschaften

★ Hält alle auf Kurs

★ Beeinflusst, wie Sie an Menschen herantreten und sie behandeln

★ Durchdringt all Ihre Botschaften und Medien

Ihr Leitbild bestimmt außerdem, wie Sie Erfolg messen. Es geht dabei weniger darum, wie viel Geld Sie einnehmen, wie viele Freiwillige Sie anwerben, welche Kampagnen Sie durchführen, wie sie organisiert sind, wie Sie die Bücher führen oder welches Verhältnis Sie zu Ihrem Vorstand haben. Diese Dinge sind wichtig, aber sie sind nicht am wichtigsten. Am wichtigsten ist, wie gut Ihre Organisation eine nachhaltige Änderung herbeiführt, die Ihre Mission erfüllt. Alle anderen wichtigen Aspekte sind notwendig, aber können – wenn Sie nicht aufpassen – Ihre Mission negativ beeinflussen. Sie könnten, ohne es zu merken, in die Katastrophe schlittern. Uns ist nicht eine nichtkommerzielle Organisation begegnet, die nicht etwas mehr Geld gebrauchen könnte. Aber im nichtkommerziellen Guerilla-Marketing ist nicht Geld das Motiv, sondern die Wirkung. Ihr »Gewinn« besteht darin, mit den Ressourcen, die Ihnen zur Verfügung stehen, die meiste Wirkung für Ihre Mission zu erzielen. Besitzen Sie wie ein echter Guerilla die Fähigkeit zu erkennen, was Ihrer Mission nützt oder was den gewünschten Ergebnissen Ihrer Organisation schadet?

Verwandeln Sie Ihr Leitbild in eine Marketingwaffe

Seien Sie ehrlich. Wie so viele andere Organisationen auch haben Sie wahrscheinlich ein Leitbild, das eher akademisch klingt. Ist Ihr Leitbild auch ein gutes Mittel gegen Schlaflosigkeit? Um Menschen zu mobilisieren, müssen Sie ihre Fantasie anregen. Sie müssen an ihre Herzen rühren. Sie müssen sie glauben lassen, dass Sie Ihre Versprechen einhalten. Normale Leitbilder schaffen das nicht besonders gut. Ein Guerilla-Leitbild dagegen lässt sich in eine Marketingwaffe verwandeln. Es kann Ihnen helfen, Ihren Auftrag so zu fokussieren, dass Sie die Aufmerksamkeit der Menschen erregen, die Sie erreichen wollen.

Guerillas wissen, dass jeder Kontakt, den Ihre Organisation mit den Menschen hat, Marketing ist. Ihr Leitbild berührt alles und wird von allen gesehen, mit denen Sie zu tun haben. Wenn etwas so wichtig ist, liegt es nahe, es unter dem Gesichtspunkt des Marketing zu betrachten. Wieso klingen Leitbilder oft so, als seien sie von einem Komitee verfasst worden? Sollte man sie nicht lieber so schreiben, dass sie auch wirklich überzeugen?

Selbst die Unabhängigkeitserklärung wurde zwar von einem Komitee entworfen, am Ende aber von einer Person mit einer beeindruckenden Ausdruckskraft geschrieben – von Thomas Jefferson. Ihr Leitbild sollte mindestens ebenso durchdacht sein wie die teuersten Werbekampagnen. Sie erwarten von einer Super-Bowl-Werbung schließlich auch nicht, dass sie von einem Rechtsanwalt geschrieben wird, oder? Wenn Sie Ihren Auftrag unter dem Marketingblickwinkel neu formulieren, werden Sie die Menschen letztendlich besser erreichen. Fragen Sie sich selbst, ob Sie Ihr Leitbild anklicken würden, wenn es in einer Internet-Suche auftauchen würde. (Dieses Szenario ist durchaus realistisch!) Mit welchen Stichworten könnten es die Leute finden?

Lesen Sie hier, wie Sie Ihr Guerilla-Leitbild schreiben. Merken Sie sich, dass diese drei Dinge Ihre Organisation zum Erfolg führen:

1. Ihre Leidenschaft
2. Wobei Sie am besten sind
3. Ein deutliches Gefühl dafür, was Sie am Ende bewirken wollen

Setzen Sie sich mit allen Daten auseinander, die Sie haben. Komprimieren Sie alle Aussagen darüber, was Ihre Organisation ist und tut, auf maximal drei Sätze.

Es müssen kurze drei Sätze sein. Wenn Sie zu viele Informationen in Ihre Phrasen legen, schweift die Aufmerksamkeit Ihres Publikums sehr schnell ab. Stellen Sie sich einfach vor, dies wäre Ihr »Elevator Pitch«: Sie sind in einen Lift gestiegen und plötzlich bittet ein Mitfahrer Sie, Ihm etwas über Ihre Organisation zu erzählen. Sie sagen in der Zeit, in der Sie vom 1. zum 2. Stock fahren, alles, was man über Ihre nichtkommerzielle Organisation wissen muss. Wenn Sie in 30 Sekunden nicht erzählen können, wer Sie sind, was Sie machen und wieso das wichtig ist, dann ist das vielleicht zu kompliziert für ein Gespräch. In diesem Fall ist das Marketing nicht Ihr größtes Problem.

> Ist Ihr Leitbild auch ein gutes Mittel gegen Schlaflosigkeit? Um Menschen zu mobilisieren, müssen Sie ihre Fantasie anregen.

Schreiben Sie drei Sätze, die Ihre Organisation beschreiben

1. Wieso existieren Sie? (Sprechen Sie über Ihre Leidenschaften.)
2. Was macht Ihre Organisation? (Reden Sie über das, was Sie am besten können.)
3. Was bewegen Sie? (Sagen Sie, welche Wirkung Ihre Organisation erzielen soll.)

Es wäre schön, wenn wir Ihr Leitbild für Sie schreiben könnten, aber Sie sind ein Guerilla – Sie müssen das schon selbst machen, und die Sätze sollten sich aus Ihrer Leidenschaft speisen. Nachdem Sie alles aufgeschrieben haben, können Sie sich für den Feinschliff Hilfe suchen. Es wird Sie aber für immer verändern, wenn Sie zunächst einmal alle Aussagen frei von der Leber weg aufschreiben. Ihre Sätze werden zu den Werkzeugen, die Sie auf dem Weg zu unvorstellbarem Erfolg für Ihre nichtkommerzielle Organisation einsetzen können. Unterschätzen Sie niemals die absolut atemberaubende Macht des geschriebenen Wortes – speziell Ihres geschriebenen Wortes.

March of Dimes

Wieso existieren Sie? Unser Zweck ist es, die Gesundheit von Babys zu verbessern, indem wir versuchen, Geburtsschäden, Frühgeburten und Kindersterblichkeit zu vermeiden.

Was machen Sie? Wir erfüllen diese Mission durch Forschung, soziale Arbeit, Bildung und Beratung, um das Leben von Babys zu retten.

Was bewegen Sie? Die Forscher, Freiwilligen, Ausbilder, Berater und Anwälte von March of Dimes arbeiten zusammen, um all den Babys eine echte Chance gegen die Gefahren für ihre Gesundheit zu geben: Frühgeburten, Geburtsschäden, niedriges Geburtsgewicht.

Um Spenden für diese edlen und notwendigen Sachen aufzubringen, sind die Fähigkeiten eines Guerillas erforderlich, speziell bei der Beschaffung von Geldmitteln.

Sieben goldene Regeln für den Erfolg bei der Geldbeschaffung

Für Nicht-Guerillas ist die Geldbeschaffung ein Mysterium, das so unberechenbar ist wie das Wetter. In einem Augenblick werden sie mit Geld überhäuft und im nächsten Augenblick versiegt der Geldfluss scheinbar komplett. Guerillas sind nicht überrascht von den Änderungen finanzieller Verhältnisse. Sie wissen, dass sie eine wahre Naturgewalt bei der Geldbeschaffung sein können, weil sie die Regeln verstehen und anwenden, die zu ihrem Erfolg führen können. Genau wie es Regeln gibt, um das Wetter vorherzusagen, gibt es Regeln im Marketing, die bei der Geldbeschaffung nichts dem Zufall überlässt.

> Der Erfolg bei der Geldbeschaffung hat nichts damit zu tun, was Sie machen, um die Leute vom Spenden zu überzeugen. Es geht vielmehr darum, aus Ihrer nichtkommerziellen Organisation eine Einrichtung zu machen, die der Unterstützung wert ist.

Der Erfolg bei der Geldbeschaffung hat nichts damit zu tun, was Sie machen, um die Leute vom Spenden zu überzeugen. Es geht vielmehr darum, aus Ihrer nichtkommerziellen Organisation eine Einrichtung zu machen, die der Unterstützung wert ist. Sie wollen Spender, die mehr tun, als nur einen Scheck zu unterschreiben. Sie wollen, dass diese sich der Mission selbst annehmen. Das geschieht nur, wenn Sie sich in deren Denkweise hineinversetzen.

Die nun folgenden goldenen Regeln spielen eine wichtige Rolle, da sie Ihnen beim Entwickeln Ihrer Marketingmaterialien helfen. Erfolg verlangt, dass Sie Zeit und Aufwand in die Aufgabe stecken. Doch das wird Ihnen in Fleisch und Blut übergehen, während Sie sich mit diesen Regeln vertraut machen.

Regel 1: Lernen Sie Ihre Spender kennen

Die Grundlage einer guten Geldbeschaffung ist der Umgang mit und die Kultivierung von Spendern und die Fähigkeit, sie um Unterstützung für Ihre Organisation zu bitten, die ihren Verhältnissen entspricht. Ihre nichtkommerzielle Organisation muss ihre Spender unbedingt so gut wie möglich kennenlernen. Die Basis für diese Art von Beziehung sind eine umfassende Recherche und gute Informationen. Wenn die Zeiten härter werden, ist es für sie möglicherweise einfacher, nur ihre Zeit zu spenden, auch wenn Sie weiterhin versuchen sollten, sie zu einer finanziellen Unterstützung zu bewegen. Dieser Herausforderung müssen Sie sich stellen.

90 Prozent der Spenden für die meisten nichtkommerziellen Organisationen kommen von Einzelpersonen. Stipendien, Schenkungen, Unternehmensspenden und spezielle Fundraising-Veranstaltungen können die Unterstützung niemals ersetzen, die Einzelpersonen leisten. Stellen Sie eine Liste der Spender zusammen, die mehr Informationen enthält als nur die Namen, Adressen und Telefonnummern. Wenn Sie wie ein Guerilla denken, stehen auf der Liste auch Details über das Leben der Spender, wie z. B. ihre Hobbys und Errungenschaften, wo sie essen, Urlaub machen und spielen, sowie weitere kleine, aber wichtige Einzelheiten. Können Sie sich vorstellen, wie lange es dauert, diese Informationen zusammenzutragen? Das sollten Sie, denn es ist Teil Ihrer Verpflichtungen als Guerilla.

Wenn Sie den Wert dieses Spenders über seine gesamte Zeit berechnen, sind Sie vermutlich eher geneigt sich anzustrengen, dass diese Person weiter spendet. Die Kenntnis dieser Regel ist wirklich Gold wert.

Regel 2: Informieren Sie Ihre Spender

Guerillas versichern ihren Unterstützern, dass es klug ist, ihrer Organisation etwas zu geben, und dass ihr Beitrag gut angelegt ist. Information beschwichtigt Ängste und verbessert die Kommunikation.

Sie können keine Geld-zurück-Garantie für Spenden bieten, aber Sie können Seelenfrieden bieten, indem Sie Ihre tiefe Hingabe an den Service demonstrieren. Guerillas bieten Sicherheit in Form von Empfehlungen auf ihren Websites oder in Newslettern. Ihr Ruf ist Ihre Glaubwürdigkeit, und Glaubwürdigkeit ist kostenlos. Nutzen Sie sie deshalb auf jede erdenkliche Weise aus.

Regel 3: Verhelfen Sie den Spendern zu persönlicher Erfüllung

Wenn Ihre Organisation einen Weg finden kann, Menschen Erfüllung durch gemeinnützige Arbeit zu bieten, dann sind diese eher geneigt, Ihnen zu helfen. Spender haben gern das Gefühl, mit einbezogen zu werden. Das spornt an und bringt auch Ihr Marketing voran. Entwickeln Sie einen entsprechenden Radar und bieten Sie Lösungen für Probleme, die Spendern möglicherweise noch nicht einmal bewusst sind. Diese Regel ist ungemein wichtig.

Regel 4: Bauen Sie vertrauensvolle Beziehungen zu den Spendern auf

Kann es im Marketing Ehrlichkeit geben? Guerillas wissen, dass die Antwort auf diese Frage JA lautet. Doch glauben auch Ihre Unterstützer daran? Ein Ruf, dessen Aufbau Jahre gedauert hat, kann innerhalb von Sekunden ruiniert sein, wenn Sie nicht aufpassen. Es gibt einen sehr schmalen Grat zwischen Übertreibung und Unehrlichkeit, und sobald Sie diesen überschreiten, ist es schwierig, wenn nicht sogar unmöglich, das Vertrauen Ihrer Spender zurückzugewinnen.

> Spender haben gern das Gefühl, mit einbezogen zu werden. Das spornt an und bringt auch Ihr Marketing voran.

Passen Sie auf, dass Sie nicht Zweifel auslösen. Tun Sie so, als würde Ihnen der größte Zyniker der Welt über die Schultern blicken. Hören Sie auf diesen Zyniker, wenn Sie ein Marketingstück herstellen. Er weist Sie an, auf dem schmalen und geraden Weg zu bleiben und dieser goldenen Regel zu folgen.

Regel 5: Respektieren Sie Ihre Spender

Die meisten nichtkommerziellen Organisationen behaupten, dass sie ihre Spender achten, aber Guerilla Marketer beweisen es auch. Ihr Marketing kann die richtigen Worte sprechen und den Spendern sagen, wie wichtig sie sind, doch man glaubt Ihnen erst, wenn Sie auch die dazu passenden konkreten Schritte gehen. Viele Unternehmen überhäufen ihre Spender mit Aufmerksamkeiten, aber nur Guerillas sind wirklich Spitze darin.

Beweisen Sie Ihre Fürsorge, indem Sie auf Details achten. Wenn etwas schiefgeht, darf der Spender nicht darunter leiden. Bemühen Sie sich, Beschwerden auszuräumen. Auch damit beweisen Sie, dass Ihnen die Spender etwas wert sind. Diese goldene Regel sagt Ihnen, dass Sie nichts dem Schicksal überlassen sollten.

Regel 6: Konzentrieren Sie sich auf aktuelle Unterstützer

Wieso kostet es fünfmal mehr, eine Spende von einem neuen Spender zu bekommen als von einem vorhandenen? Die Antwort ist ganz einfach – einen neuen Spender zu finden, hat einfach diesen hohen Preis, während ein vorhandener Spender kostenlos zu finden ist. Bleiben Sie mit den Spendern in Verbindung, damit Sie zum entsprechenden Zeitpunkt keine Probleme haben, sie um eine Spende zu bitten.

Sie können aber auch versuchen, die Spender auf sich selbst zu konzentrieren. Fragen Sie sie einfach: »Wieso spenden Sie für unsere Sache?« Stellen Sie sich auf unerwartete Antworten ein. Diese Taktik verkörpert den Geist des Guerilla-Marketing, weil sie sich auf Fantasie und Energie beruft und nicht auf Ihr Bankkonto. Wenn Sie so handeln und sich an diese goldene Regel halten, können Sie sich darauf verlassen, dass Spender wiederholt zu Ihnen kommen und Sie darüber hinaus weiterempfehlen.

Regel 7: Geben soll Spaß machen

Ihr Guerilla-Marketing folgt einer seriösen und speziellen Marketingstrategie. Das bedeutet aber nicht, dass man nicht auch Spaß haben darf, wenn man Geld aufbringt. In diesem Kapitel haben Sie schon einige lustige Ideen gesehen, mit denen verschiedene Organisationen ihr Spendenaufkommen erhöht haben. Denken Sie sich selbst etwas aus und fügen Sie diese Ideen in Ihren Marketingplan und -kalender ein.

Natürlich dürfen Sie sich nicht ausschließlich auf Spaßveranstaltungen verlassen, aber sie lockern die Geldbeschaffung durchaus auf. Analysieren und bewerten Sie im Nachhinein deren Effektivität. Folgen Sie dieser goldenen Regel, um ein Marketing zu machen, das die Öffentlichkeit erstaunt und Ihre Spender motiviert.

Das ABC der lustigen Geldbeschaffung

★ Auktionen. Versammeln Sie Leute, um auf Kunst, Schmuck, Autos, Antiquitäten, Körbe mit Delikatessen – irgendetwas – zu bieten. Unternehmen spenden gern Waren oder Dienstleistungen, die man dann bei Auktionen ersteigern kann. Der Vorteil: Fusionsmarketing mit Ihrer Organisation.

★ Boss für einen Tag. Lassen Sie die Leute darauf bieten, für einen Tag der Chef zu sein. Der Meistbietende gewinnt. Das eignet sich prima für Schulen und kann für Schuldirektoren, Lehrer, Trainer usw. eingesetzt werden.

★ Autowäsche. Das funktioniert gut mit Schülern, aber auch mit Erwachsenen. Bitten Sie eine Tankstelle oder Autowaschanlage, ihre Einrichtungen benutzen zu dürfen. Bitten Sie um Spenden, anstatt einen Preis festzulegen.

»Guerilla-Marketing trifft Karate-Meister«

Co-Autor Chet Holmes

Hier sind vier Methoden, um Ihre Verkäufe in den nächsten 12 Monaten zu verdoppeln. Schon jedes einzelne dieser Konzepte für sich kann die Verkäufe verdoppeln, zusammengenommen sorgen sie für ein Spitzenjahr. Schauen wir sie uns an.

1. Das Best-Buyer-Konzept

Denken Sie einmal darüber nach: Die Anzahl der idealen Käufer ist immer kleiner als die Gesamtanzahl der Käufer. Sie können daher an die idealen Käufer billiger vermarkten und gewinnen dennoch mehr.

> **Die Anzahl der idealen Käufer ist immer kleiner als die Gesamtanzahl der Käufer. Sie können daher an die idealen Käufer billiger vermarkten und gewinnen dennoch mehr.**

Ich hatte die Werbeverkäufe einer Zeitschrift übernommen, die dem Milliardär Charlie Munger gehörte. Die Zeitschrift schickte 2.200 potenziellen Werbekunden monatlich Promoexemplare. 167 dieser 2.200 Werbekunden kauften 95 Prozent der Anzeigen in der Zeitschrift eines Konkurrenten. Wir starteten etwas, das ich als »The Dream 100 Sell« bezeichnete, ein Konzept, bei dem man mit aller Macht seinen Traumkunden folgt. Wenn ich sage »ich«, meine ich mich, Chet Holmes, Jays damaligen Nachbarn, gelegentlichen Mitarbeiter und ewigen Freund.

Wir schickten den 167 »besten Käufern« alle zwei Wochen einen Brief und riefen sie viermal im Monat an. Stellen Sie sich vor, Sie wären einer dieser potenziellen Kunden und würden plötzlich SECHSMAL im

Monat von uns hören. Es spielt keine Rolle, ob jemand der tollste Manager der Welt ist – wenn er sechsmal im Monat von jemandem hört, wird er schon nach ziemlich kurzer Zeit genau wissen wollen, wer das ist.

Da dies die größten Käufer waren, brachten die ersten vier Monate dieses intensiven Marketings noch keine wirklichen Erfolge. Im fünften Monat kaufte nur EINER dieser Traumkunden eine Anzeige in der Zeitschrift. Das Management der Zeitschrift wurde langsam nervös, weil es so aussah, als wäre dieser Chet Holmes doch nicht so toll, wie alle dachten.

Im sechsten Monat kamen 28 der 167 größten Anzeigenkunden im Land zu der Zeitschrift. Und da es die größten Anzeigenkunden waren, kauften sie auch keine kleinen Anzeigen – sie nahmen gleich vollfarbige, ganzseitige Anzeigen. Diese 29 Werbekunden reichten schon aus, um die Anzeigenverkäufe im Vergleich zum vorhergehenden Jahr zu verdoppeln. Die Zeitschrift sprang innerhalb von 15 Monaten von Platz 15 in der Branche auf Platz 1.

> Selbst der härteste und zynischste Manager beginnt, Sie zu respektieren, wenn Sie einfach nicht aufgeben.

Wie ich immer sage, es gibt niemanden, der Ihnen widersteht, wenn Sie ihn ständig ansprechen, vor allem, wenn er erst gesagt hat, dass er nicht interessiert ist. Die Leute beginnen nicht nur, Ihre Ausdauer zu respektieren, sie haben sogar das Gefühl, dass sie Ihnen verpflichtet sind. Das geschieht nicht sofort, aber selbst der härteste und zynischste Manager beginnt, Sie zu respektieren, wenn Sie einfach nicht aufgeben. Die Publikation, die ich für Charlie Munger betreute, verdoppelte in zwei aufeinanderfolgenden Jahren ihre Verkäufe, weil wir die besten Käufer ständig viel aggressiver ansprachen als alle anderen.

Das ist B2B (Business to Business), doch was ist mit B2C (Business to Customer)?

Wenn Sie B2C verkaufen, dann ist es ziemlich wahrscheinlich, dass Ihre besten Käufer in den besten Gegenden wohnen. Als Zahnarzt, Buchhalter, Chiropraktiker, Immobilienmakler, Finanzberater, Restaurantbesitzer oder auch als Multilevel-Marketer sollten Sie sich immer an die Leute in den besten Gegenden halten. Das sind die Käufer mit dem meisten Geld und dem größten Einfluss. Wenn Sie es schaffen, ihnen ausnahmslos jeden Monat ein Angebot zu schicken, werden Sie innerhalb eines Jahres einen großartigen Ruf unter den Wohlhabenden erwerben.

Partner-Wachstumsstrategie

Wer ist bereits an Ihrem idealen Käufer dran? Und was wäre, wenn dieser Sie diesem Käufer empfiehlt? Könnten Sie in kurzer Zeit zehnmal schneller wachsen? Es hat zwei Jahre bis zu meinem ersten Treffen mit Jay Abraham gedauert. Dieses Treffen war für mich mehr als 15 Millionen Dollar wert. Ich habe 17 Jahre bis zu meinem ersten intensiven Treffen mit Tony Robbins gebraucht. Diese Beziehung verändert nun meine ganze Zukunft.

Es hat sechs Monate meiner besten Arbeit erfordert, um Morgan Stanley als Kunden zu gewinnen. Neun intensive Tage an Telemarketingtechniken, um George Zimmer von Men's Wearhouse ans Telefon zu bekommen, um ihn zu einem Treffen zu überreden. Er ist jetzt auch mein Kunde.

> Wer ist bereits an Ihrem idealen Käufer dran? Und was wäre, wenn dieser Sie diesem Käufer empfiehlt? Könnten Sie in kurzer Zeit zehnmal schneller wachsen?

Ich könnte hunderte solcher Geschichten erzählen. Und es gibt noch bessere von Leuten wie Ihnen, die diese Technik kennengelernt und angewandt haben und zuschauen durften, wie sich ihre Verkäufe über die Jahre immer wieder verdoppelten.

Wer sind Ihre TRAUMkunden? Und wie erpicht sind Sie darauf, sie zu Kunden zu machen?

Wenn Sie hören wollen, wie ich darüber spreche, besuchen Sie http://www.howtodoublesales.com.

2. Ausbildungsbasiertes Marketing

Sie können viel mehr potenzielle Kunden dazu bewegen, sich mit Ihnen zu befassen, wenn Sie ihnen anbieten, ihnen etwas von Wert beizubringen. Verlassen Sie sich nicht ausschließlich auf Ihr Produkt oder Ihre Dienstleistung.

Televerkäufe

Ich hatte einen Kunden, der Telefonsysteme verkaufte. Meine Mitarbeiter riefen jeden Tag Hunderte von Unternehmen an und fragten sie, ob sie daran interessiert seien, über ein neues Telefonsystem zu reden (Produktangebot). Kein Glück.

Als sie jedoch anriefen und die Leute fragten, ob sie »Die neun Arten, wie Sie Geld mit Ihrer Stimme und Ihrem Datenverbrauch verschwenden« kennenlernen wollten, konnten sie die Anzahl der vereinbarten Termine verzehnfachen – von drei pro Woche auf 30. Allein in den ersten drei Monaten verdreifachten sich ihre Aufträge.

Welche Art von Ausbildung könnten Sie potenziellen Kunden anbieten, um diese zu einem Treffen zu bewegen?

Schlechtes Angebot (Beispiel hier: Immobilien): »Lassen Sie mich Ihnen zeigen, wieso Sie Ihr Haus über unser Unternehmen anbieten sollten.« Viel besseres Angebot: »Lernen Sie bei mir die fünf Fehler kennen, die jeder macht, der sein Haus verkaufen möchte. Ganz egal, über wen Sie es schließlich verkaufen werden, diese Dinge müssen Sie wissen.« Dieses Angebot wird Ihnen deutlich mehr Termine einbringen.

Ich habe vielen Unternehmen geholfen, mit diesem Konzept allein ihre Verkäufe zu verdoppeln und sogar zu verdreifachen. Ich konnte sogar Kunden wieder auf die Beine helfen, die eigentlich schon tief in der Katastrophe steckten.

Sie können viel mehr potenzielle Kunden dazu bewegen, sich mit Ihnen zu befassen, wenn Sie ihnen anbieten, ihnen etwas von Wert beizubringen. Verlassen Sie sich nicht ausschließlich auf Ihr Produkt oder Ihre Dienstleistung.

Ich hatte einen Kunden, der Zeitungen besaß, deren Bruttoeinnahmen und Gesamtgewinne um 40 Prozent gefallen waren. Angestellte dieser Zeitungen riefen Kunden an und sagten: »Hallo, wir würden gern zu Ihnen kommen und über Anzeigen in unseren Zeitungen reden.« Weiter kamen sie üblicherweise nicht.

Ich überzeugte sie, einen »Ausbildungsservice für mehr Erfolg im lokalen Gewerbe« anzubieten. Dies führte nicht nur zu einem signifikanten Anstieg bei Terminen mit potenziellen Kunden, sondern auch bei den Verkäufen. Dieser Kunde verzeichnete eine Verkaufssteigerung um 100 Millionen Dollar in einem einzigen Jahr.

Wenn Ihre lokale Zeitung Sie anriefe und Ihnen anbieten würde, Sie sieben Dinge zu lehren, die Ihnen Erfolg im Geschäft sichern, dann würden Sie das wohl kaum ablehnen. Sicher müsste man Sie immer noch von einem Treffen überzeugen, aber das wäre auf jeden Fall einfacher, als Sie zu einem Treffen zu überreden, bei dem es um Anzeigen geht.

Natürlich steckt noch mehr hinter diesem Konzept, und es sind diese Feinheiten, die Ihnen den Erfolg sichern. Aber keine Angst, ich werde Sie diese Idee so gründlich lehren, dass Sie immer wieder an Ihren Konkurrenten vorbeiziehen werden.

Mehr erfahren Sie unter http://www.howtodoublesales.com.

3. Superstar-Strategie

Dieses Konzept, das schon vielen meiner Kunden geholfen hat, lehrt Unternehmen, wie sie Starverkaufstalente in ihre Organisation holen. Ganz egal, wie klein Sie sind, Sie werden überrascht sein zu erfahren, dass Sie andere dazu bringen können, Ihr Unternehmen für Sie zu erweitern – Sie müssen nur gewillt sein, den Reichtum zu teilen.

> Ganz egal, wie klein Sie sind, Sie werden überrascht sein zu erfahren, dass Sie andere dazu bringen können, Ihr Unternehmen für Sie zu erweitern – Sie müssen nur gewillt sein, den Reichtum zu teilen.

Ich war 19, als ich meine erste Verkaufsposition erhielt – als Möbelverkäufer. Es gab ein Soll (wir reden hier von 1980): Man musste Möbel im Wert von 20.000 Dollar pro Monat verkaufen, um seinen Bonus zu erhalten. Ich glaubte, dass ich das nie schaffen würde. Deshalb machte ich eine Woche Urlaub von meiner Arbeit als Kinomanager und nahm mir vor, in dieser Woche auszuprobieren, ob es möglich wäre. In einer einzigen Woche verkaufte ich Möbel im Wert von 18.000 Dollar. Innerhalb von drei Monaten hatte ich alle Verkäufer in einer Kette aus sechs Möbelhäusern überflügelt, darunter auch solche, die schon ihr ganzes Leben lang Möbel verkauft hatten. Ich übertraf mein Soll regelmäßig um das Dreifache, während andere Probleme hatten, es überhaupt zu schaffen.

Offensichtlich lag es nicht am Training. Alle hatten die gleiche Ausbildung. Es war das psychologische Profil. Ich liebte es, mit Menschen zu arbeiten. Ich kam schnell ins Gespräch, war ausgesprochen kontaktfreudig und erwartete, dass die Leute etwas kauften. Ich erinnere mich, dass der Verkaufsmanager mir beibrachte: »Du tust den Leuten einen riesigen Gefallen, wenn du ihnen beim Einkaufen hilfst. Sie können dann nämlich aufhören zu suchen. Und glaube mir, Junge, wenn Menschen etwas kaufen, sind sie glücklich. Wenn du genau hinschaust, dann siehst du, dass sie es kaum erwarten können, die Sachen mit nach Hause zu nehmen.« Er hatte absolut Recht. Warum aber war ich der einzige, der so viel mehr verkaufte als alle anderen, wo er doch jedem Verkäufer diese kleine Rede hielt?

Psychologisches Profil. Das kann man eigentlich nicht lehren. Ich wurde in jedem Job, den ich hatte, Spitze. Niemals Nummer zwei. Ich brach außerdem in jeder Position, die ich einnahm, alle Verkaufsrekorde, d. h. meiste Verkäufe pro Woche, meiste Verkäufe pro Monat, meiste Verkäufe an Neukunden, größter jemals gemachter Verkauf usw. Ganz egal was, ich war besser.

Meine Organisation widmet ein ganzes Seminar der Frage, wie man Spitzenverkäufer anheuert. Selbst bei Einpersonenarmeen kann dies eine der besten Wachstumsstrategien sein.

Es gibt 19-jährige künftige Verkaufsstars, die noch nicht entdeckt haben, dass sie Millionen im Jahr machen können. Sie sind sehr preiswert zu bekommen, wenn sie jung sind, manche sind sogar kostenlos. Ich habe die Kunst perfektioniert, diese eifrigen Geister zu finden, solange sie jung und billig sind. Einer der Schlüssel ist die Art und Weise, wie Sie die Position anbieten.

Hier ist eine beispielhafte Anzeige, die einige dieser Typen angesprochen hat. Setzen Sie diese Anzeige in die Rubrik »Verkäufe« Ihrer lokalen Zeitung oder einer Online-Publikation.

Verkaufssuperstar gesucht

Sollte fantastisch beim Verkaufen, Präsentieren und Kundenkontakt sein. Sie verdienen bis zu XXXX Dollar (setzen Sie hier den größtmöglichen Betrag ein, den eine SPITZENkraft bekommen würde) pro Jahr, wenn Sie ein wirklicher Star sind. Jung oder alt, wenn Sie es draufhaben, wollen wir es wissen. Bewerbung per E-Mail oder Brief an:

Sie können natürlich keine Jugendlichen anwerben – das ist illegal. Aber Sie können schreiben, was wir hier auch geschrieben haben: »Jung oder alt, wenn Sie es draufhaben, wollen wir es wissen.« Wenn diese Person allerdings ein ECHTER Star und schon etwas älter ist, werden Sie sie sich vermutlich nicht leisten können. Mit Ihren Worten sagen Sie jedoch jüngeren Leuten, dass Sie in der Lage sind, ihr Potenzial zu erkennen. Und täuschen Sie sich nicht – die Typen, die ich hier meine, sind zutiefst davon überzeugt, dass sie alles können. Dieses »psychologische Profil« ist der Grund, weshalb sie Dinge schaffen, die andere nicht können.

Sie GLAUBEN, deshalb SCHAFFEN sie es. Eine solche Anzeige SCHREIT nach der Art von Person, von der ich hier spreche. Sie glauben an sich selbst, wenn alle anderen an ihnen zweifeln, und sie suchen nach jemandem, der ihre Größe erkennt, auch wenn es noch keinen Beweis dafür gibt.

Der nächste Trick beim Anlocken von künftigen Superstars besteht darin, einen Kompensationsplan aufzustellen, der sie für eine großartige Leistung belohnt. Und denken Sie daran, das Angebot in die Anzeige zu setzen.

Superstargeschichten

Ich hatte einen Kunden, der 9 Dollar in der Stunde bezahlte, plus Provision. Deshalb schrieb er »9 Dollar zuzüglich Provision« in seine Anzeigen. Er hatte einen Verkaufsvertreter, der so gut war, dass er dank der Provisionen tatsächlich fast 100.000 Dollar im Jahr verdiente.

Ich fragte also diesen Kunden: »Möchtest du mehr 9-Dollar-Leute oder willst du jemanden haben, der sogar deinen Spitzenverkäufer aussticht?« Die Antwort war klar. Deshalb schrieben wir in die Anzeige: »Verdienen Sie bis zu 100.000 Dollar im Jahr für eine wirkliche Spitzenleistung«. Dadurch änderte sich die Qualität der Bewerber völlig.

Ich hatte einen anderen Kunden, der etwas erfunden hatte, das an sehr große Unternehmen verkauft werden musste. Er persönlich hatte aber überhaupt keine Chance, diese Verkäufe durchzuführen. Er besaß weder die Fähigkeiten noch das psychologische Profil. Der durchschnittliche Verkauf würde sich auf 1 Million Dollar belaufen, und er konnte es sich leicht leisten, 10 Prozent (100.000 Dollar pro Verkauf) an den Verkaufsvertreter zu bezahlen. Da wir schätzten, der Vertreter wäre in der Lage, 10 Einheiten im Jahr zu verkaufen, schrieben wir in die Anzeige: »Verdienen Sie bis zu 1 Million Dollar im Jahr.«

Welche Art von Kandidaten würde eine solche Anzeige anlocken? Er bekam schließlich einen Millionär im Ruhestand (ein 50-jähriger Superstar, der beschlossen hatte, noch einmal zu arbeiten), der nicht einmal ein Gehalt brauchte. Ganz ohne Geld (abgesehen von der Anzeige) bekam dieser Kunde also einen seriösen Mitspieler mit fantastischen Fähigkeiten und Ressourcen, der seinem Unternehmen anschließend in nur acht Monaten 6 Millionen Dollar einbrachte. Beide sind sehr glücklich.

Ein anderer Kunde arbeitete einen großzügigen Provisionsplan für neue Verkäufer aus. Er hatte ein Produkt, das sich sehr gut verkaufte. Neue Verkäufer konnten Montag beginnen, und wenn sie gut waren, konnten sie bis zum Ende der Woche schon eine gewisse Provision verdienen.

Deshalb stellte er auf meinen Rat hin fünf Verkäufer ein, die eine ordentliche Provision bekommen sollten. Sie entwickelten nicht nur alle möglichen Innovationen, an die er nie gedacht hätte, sondern er steigerte sein Geschäft im Laufe von zwei Jahren um 500 Prozent. Früher verkaufte er alles selbst. Jetzt spielt er viel und erntet den Lohn, den seine fünf Superstars jeden Tag einfahren.

Mehr darüber erfahren Sie unter http://www.howtodoublesales.com.

4. Die Null-bis-100-Millionen-Dollar-Lernkurve

95 Prozent aller Unternehmen erreichen niemals 1 Million Dollar an jährlichen Verkäufen. Falls Sie es geschafft haben, gehören Sie zu den obersten fünf Prozent der Entrepreneure und sind zu beglückwünschen. Doch von denen, die so weit kommen, erreichen 95 Prozent keine 5 Millionen Dollar. Und von denen, die dies schaffen, kommen 98 Prozent nie bis 10 Millionen Dollar. Und denken Sie nur einmal an den winzigen, winzigen Prozentsatz an Unternehmen, die 100 Millionen Dollar im Jahr einnehmen. Es gibt in den Fortune 500 der USA nur 500 Unternehmen. Nicht 5.000. Nur 500.

Worin besteht also der Unterschied zwischen Joes Bankhaus an der Ecke und der Wells Fargo Bank? Oder zwischen Arnolds Kaffeestube und Starbucks?

Antwort: Es ist nicht das Produkt oder der Service, es sind die FÄHIG-KEITEN des Entrepreneurs. Welche Art von PERSON baut ein Unternehmen auf? Das ist die entscheidende Frage.

In meinen 30 Jahren im Geschäft, von denen ich 20 Jahre ganz vorn im Spiel verbracht, für Milliardäre gearbeitet, meine Dienste an mehr als 60 der weltweit größten Unternehmen verkauft und drei Firmen geholfen habe, mehr als 100 Millionen Dollar zu verdienen, habe ich gelernt, was nötig ist, um ein großer Erbauer von Unternehmen zu werden.

> Reservieren Sie eine Stunde pro Woche, und zwar ausnahmslos jede Woche, um an Ihren Fähigkeiten und den Fähigkeiten Ihrer Angestellten zu arbeiten.

Es dreht sich immer um die Fähigkeiten. Und es dreht sich darum, dass SIE sich verpflichten, diese Fähigkeiten auszubauen. Die meisten Unternehmen tun kaum etwas, um die Fähigkeiten LAUFEND weiterzuentwickeln. Stellen Sie sich vor, Sie hätten zwei Verkäufer auf demselben Markt. Einer ist hervorragend ausgebildet und kennt sich ausgezeichnet mit Cold Calls, Gatekeeper-Konzepten, dem Etablieren von guten Beziehungen, Weiterentwickeln des Käufers, Stellen guter Fragen, Überwinden von Schwierigkeiten, Abschlusstechniken, Follow-Up-Prozeduren usw. aus. Der andere hat vielleicht zu Anfang ein wenig Training genossen, war dann aber auf sich gestellt. Welcher Verkäufer wird Ihrer Meinung nach die Schlacht um das Geschäft gewinnen? Derjenige, der umfassend und konsistent ausgebildet wurde oder der andere, bei dem das nicht der Fall war? Reservieren Sie eine Stunde pro Woche, und zwar ausnahmslos jede Woche, um an Ihren Fähigkeiten und den Fähigkeiten Ihrer Angestellten zu arbeiten. Selbst mit einer Einstundenwoche schlagen Sie 99 Prozent aller Unternehmen.

Was ein Guerilla jetzt machen würde, um in den nächsten 12 Monaten die Verkäufe zu verdoppeln? Er geht sofort zu http://www.howtodoublesales.com.

»Guerilla-Marketing in 30 Tagen«

Co-Autor Al Lautenslager

Es liegt Macht in der Positionierung, sowohl in guten wie in schlechten Tagen. Ihr Marketing erfordert Positionierung, um erfolgreich zu sein. Positionierung gilt als eines der Kernelemente einer Marketingstrategie.

Die Grundlage der Positionierung

Positionierung ist viel mehr als eine klingende Schlagzeile oder eine Markeneigenschaft. Es ist mehr, als zur richtigen Zeit am richtigen Ort zu sein, und es ist mehr, als ein knallhartes Verkaufsteam zu haben (auch wenn eines dieser Dinge Ihnen einmal unverhoffte Gewinne einbringen kann). Um genau zu sein, ist Positionierung eine Grundlage, auf der alles andere Marketing basiert, um Beziehungen mit dem Zielmarkt aufzubauen.

> Ihr Marketing braucht Positionierung, um erfolgreich zu sein. Positionierung gilt als eines der Kernelemente einer Marketingstrategie.

David Ogilvy, einer der bekanntesten Doyens in der britischen und amerikanischen Werbebranche, sagte einmal, Marketingergebnisse hingen weniger von der Werbung und eher davon ab, wie das Produkt oder die Dienstleistung positioniert wird.

Positionierung ist mehr als die clevere Manipulation der Wahrnehmung eines Marktes. In Wirklichkeit ist es eine Aussage über die wahre Identität Ihres Unternehmens oder Ihrer Organisation und seinen bzw. ihren wahren Wert für den Zielmarkt. Sie zeigt, wofür Ihr Unternehmen in den Köpfen Ihrer potenziellen und vorhandenen Kunden steht.

Für eine Positionierung ist es nötig, diese »Saat der Wahrnehmung« in die Köpfe der potenziellen Kunden zu pflanzen. Wenn und falls ein Kunde Ihr Produkt haben möchte, sollte er zuerst an Sie denken und schließlich auch von Ihnen kaufen. Das geschieht, wenn Sie ausreichend Saat gesät haben. Das ist Positionierung. Das ist Guerilla-Marketing.

Das alles definiert ein Unternehmen strategisch besser als eine einprägsame Schlagzeile oder eine Werbung während des Super Bowl. Sie bilden die Grundlage der Beziehung, die ein Unternehmen mit dem Markt hat. Und Sie wissen, wie wichtig Beziehungen in der Welt des Guerilla-Marketing sind!

Ihre Marketingwelt erfordert eine starke mentale Positionierung im Geist der Menschen. Angesichts des täglichen Kommunikationsbombardements besteht die wahre Herausforderung darin, sich so zu positionieren, dass man der erste, einmalig und unverwechselbar ist. Dazu muss man seine Botschaft ganz genau auf das gewünschte Segment im Zielmarkt abstimmen, damit sie direkt die Gedanken Ihrer potenziellen Kunden erreicht.

> Positionierung ist eine Aussage über die wahre Identität Ihres Unternehmens oder Ihrer Organisation und seinen bzw. ihren wahren Wert für den Zielmarkt.

> Im täglichen Kommunikationsbombardement besteht die wahre Herausforderung darin, sich so zu positionieren, dass man als erster da ist und als einmalig und unverwechselbar wahrgenommen wird.

Ihr Produkt in den Köpfen Ihrer potenziellen Kunden positionieren

Harry Beckwith sagt in seinem Buch *Selling the Invisible:* »Eine Position ist eine kaltherzige, geradlinige Aussage darüber, wie Sie Ihre potenziellen Kunden Sie wahrnehmen.« Er erklärt weiter: »Die Positionierungsaussage beschreibt, wie Sie wahrgenommen werden wollen. Sie ist die Kernaussage, die Sie jedesmal vermitteln wollen, wenn Sie etwas vermarkten.«

Al Ries und Jack Trout sagen in ihrem Marketingklassiker *Positioning: The Battle for Your Mind* (McGraw-Hill): »Positionierung ist nichts, was Sie mit Ihrem Produkt machen. Positionierung ist etwas, das

Sie in den Gedanken eines potenziellen Kunden tun. Das heißt, Sie platzieren das Produkt in den Löpfen des Kunden.« Gleiches gilt auch für Dienstleistungen.

Positionierungsstrategien müssen klar sein. Wenn Sie gegenüber Ihren Kunden Ihre Positionierung ausdrücken, dann sollen sich die Kunden an Sie erinnern. Sie möchten sie motivieren, mehr Informationen über Ihre Angebote einzuholen. Meist haben Sie dazu nur wenig Zeit.

> »Alles, was in der Welt des Marketing existiert, sind die Wahrnehmungen in den Gedanken der vorhandenen oder potenziellen Kunden. Die Wahrnehmung ist die Realität.«
> Al Ries und Jack Trout

Positionierung bedeutet nicht immer, dass Sie nur eine tolle Schlagzeile herunterrasseln oder Funktion um Funktion enthüllen. Die Positionierung sagt aus, was Ihr potenzieller Kunde haben will, damit er Ihnen förmlich die Tür einrennt, um es zu bekommen.

In ihrem Buch *The 22 Immutable Laws of Marketing* (HarperBusiness) sagen Ries und Trout: »Alles, was in der Welt des Marketing existiert, sind die Wahrnehmungen in den Gedanken der vorhandenen oder potenziellen Kunden. Die Wahrnehmung ist die Realität.«

Nennen Sie Ihre Position

Sie brauchen visionären Weitblick um zu entscheiden, wie Sie am Zielmarkt wahrgenommen werden wollen. Auch Ihre Positionierungsaussage muss visionär sein. Ihre Vision sollte sich auf den Wert Ihres Produkts oder Ihrer Dienstleistung beziehen, wieso diese einmalig und völlig anders als die Ihrer Konkurrenten sind. Diese Vision ist zusammen mit all Ihren Vorzügen die wichtigste Komponente einer Positionierungsaussage.

Die Antworten auf die Fragen: »Wer ist mein Zielmarkt?« und »Was verkaufe ich eigentlich wirklich?« liefern die Basis für Ihre Positionierung. Diese zwei Fragen sollten Sie sich nicht nur zu Beginn eines neuen Geschäfts stellen. Märkte ändern sich, Kunden verlangen Änderungen und die Konkurrenz ändert sich. Außerdem könnten die Antworten auf diese Fragen Sie zu mehr als einem Ziel führen. Sobald Sie all Ihre Zielmärkte identifiziert haben, können Sie sich mit Ihrer Positionierung auf das Scheffeln von Gewinnen konzentrieren.

Das Guerilla-Marketing besagt, dass Sie eine Marktposition klarer definieren können, wenn Sie sich auf Ihre Märkte fokussiert haben. Dieser Fokus sollte die Position an den folgenden vier Kriterien messen:

1. Bietet meine Position einen Vorteil, den das Publikum in meinem Zielmarkt wirklich haben will?
2. Ist es ein wirklicher Vorteil?
3. Hebt er mich wirklich von meiner Konkurrenz ab?
4. Ist er einzigartig oder schwer zu kopieren?

Gut positionierte Organisationen

Positionierung ist zwar mehr als eine einprägsame Schlagzeile, allerdings gibt es Assoziationen, die wie Schlagzeilen klingen, jedoch in den Gedanken der Kunden untrennbar mit den Unternehmen verbunden sind und diese klar beschreiben. Schauen Sie sich diese Beispiele an:

★ Southwest Airlines ist die »No-Frills, Fun Airline« (kein Schnickschnack-Spaß-Airline) – definitiv eine Wahrnehmung und eine Positionierung.

★ 7-Up ist die Uncola. Wir kennen das alle und wissen genau, wo ihre Position auf dem Softdrink-Markt ist.

★ United Airlines. Friendly skies and friendly service globally. (Freundlicher Himmel und freundlicher Service weltweit.)

★ Federal Express. Trust us to get it there overnight. (Vertrauen Sie uns, dass wir über Nacht liefern.) Das ist ein gutes Beispiel für eine Positionierung mit zwei Komponenten – über Nacht und Vertrauen, womit wieder eine bestimmte Wahrnehmung in den Gedanken der Kunden erzeugt wird.

★ Crest Toothpaste. Weniger Löcher.

Sie als Guerilla denken jetzt vielleicht: »Prima, und das sind Marken, die ich kenne. Aber ich dachte, Guerilla-Marketing richtet sich an kleine Unternehmen, so wie meines?!« Und Sie haben Recht!

Betrachten Sie diese Beispiele für kleine Unternehmen, von denen Sie vermutlich noch nie gehört haben. Sie erkennen aber, dass sie nischenorientiert und gut positioniert sind.

★ Expert Plumbing. We never close (Wir schließen nie) – man ist immer für Notfälle da.

★ Inline Chiropractic. Chiropraktische Dienste für Eiskunstläufer – definitiv eine Nische. Würden Sie dorthin gehen, wenn Sie Baseballspieler wären?

★ The Diabetic Chef. Imbissessen für Diabetiker – auch hier wieder eine Nische und positioniert für Diabetiker, die sich gern Essen liefern lassen wollen.

Verfeinern Sie Ihre Antworten immer weiter, wenn Sie nicht das Gefühl haben, dass Sie schon der Positionierungskönig sind. Lassen Sie sich von Ihren Kunden dabei helfen.

Wenn Sie mit Ihren Antworten zufrieden sind, haben Sie eine vernünftige Position – eine Position, die Sie zu Ihren Marketing- und Unternehmenszielen führt. Kein Guerilla Marketer würde auch nur daran denken, Marketing ohne einen anständigen Marketingplan zu machen, der strategisches Denken und eine Aussage hinsichtlich der Positionierung umfasst. Guerillas müssen eine Position festklopfen, an der sich ihr Unternehmen oder ihre Organisation behaupten kann. Das darauf folgende Marketing muss diese Position widerspiegeln. Sie steht im Marketingplan und zeigt sich in allen eingesetzten Marketingwaffen. Falls sie das nicht tut, lesen Sie dieses Kapitel noch einmal.

Einige potenzielle Gelegenheiten zur Positionierung

★ Eine Hausgerätefirma kann kostenbewussten Kunden die erschwinglichsten Küchengeräte anbieten.

★ Ein ausbildungsorientiertes Unternehmen, das die größte Auswahl an Videos und Büchern für Eltern von Teenagern hat.

★ Der kosteneffektivste Ort für Sportfans, um online Sportsachen zu kaufen.

★ Die vollständigste Quelle von Gesundheits- und Fitnesstipps für Menschen über 50.

★ Das einzige Unternehmen, das den Online-Verkauf von französischen Weinen mit der Möglichkeit kombiniert, diese zu Hause zu verkosten.

Erkennen Sie, wie klar und zielgerichtet diese Positionierungen sind? Sobald Sie eine glasklare Positionierungsaussage haben, wird es auch viel leichter, mit Ihrem Zielmarkt zu kommunizieren.

Positionieren Sie sich

Beachten Sie folgende Faktoren, wenn Sie Ihre eigene Positionierungsaussage herstellen:

★ Seien Sie einzigartig. Was können Sie sagen, um sich als einziges Unternehmen der Welt hinzustellen, das eine bestimmte Sache tun kann? Denken Sie in Extremen – das schnellste, beste, größte, bequemste usw.

★ Seien Sie gewinnorientiert. Sie kennen Ihr Zielpublikum. Sie wissen, was es möchte und braucht. Sie wissen, was es am meisten zufriedenstellt und was dafür sorgt, dass es zu Ihnen zurückkehrt. Was hält Sie ganz vorn in seinen Gedanken? Was veranlasst das Zielpublikum, immer bei Ihnen zu kaufen?

Nutzen Sie Ihre Stärken und die Schwächen der Konkurrenten aus

Ihre Stärken müssen betont, kommuniziert und am meisten herausgestellt werden. Ihre Schwächen dagegen – ja, wir alle haben welche – sollten in Ihrer Kommunikation und in Ihrem Marketing minimiert werden. Zielen Sie mit Ihren Stärken direkt auf die Schwächen der Konkurrenten, das heißt, nutzen Sie Ihre Positionierung, um Ihr Ziel zu treffen.

Stellen Sie Vorteile als wertorientiert dar

Der Preis ist nicht immer der wichtigste Wert, den ein Kunde sucht. Die Analyse der Wünsche und Bedürfnisse Ihres Zielmarkts wird ergeben, welcher Wert erforderlich ist. Lassen Sie nicht zu, dass der Preis die Hauptsache bei Ihrer Positionierung ist. Sie gelten sonst leicht als Billiganbieter. Mehrwert ist ein viel gebrauchter Begriff aus den 1990ern, der aber hier tatsächlich gilt, wenn Sie dem Kunden wirklich einen besonderen Wert bieten.

Ein letzter Punkt in der Positionierung besteht darin, dass man den Kunden zu verstehen gibt, man sei ein Experte. Viele Leser werden sofort protestieren: »Ich glaube nicht, dass ich ein Experte bin!« oder »Kann ich den Leuten wirklich sagen, ich sei ein Experte?«

Jeder, der jetzt gerade dieses Kapitel liest, ist ein Experte in irgendetwas. Ich bin ein Guerilla-Marketingexperte und sage dies auch frei heraus. Ihre Positionierung kann eine ähnliche Proklamation Ihres Expertentums sein. Worin sind Sie ein Experte? Ich bin neulich einem »Transportexperten« begegnet. Es war ein Taxifahrer in New York City.

Expertenrat

Neulich habe ich jemanden kontaktiert, den ich bei einer Networking-Veranstaltung kennengelernt hatte. Während unserer Diskussion, fragte ich die Person ganz gezielt, welches ihr Job sei. Sie deutete an, sie sei Beraterin. Als ich genauer nachfragte, stellte ich fest, dass sie Beraterin war, die mit Unternehmen zusammenarbeitete, um Leadership-Progamme und -Trainings einzurichten. Ich informierte sie sofort, dass sie sich nicht länger als Beraterin, sondern als »Leadership-Expertin« positionieren solle.

Am Tag nach unserem Treffen rief sie mich an und erklärte, sie hätte gerade erfolgreich einen Vertrag mit einem künftigen Kunden unterzeichnet, an dem sie schon seit mehreren Monaten gearbeitet hatte. Sie positionierte sich als Expertin und machte das Rennen. Die Menschen kaufen gern von Experten, sie vertrauen Experten, Käufer glauben an die Arbeit von Experten. Und das ist auch gut so.

Die Positionierung ist kostenloses Marketing, das eine große Macht besitzt. Viele Teile des Guerilla-Marketing können hoch wirksames Marketing sein. Diese Wirkung ist gut, wenn die Erträge in die Höhe schießen und die Marketingkosten niedrig oder nicht vorhanden sind. Dieser Durchbruch hängt mit der Positionierung zusammen.

Während die Positionierung der Kampf um den Geist ist, ist Ihr Marketing der Kampf um die Geldbörse Ihrer potenziellen Kunden. Wenn

Sie sich nicht positionieren und darum kämpfen, machen es Ihre Konkurrenten.

Sie können die Marktpositionierung als ein Versprechen von Ihnen an Ihren Zielmarkt betrachten. Die Erfüllung dieses Versprechens erfolgt mit allen Taktiken, die Ihnen zur Verfügung stehen. Positionierung ist eine wahre Guerilla-Marketingkomponente. Ihr Versprechen zu halten, ist ein wahrer Guerilla-Wert.

> Während die Positionierung der Kampf um den Geist ist, ist Ihr Marketing der Kampf um die Geldbörse Ihrer potenziellen Kunden.

»Guerilla-Gewinne«

Co-Autor Stuart Burkow

Ihr Unternehmen besitzt ein einzigartiges Gewinnpotenzial und unerschlossene Ressourcen, derer Sie sich möglicherweise gar nicht bewusst sind. Es ist eine einfache, erstaunliche Tatsache, dass die meisten Unternehmen bei fast jeder Transaktion oder Kundenbeziehung Gewinnchancen verpassen. Sie haben ein einzigartiges Gewinnpotenzial, das absolut unberührt bleibt und beschränken ihre Einkünfte, ohne es überhaupt zu bemerken.

> **Die meisten Unternehmen verpassen bei fast jeder Transaktion oder Kundenbeziehung Gewinnchancen.**

Dieses Kapitel soll Ihnen helfen, dieses zusätzliche Geld aus Ihrem Unternehmen abzuschöpfen – indem Sie ethisch völlig einwandfreie, nicht genutzte, weniger bekannte oder unkonventionelle Methoden einsetzen. Wir wollen uns in diesem Kapitel auf die zusätzlichen Gewinnquellen konzentrieren, die sich ergeben, wenn man neue Methoden auf die Aktivitäten in Ihrem Geschäft anwendet.

Das Meiste aus Ihren geschäftlichen Aktivitäten herausholen

Ihr Unternehmen besitzt seine eigenen einmaligen Gewinnansatzpunkte, die Ihnen den größten Ertrag für Ihren Einsatz an Zeit, Energie und Ressourcen liefern. Vermutlich erkennen Sie sofort Ihre Ansatzpunkte in der Liste.

Vermutlich ist es sinnvoll, sich beim Lesen Notizen zu machen, wenn Sie Ideen haben, wo bei Ihnen im Unternehmen etwas zu machen ist. Und damit legen wir gleich los mit den sieben wichtigsten Gewinnansatzpunkten.

Gewinnansatzpunkt #1: Erkennen Sie, was wirklich wahr ist an Ihrem Geschäft

In allen geschäftlichen Unternehmungen ist der erste und wichtigste Startpunkt das Wissen um die Wahrheit über Ihre Geschäftsumgebung – und Ihre speziellen Unternehmenszahlen –, damit Sie sich entsprechend vorbereiten, reagieren und handeln können. Sie müssen Ihre wichtigsten Ziele – und Ihr gewünschtes Ergebnis – kennen um abschätzen zu können, ob die tatsächlichen Zahlen (Ergebnisse) Ihres Geschäfts in die richtige Richtung gehen und ob Sie das Ergebnis in einer angemessenen Zeit erreichen.

Natürlich ist das bei größeren Unternehmen das normale Vorgehen. Besitzer kleinerer Unternehmen dagegen mogeln sich oft einfach so durch und haben keine Ahnung, worin ihr Ziel besteht. Ehrlich, wenn Sie nicht wissen, was Sie erreichen wollen, woher wollen Sie dann wissen, ob Sie Ihr Ziel erreicht haben? Bei Alice im Wunderland von Lewis Carroll heißt es sinngemäß: »Wenn du nicht weißt, wohin du gehst, bringt dich jede Straße dorthin.« Leider stimmt das für viele Unternehmen.

Gewinnansatzpunkt #2: Erkennen Sie Gewinnchancen, die andere nicht sehen

Einer Ihrer wertvollsten Ansatzpunkte ist Ihre Fähigkeit, Dinge anders zu sehen als die meisten Menschen. Und das ist im alltäglichen Dickicht der Geschäfte oft die Sache, die am schwierigsten zu erreichen ist. Doch stellen wir uns einmal vor, Sie könnten einen Tag lang Supermans Röntgenblick ausprobieren.

Wie würde sich diese völlig neue Eigenschaft auf Ihr Gewinnstreben auswirken? Vielleicht würden Sie jede Transaktion und jeden Deal nach alternativen Gewinnchancen durchleuchten. Oder vielleicht könnten Sie auch bei Situationen oder Neuigkeiten, die andere als »verstörend« oder »negativ« betrachten, das Positive sehen. Im Prinzip suchen Sie nach dem

> Sie müssen also die Fähigkeit weiterentwickeln, Dinge anders zu sehen und verborgene Möglichkeiten zu erkennen, die andere nicht entdecken.

Auslöser, der es Ihrem Gehirn erlaubt, in jeder Lage Ihre Chancen zu erkennen. Sie müssen also die Fähigkeit weiterentwickeln, Dinge anders zu sehen und verborgene Möglichkeiten zu erkennen, die andere nicht entdecken.

Gewinnansatzpunkt #3: Kurbeln Sie Ihre Marketingergebnisse dramatisch an

An dieser Stelle kann es für Ihr Geschäft wirklich interessant werden – und zwar sehr schnell. Wenn Sie nicht bereits tief im Marketing für Ihr Unternehmen stecken, dann hören Sie mir jetzt genau zu: In Bezug auf Ihre Gewinne ist Ihr Marketing viel wichtiger als die Produkte oder Services, die Sie anbieten.

Ganz einfach gesagt: Sie können die tollsten Produkte oder Dienstleistungen haben, Ihr Geschäft außergewöhnlich geschickt führen, die beste Arbeit überhaupt abliefern; wenn Sie das Ganze nicht anständig vermarkten, wird niemand davon erfahren!

> In Bezug auf Ihre Gewinne ist Ihr Marketing viel wichtiger als die Produkte oder Services, die Sie anbieten.

Deswegen müssen Sie richtig gut darin werden, die richtigen potenziellen Kunden anzusprechen – und mehr an Ihre vorhandenen Kunden zu verkaufen. Marketing ist der Gesamtprozess, von Ihren Botschaften (mehr dazu in Gewinnansatzpunkt #4) über Ihre Werbekanäle und die Schritte, die Sie in der Folge Ihrer Verkäufe unternehmen, bis zur Gesamtpräsentation, den Kundenprozessen und CRM-Systemen (Customer-Relationship-Management). Alles zusammen ergibt den Mix dessen, was erforderlich ist, um die richtigen Leute anzulocken und an sie zu verkaufen – aber zuerst einmal müssen Sie auf die richtigen Leute abzielen.

Gewinnansatzpunkt #4: Schaffen Sie aufregende Werbeaktionen und Kampagnen

Im nächsten Schritt Ihres Marketingpuzzles geht es darum, machtvolle Botschaften und Werbeaktionen herzustellen, die Ihre Response-Raten und Konversionen (Verkäufe) ankurbeln. Wenn Sie diesen Schritt richtig machen – und ihn mit dem Punkt 3 kombinieren –, können Sie eine mächtige und unschlagbare Marketingmaschinerie schaffen, die Ihnen eine Vielzahl neuer geschäftlicher Möglichkeiten einbringt.

Die meisten Unternehmen sind in Bezug auf ihre Botschaften eher passiv. Gelegentlich verschicken sie E-Mails, verteilen Flyer oder versenden Postkarten – doch ein »aktiver« Ansatz ist ihnen zu zeitraubend oder schwierig. Dabei kann das ganz angenehm – und ausgesprochen profitabel – sein. Machen Sie deshalb ein Spiel daraus, darüber nachzudenken, wie Sie Ihr Geschäft erfreulicher und interessanter für die Menschen gestalten können.

> **Entscheidend ist, dass Sie sich aus der Masse abheben – und den Menschen Anreize und Gründe bieten, zu Ihnen zu kommen.**

Ziehen Sie z. B. Preisausschreiben, Umfragen, zeitlich begrenzte Angebote oder Sonderangebote für Ihre besten Kunden in Betracht. Entscheidend ist, dass Sie sich aus der Masse abheben – und den Menschen Anreize und Gründe bieten, zu Ihnen zu kommen. Kombiniert mit einem Gefühl der Dringlichkeit in Ihren Werbeaktionen und Kampagnen, sind Sie auf dem richtigen Weg.

Gewinnansatzpunkt #5: Ziehen Sie mehr aus Ihrem aktuellen Geschäft

Wenn Sie bereits mitten in einer Transaktion sind, gibt es immer weitere Gelegenheiten, noch mehr Geschäfte zu machen. Im Buch Guerilla Profits, Kapitel 3, diskutieren wir ausführlich »7 gebräuchliche Transaktionsmethoden«, in denen wir zeigen, wie sie eine Transaktion mittels Up-Sells, Cross-Sells und Add-Ons ausweiten. Im selben Kapitel werden Methoden erklärt, mit denen Sie einen einmaligen Verkauf in eine wiederkehrendes Geschäft verwandeln und den Wert der Transaktion erhöhen.

Dies sind alles nur Startpunkte, von denen aus Sie mehr Geld aus einem Geschäft ziehen, das im Laufe Ihrer aktuellen Transaktionen bereits auf dem Weg ist.

Gewinnansatzpunkt #6: Wenden Sie sich an andere, die Ihnen helfen können

Ein immer wiederkehrendes Thema bei Guerilla-Gewinnen ist, dass Chancen nur darauf warten, mithilfe sogenannter »Torhüter« aufgegriffen zu werden, also Personen, die bereits Zugriff auf Ihre idealen potenziellen Kunden haben. Sie müssen nur noch Kontakt mit diesen Leuten aufnehmen. Bringen Sie einen zwingenden Grund vor, wieso dies für beide Seiten eine gute Idee wäre. Im Prinzip betreiben Sie Ihr Marketing über diese Unternehmen, Organisationen oder Gruppen. Ihr Marketing an diese Leute (die Torhüter) sieht anders aus als für die Personen, die normalerweise zu Ihnen kommen. Sie müssen diese Beziehungen systematisch kultivieren und weiterentwickeln, um bei diesen Leuten im Gedächtnis zu bleiben – sie sollen sich »besonders« fühlen – und mit ihnen auf einer anderen Ebene zu verkehren als mit normalen Kunden.

> Chancen warten nur darauf, mithilfe sogenannter »Torhüter« aufgegriffen zu werden, also Personen, die bereits Zugriff auf Ihre idealen potenziellen Kunden haben.

Die meisten Unternehmen tun so, als seien sie eine »Insel im Meer des Marketing«. Sie handeln und werben unabhängig von anderen Unternehmen um sie herum (oder in ihrer Branche). Seien Sie sich jedoch bewusst, dass andere kompatible Unternehmen ein unerforschtes Reservoir an neuen Gewinnen für beide Seiten bieten können.

Gewinnansatzpunkt #7: Nutzen Sie Ihre Geheimzutat für den Erfolg

Das wahre »Gold« in jedem Geschäft sind die Beziehungen, die Sie mit Ihren Kunden haben. Das sind die Leute, die loyal zu Ihnen sind – und die immer wieder zu Ihnen zurückkommen – und normalerweise solange wiederkommen, bis etwas schiefgeht, sie umziehen, sterben oder ein Konkurrent sie Ihnen mit einem besseren Angebot wegschnappt.

Diese Beziehungen sind die wirkliche Essenz Ihres Geschäfts. Sie ernähren Sie und ermöglichen es Ihnen, weiter im Geschäft zu bleiben. Und sie sind das Maß für den wahren Reichtum, der sich in Geld verwandeln kann – sollten Sie jemals beschließen, Ihr Unternehmen zu verkaufen. Lassen Sie sich jedoch nicht davon täuschen, dass dies der letzte Punkt in unserer Liste ist – er ist trotzdem immens wichtig. Schließlich erinnern wir uns oft an das am besten, was zuletzt kam.

Die 7 wichtigsten Gewinnansatzpunkte

1. Erkennen Sie, was wirklich wahr ist an Ihrem Geschäft
2. Erkennen Sie Gewinnchancen, die andere nicht sehen
3. Kurbeln Sie Ihre Marketingergebnisse dramatisch an
4. Schaffen Sie aufregende Werbeaktionen und Kampagnen
5. Ziehen Sie mehr aus Ihrem aktuellen Geschäft
6. Wenden Sie sich an andere, die Ihnen helfen können
7. Nutzen Sie Ihre Geheimzutat für den Erfolg

»Guerilla-Marketing für Frauen«

Co-Autorin Wendy Stevens

Ich habe schon früh gelernt, Vermutungen taugen nichts. Als ich im achten Monat schwanger war, besuchte ich einen Laden namens Pea in the Pod. Beim Herumschlendern traf ich eine andere Frau mit einem ähnlich runden Bäuchlein. Ich fragte sie: »Wann sind Sie dran?« Sie erwiderte spöttisch: »Gar nicht.« Ich wäre am liebsten im Boden versunken. Bei dieser persönlichen Begegnung lernte ich die wichtigste Regel des Guerilla-Marketing: Vermuten Sie nichts. Wäre diese Frau meine Kundin gewesen, dann hätte mein Kommentar meine Beziehung zu ihr unwiederbringlich zerstört oder zumindest stark beschädigt.

Was wir über Marketing zu wissen glauben, speziell über Marketing für Frauen, und was wirklich wahr ist, sind oft zwei verschiedene Schuhe. Annahmen im Marketing sind die Quelle riesiger Fehler, die Millionen Dollar an echtem Geld verschwenden und Hunderte von Millionen Dollar an verpassten Gelegenheiten bedeuten. Guerilla Marketer nehmen niemals etwas an. Sie stellen Fragen, suchen und sammeln Daten, die zu Entdeckungen führen, die es ihnen erlauben, sich auf ihre Marktnische einzustellen. Annahmen über ein Zielpublikum zu treffen, ist der beste Weg, um eine Marketingkarriere zu zerstören. Wenn Sie dieses Verhalten überwinden, sind Sie auf Erfolgskurs.

> Viele Marketingleute wenden weiterhin viel Zeit und Geld für Werbung auf, die Frauen einfach nur abstößt.

Blinde Annahmen darüber, wie man Marketing für Frauen macht, sind die größte Hürde, die heutige Marketingleute überspringen müssen. 80 Prozent der Frauen haben das Gefühl, dass Werbeleute sie nicht verstehen, und sie vertrauen der Werbung ganz allgemein nicht. Viele Marketingleute wenden weiterhin viel Zeit und Geld für Werbung auf, die Frauen einfach nur abstößt. Dieses Kapitel bietet Lösungen, die Marketingleuten hilft zu verstehen, wie sie Werbung für Frauen machen sollten.

Frauen haben Macht auf dem Markt

Frauen spielen heutzutage eine große Rolle beim Geldverdienen und Geldausgeben und haben sicher viel mehr Macht auf diesen Gebieten als jemals zuvor. Während wir uns vom größten wirtschaftlichen Tief seit der Großen Depression erholen, zeigt sich eine Sache ganz deutlich: Frauen kontrollieren große Mengen des Geldes. Frauen stellen 80 Prozent aller Konsumenten und geben jährlich 100 Milliarden Dollar für Luxuswaren und Dienstleistungen aus. Im Laufe der letzten vier Jahrzehnte sind die Einkommen von Frauen um 63 Prozent gestiegen, die von Männern dagegen nur um 0,06 Prozent. Zwischen 1985 und 1995 wurden fast 68 Prozent aller Gewinne im Finanzmanagement von Frauen erzielt. 70 Prozent der Frauen, die mehr als 100.000 Dollar pro Jahr einnehmen, verdienen mehr als ihre Ehemänner. Frauen kontrollieren 48 Prozent der Anwesen, die mehr als 5 Millionen Dollar wert sind, während nur 35 Prozent davon unter der Kontrolle von Männern stehen. Frauen gehören 47 Prozent der Vermögen im Wert von über 500.000 Dollar.

> Frauen stellen 80 Prozent aller Konsumenten und geben jährlich 100 Milliarden Dollar für Luxuswaren und Dienstleistungen aus.

Der lateinamerikanische weibliche Markt wächst mit einer jährlichen Rate von 1,7 Millionen Konsumentinnen, die zusammen eine Kaufkraft von mehr als 700 Milliarden Dollar aufbringen. Mit der zunehmenden Kaufkraft von lateinamerikanischen Kunden wird kulturell ausgerichtetes Marketing immer wichtiger. Die lateinamerikanische Frau ist für Marketer besonders interessant, die eine Beziehung mit einer Frau kultivieren wollen, die eine starke Markenloyalität mitbringt, preisbewusst ist und Qualität wünscht. Für sie ist es von höchstem Interesse, nur das Beste für ihre Familie zu kaufen, so dass Kosten eher zu einer Nebensache werden.

Es entsteht das Bild von der Frau als wichtigstem Kunden in den meisten Familien, die Kaufentscheidungen im Namen der Familie trifft. Frauen wollen Dinge kaufen, sie wollen Geld für das ausgeben, was sie brauchen, trauen aber der Werbung nicht zu, sie bei ihren Entscheidungen zu unterstützen. 91 Prozent der Frauen sagten bei einer Umfrage sogar, dass sie von den Werbetreibenden missverstanden werden (66 Prozent fühlten sich von Marketingleuten für Gesundheitsprodukte missverstanden, 59 Prozent von Lebensmittelvermarktern, 74 von Autovermarktern und 84 Prozent von Marketingleuten für Investitionen). Warum? Die meisten Frauen betrachten Werbung als wertlos und erniedrigend, sie fühlen sich beleidigt, weil Werbetreibende annehmen, Frauen seien dumm genug den Unsinn in der Werbung zu glauben. So zeigt z. B. eine aktuelle Fernsehwerbung Sarah Jessica Parker mit einem Haarfärbemittel, das im Supermarkt 10 Dollar kostet. Erwarten Werbetreibende wirklich, dass Frauen glauben, Sarah Jessica Parker würde ihre Haare mit Haarfarbe aus dem Supermarkt färben? Diese Werbung, die Frauen eigentlich anlocken soll, stößt sie ab und verleidet ihnen das Produkt.

> Frauen wollen Dinge kaufen, sie wollen Geld für das ausgeben, was sie brauchen, trauen aber der Werbung nicht zu, sie bei ihren Entscheidungen zu unterstützen.

Eine andere aktuelle Werbung ärgert Kunden, die das Unternehmen eigentlich bereits gewonnen hat. Skecher Shape-ups, ein spezieller Schuh, ist unter Frauen, vor allem mittleren Alters, sehr beliebt. Viele meiner Verwandten und Freunde haben sie und tragen sie ständig. Die Form des Schuhs erlaubt es einer Frau, einfach durch Gehen ihr Hinterteil zu trainieren. Obwohl das eine nette Idee ist, sind die meisten Frauen des bewussten mittleren Alters sehr gesundheitsbewusst und wissen genau, was nötig ist, um schlank zu bleiben. Ihnen ist klar, dass man trainieren und auf seine Ernährung achten muss, und erwarten nicht, dass der Schuh die ganze Arbeit macht. Deswegen finden Frauen die Werbung für diese Schuhe so lächerlich. So zeigte z. B. der Skechers-Fernsehspot während des Super Bowl 2011 Kim Kardashian, wie sie ihren wunderschönen Körper in knapper Trainingskleidung mit Skecher Shape-ups an den Füßen zur Schau stellt. Sie feuert ihren sehr attraktiven männlichen Trainer, weil sie nun ja diese Schuhe hat und er überflüssig sei. Eine Nachfolgewerbung zeigt die Schauspielerin

Brooke Burke in einem ähnlichen Szenario. Behaupten die Werbeleute, dass dieses Produkt, das sowieso schon alle Frauen lieben, sie so gut aussehen lassen kann wie Kim Kardashian oder Brooke Burke? In Brookes Spot zieht sie die Schuhe an, während die Kamera auf ihre wohlgeformten Beine fokussiert, dann stolziert sie herum und erklärt, das wäre ihr Workout. Frauen, die das anschauen, denken: »Ich weiß, dass das nicht alles ist, was sie für ihre Figur tut.« Kim Kardashians eigene Reality-Show zeigt sie oft genug im Fitnessstudio mit einem Trainer, wir wissen also, dass sie viel mehr macht, als nur ein bestimmtes Paar Schuhe anzuziehen.

Diese Beispiele demonstrieren, wie viele Marketingleute ihre aktuellen weiblichen Kunden völlig falsch einschätzen, ganz abgesehen von denen, die sie anlocken wollen. Skechers Shape-ups sind die Nummer 2 am Markt und sehr beliebt bei Frauen. Skechers riskiert allerdings, seinen Markt zu verlieren, weil es für Frauen beleidigende Werbung macht.

Was wollen Frauen wirklich?

Beleidigen wir Frauen also nicht, sondern versuchen wir, sie zu verstehen. Was genau geschieht mit Frauen und dem kulturellen Wandel? Frauen mittleren Alters haben erfolgreiche Karrieren, riesige Investitionen und Erbschaften von Eltern oder Ehemännern, wodurch sie zur finanziell mächtigsten Frauengeneration der Geschichte geworden sind. Laut der MassMutual Financial Group kontrollieren Frauen über 50 mehr als 19 Billionen Dollar und besitzen mehr als drei Viertel des Finanzvermögens der Nation. Diese Kategorie repräsentiert die wohlhabendste, gesündeste und aktivste Frauengeneration der Geschichte.

Dieser reifere Luxuskunde ist außerordentlich kritisch und legt ein großes Gewicht auf Erlebnisse und Erinnerungen. Frauen wollen die Erfahrungen, die mit einem Objekt einhergehen, und sie erwarten überragende Qualität von allen Produkten. Ihre Suche nach Informa-

> Frauen mittleren Alters haben erfolgreiche Karrieren, riesige Investitionen und Erbschaften von Eltern oder Ehemännern, wodurch sie zur finanziell mächtigsten Frauengeneration der Geschichte geworden sind.

tionen schlägt sich in ihrer zunehmenden Beteiligung an online verfügbaren sozialen Medien nieder. Frauen mittleren Alters gehören zur am schnellsten wachsenden Gruppe auf Facebook. Zahlen zeigen, dass Frauen, die mehr als 74.000 Dollar jährlich verdienen, mehr werden. 94,3 Prozent von ihnen gehen jeden Monat ins Internet. Die Hälfte dieser Frauen sind starke Internetbenutzer; die Fernseh-, Radio-, Mailing- und Zeitungsnutzung dagegen nimmt in diesem Segment ab. Dennoch setzen viele Marketer weiterhin auf diese alten Medien, um die Frauen zu erreichen. Warum?

> **Empfehlungen aus Peer-Gruppen, die in sozialen Medien gebildet werden, garantieren Unternehmen eine hohe Sichtbarkeit bei Frauen und Müttern.**

Frauen bis zur mittleren Altersgruppe lieben die sozialen Netzwerke. Sie sparen auch gern Zeit, indem sie online einkaufen. Die meisten Werbetreibenden scheinen diese Konzepte noch nicht verstanden zu haben. Entsprechend einer Studie repräsentieren Frauen die Mehrheit des Online-Markts: 22 Prozent kaufen wenigstens einmal täglich online ein und 92 Prozent geben Informationen über Gefundenes/Sonderangebote an andere weiter. Darüber hinaus haben Frauen durchschnittlich 171 Kontakte in ihrem Mobiltelefon oder auf ihrer E-Mail-Kontaktliste. Aktuelle Forschungen haben ergeben, dass eine Mehrheit der Frauen und Mütter (79 Prozent der Mütter mit Kindern, die jünger als 18 sind) auf Empfehlungen von Freunden auf Message-Boards, in Blogs und sozialen Medien achtet, bevor sie etwas kauft. 40 Prozent der Mütter gaben in einer Studie in den sozialen Medien an, dass sie ein Objekt auf eine Empfehlung bei Facebook hin gekauft haben, während 55 Prozent sich von einem Blog beeinflussen ließen. Um eine Verbindung zu Frauen herzustellen, müssen Marketer auf Blogs, soziale Medien und Message-Boards zurückgreifen. Eine andere Studie zeigte, dass Empfehlungen aus Peer-Gruppen, die in sozialen Medien gebildet werden, Unternehmen eine hohe Sichtbarkeit bei Frauen und Müttern garantieren.

Nicht viele Unternehmen machen dies aktiv. Guerilla Marketer müssen es aber tun; diese Technik bietet die beste Möglichkeit, weibliche Käufer zu erreichen. Es ist ein todsicherer Weg, Produkte bekanntzumachen und das Vertrauen von Kundinnen zu gewinnen, die wiederum mehr Kunden mitbringen. Diese Technik ist der Schlüssel zum Erfolg im Guerilla-Marketing.

Frauen über soziale Verbindungen erreichen

Die Beliebtheit sozialer Netzwerke und des Internet als Einkaufsort für Frauen erscheint logisch, wenn wir uns anschauen, wie Frauen ihre Kaufentscheidungen treffen. Während Männer aktiv und antwortorientiert sind, wenn sie Werbungen anschauen, hassen Frauen Werbung und konzentrieren sich lieber auf Bewusstheit und die Meinung anderer Frauen in ihrem sozialen Umfeld. Das Internet gibt ihnen schnellen, einfachen Zugriff auf ihre Freunde und die Meinungen ihrer gesellschaftlichen Gruppen. Kaufentscheidungen von Frauen sind daher deutlich stärker in der Realität und in den Verbindungen verankert, die sie in ihren gesellschaftlichen Kreisen aufgebaut haben.

Frauen ziehen es vor, die Erfahrungen von jemandem zu verstehen, dem sie vertrauen, bevor sie bestimmte Produkte oder Dienstleistungen kaufen. Sie arbeiten sich durch die Empfehlungen ihrer Freunde, die sie als glaubwürdig betrachten. Ein Unternehmen gewinnt eine Frau zum Kunden, wenn sein Produkt oder Service ihr sinnvoll erscheint und seine Behauptungen mit den Empfehlungen einhergehen, die sie anderswo eingeholt hat.

Nach Gold suchen

Schauen wir uns Pam an, eine erfolgreiche Managerin im besten Alter. Sie kommt nach Hause und stellt fest, dass ihr Fernseher kaputt ist. Sie beschließt, einen neuen zu kaufen, möchte aber auf jeden Fall den »richtigen« haben. Sie geht an diesem Abend online und recherchiert Fernseher, wobei sie sich auf die Kundenbewertungen konzentriert. Vor dem Insbettgehen hat sie ihre Auswahl auf vier Geräte eingeschränkt.

Sie weiß, dass ihre besten Freunde vor kurzem Fernseher gekauft haben, deshalb ruft sie sie an und bittet um deren Meinung. Dann geht sie zu Facebook und schickt ihre vier Kandidaten an ihre Freunde. Diese antworten am nächsten Morgen. Diese Informationen bezieht sie in ihre Überlegungen ein und bestellt am folgenden Abend einen Fernseher, der am nächsten Tag ankommt.

Pam hatte eine großartige Einkaufserfahrung und ist beeindruckt, wie schnell der Fernseher ankam. Deshalb berichtet sie ihren Freunden auf Facebook davon. Für das Unternehmen, das am Ende gewonnen hat, ist dies

Gold wert. Es besitzt ebenfalls eine Facebook-Seite, die Pam hinzufügt, ihren Freunden zeigt und kommentiert. Das Unternehmen verdient nun also doppelt. Die meisten Unternehmen haben keine Facebook-Seite und profitieren dadurch auch nicht davon.

Bis zu 75 Prozent der Unternehmen, die Frauen gern bei Facebook besuchen würden, sind nicht bei diesem kostenlosen Dienst angemeldet. Es drängt sich deshalb die Frage an die Marketingleute auf: »Wieso wird diese kostenlose Form der Werbung nicht benutzt?«

Männer sind voreilig. Sie jagen und sie kaufen. Frauen nehmen sich Zeit für einen umfassenden Entscheidungsprozess.

Was ist also das Ergebnis? Als Marketingleute müssen wir aufhören anzunehmen, dass unsere Werbung in der heutigen Gesellschaft funktioniert – das macht sie nicht. Marketer schaffen es nicht, die Frauen zu erreichen, die ihre Hand auf dem Geld der Familie haben. Forschungen zeigen, dass nicht nur die Werbung nicht funktioniert – sie ist geradezu beleidigend und stößt Frauen ab. Um unsere Produkte erfolgreich anzupreisen, müssen wir unsere Strategie ändern. Wir müssen auf Frauen abzielen, vor allem auf Frauen mittleren Alters, und wir müssen aufhören anzunehmen, dass wir wissen, was sie brauchen.

> **Männer sind voreilig. Sie jagen und sie kaufen. Frauen nehmen sich Zeit für einen umfassenden Entscheidungsprozess.**

Stattdessen müssen wir Fragen stellen, die Bedürfnisse der Frauen analysieren, die Ergebnisse unserer Forschungen berücksichtigen und unser Vorgehen ändern. Fangen Sie an, soziale Medien in den Mix aufzunehmen. Sorgen Sie dafür, dass Ihre Website auch vom Smartphone oder Tablet aus komfortabel bedienbar ist: Eine Mutter kann recherchieren, während sie ihren Kindern beim Fußballspielen zuschaut. Stellen Sie sicher, dass es einfach ist. Marketingleute müssen die moderne Frau respektieren und Technik einsetzen, um das Kauferlebnis zu vereinfachen. Wenn sie erfolgreich sind, gewinnen sie einen loyalen Kunden, der bereit ist, weitere loyale Kunden mitzubringen, denen wiederum loyale Kunden folgen – und der Kreis setzt sich fort.

»Guerilla-Regenmachen«

Co-Autor David T. Fagan

1984 löste Jay Conrad Levinson mit seinem Buch *Guerilla Marketing*, einem wahren Dauerbrenner im Bereich des Marketing, eine Revolution in der Marketingwelt aus. Dies führte zu einer ganzen Serie von Guerilla-Marketing-Büchern von Levinson, die er oft zusammen mit anderen Marketingexperten verfasste.

Viele, wenn nicht sogar alle Lektionen in der Guerilla-Marketing-Serie gelten heute genauso wie 1984. Was Jay damals allerdings nicht vorhersehen konnte, war der Aufstieg des Internet als wichtigstes Mittel zur Kommunikation auf dem Planeten. Und in der Tat hatte es drastische Auswirkungen auf die Art und Weise, wie heutzutage Geschäfte gemacht werden. Schließlich ist es selbst an den abgelegensten Orten dieser Welt verfügbar. Gehen Sie in ein Dorf in Äthiopien und fragen Sie einen Zwölfjährigen, was Google ist. Ohne zu zögern, wird er Ihnen erklären, dass dies der Ort ist, an den er online geht, um etwas zu finden.

> Online-Verkäufe werden der vorherrschende Verkaufskanal für Waren sein.

Hier in den USA wird jedes Jahr mehr Geld ausgegeben, um Produkte und Services online zu erwerben. Es heißt, dass die Online-Verkäufe während der Weihnachtszeit mit den Verkäufen in den herkömmlichen Geschäften gleichziehen werden oder sie sogar übertreffen. Man kann davon ausgehen, dass eines Tages – und vermutlich schneller, als manchem von uns lieb ist – Online-Verkäufe die vorherrschende Art und Weise sein werden, Waren zu kaufen.

Guerilla-Marketingautomatisierung – die nächste Revolution

Ein Guerilla Marketer (wie Sie) muss die Techniken von Verkaufs- und Unternehmensautomatisierung meistern, wenn er profitabel sein und expandieren will. Das gilt vor allem für kleine bis mittlere Unternehmen.

Falls sich irgendetwas aus diesem Kapitel in Ihr Gedächtnis einbrennen sollte, dann muss es das hier sein:

Die Leute, deren Geschäfte jetzt und in Zukunft rapide wachsen und die unglaubliche Gewinne einfahren werden, sind Experten bei der Automatisierung ihrer Verkaufs- und Marketingprozesse. Dazu müssen sie keine neuen Mitarbeiter einstellen.

Zugegeben, das ist eine kühne Behauptung. Das Maß, in dem Sie sich diese neue geschäftliche Wahrheit zu eigen machen, bestimmt Ihre Fähigkeit, bei den Großen mitzuspielen und das Leben Ihrer Träume zu schaffen. Lehnen Sie sie ab und Sie werden schon bald Verluste erleiden. Unternehmen, die Sie bisher nicht ernstgenommen haben, werden Ihre Kunden stehlen und Sie aus dem Geschäft drängen.

Weshalb ist es so wichtig, die Art und Weise zu automatisieren, wie wir Marketing machen und Verkäufe erreichen? Schließlich sind Sie vielleicht schon seit Jahren mit der alten Methode erfolgreich?! Es gibt auf diese Frage drei Antworten.

Wie ich erstens bereits erwähnte, dauert es vermutlich nicht mehr allzu lange, bis alle Ihre Geschäfte online ablaufen. Selbst wenn Sie Ihre Waren in einem traditionellen Laden verkaufen, werden Sie nicht mehr ohne Internetpräsenz auskommen.

> **Ihre Anzeige in den Gelben Seiten bringt Ihnen mit der Zeit immer weniger ein.**

Ihre Anzeige in den Gelben Seiten bringt Ihnen mit der Zeit immer weniger ein. Fragen Sie irgendjemanden unter 21, wo er die Telefonnummer eines Geschäfts findet oder wo er nach einem Ort sucht, um ein neues Skateboard zu kaufen, und er wird Sie auf das Internet verweisen. Auch viele Erwachsene machen das. Wenn bei mir zuhause neue Telefonbücher angeliefert werden, landen diese schon längst in der Mülltonne.

Der zweite große Grund ist, dass Sie durch das Automatisieren Ihrer Verkäufe und Ihres Marketings im Internet viel mehr Geld verdienen

können, und das, ohne dass Sie zusätzliche Mitarbeiter einstellen müssen.

> Wenn Sie jedoch so viel von Ihrem Geschäft wie möglich automatisieren, verdienen Sie auch dann Geld, wenn Sie nicht im Büro sind.

Doch für mich und für viele Geschäftsleute
ist der allergrößte Grund zum Automatisieren
die Lebensqualität. Was meine ich damit?

Ich bezweifle einmal, dass irgendjemand jemals ein Geschäft eröffnet hat, weil er 100 Stunden in der Woche arbeiten, alle Familienfeiern
verpassen und niemals Urlaub machen wollte.
Dabei ist dies die Wirklichkeit, der sich viele Unternehmer gegenübersehen. Sie glauben, dass nur dann Geld verdient
wird, wenn sie arbeiten.

Wenn Sie jedoch so viel von Ihrem Geschäft wie möglich automatisieren, verdienen Sie auch dann Geld, wenn Sie nicht im Büro sind. Sie
können praktisch im Schlaf Geld verdienen.

Es sollte beim Geschäft darum gehen, gut seinen Lebensunterhalt zu
verdienen und Zeit zu haben, die Früchte des Unternehmertums zu genießen. Sie sollten die Möglichkeit besitzen, ein selbstbestimmtes Leben
zu führen und die Dinge zu machen, die einem wichtig sind – ob das
nun das tägliche Golfspiel ist, Reisen oder der freiwillige Dienst an der
Gemeinschaft.

Jetzt kennen wir also die Gründe, weshalb Guerilla Marketer automatisieren sollten, und wollen uns nun anschauen, wie das geschehen
kann. Es ist nicht schwierig, nur etwas kompliziert für jemanden, der es
noch nie gemacht hat. Das sollte Sie aber nicht entmutigen.

Ich bin kein technisches Genie und auch meine Geschäftsfreunde
sind es nicht. Einige von ihnen hassen Technik und benutzen nur selten Computer, aber wenn sie die Vorteile erkennen und feststellen, wie
schnell sie ihre Verkäufe verdoppeln können, sind sie bereit, schnell da-
zuzulernen.

Leads und Listen erstellen

Wenn man Unternehmer fragt, welches ihre wichtigsten geschäftlichen
Posten sind, dann nennen sie oft irgend eine Maschinerie, einen Prozess, auf den sie sich spezialisiert haben, oder vielleicht ihre Angestellten. Dabei schießen sie am Ziel vorbei und geben die falsche Antwort.

Ihr wichtigster Posten ist die Liste der vorhandenen und potenziellen Kunden. Sie können den Verlust einer Maschine, eines Prozesses, selbst eines Angestellten verschmerzen. Es ist aber viel schwieriger, den Verlust der Liste zu verkraften, die die Quelle Ihres Einkommens und Gewinns enthält: Ihre Kunden.

Warum ist das so? Leute starten Unternehmen, weil ihnen die Arbeit gefällt. Jemand, der Autos und Motoren mag, eröffnet eine Autowerkstatt, ein anderer macht einen Abschluss als Buchhalter und bietet seine entsprechenden Dienste an. Niemand – oder kaum jemand – eröffnet ein Geschäft, weil er gern Dinge vermarktet. Wir haben also Fachkräfte, die Unternehmen betreiben, in denen sie ihre Kenntnisse anwenden können und damit ein Auskommen haben. Das ist in Ordnung.

> Sie können den Verlust einer Maschine, eines Prozesses, selbst eines Angestellten verschmerzen. Es ist aber viel schwieriger, den Verlust Ihrer Kundenliste zu verkraften – die Quelle Ihres Einkommens und Gewinns.

Plötzlich aber merken diese Leute, dass sie eine Methode finden müssen, um Kunden anzuziehen. Früher hätte man einfach eine riesige Anzeige in die Gelben Seiten gesetzt, Broschüren hergestellt, vielleicht ein paar Sonderangebote offeriert. Und manchmal waren diese Methoden auch für eine Zeitlang erfolgreich. Sie waren also in ihrem Fach absolute Experten, ihr Marketing dagegen war unglaublich schlecht.

Sie können nichts dafür. So war es schließlich für die meisten Leute. Ich denke, das lässt sich auf eine Zeit zurückverfolgen, in der wir alle in kleinen Dörfern lebten und es alles nur einmal gab. Es gab einen Bäcker, einen Fleischer, einen Kerzenzieher – das Dorf brauchte schließlich nicht mehr. Es war nicht nötig, Werbung zu machen und Ihre Angebote zu vermarkten. Wenn Sie das, was Sie taten, gut machten, kam das ganze Dorf zu Ihnen.

Mit der Entwicklung des modernen Transportwesens und dem Wachsen von Städten gab es plötzlich nicht mehr nur einen Bäcker. Es öffneten viele Bäckereien und plötzlich hatten die Menschen die Wahl, wo sie ihre Brötchen und Kuchen kauften. Das führte zu Werbung und Marketing. Selbst in den frühen Tagen unseres Landes erzielten Unternehmen, die besser vermarkteten, größere Erlöse bei ihren Verkäufen, wuchsen und wurden profitabler und drängten schließlich kleinere Unternehmen aus dem Geschäft.

Das läuft heute noch genauso wie früher. Wir kennen alle Geschichten, in denen ein großer Markt in einer Stadt angesiedelt wird, woraufhin sich die ganzen kleinen Unternehmen beschweren, dass sie nicht konkurrieren können und schließen müssen. Viele Leute glauben, das liege an den Preisen. Das gehört sicher dazu, aber der größte Grund ist, dass sie im Marketing nicht mithalten können. Der große Markt kommt mit einem millionenschweren Marketingbudget, während die kleinen Geschäfte viel weniger Geld für Marketing zur Verfügung haben.

> Heutzutage, da Milliarden Dollar online ausgegeben werden, können Sie mit den großen Unternehmen konkurrieren.

Dabei muss das nicht so sein. Heutzutage, da Milliarden Dollar online ausgegeben werden, können Sie mit den großen Unternehmen konkurrieren. Im Internet haben Sie dieselbe Präsenz wie die Großen. Und da Sie kleiner sind und nicht so riesige Fixkosten haben wie die großen Konkurrenten, sollte es kein Problem darstellen mitzuspielen.

Erfolgreiche Guerilla Marketer beginnen heutzutage damit, eine Liste aller vorhandenen und potenziellen Kunden aufzustellen und sich ein System zu überlegen, wie sie potenzielle in »richtige« Kunden verwandeln wollen. Der Grundgedanke ist, eine Liste der Menschen aus dem Internet aufzustellen, die begierig sind, von Ihnen zu kaufen, damit Sie ein System schaffen können, mit dem Sie die Umwandlung der Kunden automatisieren.

Moralisch einwandfreie Bestechung

Keine Panik, hier passiert nichts Schlimmes. Die moralisch einwandfreie Bestechung umfasst das Angebot eines kostenlosen Berichts oder einer anderen Information für den Besucher Ihrer Website im Austausch für seine E-Mail-Adresse.

Hier ist ein Vorstellung, wie das funktioniert.

Ich hatte einen Kunden aus der Hypothekenbranche. Wenn Leute auf seine Website kamen, wurde ihnen ein kostenloser Bericht mit dem Titel »Sieben

Fehler, die Menschen machen, wenn sie einen Kredit aufnehmen wollen, und wie Sie sie vermeiden« angeboten. Diese Art von Information ist für Leute, die einen Kredit oder eine Hypothek aufnehmen wollen, recht nützlich und wünschenswert. Sie würden sie sofort erhalten, nachdem sie ihren Vornamen und ihre E-Mail-Adresse hinterlassen haben.

Wenn Sie solche Informationen eine Zeitlang auf Ihrer Website anbieten, erhalten Sie eine absolut zielgenaue Liste von Menschen, die mit hoher Wahrscheinlichkeit einen Kredit haben wollen, und können sich mit Ihrem Marketing direkt an sie wenden. Mit dem Anbieten solcher nützlichen Informationen werden Sie von einem Kreditanbieter zu einem vertrauenswürdigen Ratgeber und sind vermutlich die erste Person, an die man sich wendet, wenn es ernst mit dem Kredit wird. Seien Sie sich sicher!

Sie können eine solche Liste sehr schnell herstellen oder Sie gehen langsamer vor – je nachdem, wie viele Besucher Ihre Website hat. Die Geschwindigkeit, mit der Sie Ihre Liste aufbauen, hängt zu einem Großteil davon ab, wie viel Geld Sie für Marketing ausgeben können.

> Im Internet haben Sie dieselbe Präsenz wie die Großen. Und da Sie kleiner sind und nicht so riesige Fixkosten haben wie die großen Konkurrenten, sollte es kein Problem darstellen mitzuspielen.

Was kostet Geld? Sie können mittels Pay-per-Click-Werbung (PCP) über Google, Yahoo und MSN unglaublich viele Besucher auf Ihre Website ziehen. Viele Leute beginnen mit Google, weil die Menge an Traffic, die Sie darüber generieren, exponentiell höher ist als bei allen anderen Suchmaschinen. Natürlich kostet das Geld, aber es ist weniger eine Ausgabe als vielmehr eine Investition in unbedingt notwendiges Wissen.

(33)

»Guerilla-Wohlstand«

Co-Autorin Loral Langemeier

Die Menschen in unserer materiellen Welt neigen dazu, sich anhand ihres Wohlstands zu messen. Trotzdem werden Geld und Finanzen nur selten diskutiert. Das Thema ist ein Tabu. Wir wollen das ändern und Sie dazu bringen, über Wohlstand zu reden. Sprechen Sie offen über Ihre Träume, Ihre Hoffnungen, die Rechnungen, Investitionsmöglichkeiten, Stipendienstiftungen und Benzingeld.

> Wenn Sie wirklich reich werden wollen, lösen Sie sich von diesen überholten Begriffen. Kommen Sie ins Informationszeitalter und ersetzen Sie diese alte Sprache durch ein positives Vokabular, das Ihre Vision und Ihre Ansichten über das Schaffen von Wohlstand erweitert.

Das Wohlstandsgespräch

Wohlstand bzw. Vermögen zu schaffen beginnt mit einem Gespräch. Leider haben die wenigen Gespräche, die Sie vermutlich bisher über Geld geführt haben, Begriffe mit negativen Implikationen benutzt. Diese alten Begriffe aus dem industriellen Zeitalter setzen uns Grenzen, die unsere Art des Denkens und Handelns in Bezug auf Geld und die Anhäufung von Reichtum beschränken.

Wenn Sie wirklich reich werden wollen, sollten Sie sich von diesen überholten Begriffen lösen. Kommen Sie ins Informationszeitalter und ersetzen Sie diese alte Sprache durch ein positives Vokabular, das Ihre Vision und Ihre Ansichten über das Schaffen von Wohlstand erweitert. Bei diesem Prozess entfernen Sie viele der Hürden, die Sie bislang daran gehindert haben, reich zu werden.

Ihre finanzielle Basis

Es ist an der Zeit, Ihren finanziellen Geist zu läutern und Ihr finanzielles Vokabular aufzuräumen. Machen Sie sich ein deutliches Bild von Ihren Finanzen. Dies ist die Stelle, an der viele Menschen zurückscheuen. Und das ist auch kein Wunder! Die meisten wissen nicht, welche Dokumente sie aufheben müssen oder wie sie sie organisieren sollten, deshalb machen sie gar nichts. Schlimmer noch, sie wissen nicht, wie sie die Informationen aus den Dokumenten einsetzen sollen, damit sie schneller und einfacher reich werden.

> Eine persönliche Gewinn- und Verlustaufstellung und eine Bilanz schaffen die Grundlage für unsere Guerilla-Taktik zu mehr Wohlstand.

Das ist der entscheidende Unterschied zwischen der Guerilla-Wohlstandtaktik und dem Modell aus dem industriellen Zeitalter. Wir entfernen uns ganz bewusst von dem alten Kostenplanungsmodell, das Ihr Geld einfach nur aufteilte, damit Sie Ihren Ausgaben so gut wie möglich gerecht werden konnten. Was noch viel übler ist: Als Konzept ist die Kostenplanung zutiefst im Knappheitsmodell des Sparens verankert.

Sie beginnen dagegen nun, Ihr Leben auf wirklich geschäftsmäßige und professionelle Weise zu leben, so dass Sie in die Position kommen, Reichtum aufzubauen. Dazu müssen wir wissen, wo Sie jetzt finanziell stehen.

Im Informationszeitaltermodell beginnen wir mit etwas, das vertraut aussieht – Finanzunterlagen –, doch dann nutzen wir die Informationen aus diesen Papieren, um eine persönliche Gewinn- und Verlustaussage und eine Bilanzaufstellung herzustellen. Damit schaffen wir eine Grundlage für die Guerilla-Taktik, die wir in diesem Kapitel behandeln.

Bevor Sie beschließen, diesen Schritt zu ignorieren – und wir wissen, wie groß die Versuchung dazu ist –, sollten Sie sich dafür einen guten Grund überlegen. Ein Beispiel hilft.

Stellen Sie sich Ihren finanziellen Ausgangspunkt als einen Entwurf oder einen finanziellen Fingerabdruck vor, mit dem Sie Ihre Finanzsituation auf einen Blick überschauen können. Sobald Sie Ihre finanzielle Ausgangslage kennen, können Sie auf vernünftige Weise Kontrolle über Ihr Geld übernehmen. Nur so ist es möglich, Ihren Wohlstand zu mehren und das Leben zu schaffen, das Sie sich wünschen.

Orientieren Sie sich

Stellen Sie sich vor, Sie seien mit einem Fallschirm über der Wüste abgesprungen. Kilometerweit sehen Sie nur Leere, Sand und gleißende Sonne. Sie wollen nach Lincoln, Nebraska. Wie würden Sie beginnen? In welche Richtung würden Sie gehen? Es ist für Ihren Erfolg und in diesem Fall sogar für Ihr Leben absolut entscheidend, dass Sie zunächst einmal genau feststellen, wo Sie gelandet sind. Dann und nur dann können Sie in die richtige Richtung nach Lincoln, Nebraska, losziehen.

Wenn Sie nicht wissen, wo Sie sind, haben Sie keine Ahnung, welche Richtung Sie einschlagen müssen. Ganz egal, wohin Sie gehen, Sie raten nur. Es ist leicht, sich zu verlaufen.

Vielleicht haben Sie Glück und nehmen beim ersten Mal gleich den richtigen Weg. Doch wollen Sie das wirklich dem Zufall überlassen? Wahrscheinlich nicht.

Das gilt auch für Ihren finanziellen Erfolg. Sie müssen mit einer akkuraten Vorstellung dessen beginnen, wo Sie finanziell stehen. Sie müssen Inventur machen. Das ist Ihr finanzieller Ausgangspunkt.

Wir haben beim Training von Leuten gelernt, dass dieser Schritt den Menschen sofortige Belohnung einbringt. Erstens entspannen sie sich – vielleicht zum ersten Mal seit Jahren. Selbst wenn ihre Finanzen am Boden liegen, ist es eine Erleichterung für sie, die Wahrheit zu wissen. Falls Sie zur Zeit Schulden haben oder Ihre Ausgaben außer Kontrolle zu geraten scheinen, wird es nur noch schlimmer, wenn Sie das Bild, das Ihre Finanzen abgeben, nicht anschauen. Das Nichtwissen ist ein ständiger, unterschwelliger Stress, den Sie im Leben einfach nicht brauchen.

Eine unerwartete Überraschung ist für viele Leute die fast schon automatische »Kurskorrektur«, die stattfindet, wenn sie wissen, wo sie stehen und wohin ihr Geld fließt. Vielen Menschen sind die »undichten Stellen« in ihren Finanzen gar nicht bewusst. Oft unternehmen sie etwas, wenn sie sie erst einmal auf dem Papier sehen. »Wie viel Geld geben wir jede Woche für Café Latte aus?«

Eine andere Belohnung ist das großartige Gefühl von Kontrolle. Plötzlich treiben Sie nicht mehr einfach so dahin. Es liegt eine unglaubliche Motivation in der Erkenntnis, dass Sie beginnen, das Verhalten der Wohlhabenden nachzuahmen. Es ist ziemlich einfach, eine ihrer besten Taktiken liegt darin, dass sie sich bewusst sind, wohin ihr Geld fließt.

Fassen Sie Mut. Es ist nicht annähernd so schwierig, wie Sie glauben, gleich beim ersten Mal alles zusammenzusuchen. Und es wird wirklich der Wendepunkt sein von »wir kommen so zurecht«, »es geht schon«, »uns geht es ziemlich gut« oder sogar »uns geht es besser als den meisten« zu einem gut festgelegten Weg in die finanzielle Freiheit.

Drei Schritte zum Feststellen Ihrer finanziellen Ausgangslage

1. Räumen Sie den Schrank mit Ihren Finanzunterlagen auf.
2. Vervollständigen Sie Ihre persönliche/geschäftliche Gewinn- und Verlustaufstellung.
3. Vervollständigen Sie Ihre persönliche/geschäftliche Bilanz.

Der Schrank für Ihre Unterlagen

Entspannen Sie sich. Sie sind nicht allein, falls Ihre Finanzpapiere, ungeöffneten Briefe, Rechnungen, Quittungen und Kontoauszüge im ganzen Haus verstreut, in Schubladen oder Schuhkartons gestopft sind. Für die meisten Leute ist das völlig normal. Nicht jedoch für die Wohlhabenden. Und da der ganze Sinn dieses Abschnitts darin liegt, Sie in Richtung Wohlstand zu bringen, machen wir diesen wesentlichen Schritt für Sie so einfach und schmerzlos wie möglich.

Da die Papiere sich ganz entgegen unseren Hoffnungen niemals auf wundersame Weise von selbst organisieren, krempeln Sie die Ärmel hoch und beginnen Sie mit dem Einrichten eines Aktenschranks für Ihren Finanzkram.

> »Zuerst kommt der Gedanke, dann die Organisation dieses Gedankens in Ideen und Pläne, dann die Transformation dieser Pläne in die Wirklichkeit. Der Anfang liegt, wie Sie feststellen werden, in Ihrer Fantasie.«
> Napoleon Hill

Beginnen wir damit, dass wir all Ihre Papiere zusammentragen. Sie müssen vielleicht Ihren Schreibtisch durchsuchen und alle ungeöffneten Umschläge mit Kontoauszügen öffnen.

Nachdem Sie sie ausgegraben haben, breiten Sie sie auf dem Boden oder dem Esstisch aus. Diese Zettel lösen möglicherweise stark emotionale Reaktionen aus. Manche erinnern Sie vielleicht an dumme Spontankäufe. Andere sind unter Umständen der Beweis für Ihre lässige Haltung in Bezug auf den Zustand Ihres Girokontos.

Stopp!

Stecken Sie Ihre Gefühle zurück. Dies sind nur Zettel, die Sie sortieren wollen. Wenn Sie es zulassen, dann bringen sie Ihnen so schlechte Laune oder andere negative Gefühle, dass Sie sofort aufhören. Möglicherweise spüren Sie Schuldgefühle oder Bedauern, und sei es nur, weil Sie in Geldsachen nicht so aufgepasst haben, wie Sie es hätten tun sollen.

Nehmen Sie sich notfalls eine Minute Zeit, um sich daran zu erinnern: »Das war damals, jetzt ist jetzt.« Und nun übernehmen Sie verantwortungsbewusst die Kontrolle.

Der erste Teil dieser Übung ist kinderleicht. Sortieren Sie die Papiere nach folgenden Kategorien auf Stapel:

Bankunterlagen
★ Girokonto
★ Ersparnisse
★ Sparbuch
★ Kontoauszüge
★ Zertifikate
★ Schlüssel für Bankschließfach
★ Kassenquittungen

Rechnungen, Zahlungen, Ausgaben
★ Kreditkartenabrechnungen
★ Strom
★ Telefon
★ Internet
★ Fernsehen
★ Gärtner

Rechtsdokumente
* ★ Vollmachten
* ★ Finanzvereinbarungen
* ★ Partnervereinbarungen
* ★ Patientenverfügung
* ★ Testament
* ★ Treuhandverträge

Versicherungspolicen
* ★ Leben
* ★ Krankenversicherung
* ★ Unfall
* ★ Betriebsunterbrechung
* ★ Haus
* ★ Pächter
* ★ Elementarschaden
* ★ Auto
* ★ Daten über Mitarbeitervergünstigungen

Gruppenversicherungen
* ★ Rentenplan
* ★ Ersparnisse/Gewinnaufteilung

Investitionsaufzeichnungen
* ★ Gewinn- und Verlustaufstellung
* ★ Bilanzen
* ★ Investitionsaufstellungen
* ★ Kauf- und Verkaufsdokumente
* ★ Aktien
* ★ Anleihescheine
* ★ Ausbildungsrücklagen

Einkommenssteuerunterlagen
* ★ Aktuelles Jahr
* ★ Unterlagen des vorherigen Jahres
* ★ Jährliche Aufstellungen

Aufzeichnungen zum Haus
* Renovierungen/Umbauten
* Grundstückssteuerunterlagen
* Kreditzahlungen
* Garantiescheine für Geräte
* Quittungen über Reparaturen und Wartungen

Nachdem Sie alles schön in Stapeln sortiert haben, heften Sie die Unterlagen ordentlich ab.

Guerilla-Intelligenz

Lagern Sie die Originale von wichtigen Dokumenten wie Testamenten, Stiftungen, notariellen Urkunden und Aktienzertifikaten in einem Safe, einem feuerfesten Kasten oder einem Bankschließfach. Kopieren Sie diese Dokumente und legen Sie die Kopien in Ihren Aktenschrank. Informieren Sie Leute, die Ihnen wichtig sind, darüber, wo sich die Originale befinden.

Kopieren Sie beide Seiten Ihrer Kreditkarten, Ausweise und Mitgliedskarten und legen Sie sie in das Bankschließfach, den feuerfesten Kasten oder den Safe und die Kopien in Ihren Aktenschrank. Machen Sie das auch mit Ihrem Pass und Ihrem Impfausweis. Wenn Sie reisen, nehmen Sie eine Kopie mit sich und geben eine weitere Kopie einer vertrauenswürdigen Person zuhause.

Schaffen Sie ein System

Zu Anfang müssen Sie eine Struktur für Ihren Aktenschrank schaffen. Suchen Sie sich deshalb ein System, das einfach und intuitiv zu benutzen ist. Das System soll für Sie einfach sein, damit Sie alle Informationen schnell wiederfinden können.

Sorgen

Der junge Mann, frisch aus der Business School, antwortete auf eine Stellenanzeige für einen Buchhalter. Jetzt saß er beim Bewerbungsgespräch einem nervösen Mann gegenüber, der ein kleines Unternehmen betrieb, das er selbst gegründet hatte.

»Ich brauche jemanden, der einen Abschluss im Rechnungswesen hat,« sagte der Mann. »Aber vor allem suche ich jemanden, der mir meine Sorgen abnimmt.«

»Entschuldigung?« antwortete der junge Buchhalter.

»Ich mache mir um eine Menge Dinge Sorgen,« sagte der Mann. »Aber ich möchte mich nicht um Geld sorgen müssen. Ihre Aufgabe wird darin bestehen, mir alle Geldsorgen abzunehmen.«

»Aha,« sagte der junge Buchhalter. »Und wie viel bezahlen Sie für den Job?«

»Ich gebe Ihnen zunächst 85.000 Dollar.«

»Fünfundachtzigtausend Dollar!« rief der junge Buchhalter aus. »Wie kann sich ein kleines Unternehmen eine solche Summe leisten?«

»Das,« antwortete der Unternehmer, »wird Ihre erste Sorge sein.«

Mit der Zeit werden Sie in der Lage sein, andere einzustellen, die sich um Ihr System kümmern. Sie können sich Buchhalter oder Assistenten suchen, die sich auf diese genauen Arbeiten spezialisieren. Oft sind es Experten, die Tricks kennen und Ihnen Tipps zum Zeitsparen geben können. Achten Sie jedoch darauf, dass diese Spezialisten Ihr System übernehmen. Fühlen Sie sich nicht genötigt, nach deren System zu arbeiten oder ein komplexes Organisationssystem bei einem Büroausstatter zu kaufen. Es ist nicht unbedingt klüger, ein kompliziertes, nicht verwendbares System einzusetzen. Machen Sie es sich einfach.

»Guerilla-Sparen«

Co-Autorin Kathryn Tyler

Genügsamkeit ist eine Perspektive, von der aus Guerillas jede Kaufentscheidung angehen. Sie blicken über einfache, teure Problemlösungen hinaus und suchen kreativere, preiswertere Antworten. Sie ist eine Einstellung, die langsam, über eine lange Zeit kultiviert wird. Durch Geldsparen gewöhnt man sich an, Dinge preiswert zu erledigen.

> »Sie müssen sich merken, dass genügsam nicht gleichbedeutend mit billig ist.«
> Barbara Winter, Autorin von Making a Living without a Job

Genügsamkeit ist eine Einstellungssache

Dieses Kapitel hilft Ihnen zu lernen, wie Sie Geld bei bestimmten Dingen sparen. Die entscheidendste Lektion ist allerdings die Philosophie der Genügsamkeit und warum es wichtig ist, sie in Ihrem Geschäft anzuwenden. Wir behandeln hier einige der Prinzipien der Sparsamkeit, damit Sie die Gründe hinter unseren Sparmethoden verstehen. Jedes Unternehmen ist anders, darum ist es unerlässlich, anhand dieser Prinzipien Ihre eigenen Umstände zu untersuchen. Nur so können Sie feststellen, an welchen Stellen sich Ihr schwer verdientes Geld sparen lässt.

> »Bewerten Sie alle Möglichkeiten, bevor Sie etwas tun. Es gibt fast immer einen Weg, es besser oder billiger zu machen oder mit dem zurechtzukommen, was Sie haben.«
> Todd Weaver, Minstrel Music Network

Gründe für das Sparen

Bevor wir darüber reden, wie Sie Geld sparen können, müssen Sie darüber nachdenken, wieso Sie das tun sollten. Geld in Ihrem Geschäft zu sparen, hat viele Vorteile, unter anderem:

★ Sie müssen nicht so viel einnehmen, um solvent zu bleiben. Tausende von Unternehmen müssen jedes Jahr schließen, weil sie keinen Gewinn machen. Wenn Sie niedrige Unkosten haben, können Sie weiterarbeiten, auch wenn Sie gerade erst am Anfang stehen oder saisonbedingt eine Flaute eingetreten ist.

★ Sie haben die Möglichkeit, weniger zu arbeiten. So arbeitet Jay z. B. seit 1971 nur drei Tage in der Woche.

★ Sie können Projekte annehmen, die Ihnen Spaß machen, auch wenn sie nicht so gut bezahlt werden. Wenn Ihre Ausgaben gering sind, steht es Ihnen frei zu arbeiten, wann und woran Sie wollen.

★ Sie können in Erweiterungen, Verbesserungen oder neue Märkte investieren. Je weniger der Betrieb Ihres Unternehmens kostet, umso mehr Freiheit haben Sie, Geld in neue Bereiche oder neue Ausrüstungen zu stecken.

★ Und natürlich können Sie mehr von dem behalten, was Sie einnehmen. Je höher Ihre Gewinnspanne ist, umso höher ist auch Ihr Gehalt.

Das Einmaleins des Einkaufs

Es gibt im Geschäft zwei Arten von Anschaffungen: Verbrauchsmaterial und Investitionen. Guerillas kennen den Unterschied zwischen beiden und entscheiden vor dem Kauf, in welche Kategorie eine Anschaffung fällt.

Verbrauchsmaterial sind Waren oder Dienstleistungen, die Sie nur einmal benutzen. Heftklammern und Bleistifte sind Verbrauchsmaterial. Anschaffungen, deren Nutzen Sie immer wieder genießen oder mit deren Problemen Sie immer wieder zu kämpfen haben, sind Investitionen. Ein Telefon ist eine Investition, weil Sie es täglich im Geschäft verwenden. Ein Anrufbeantworter-Service ist ebenfalls eine Investition, weil ein schlechter Service möglicherweise laufend Kunden vertreibt, während ein guter Service Ihre Kunden beeindruckt.

Papier könnte je nach geplanter Verwendung in beide Kategorien fallen. Kopierpapier für den internen Einsatz ist Verbrauchsmaterial, während Firmenbriefpapier eine Investition ist – und zwar in Ihr Image.

Sobald Sie sich entschieden haben, in welche Gruppe ein Kauf fällt, können Sie entscheiden, wo sich möglicherweise Geld sparen lässt. Vermutlich sind Sie bereit, für eine Investition etwas mehr Geld auszugeben, um z. B. mehr Funktionen oder eine etwas bessere Qualität zu erhalten. Es lohnt sich in diesem Fall auch, vorher genauer zu recherchieren, unterschiedliche Hersteller oder mehrere Lieferanten anzufragen. Verbrauchsmaterial dagegen sollten Sie zum niedrigsten Preis und mit dem geringsten Aufwand einkaufen, der sich vertreten lässt. Das heißt, Sie können natürlich in verschiedene Märkte fahren, um am Ende 150 Dollar für ein Faxgerät zu sparen, sollten das aber unterlassen, wenn es um 50 Cent für Klebezettel geht.

> Es gibt im Geschäft zwei Arten von Anschaffungen: Verbrauchsmaterial und Investitionen. Guerillas kennen den Unterschied zwischen beiden und entscheiden vor dem Kauf, in welche Kategorie eine Anschaffung fällt.

Stellen Sie sich vor dem Kauf folgende Fragen

★ In welcher Weise erhöht dieser Kauf meine Rentabilität? Immer wenn Sie darüber nachdenken, Geld auszugeben, sollten Sie sich fragen, was passieren würde, wenn Sie es nicht tun. Versuchen Sie dann, es bleiben zu lassen. Auf diese Weise vermeiden Sie unnütze Einkäufe.

★ Wann brauche ich es? Voraussicht ist das Wichtigste beim Einkauf. Denken Sie einmal darüber nach. Je teurer ein Objekt ist oder je länger Sie es benutzen werden, umso mehr sollten Sie darüber nachdenken. Sie sollten etwas kaufen, wenn es Sie Geld kostet, es nicht zu haben.

★ Welche Funktionen brauche ich? Auf welche könnte ich verzichten? Um das genau festzustellen, müssen Sie Ihre Gewohnheiten vermutlich für einen Monat oder so beobachten.

★ Wo kann ich es bekommen? Wir haben nicht gesagt: »Wo kann ich es kaufen?« Indem Sie eher an Beschaffung als an Konsum denken, schärfen Sie Ihre Kreativität, die Ihnen hilft, darüber nachzudenken, wo Sie eine Sache kostenlos bekommen oder wie Sie etwas Vorhandenes so modifizieren, dass es einem neuen Zweck dient.

★ Wie viel würde ich dafür ausgeben? Falls Sie beschließen, dass Sie etwas kaufen müssen, hilft es, bereits eine grobe Schätzung im Kopf zu haben, bevor Sie im Laden stehen und sich von irgendwelchem Schnickschnack blenden lassen. Wenn Sie keine Vorstellung davon haben, wie viel etwas kostet, müssen Sie sich vorher informieren. Lesen Sie Werbeflyer und Zeitungsannoncen. Lassen Sie sich einen Katalog kommen. Fragen Sie auf Branchentreffen herum. Und natürlich schauen Sie auch online nach.

Das mag offensichtlich erscheinen, aber oft denken Konsumenten nicht bewusst darüber nach, ob etwas zum Verbrauchsmaterial gehört oder eine Investition ist, bevor sie es kaufen. Stattdessen überstürzen sie es, knausern bei Investitionen und geben viel zu viel für Verbrauchsmaterial aus.

Nehmen Sie z. B. an, Sie haben den Kopierer Modell X für 400 Dollar und den Kopierer Modell Z für 475 Dollar in die nähere Auswahl gezogen. Sie haben die gleichen Funktionen, allerdings macht Modell Z auch Vergrößerungen. Sie kaufen Modell X, weil es billiger ist, und freuen sich, dass Sie 75 Dollar gespart haben. Im Laufe der nächsten zwei Monate müssen Sie jedoch sechsmal den lokalen Copyshop aufsuchen, um Vergrößerungen zu machen, für die Sie jedes Mal 20 Dollar ausgeben, insgesamt also 120 Dollar. Entsprechend diesem Szenario kostet Ihre Entscheidung für Modell X Sie 45 Dollar!

Natürlich lässt sich leicht erkennen, dass der Kauf von Geräten in die Kategorie Investition fällt. Vergessen Sie aber nicht Produkte oder Dienstleistungen, die Ihr Image verbessern, wie etwa tägliche Radiowerbung.

Verlassen Sie Ihre Komfortzone

Selbst nachdem Sie von einer preiswerteren Quelle für Büromaterial oder einem weniger teuren Internetprovider gehört haben, sind Sie vielleicht versucht, weiter bei den alten Anbietern zu bleiben. Das ist nur menschlich. Wir gewöhnen uns daran, immer zu denselben Händlern zu gehen oder Dinge immer auf dieselbe Weise zu machen. Das ist einfach, bequem und verlangt keine Anstrengung unsererseits. Es kann aber teuer sein. Schließlich sparen wir kein Geld, wenn wir Dinge immer wieder auf dieselbe Weise erledigen und die gleichen Sachen von den immer gleichen Leuten kaufen.

Um ihre Kosten zu verringern, testen Guerillas regelmäßig neue Methoden und Lieferanten. Sie bemühen sich. Sie probieren die neue Druckerei aus, die ihnen ein Freund empfohlen hat, oder rufen den neuen Büroausstatter tatsächlich an, um einen Katalog anzufordern.

> »Verlassen Sie sich mehr auf Ihre Fantasie und weniger auf Ihren Geldbeutel. Leute, die noch nicht so lange im Geschäft sind, werfen mit Geld nach ihren Problemen. Diejenigen, die schon lange dabei sind, sind gute Problemlöser. Suchen Sie nach fantasievollen Möglichkeiten, Ihre Ziele zu erreichen.«
> Barbara Winter, Autorin von Making a Living without a Job

Wie Sie sich den Prozess erleichtern

★ Beginnen Sie klein mit etwas, das relativ preiswert oder leicht ersetzbar ist. Erforschen Sie die neuen Lieferanten gründlich. Bitten Sie um Referenzen oder fragen Sie bei Branchenkollegen nach deren Reputation.

★ Nutzen Sie ergänzende Testangebote.

★ Bezahlen Sie mit der Kreditkarte. Wenn Ihnen der Service nicht zusagt oder sich herausstellt, dass der Anbieter einen weniger guten Ruf genießt, haben Sie mehr Spielraum, wenn Sie den Auftrag anfechten wollen.

Es dauert vermutlich eine Weile bis Sie mit einer neuen Technik oder einem neuen Zulieferer vertraut sind. Experimentieren Sie einfach weiter!

Erwerben Sie neue Fertigkeiten

Die Werbung hat uns davon überzeugt, dass wir alles den »Experten« überlassen müssen. Wenn unser Hund ausgebildet werden soll, rufen wir einen Hundetrainer an. Muss ein Rock abgenäht werden, gehen wir zur Schneiderin. Wir sind als Gesellschaft derart spezialisiert, dass wir nur noch eine Sache gut können, und diese Fertigkeit tauschen wir gegen alles ein, was wir brauchen. Wir fürchten uns davor, eine neue Aufgabe auszuprobieren, weil wir Angst vor einem teuren Fehler haben.

> »Der beste Preis ist nicht immer gleichbedeutend mit dem besten Wert. Service, Beständigkeit und Zuverlässigkeit sind Komponenten von Wert.«
> Shel Horowitz,
> Autor von Marketing without Megabucks

Mit den richtigen Werkzeugen können die Guerillas jedoch oft sogar besser sein als die sogenannten Experten. Warum? Weil wir ein berechtigtes Interesse haben, sorgen wir uns mehr um das Projekt als die Person, die wir einstellen. Wir wissen mehr über unsere eigene Unternehmung. Wir wissen, was gemacht werden soll. Und wir sind bereit, uns die Zeit zu nehmen, die nötig ist, um es richtig zu machen. Auf lange Sicht ist es viel kosteneffektiver, unabhängig zu sein.

Organisieren Sie sich

Wann haben Sie das letzte Mal etwas verloren? Wie lange haben Sie gebraucht, um es wiederzufinden? Haben Sie es wiedergefunden? Für Guerillas, die von ihrem Zuhause aus arbeiten, ist es besonders wichtig, organisiert zu sein, da Arbeit und Privatleben die Tendenz haben sich zu vermischen. Buntstifte liegen zwischen Textmarkern. Büromittelkataloge finden sich im selben Stapel wie Kataloge von Land's End und Eddie Bauer. Wenn Sie in einem traditionellen Büro etwas nicht finden, dann müssen Sie nur in einem oder zwei Räumen suchen. Zuhause dagegen beginnen Sie in Ihrem Büroraum und arbeiten sich dann durch den Rest des Hauses und möglicherweise sogar Ihr Auto.

Es ist teuer, etwas zu verlieren. Sowohl die Arbeitszeit als auch die Zeit, die nötig ist, um es wiederherzustellen, kosten Geld. Auch wenn Sie etwas noch einmal kaufen müssen, was Sie bereits hatten, wird es teuer. Als z. B. Kathryn ihr Büro von einem Raum in einen anderen verlegte, verlor sie eine Menge Dinge. Obwohl sie nur wenige Meter umzog, wurde alles in Kisten verpackt und in den Keller gestellt, um es zu »organisieren«, wenn sie die Zeit dazu fand. Wie Sie sich vielleicht vorstellen können, nahm sie sich niemals die Zeit dafür und wanderte stattdessen jedes Mal in den Keller, wenn sie etwas suchte. Als eine Deadline drohte, verschwendete sie zwei Stunden, um nach einfachen Versandtaschen zu suchen. Schließlich kaufte sie welche, obwohl sie schwor, dass sie eine brandneue Kiste davon hatte – irgendwo.

Wenn eine Anschaffung dafür sorgt, dass Sie besser organisiert sind oder Sie damit deutlich Zeit sparen, dann lohnt sich die Ausgabe normalerweise. Kathryn hob ihre Akten drei Jahre lang in Kartons auf. Das funktionierte eine Zeitlang, aber mit der Zeit vervierfachte sich die Anzahl der Kartons. Sie waren zwar eine genügsame Lösung, aber irgendwann beschloss sie, dass es billiger wäre, einen Aktenschrank zu kaufen, als jedes Mal Zeit und Energie damit zu verlieren, Papier umzuschichten und Kartons zu bewegen.

Falls Sie Hilfe dabei brauchen, sich zu organisieren, liegt das meist daran, dass Sie zu viel Kram haben. Werfen Sie den Müll weg, den Sie nicht benutzen. Oder spenden Sie ihn für einen guten Zweck. Zur Unterstützung empfehlen wir Ihnen die Lektüre von Clutter's Last Stand von Don Aslett.

Eine andere Methode für eine bessere Selbstorganisation besteht darin, Systeme für alles zu schaffen, was Sie in Ihrem Geschäft regelmäßig tun. Organisatorische Fehlschläge treten auf, wenn Sie Dinge dem Zufall überlassen. Sie brauchen Systeme, um Ihre Termine zu überwachen, Telefonanrufe zu beantworten, Bestellungen auszulösen, auf E-Mails zu antworten, Informationen abzulegen, auf die Sie reagieren müssen, Webseiten zu aktualisieren, Computerdateien zu sichern usw. So beantwortet Jay z. B. seine E-Mails immer sofort, damit sie sich nicht »stapeln«.

Zeit verwalten, Geld verwalten

Die Arbeitsplatzexpertin Alice Bredin sagt: »Einige wenige Angewohnheiten unterscheiden die produktiven Unternehmer von denen, die es eher schwer haben. Eine besteht darin, Zeit als Geld zu betrachten. Damit meine ich einen Unternehmer, der sich alle paar Stunden fragt: ,Mache ich etwas, mit dem ich Geld verdiene? Mein Unternehmen voranbringe?'«

»Guerilla-Strategien für den Durchbruch«

Co-Autor Terry Telford

Einführung in Joint Ventures

Das Arbeiten mit Unternehmenspartnern bietet Ihnen die Freiheit, in der Hälfte der Zeit doppelt so viel zu erreichen. Sie können mit mehreren Partnern an verschiedenen Joint-Venture-Projekten gleichzeitig arbeiten und Ihr Geschäft auf eine Art und Weise exponentiell ausweiten, die Sie allein niemals geschafft hätten.

Zu Anfang müssen Sie sich aktiv um Partner für Joint Ventures bemühen, doch wenn Sie sich in der Branche erst einmal einen Namen gemacht haben, wendet sich das Blatt und andere werden an Sie herantreten, um mit Ihnen zusammenarbeiten zu dürfen. Wenn Sie diese Stufe erreicht haben, müssen Sie nicht mehr jeden Tag nach neuen Partnern suchen. Sie können darauf warten, dass sich Ihnen aussichtsreiche Chancen öffnen. Sie dürfen wählerisch sein und müssen nur die besten annehmen. Ihr Geschäft wächst dadurch und dringt in ganz neue Sphären vor.

Natürlich können Sie auch weiterhin aktiv nach Partnern suchen, um die Expansion Ihres Unternehmens zu beschleunigen, aber das muss nicht länger ein großer Bestandteil Ihres Arbeitstages sein.

Beginnen wir mit einem Beispiel, das die Effektivität von Joint-Venture-Partnerschaften zeigt. Wenn Sie fünf bis zehn potenzielle Partner pro Tag kontaktieren, und das fünf Tage pro Woche, und zehn Prozent von diesen zusagen, dann sind das 1.300 bis 2.600 neue Joint-Venture-Kandidaten im Jahr. Falls jeder von diesen zwei Besucher am Tag auf Ihre Website schickt, sind das täglich 2.600 bis 5.200 Besucher auf

Ihrer Site. Verwandelt Ihre Website Besucher mit einer durchschnittlichen Rate von einem Prozent in Kunden, dann machen Sie 26 bis 52 Verkäufe pro Tag.

In Wirklichkeit schicken Ihnen zehn Prozent Ihrer Joint-Venture-Partner 90 Prozent Ihres Traffic, Sie kommen aber trotzdem auf ungefähr dieselben Zahlen. Am Ende haben Sie vielleicht 130 bis 260 Partner, die Ihnen täglich 20 Besucher oder mehr schicken. Wenn Sie feststellen, wer aktiv Ihre Website bekanntmacht, können Sie enger mit diesen zusammenarbeiten, um deren Effektivität zu erhöhen. Am Ende gewinnen beide Seiten.

Stürzen wir uns also gleich hinein. Die Strategien und Taktiken, die wir behandeln, erlauben es Ihnen, die Macht des Internet auszunutzen, um ein selbstgesteuertes, exponentielles Wachstum Ihres Unternehmens zu erleben. Also, los geht's.

Joint-Venture-Partnerschaften für Marketing

Zuerst schauen wir uns eine Joint-Venture-Partnerschaft für das Marketing an. Diese Partnerschaften lassen sich am einfachsten einrichten. Sie bieten Ihnen die Gelegenheit, Ihre Partnerschaft schnell auf Kompatibilität zu testen. Wir schauen uns darüber hinaus auch Joint-Venture-Partnerschaften für Produktentwicklung und für den Betrieb ganzer Unternehmen an.

Zuerst verschaffen wir uns einen Überblick über Ihr Unternehmen. Es gibt zwei Möglichkeiten, potenzielle Kunden zu kontaktieren. Sie können mittels herkömmlicher Marketing- und Werbemethoden an sie herantreten, was relativ viel Zeit, Geld oder beides beansprucht. Oder Sie setzen Ihre Zeit und Ihr Geld ein, um ausgewählte Gruppen von Menschen mit große Netzwerken anzusprechen und lassen diese Ihre Marketingbotschaft verbreiten. Die zweite Methode ist eine wahre Guerilla-Marketingstrategie, weil sie es Ihnen erlaubt, Ihr Zeit und Ihr Kapitel optimal auszunutzen.

> **Wenn Sie Joint-Venture-Partnerschaften mit Branchenführern entwickeln, die Sie und Ihre Produkte und Dienstleistungen den Massen vorstellen, sparen Sie Zeit, Geld und Aufwand.**

Wenn Sie Joint-Venture-Partnerschaften mit Branchenführern entwickeln, die Sie und Ihre Produkte und Dienstleistungen den Massen vorstellen, sparen Sie Zeit, Geld und Aufwand.

Die Zusammenarbeit mit Branchenführern hat außerdem einen weiteren Vorteil: geborgte Glaubwürdigkeit. Wenn ein Branchenführer Ihre Produkte oder Dienstleistungen empfiehlt, dann steht Ihr Unternehmen gleich in einem ganz anderen Licht da. Ihr Glaubwürdigkeit wird auf ein viel höheres Niveau gehoben.

Scheuen Sie sich nicht davor, an jemanden heranzutreten, mit dem Sie zusammenarbeiten wollen. Es spielt keine Rolle, ob diese Person Ihrer Meinung nach zehnmal erfolgreicher ist als Sie. Das sind die Leute, mit denen Sie Joint-Venture-Partnerschaften eingehen wollen. Sie sind am schwierigsten zu erreichen, aber da die meisten Entrepreneure es nicht einmal versuchen, haben Sie eine gute Chance, wenigstens die Aufmerksamkeit Ihres potenziellen Partners zu erregen. Versuchen Sie es einfach.

Was könnte im schlimmsten Fall passieren? Man lässt Sie mit Pauken und Trompeten abtreten. Es ist aber zu 99,99 Prozent wahrscheinlich, dass niemand, den Sie wegen einer Joint-Venture-Partnerschaft fragen, so gemein sein wird. Seien Sie also nicht schüchtern, sondern reden Sie mit der gewünschten Person. Man kann höchstens »Nein« zu Ihnen sagen. Und wenn Sie es genau betrachten, ist ein »Nein« wirklich nicht so schlimm.

Was genau ist ein Joint Venture?

Joint-Venture-Partnerschaften gibt es in der Geschäftswelt schon seit Hunderten von Jahren. Zwei Unternehmen oder Einzelpersonen legen ihre Kräfte zusammen, um auf diese Weise von den Stärken des anderen zu profitieren, und stellen ein neues Unternehmen, Produkt oder eine neue Dienstleistung her, das bzw. die stärker, vielseitiger oder markttauglicher ist als das, was sie allein gemacht hätten.

Schauen Sie sich um. Überall begegnen Ihnen Joint Ventures: Sony Ericsson, Colgate-Palmolive, Verizon Wireless und Nokia Siemens Networks sind bzw. waren Ergebnisse von Joint-Venture-Partnerschaften.

Online sind Joint Ventures oft sogar noch einfacher und erfordern fast überhaupt keinen Aufwand. Das einfachste Joint Venture im

Online-Bereich besteht zwischen einem Produkteigentümer und einem Datenbank- oder Listeneigentümer. Der Produkteigentümer bietet dem Datenbankeigentümer eine höhere Kommission pro Verkauf an als normal, wenn der Listeneigentümer eine Empfehlung für das Produkt verschickt. Das ist ein ziemlich einfaches Joint Venture, funktioniert aber erstaunlich gut.

Joint Ventures im Online-Bereich bestehen sehr oft zwischen Produkt- und Datenbank-Eigentümern.

Viele Online-Unternehmen haben nur mit dieser Art von Joint Venture ein enormes Wachstum erfahren.

Die Listeneigentümer gewinnen, weil sie mehr Geld umsetzen. Die Produkteigentümer gewinnen, weil sie ebenfalls mehr Geld umsetzen. Außerdem gewinnen sie neue Kunden, was der größte Vorteil von allen ist.

Wo finde ich diese Listeneigentümer?

Bis etwa 2003 gab es eine Unmenge an elektronischen Magazinen oder Newslettern (E-Zines). Man konnte Werbefläche in den E-Zines kaufen und relativ preiswert sehr viele Menschen erreichen. Mit der Zunahme von Spam und der Abnahme der E-Zine-Leser sanken auch die Antwortraten auf Anzeigen in diesen E-Zines.

Heutzutage gibt es nur noch eine Handvoll hochwertiger E-Zines, in denen man Werbung machen kann. Die Mehrzahl der »altmodischen« E-Zine-Herausgeber hörte auf, Werbeflächen in ihren Publikationen zu verkaufen und achtete vermehrt auf die Qualität der Informationen, die sie an ihre Abonnenten verschickten. Diese persönlichen Listen sind mittlerweile Gold wert, aber man kann üblicherweise keine Werbeflächen mehr darin kaufen. Sie können aber die Herausgeber kontaktieren und Joint Ventures

Ein Joint Venture mit einem Herausgeber, der eine private Liste führt, auf der er keine Werbefläche verkauft, hat viel größere Vorteile, als das Geld für Werbung auszugeben.

mit ihnen eingehen, manchmal auf einmaliger Basis, manchmal aber auch länger – je nachdem, welche Beziehung Sie mit dem Herausgeber aufbauen.

Vorteile, die Sie anbieten könnten

Hier ist eine Liste mit Vorteilen, die Sie Ihren potenziellen Joint-Venture-Partnern bieten könnten. Diese Vorteile sind die Taktiken, mit denen Sie Ihre potenziellen Partner locken, auf Ihren Vorschlag einzugehen.

★ Höhere Kommissionen

★ Ein Werbemailing auf Ihre Liste oder Datenbank

★ Discount-Angebot für die Liste Ihres potenziellen Partners

★ Erweiterte Garantie, die nur über Ihren Partner gewährt wird

★ Kostenlose Boni für Ihren potenziellen Partner und dessen Liste

★ Alternative Zahlungsmöglichkeiten

★ Verzögerte Rechnungslegung

★ Preisausschreiben

★ Consulting oder Gruppentraining

Ein Joint Venture mit einem Herausgeber, der eine private Liste führt, auf der er keine Werbefläche verkauft, hat viel größere Vorteile, als das Geld für Werbung auszugeben. Dies ist einer der deutlichsten Unterschiede zwischen einem Online- und einem Offline-Direktmarketing-Geschäft.

Offline-Unternehmen, die Direktmarketing betreiben, mieten ihre Listen mit potenziellen Kunden, Abonnenten und Kunden von Listen-Brokern. Das Vermieten Ihrer zielgenauen Listen bietet ein zweites Einkommen, das manchmal Ihren primären Geschäften gleichkommt.

Online sind die großen Listeneigentümer sehr auf den Schutz ihrer Listen bedacht. Sie werden nicht vermietet, verkauft oder eingetauscht. Um Ihr Produkt oder Ihre Dienstleistung über diese großen, persönlichen Listen zu vermarkten, müssen Sie eine Beziehung zum Listeneigentümer aufbauen und eine Joint-Venture-Partnerschaft eingehen. Selbst wenn es nur eine einmalige Angelegenheit ist und der Listeneigentümer nichts weiter macht, als eine Empfehlung für Ihr Produkt zu versenden – um im Gegenzug höhere Kommissionen zu kassieren –, kann es für Sie ausgesprochen rentabel sein. Voraussetzung ist, dass Ihr Produkt auf die Interessen der Listenabonnenten abgestimmt ist.

Joint Ventures können buchstäblich in wenigen Minuten ausgehandelt werden. Sie rufen Ihren potenziellen Partner an, er stimmt Ihrem Vorschlag zu, Sie richten den Deal ein und das war's. Vielleicht fangen Sie während einer Konferenz, bei einem Treffen oder beim Mittagessen ein Gespräch an. Am Ende könnten Sie die Joint-Venture-Partnerschaft in Sack und Tüten haben. Es kann andererseits natürlich auch Monate oder Jahre dauern, bis Sie sich mit dem Partner geeinigt haben. Das hängt von Ihrem Geschäft, der Komplexität des Handels und der Branche ab.

Wir beginnen mit einem einfachen Joint Venture. Bevor wir aber loslegen, wollen wir uns auf unseren Erfolg vorbereiten. Erstens: Teilen Sie Ihr Joint-Venture-System in zwei Komponenten auf – Strategie und Taktik. Ihre Strategien sagen Ihnen, was Sie tun, und Ihre Taktiken, wie Sie es tun werden. Kümmern wir uns zuerst um die Strategien.

Strategien

Bevor Sie an Ihre potenziellen Partner herantreten, müssen Sie sich darüber klarwerden, was Sie von dem Handel erwarten und was Sie Ihrem Joint-Venture-Partner im Gegenzug geben wollen. Schreiben Sie dies kurz und knapp auf. So haben Sie einen Plan, wenn Sie mit Ihrem Gegenüber reden. Dieser Entwurf hilft Ihnen auch am Telefon, Ihre Gedanken zu organisieren und das Gespräch auf Linie zu halten. Ihr potenziellen Partner werden beeindruckt sein, weil Sie damit zeigen, dass Sie genau wissen, was Sie tun.

Taktiken

Als Nächstes denken Sie über Ihre Taktiken nach. Wie wir bereits erwähnten, handelt es sich hierbei um den »Wie«-Teil Ihres Plans oder die Frage, was Sie Ihren Partnern geben werden.

Der Deal

Es gibt keine Beschränkungen hinsichtlich der Anzahl oder Arten der Deals, die Sie mit Ihren Joint-Venture-Partnern ausarbeiten können. Hier sind einige Beispiele:

★ Produktentwickler können ihren Partnern ein Muster ihres Produkts überlassen. Dafür schreiben diese eine Empfehlung und schicken sie auf ihre Listen.

★ Dienstleister können für Marketing und Werbung einen Service anbieten.

★ Webmaster mit Mitgliedsseiten können im Austausch für den Marketingaufwand ihrer Partner Monats- oder Jahresmitgliedschaften anbieten.

Wenn Sie eine Joint-Venture-Partnerschaft eingehen, bei der ein Produkt entsteht, sind Hunderte von Variablen zu beachten. Wir empfehlen daher, sich bei Joint-Venture-Partnerschaften eher auf den Werbe- und Vertriebsaspekt zu konzentrieren.

»Guerilla-Networking«

Co-Autor Monroe Mann

Networking, d. h. der Aufbau eines Netzwerks aus Kontakten, bedeutet NICHT, dass man Menschen trifft. Ganz und gar nicht – und deshalb ist es auch kein Wunder, dass sich so viele Entrepreneure komplett verloren fühlen, wenn es um Networking geht, das eigentlich ganz einfach sein sollte. Networking sollte einfach sein und es IST einfach. Der Schlüssel zu Ihrem Erfolg liegt lediglich in der Frage, welche Definition von Networking Sie für sich übernehmen.

Guerilla-Networking heißt nicht »Leute treffen«. Stattdessen bedeutet es »die Art von Person werden, die andere Leute gern treffen wollen«.

Nehmen Sie nur einmal einige der wirklich großen Namen, wie etwa Bill Gates, Tony Hawk und Sandra Bullock. Sie haben die Macht des Networking auf das höchste Niveau getrieben: Die Menschen wollen sie treffen.

Fragen Sie sich selbst: Würden Menschen stundenlang Schlange stehen, um eine dieser drei Personen zu treffen? Ja! Warum? Die Antwort ist ganz einfach. Sie wissen, wie man ein Netzwerk aufbaut, weil sie die Art von Person geworden sind, die andere Menschen gern treffen würden.

Dieses Netzwerkprinzip gilt übrigens auch für das Dating, für Freundschaften und ja, auch für kleine Unternehmen. Warum sollten Sie sich ab-

> Guerilla-Networking heißt NICHT Leute treffen. Stattdessen bedeutet es, die Art von Person zu werden, die andere Leute gern treffen wollen.

mühen, um Menschen zu treffen, wenn Sie die gleiche Energie investieren können, um in Ihrem Bereich interessant zu werden, damit die Leute, die Sie gern treffen würden, zu Ihnen kommen?!

Hier liegt auch die Macht dieses Prinzips: Sie schlagen zwei Fliegen mit einer Klappe. Während Ihre langweilige Konkurrenz – die niemand treffen möchte – Tag für Tag verzweifelt unterwegs ist, um Leute kennenzulernen, legen Sie aktiv Ihre ganze Energie in das Unterfangen, so cool wie menschenmöglich zu werden: Indem Sie abwechslungsreiche Angebote machen, indem Sie führend auf Ihrem Gebiet werden und indem Sie ein atemberaubendes Marketing starten, nehmen Sie die Branche im Sturm.

Das Ergebnis: Ihre Konkurrenz, die Presse und die Kunden drängeln sich vor Ihrer Tür und versuchen, Sie zu treffen.

Für Ignoranten scheint dieses öffentliche Interesse ein glücklicher Zufall zu sein. Sie hingegen wissen, dass es in Wirklichkeit das Ergebnis Ihrer beharrlichen, harten Arbeit war und Ihr narrensicherer Networking-Plan endlich Früchte trägt: Sie sind die Art von Person/Unternehmen geworden, die andere gern treffen und mit denen sie gern zusammenarbeiten würden.

> **Treffen mit Menschen bringen nichts, wenn Sie ihnen nichts Interessantes zu bieten haben.**

Wenn Sie weiterhin versuchen, Menschen kennenzulernen, ohne Ihren Marketingansatz zu ändern und zu verbessern, verschwenden Sie nur Ihre Zeit. Treffen mit Menschen bringen nichts, wenn Sie ihnen nichts Interessantes zu bieten haben.

Sie bemerken außerdem vermutlich, niemand möchte erzählt bekommen, wie wunderbar Sie sind. Die Leute wollen das gern selbst herausfinden. Und dies ist ein weiterer Schlüssel zum Guerilla-Networking: Ihre Errungenschaften sind weniger eindrucksvoll, wenn Sie sie den Menschen selbst auf die Nase binden müssen.

> **Ihre Errungenschaften sind weniger eindrucksvoll, wenn Sie sie den Menschen selbst auf die Nase binden müssen.**

Schlussfolgerung: Wenn Sie Ihre Networking-Karten richtig ausspielen und interessante Dinge machen, werden sich die Leute scharen, um Sie kennenzulernen. Sie sollten E-Mails, Telefonanrufe und Briefe von all denen erhalten, die Sie (und Ihr Unternehmen) so cool finden, dass sie gern Geschäfte mit Ihnen machen wollen. Geschieht dies nicht, liegt das daran, dass Sie nicht einprägsam genug waren. In diesem Fall müssen Sie Ihre Strategie schleunigst überdenken!

Denken Sie also daran: Networking bedeutet nicht, dass Sie Leute treffen. Es bedeutet, dass Sie die Art von Person werden, die andere Leute gern kennenlernen möchten. Werden Sie so cool wie möglich, bringen Sie Ihre Marke unter die Leute und erlauben Sie es uns, selbst herauszufinden, wie cool Sie sind.

Mit anderen Worten: Versuchen Sie nicht unbedingt, uns kennenzulernen. Der Trick ist, uns dazu zu bringen, Sie kennenlernen zu wollen. Und wenn Sie dieses Buch lesen, dann sind Sie definitiv jemand, den zu treffen sich lohnt.

50 bewährte Methoden, um Menschen anzulocken!

1. Schreiben Sie ein erfolgreiches Buch.
   - ★ TRADITIONELLES NETWORKING: Verbringen Sie Ihre Zeit damit, Bücher von anderen zu lesen, die Sie eines Tages zu treffen hoffen.
   - ★ GUERILLA-NETWORKING: Verbringen Sie Ihre Zeit damit, Bücher zu schreiben, die andere dazu verleiten, Sie kennenlernen zu wollen.
2. Werden Sie Experte auf Ihrem Gebiet.
   - ★ TRADITIONELLES NETWORKING: Verbringen Sie Ihre Zeit damit, Experten auf Ihrem Gebiet kennenzulernen und sich mit ihnen anzufreunden.
   - ★ GUERILLA-NETWORKING: Verbringen Sie einige Zeit damit, einer dieser Experten zu werden.
3. Werden Sie berühmt.
   - ★ TRADITIONELLES NETWORKING: Davon träumen, berühmte Leute zu treffen.
   - ★ GUERILLA-NETWORKING: Eine berühmte Person werden, damit andere berühmte Personen sie gern treffen möchten.
4. Bieten Sie Investitionskapital an
   - ★ TRADITIONELLES NETWORKING: Versuchen Sie, Geldmenschen zu treffen.
   - ★ GUERILLA-NETWORKING: Bieten Sie an, in die Projekte anderer Leute zu investieren und werden Sie dadurch selbst zu einem Geldmenschen.

5. Seien Sie ein Netzwerk-Knotenpunkt.

   ★ TRADITIONELLES NETWORKING: Daran arbeiten zu erkennen, wer die zentralen Stellen im Netzwerk sind, und verzweifelt versuchen, eine Verbindung zu ihnen herzustellen.

   ★ GUERILLA-NETWORKING: Selbst ein Mittelpunkt im Netzwerk werden, so dass andere die Verbindung zu Ihnen suchen.

6. Kommen Sie in eine Fernseh-/Radiosendung oder werden Sie das Thema eines Zeitungs- oder Zeitschriftenartikels.

   ★ TRADITIONELLES NETWORKING: Versuchen, die Aufmerksamkeit der Medien zu erregen.

   ★ GUERILLA-NETWORKING: So coole Sachen machen, dass die Medien um Ihre Aufmerksamkeit buhlen.

7. Nehmen Sie die Dinge selbst in die Hand.

   ★ TRADITIONELLES NETWORKING: Darauf warten, dass irgendwann etwas passiert.

   ★ GUERILLA-NETWORKING: Dafür sorgen, dass Dinge nach Ihren Regeln geschehen.

8. Bieten Sie an, Menschen zu helfen.

   ★ TRADITIONELLES NETWORKING: Versuchen, alle anderen dazu zu bringen, Ihnen zu helfen.

   ★ GUERILLA-NETWORKING: Anbieten, jemand anderem zu helfen.

9. Stellen Sie sich den Menschen vor.

   ★ TRADITIONELLES NETWORKING: Die Menschen vergessen Sie, sobald Sie sich abwenden.

   ★ GUERILLA-NETWORKING: Jeder spricht über Sie, obwohl Sie schon lange weg sind.

10. Lächeln Sie immer.

   ★ TRADITIONELLES NETWORKING: Unbewusst Mitleid heischen, indem Sie die Stirn runzeln.

   ★ GUERILLA-NETWORKING: Mit Ihrem Lächeln bewusst Verbündete suchen.

11. Fangen Sie Gespräche an.

   ★ TRADITIONELLES NETWORKING: Hoffen, dass alle schon wissen, wer Sie sind.

   ★ GUERILLA-NETWORKING: Annehmen, dass niemand Sie kennt.

12. Werden Sie »cool«.

★ TRADITIONELLES NETWORKING: Versuchen, mit den »coolen« Leuten herumzuhängen.

★ GUERILLA-NETWORKING: Selbst diese coole Person werden.

13. Werden Sie beachtenswert.

★ TRADITIONELLES NETWORKING: Versuchen, mit den beachtenswerten Menschen in Kontakt zu kommen.

★ GUERILLA-NETWORKING: Selbst diese beachtenswerte Person werden.

14. Machen Sie etwas Radikales.

★ TRADITIONELLES NETWORKING: Gehen Sie auf Nummer Sicher.

★ GUERILLA-NETWORKING: Erkennen Sie, dass das Brechen von Regeln oft belohnt wird.

15. Werden Sie zum Mittelsmann.

★ TRADITIONELLES NETWORKING: Annehmen, dass ein Mittelsmann eine zwielichtige Position ist, die man mit allen Mitteln vermeiden sollte.

★ GUERILLA-NETWORKING: Erkennen, dass genau das Gegenteil der Fall ist.

16. Riskieren Sie einen Fehlschlag.

★ TRADITIONELLES NETWORKING: Risiko vermeiden.

★ GUERILLA-NETWORKING: Erkennen, dass es oft cool ist, etwas zu riskieren.

17. Senden Sie eine E-Mail.

★ TRADITIONELLES NETWORKING: Annehmen, dass Sie nie eine Antwort bekommen.

★ GUERILLA-NETWORKING: Erkennen, dass Sie das nicht wissen können.

18. Seien Sie kreativ.

★ TRADITIONELLES NETWORKING: Glauben, dass Kreativität zu schwer ist.

★ GUERILLA-NETWORKING: Verstehen, das Kreativität einfach das Gegenteil von Mittelmäßigkeit ist.

19. Schreiben Sie einen gepfefferten Brief an den Herausgeber.
    - ★ TRADITIONELLES NETWORKING: Auf Nummer Sicher gehen.
    - ★ GUERILLA-NETWORKING: Eine Kontroverse auslösen.

20. Schreiben Sie eine Pressemitteilung.
    - ★ TRADITIONELLES NETWORKING: Versuchen, tatsächlich die Herausgeber zu treffen.
    - ★ GUERILLA-NETWORKING: Die Herausgeber verführen, Sie treffen zu wollen.

21. Stellen Sie einen Pressesprecher ein.
    - ★ TRADITIONELLES NETWORKING: Alles selbst machen.
    - ★ GUERILLA-NETWORKING: Ihre begrenzte Zeit so effektiv wie möglich nutzen.

22. Finden Sie ihre »empfindliche Stelle«
    - ★ TRADITIONELLES NETWORKING: Mehr über die Person herausfinden.
    - ★ GUERILLA-NETWORKING: Die Person verstehen.

23. Geben Sie eine Anzeige auf.
    - ★ TRADITIONELLES NETWORKING: Zum potenziellen Partner gehen.
    - ★ GUERILLA-NETWORKING: Den potenziellen Partner ermutigen, zu Ihnen zu kommen.

24. Hinterlassen Sie eine Voice-Mail.
    - ★ TRADITIONELLES NETWORKING: Darauf bestehen, mit jemandem zu sprechen.
    - ★ GUERILLA-NETWORKING: Dafür sorgen, dass man Sie zurückruft.

25. Rufen Sie sie an.
    - ★ TRADITIONELLES NETWORKING: Nur das Minimum machen.
    - ★ GUERILLA-NETWORKING: Alles tun, was nötig ist, um es geschehen zu lassen.

26. Beziehen Sie sie in Ihre Danksagungen ein.
    - ★ TRADITIONELLES NETWORKING: Sich nach dem Tag sehnen, an dem Sie von jemandem anerkannt werden.
    - ★ GUERILLA-NETWORKING: Sich selbst anerkennen.

27. Werden Sie ihr Freund.
    - ★ TRADITIONELLES NETWORKING: Sich fragen, wieso Sie nicht mehr Freunde haben.
    - ★ GUERILLA-NETWORKING: Daran arbeiten, die Art von Person zu werden, mit der andere befreundet sein wollen.

28. Tun Sie ihnen einen Gefallen.

★ TRADITIONELLES NETWORKING: Gewähren Sie Gefallen mit einem Hintergedanken.

★ GUERILLA-NETWORKING: Gewähren Sie Gefallen aus Großzügigkeit.

29. Erlauben Sie ihnen, IHNEN einen Gefallen zu tun.

★ TRADITIONELLES NETWORKING: Von sich selbst nicht besonders viel halten.

★ GUERILLA-NETWORKING: Erkennen, dass auch Sie Hilfe verdienen.

30. Sagen Sie Danke.

★ TRADITIONELLES NETWORKING: Hoffen, dass andere Ihnen danken.

★ GUERILLA-NETWORKING: Ihnen zuerst danken.

31. Werden Sie ein Erfolg in Ihrem Feld.

★ TRADITIONELLES NETWORKING: Glauben, dass Sie eine bestimmte Person treffen oder mit einem bestimmten Unternehmen verbündet sein müssen, um erfolgreich zu werden.

★ GUERILLA-NETWORKING: Erkennen, dass umso mehr Menschen in Ihrem Feld mit Ihnen zusammenarbeiten wollen, je mehr Dinge Sie tun, um erfolgreich zu sein.

32. Helfen Sie jemandem, erfolgreich zu werden.

★ TRADITIONELLES NETWORKING: Darauf warten, dass jemand anderes Ihnen hilft, erfolgreich zu werden.

★ GUERILLA-NETWORKING: Jemand anderem helfen, vor Ihnen erfolgreich zu werden.

33. Erfinden Sie etwas Aufregendes.

★ TRADITIONELLES NETWORKING: Immer denken: »He, ich habe mir das ausgedacht!«

★ GUERILLA-NETWORKING: Ihre Gedanken in die Tat umsetzen.

34. Machen Sie unsere Leben auf irgendeine Art leichter.

★ TRADITIONELLES NETWORKING: Wünschen, dass irgendjemand Ihr Leben leichter macht.

★ GUERILLA-NETWORKING: Ihr Leben selbst leichter machen.

35. Gehen Sie in eine Fernseh-Talkshow.
    - ★ TRADITIONELLES NETWORKING: Fernsehen schauen.
    - ★ GUERILLA-NETWORKING: Im Fernsehen sein.
36. Lassen Sie sich weiterempfehlen.
    - ★ TRADITIONELLES NETWORKING: Verzweifelt Taktik für fehlgeschlagene Taktik einsetzen, um »jemanden kennenzulernen«.
    - ★ GUERILLA-NETWORKING: Jemanden dazu bringen, Sie dieser Person vorzustellen.
37. Gehen Sie aus dem Haus.
    - ★ TRADITIONELLES NETWORKING: Darauf warten, dass der Erfolg an Ihre Tür klopft.
    - ★ GUERILLA-NETWORKING: Die Tür öffnen, um die Chancen hereinzulassen.
38. Erzählen Sie den Menschen, was Sie tun werden.
    - ★ TRADITIONELLES NETWORKING: Ihre Ambitionen für sich behalten.
    - ★ GUERILLA-NETWORKING: Den Mut haben, es der Welt zu sagen.
39. Erzählen Sie den Menschen, was Sie getan haben.
    - ★ TRADITIONELLES NETWORKING: Denken, dass Sie prahlen.
    - ★ GUERILLA-NETWORKING: Wissen, dass alles wahr ist.
40. Sagen Sie den Menschen, was Sie momentan machen.
    - ★ TRADITIONELLES NETWORKING: Es für sich behalten, damit Sie es nicht beschreien.
    - ★ GUERILLA-NETWORKING: Es allen erzählen, damit diese mit von der Partie sein können.
41. Danken Sie ihnen – ERNEUT!
    - ★ TRADITIONELLES NETWORKING: Unhöflich und taktlos sein.
    - ★ GUERILLA-NETWORKING: Erkennen, dass niemand es allein schaffen kann.
42. Machen Sie etwas, das niemand zuvor getan hat.
    - ★ TRADITIONELLES NETWORKING: Die Linien auf einem Blatt Papier bunt nachzeichnen.
    - ★ GUERILLA-NETWORKING: Einen Papierflieger falten.

43. Machen Sie etwas BESSER, als es gegenwärtig gemacht wird.
   - ★ TRADITIONELLES NETWORKING: Aufhören, wenn es gut genug ist.
   - ★ GUERILLA-NETWORKING: Immer danach streben, es noch besser zu machen.

44. Gehen Sie eine Partnerschaft mit einem größeren Namen ein.
   - ★ TRADITIONELLES NETWORKING: Es allein machen.
   - ★ GUERILLA-NETWORKING: Hilfe gewinnen.

45. Geben Sie ihnen, was sie brauchen.
   - ★ TRADITIONELLES NETWORKING: Ihnen geben, was sie Ihrer Meinung nach brauchen.
   - ★ GUERILLA-NETWORKING: Ihnen geben, was sie tatsächlich brauchen.

46. Lösen Sie ein Problem.
   - ★ TRADITIONELLES NETWORKING: Die Probleme aufdecken.
   - ★ GUERILLA-NETWORKING: Sie lösen.

47. Seien Sie nützlich.
   - ★ TRADITIONELLES NETWORKING: Zeit, Energie und Ressourcen verschwenden.
   - ★ GUERILLA-NETWORKING: Es nicht tun.

48. Seien Sie die Antwort auf ihre Gebete.
   - ★ TRADITIONELLES NETWORKING: Für eine Lösung beten.
   - ★ GUERILLA-NETWORKING: Die Antwort auf die Gebete eines anderen werden.

49. Erwähnen Sie beiläufig Leute, die Sie kennen.
   - ★ TRADITIONELLES NETWORKING: Die Namen einfach so fallenlassen (»Namedropping«).
   - ★ GUERILLA-NETWORKING: Die Namen strategisch günstig platzieren.

50. Seien Sie ein Guerilla.
   - ★ TRADITIONELLES NETWORKING: Leute treffen.
   - ★ GUERILLA-NETWORKING: Die Art von Person werden, die andere Leute treffen wollen.

Die Quintessenz

★ Guerilla-Networking bedeutet NICHT, Leute zu treffen. Es bedeutet, die Art von Person zu werden, die andere Leute gern kennenlernen und treffen wollen.

★ Guerilla-Networking hat NICHTS damit zu tun, wen Sie kennen oder wer Sie kennt. Es geht darum, wer Sie ausreichend schätzt, um Ihre Telefonanrufe anzunehmen.

★ Guerilla-Networking bedeutet NICHT, jemanden zu umschmeicheln. Es geht darum, die Art von Person zu werden, die andere Leute umschmeicheln wollen.

★ Guerilla-Networking hat NICHTS mit einem großen Rolodex zu tun. Es geht darum, die Art von Person zu werden, deren Daten andere Leute in ihren Rolodex aufnehmen wollen.

★ Guerilla-Networking bedeutet NICHT, dass Sie ausgehen müssen. Es bedeutet, die Art von Person zu werden, die andere Leute einladen.

★ Guerilla-Networking bedeutet NICHT, Visitenkarten auszuteilen. Es bedeutet, so berühmt und erfolgreich zu sein, dass man keine Visitenkarten benötigt.

★ Guerilla-Networking bedeutet NICHT, sich auf Partys einzuschleichen. Es bedeutet stattdessen, der Gastgeber von Partys zu sein, in die sich andere einschleichen wollen.

★ Guerilla-Networking bedeutet NICHT, Investoren zu suchen. Stattdessen geht es darum, Projekte zu entwickeln, in die jedermann investieren möchte.

★ Guerilla-Networking bedeutet NICHT, sich zu verabreden. Es bedeutet, die Art von Person zu werden, mit der sich alle anderen verabreden wollen.

★ Guerilla-Networking bedeutet NICHT, sich an den Projekten anderer zu beteiligen. Stattdessen bedeutet es, Projekte zu starten, an denen sich alle anderen gern beteiligen möchten.

»Als Guerilla öffentlich auftreten«

Co-Autor Craig Valentine

Guerillas, die vor einem Publikum sprechen, versuchen immer, vier Dinge zu erreichen: Das Publikum soll zuhören und dann denken, handeln, lachen und lernen. Hier sind sechs Strategien, mit denen Sie das erreichen.

Die ersten 30 Sekunden Ihrer Präsentation sind entscheidend. Mehr Zeit braucht das Publikum nicht um zu entscheiden, ob es Ihnen zuhören sollte oder nicht.

1. Beginnen Sie mit einem Knall

Die ersten 30 Sekunden Ihrer Präsentation sind entscheidend. Mehr Zeit braucht das Publikum nicht um zu entscheiden, ob es Ihnen zuhören sollte oder nicht. Verschwenden Sie Ihre Zeit nicht mit Begrüßungen wie »Ich bin so froh, dass ich hier sein darf« oder »Danke, dass ich Gelegenheit erhalte, heute zu Ihnen zu sprechen«. Sie sind langweilig und vorhersehbar. Starten Sie stattdessen mit einem Knall, indem Sie gleich mit einer Geschichte oder einem großartigen Versprechen einsteigen.

Starten Sie mit einem Knall und steigen Sie gleich mit einer Geschichte oder einem großartigen Versprechen ein.

So würde ich (Craig) z. B. mit einer unwiderstehlichen Geschichte anfangen und dann gleich zu diesem Versprechen kommen: »In den nächsten 45 Minuten werden Sie lernen, wie Sie das Publikum dazu bringen, an Ihren Lippen zu hängen und auf jedes Ihrer Worte zu lechzen. Sie werden das Geheimnis aufdecken, wie Sie mit einer einstündigen Rede mehr neue Kunden generieren als die meisten Entrepreneure in einem

Monat.« Sie können sich sicher sein, dass dieses Versprechen die Aufmerksamkeit der Zuhörer stärker fesselt als der Wetterbericht, mit dem die meisten Redner beginnen.

2. Erzählen Sie eine Geschichte und verkaufen Sie einen Prozess

Der verstorbene, großartige Bill Gove (erster Präsident der National Speakers Association) gab uns den zeitlosen Rat, »eine Geschichte zu erzählen und Argumente zu bringen«. Wenn die Menschen Ihre Geschichte und Ihre Argumente annehmen, können Sie ihnen fast alles verkaufen. Geschichten funktionieren, weil sie Emotionen auslösen, und Menschen treffen Entscheidungen mit Emotionen, die durch Logik gestützt werden. Sie müssen sie wie jedes große Werkzeug mit äußerster Integrität benutzen, damit Ihre Ware tatsächlich Ihr Versprechen hält.

> Geschichten funktionieren, weil sie Emotionen auslösen, und Menschen treffen Entscheidungen mit Emotionen, die durch Logik gestützt werden.

3. Richten Sie sich an Ihre visuellen, auditiven und kinästhetischen Lerner

Das bedeutet, dass Sie Ihre Worte und Gesten (und die gelegentliche Folie) verwenden sollten, um Bilder für die visuellen Lerner zu malen. Sprechen Sie für Ihre auditiven Lerner deutlich und mit passenden Änderungen in Betonung, Tempo, Tonhöhe und Lautstärke sowie entsprechenden Pausen. Beziehen Sie schließlich Aktivitäten und andere Formen der Interaktion ein, wie etwa Fragen an das Publikum, Herumlaufen zwischen den Zuhörern und Aufforderungen zum Mitmachen, um sie kinästhetisch zu beteiligen. Wenn Sie es nicht schaffen, einen dieser Lernstile anzusprechen, erreichen Sie nur einen Teil Ihres Publikums. Das schadet Ihren Verbindungen und Ihren Ergebnissen.

4. Enden Sie niemals mit einer Frage-Antwort-Runde

Das ist ein riesiger Fehler, den die meisten Redner machen. Zuhörer erinnern sich am besten an das, was zuerst und zuletzt kam. Sorgen Sie deshalb dafür, dass das letzte, was sie hören, eine starke Botschaft ist. Überlassen Sie nichts dem Zufall. Frage-Antwort-Runden sind toll – aber nur, wenn Sie sie mit einem starken Abschluss krönen, der Ihre wichtigsten Punkte zusammenfasst und Ihrem Publikum ein emotionales Hoch beschert.

5. Überhäufen Sie das Publikum nicht mit Daten

Es ist viel effektiver, nur drei wesentliche Punkte zu haben, die das Publikum verdauen kann, anstatt ihm mit Gewalt zehn Ideen einzurichten, die es überfordern. Sie riskieren nämlich, dass die Zuhörer Ihre Rede komplett verwerfen. In einem Artikel können Sie ruhig zehn Punkte darlegen. In einer Rede geht das nicht. Es gilt immer noch: Weniger ist mehr.

> Es ist viel effektiver, nur drei wesentliche Punkte zu haben, die das Publikum verdauen kann.

6. Sprechen Sie im Plauderton mit Ihrem Publikum

Die Tage der gebrüllten, agitatorenhaften Reden sind vorbei. Guerillas machen so etwas nicht. Kommen Sie hinter dem Rednerpult hervor, stellen Sie sich offen und direkt vor das Publikum und sprechen Sie mit ihm so, wie Sie mit einem Freund sprechen würden. Denken Sie daran, dass Sprechen ein Dialog ist, und Ihr Publikum auch gehört werden möchte. Die Leute nehmen sich zu Herzen, woran sie selbst mitgewirkt haben. Suchen Sie deshalb nach Möglichkeiten, die Zuhörer zu einem Teil Ihrer Rede zu machen. Je stärker Ihre Verbindung zu den Leuten wird, umso schneller wächst Ihre Geschäft. Besuchen Sie http://www.craigvalentine.com und schauen Sie sich den kostenlosen Bericht an, »Wie Sie Ihr Publikum fesseln und am Ende davon profitieren«.

> Kommen Sie hinter dem Rednerpult hervor, und stellen Sie sich offen und direkt vor das Publikum.

Ein letzter Gedanke

Ich stimme Jay Conrad Levinson völlig zu: »Marketing ist alles«. Sprechen ist ein Teil des Marketing und das Sprechen kann Ihnen einen großen Anteil an Ihrem Gewinn einbringen, wenn Sie diese Werkzeuge einsetzen. Es wird Sie begeistern, wie schnell Sie mit jeder Rede neue Leads, Kunden und Gewinne erzielen. Das Einzige, was Sie überraschen wird, ist, wie viel andere Redner immer noch übriglassen.

»Guerilla-Marketing für Autoren«

Co-Autoren Michael Larsen, Rick Frishman und David Hancock

Wenn Sie ein Buch schreiben, erhöhen Sie Ihre Glaubwürdigkeit am Markt und etablieren sich als Experte in Ihrer Branche sowie als Autorität auf dem Gebiet, über das Sie schreiben. Ihr Buch ist die ultimative Visitenkarte.

Das Ziel besteht darin, Bücher an große und mittelgroße Verlagshäuser zu verkaufen. Diese wollen Autoren mit einem guten Konzept, einer großen Plattform und einem starken Werbeplan.

Wie Sie ein Buchkonzept schreiben

Ihr Plan folgt »The Author's Platform«, einer Liste, die in absteigender Bedeutung alles aufzählt, was Sie getan haben und tun, online und offline – nach Möglichkeit mit Zahlen –, um Ihnen und Ihrem Thema die ständige Aufmerksamkeit Ihrer potenziellen Buchkäufer zu gewähren. Ein Plan zeigt, wie Sie Ihre Plattform ausnutzen, um Bücher zu verkaufen. Verleger sind normalerweise vorsichtig, was Pläne betrifft, es sei denn, sie sind eine glaubwürdige Erweiterung der aktuellen Tätigkeit des Autors.

Ihr Plan beginnt mit der Überschrift »Werbung«, wo Folgendes zu lesen ist: »Um das Buch bekanntzumachen, wird der Autor ...« Dann kommt eine Liste der Dinge, die Sie online und offline machen werden, um das Buch über den Ladentisch zu hieven. Idealerweise geben Sie auch Zahlen an. Jeder Eintrag in der Liste endet mit einem Verb.

> **Ein Buch ist die ultimative Visitenkarte.**

Die Teile eines Konzepts

Die meisten Konzepte umfassen 35 bis 50 Seiten und bestehen aus drei Teilen: dem Überblick, der Gliederung und einem Beispielkapitel.

Der Überblick

Ihr Überblick muss beweisen, dass Sie eine marktfähige, praktische Idee haben und die richtige Person sind, um über diese Idee zu schreiben und das Buch bekanntzumachen.

★ Märkte. Die Arten von Lesern und Verkäufern, Organisationen oder Institutionen, die an Ihrem Buch interessiert sein werden. Dazu gehört die Größe jeder Gruppe und andere Informationen, die zeigen, dass Sie Ihr Publikum kennen und wissen, wie Sie für diese Zielgruppe schreiben sollten. Andere mögliche Märkte: Schulen, Unternehmen und Nebenmärkte wie Film oder ausländische Verlage.

★ Die Autorenplattform. Eine Liste in absteigender Wichtigkeit mit all den Dingen, die Verleger von Ihrer Sichtbarkeit bei Ihren Lesern überzeugen. Dazu kann die Anzahl der Besucher oder Abonnenten Ihres Blogs oder Ihrer Website gehören, Ihre Kontakte in den sozialen Netzwerken und die Online-Artikel, die Sie veröffentlicht haben. Ihre Plattform kann die Anzahl Ihrer veröffentlichten Artikel in den Printmedien enthalten, die Anzahl Ihrer Vorträge pro Jahr, die Anzahl der Zuhörer, die Sie dabei haben, wo Sie sie halten und Ihre Auftritte in den Medien. Von Autoren von Zitatebüchern erwarten Verleger nicht, dass sie eine Plattform haben, von Autoren von Business-Titeln dagegen schon. Bei bestimmten Arten von Büchern ist eine Autorenplattform immens wichtig.

★ *Über den Autor.* Maximal eine Seite über sich selbst mit Informationen, die nicht auf Ihrer Plattform stehen. Beginnen Sie mit den wichtigsten Informationen.

★ Werbung. Ein Plan, der so beginnt: »Um das Buch bekanntzumachen, wird der Autor«, gefolgt von einer Liste der Dinge (in absteigender Eindrücklichkeit), die Sie machen werden, um für das Buch zu werben, und zwar online und offline während des entscheidenden Erscheinungszeitraums, der zwischen zwei Wochen

Informationen, die Sie bekanntgeben müssen

Liefern Sie so viel Stoff über sich und Ihr Buch, wie Sie aufbringen können. Dazu gehört unter anderem Folgendes:

★ Der Eröffnungsknaller, der die Verleger für Ihr Thema begeistern soll

★ Der Aufhänger des Buches

★ Der Titel und der Verkaufstext, bis zu 15 Stichwörter, mit denen das Buch gesucht werden kann

★ Die Bücher oder Autoren, die Sie als Modelle für Ihr Buch verwenden

★ Die vorgeschlagene (oder tatsächliche) Länge Ihres Manuskripts und Ihr Lieferdatum

★ Die Vorzüge des Buches (optional)

★ Besondere Eigenschaften (optional)

★ Informationen über eine selbstverlegte Auflage (optional)

und drei Monaten dauern könnte. Beginnen Sie jeden Eintrag mit einem Verb und geben Sie nach Möglichkeit Zahlen an. Verleger erwarten von Memoirenschreibern keine großartigen Pläne. Je kleiner der Verlag ist, mit dem Sie sich zufriedengeben, umso unwichtiger ist dieser Plan.

★ Konkurrenzbücher. Eine Liste der etwa zehn größten Konkurrenten für Ihr Buch – nicht nur Bestseller. Zusätzlich zu den grundlegenden Informationen über jedes Buch (Titel, Autor, Verlag, Erscheinungsjahr, Seitenzahl, Format, Preis, ISBN) schreiben Sie zwei Sätze über die jeweiligen Stärken und Schwächen des Konkurrenten.

★ Ergänzende Bücher. Eine Liste von maximal zehn Büchern wie Ihrem, die beweisen, dass es einen Markt für Ihr Buch gibt.

★ Spin-Offs (optional). Die Titel von bis zu drei verwandten Nachfolgebüchern.

★ Vorwort (optional). Ein Vorwort von jemandem, dessen Name Ihrem Buch Glaubwürdigkeit verleiht und auch in zwei Jahren noch dessen Verkaufsfähigkeit sichert. Sammeln Sie nach Möglichkeit Zusagen für Zitate, die auf das Cover des Buches kommen.

★ Ein Leitspruch (optional). Ein in der ersten Person geschriebener Absatz über Ihre Leidenschaft oder Ihr Hingabe für das Thema und das Buch.

Die Gliederung

Fügen Sie eine Seite mit dem Inhaltsverzeichnis hinzu, in dem die Kapitel und Anhänge aufgeführt sind. Bieten Sie anschließend einen oder zwei Absätze über jedes Kapitel an, in dem Sie Verben wie beschreiben, erklären und diskutieren verwenden. Hat das Buch eher Informationscharakter, reicht eine selbsterklärende Liste der Informationen, die das Kapitel enthalten soll.

Ein Beispielkapitel

Schließlich sollten Sie noch ein Beispielkapitel mitliefern, das Ihren Schreibstil zeigt und den Lektor oder Verleger davon überzeugt, dass Sie Ihr Versprechen an die Leser halten. Das Buch soll ja eine ebenso erfreuliche wie erhellende Sache für alle Beteiligten werden. Zehn Prozent des Buches oder ungefähr 25 Seiten reichen dafür aus.

»Guerilla-Geschäftsgeheimnisse«

Co-Autor Steve Savage

Anstatt Sie mit Geschichten über Geschäftsgeheimnisse zu traktieren, erscheint es uns passender, eine Liste der wichtigsten Geheimnisse zu präsentieren. Schließlich sind Sie ein Guerilla und Ihre Zeit ist kostbar. Diese Geheimnisse sind das Ergebnis jahrelanger Erfahrungen bei der Geldbeschaffung für große und kleine Unternehmen. Sie sind erprobt und haben sich als erfolgreich erwiesen. Auch wenn sie Ihnen vielleicht ganz simpel erscheinen mögen, hat es doch Jahre gedauert, einige von ihnen zu entdecken.

Schnelle Tipps für Guerilla-Geschäftsgeheimnisse

★ Wählen Sie ein heißes Produkt und attackieren Sie einen Markt.
★ Treiben Sie die Entscheidungsfindung voran.
★ Sorgen Sie dafür, dass alle sich wichtig fühlen.
★ Befördern Sie Ihre Verkaufsleute.
★ Sorgen Sie dafür, dass es leicht ist, mit Ihrem Unternehmen Geschäfte zu machen.
★ Machen Sie aus Ihrem Geschäft ein Abenteuer.
★ Verbessern Sie die Idee eines anderen.
★ Seien Sie anders.
★ Nutzen Sie Ihren Verstand, nicht Ihr Geld.
★ Vermeiden Sie Rechtsstreitigkeiten und schließen Sie lieber freundliche Kompromisse.
★ Helfen Sie Ihrer Gemeinschaft vor Ort.

* Engagieren Sie nur dann Berater, wenn diese wirklich von Wert sind.
* Kontrollieren Sie Ihr Wachstum.
* Verwandeln Sie eine Katastrophe in einen Triumph.
* Fürchten Sie sich nicht vor einem Neubeginn.
* Machen Sie es dem Kunden leicht.
* Analysieren Sie den »typischen« Verkäufer – und machen Sie das Gegenteil.
* Benutzen Sie Mailings für ein dramatisches Wachstum.
* Engagieren Sie Verkäufer aus Ihrem Zielmarkt.
* Diversifizieren Sie nur, wenn Sie Ihr Kernprodukt und Kernterritorium optimiert haben.
* Lassen Sie nicht zu, dass die Rechtsanwälte die einzigen Gewinner sind.
* Fügen Sie neue Produkte nur mit Vorsicht hinzu.
* Mieten Sie, solange Sie können; bauen Sie, wenn Sie müssen.
* Setzen Sie Frauen in Führungspositionen.
* Arbeiten Sie schwer und klug.
* Nutzen Sie Telemarketing, um die Verkäufe anzukurbeln.
* Verkaufen Sie, bevor Sie den Höchststand erreichen.
* Testen Sie alles.
* Die Markteinführung muss den Test emulieren.
* Weiten Sie Ihre Tests aus, bevor Sie sich zu einem neuen Programm verpflichten.
* Engagieren Sie professionelle Manager, wenn Sie Ihre Grenzen erreichen.
* Vermeiden Sie Bürokratie; arbeiten Sie von zuhause aus.
* Ein leichter Verkauf reicht nicht, es ist die leichte Lieferung, die zählt.
* Verkaufen Sie Ihr Unternehmen, kaufen Sie es zurück.
* Werden Sie international, wenn Sie Ihren heimischen Markt bedient haben.
* Brechen Sie Regeln – jeden Tag.
* Fragen Sie nicht nach der Erlaubnis der Regierung.
* Engagieren Sie einen lokalen Manager, dem Sie vertrauen.
* Gehen Sie erst dann in andere Länder, wenn Sie im ersten Land ein stabiles Management haben.

★ Richten Sie einen Vertrieb ein, wenn sich eine Tochtergesell-
schaft nicht rechtfertigen lässt.

★ Arbeiten Sie in Ländern, in die andere sich nicht trauen.

★ Schlagen Sie zu, wenn die wirtschaftlichen Faktoren stimmen.

★ Verkaufen Sie Ihr Unternehmen, kaufen Sie es zurück und verkaufen Sie es erneut.

★ Verlassen Sie ein Land, nachdem Sie alles ausprobiert haben,
aber nichts erfolgreich war.

★ Lernen Sie die Sprache.

★ Es gibt nichts Aufregenderes als das Geschäft.

★ Lieben Sie Ihr Geschäft.

★ Fürchten Sie sich nicht vor dem Scheitern.

★ Machen Sie es einfach.

★ Vertrauen Sie auf Ihr Gefühl.

★ Nehmen Sie Ihren Job ernst, nicht sich selbst.

★ Lassen Sie den Entrepreneur heraus.

★ Gier und Eigennutz sind die einzigen ehrlichen Methoden, um
ein Unternehmen zu betreiben.

★ Internationale Entwicklungen brauchen Zeit.

»Guerilla-Marketing und das menschliche Ego«

Co-Autor Alexandru Israil

Marketing wird von Menschen durchgeführt. Jeder Mensch hat ein Ego. Manche von ihnen sind ganz in Ordnung, andere wieder sind riesig.

Marketing und Werbung sind riesige Ego-Magneten.

Das Ego beeinflusst das menschliche Verhalten stärker, als wir uns vorstellen können. Die Dinge, die Menschen im Leben tun, werden von ihrem Ego nicht nur beeinflusst, sondern sogar diktiert. Leute, die Entscheidungen im Marketing treffen, sind keine Ausnahmen – im Gegenteil, Marketing und Werbung sind riesige Ego-Magneten.

Der eigentliche Zweck des Marketing – dem Unternehmen einen höheren Gewinn einzubringen – wird manchmal um des Egos Willen geopfert. Der erste Schritt zur Verbesserung Ihres Marketings besteht darin, den Einfluss des Egos zu entdecken.

Fragen Sie sich, wie oft Ihre Entscheidungen von Ihrer eigenen Interpretation der Welt beeinflusst wurden und nicht von dem, was Ihr Kunde denken, brauchen oder wünschen könnte.

Falls Sie Verantwortung tragen – falls Sie also direkt an der Verbesserung des Marketingprozesses interessiert sind –, sollten Sie zuallererst Ihr eigenes Ego untersuchen. Fragen Sie sich, wie oft Ihre Entscheidungen von Ihrer eigenen Interpretation der Welt beeinflusst wurden und nicht von dem, was Ihr Kunde denken, brauchen oder wünschen könnte. Die Menschen neigen zu der Auffassung, dass die Außenwelt nach ihrem persönlichen Muster geformt wird. Dabei ist das einer der größten Fehler und seine Implikationen für Entrepreneure oder Menschen, die sich mit Marketing und Verkauf befassen, sind immens.

Unzählige Male werden Entscheidungen im stillen Kämmerlein getroffen. Marketingabteilungen stimmen über ein wichtiges Layout in einer Werbekampagne ab, ohne ihre Kunden oder die allgemeine Öffentlichkeit zu befragen. Medienvehikel werden aufgrund persönlicher Gefühle und Vorlieben ausgewählt. Markenfarben, Hintergründe, Fotos und Models werden genommen, weil sie dem Geschmack des Entscheidenden passen. Niemand fragt die Kunden, was sie am besten überzeugen würde.

Werkzeuge, um dem Einfluss des Egos zu entfliehen

Es gibt eine Reihe von Werkzeugen, die Ihnen helfen können, der Störung durch das Ego in Ihrem Marketing zu entkommen. Eines besteht darin, mit Ihren Leuten zu reden. Machen Sie ihnen klar, dass das Ergebnis ihrer Arbeit darin liegen soll, dem Unternehmen Profit einzubringen.

Eine andere Methode, um dem Einfluss des Egos zu entfliehen, ist, die Sichtweise des Kunden zu übernehmen. Fragen Sie einfach. Fragen Sie Ihren Kunden. Dafür gibt es Fokusgruppen, Fragebögen, Umfragen, Telefonanrufe, Foren, soziale Medien. Machen Sie sich bewusst, was Ihr Kunde denkt. Das gibt Ihnen Macht. Zeigen Sie Ihren Marketingleuten diese Daten und lehren Sie sie, aus der Perspektive des Kunden zu denken. Auf diese Weise schrumpft ihr Ego und die Gewinne des Unternehmens steigen.

> Eine andere Methode, um dem Einfluss des Egos zu entfliehen, ist es, die Sichtweise des Kunden zu übernehmen. Fragen Sie einfach. Fragen Sie Ihren Kunden.

»Guerilla-Verkaufen«

Co-Autoren Orvel Ray Wilson mit William K. Gallagher Sr.

Die Anzeige im Comic sagte: »Gewinne ein Fahrrad!« Nun, ich wusste es nicht besser. Ich dachte, es sei ein Wettspiel. Ich riss den Coupon aus und schickte ihn hin. Dann bekam ich eine Kiste mit Pflanzensamen und diese Anweisungen: Ich sollte von Haus zu Haus gehen und sie für 25 Cent pro Päckchen verkaufen, obwohl man sie für einen Zehner bei Buddy & Lloyds kaufen konnte. Und dann gab es ein ganzes Skript und all diese Regeln: Gehe nicht über den Rasen, gehe immer auf dem Fußweg, tritt von der Tür zurück, nachdem du geklingelt hast. Und sage immer: »Ja, Ma'am«, »Nein, Ma'am«, »Danke, Ma'am«.

Nun, ich wusste es nicht besser. Ich war neun Jahre alt. Ich machte alles so, wie es gesagt worden war. An einem klaren, kalten Frühlingssonnabend zog ich meine besten Sachen an, zog los und klingelte an jeder Tür in unserer Gegend.

Dann überquerte ich die Straße, die zu überqueren meine Mutter mir verboten hatte, und klingelte auch dort an jeder Tür. Gegen 2 Uhr nachmittags war es offensichtlich, dass meine Zukunft nicht im Verkauf liegen würde.

Sie wissen, dass es einfach ist aufzugeben, wenn man müde, hungrig und erschöpft ist. Ich nahm also eine Abkürzung auf dem Weg nach Hause, und da war diese Frau in ihrem Garten. Sie hatte ihre Haare zusammengebunden und schwang eine Schaufel, weil sie gerade ein Beet anlegte.

Ich schrie also zu ihr hinüber: »HEY, LADY, SIE BRAUCHEN NICHT ZUFÄLLIG SAMEN FÜR DEN GARTEN?«

Sie hielt inne, lehnte sich auf ihre Schaufel und fragte: »Was hast'n da?«

»Ich habe ALLES. Was WOLLEN Sie?«

Und natürlich war ihre nächste Frage: »WIE VIEL?«

»FÜNFUNDZWANZIG CENT.«

»Fünfundzwanzig CENT? Ich kann Samen bei Buddy & Lloyds für einen ZEHNER kaufen. WARUM SOLLTE ICH FÜNFUNDZWANZIG CENT BEZAHLEN?«

Das war die Stelle, an der ich zu weinen begann.

»Weil ich versuche, ein FAHRRAD zu gewinnen, DESHALB.«

Sie kaufte mir für neun Dollar etwas ab!

Und was habe ich aus dieser einen Transaktion gelernt?

Ich lernte, dass Leute, die Samen kaufen, Samen kaufen. Und Leute, die keine Samen kaufen, kaufen keine Samen. So läuft es nun einmal auf der Welt.

Ich lernte außerdem: Man geht nicht an die Vordertür und klingelt dort. Dazu hat man keine Zeit. Man geht auf der Straße auf und ab und späht in die Hinterhöfe. Dort sucht man nach dem Erdhaufen, der im letzten Jahr der Garten wart, und dann geht man an die Hintertür, und wenn niemand antwortet, geht man wieder hin, bis man die Chance hat, seine Geschichte zu erzählen.

Ich lernte außerdem, dass eine kleine Änderung eine große Wirkung haben kann. Eine Frau fragte: »Wie viel für einen Dollar?«

Nun, ich dachte, dass dies eine dumme Frage sei. Ich war erst in der zweiten Klasse, aber rechnen konnte ich. »Sie kosten jeweils 25 Cent, oder VIER für einen Dollar.«

»Okay«, sagte sie, »ich nehme für einen Dollar.«

Beim nächsten Haus änderte ich meine Preisansage: »Sie kosten jeweils 25 Cent oder vier für einen Dollar.« Sofort verdoppelten sich auf wundersame Weise meine Verkäufe.

Mein Preisfahrrad war ein rotes Huffy mit einem Bananensitz und hochgezogenem Lenker mit Wimpeln. Ich steckte so viele Spielkarten in die Speichen, dass es wie eine Harley klang, wenn ich die Straße hinunterfuhr.

Und das war für mich der Beginn einer lebenslangen Liebesaffäre mit Verkauf und Marketing. Falls Weinen für Sie übrigens funktioniert, ist das in Ordnung.

1989 lud mich Jay Conrad Levinson ein, mit ihm zusammen eine Fortsetzung seines Buches *Guerilla Marketing* zu schreiben. Dieses Buch wurde zu einem Klassiker. Zusammen mit den anderen Büchern der Guerilla-Reihe half es Millionen von Verkäufern, kleinen Unternehmern und Entrepreneuren wie Ihnen, Erfolg und Wohlstand zu erlangen. In diesem Kapitel verraten wir Ihnen einige der neuesten Waffen und Taktiken, die wir in den letzten 20 Jahren auf unseren Reisen, bei Vorträgen und Trainings gesammelt haben. Die Beispiele und Geschichten handeln von Menschen wie Ihnen, die den guten Kampf gekämpft und gegen alle Widerstände gewonnen haben.

Wie Sie neue Kunden schnappen

Es sind sechs Schritte:

1. Bedarf
2. Budget
3. Festlegung
4. Präsentation
5. Transaktion
6. Belohnung

Die Menschen folgen IMMER diesen sechs Schritten, wenn sie einen großen Einkauf tätigen.

Neukundensuche auf Guerilla-Art

Suchen Sie Leute, die Ihr Angebot schon haben wollen, brauchen und kaufen müssen. Fragen Sie:

★ Haben sie einen Bedarf?

★ Haben sie ein Budget?

★ Haben sie die Autorität, sich festzulegen?

★ Haben sie eine Motivation, jetzt zu handeln?

Fünf Schritte beim Suchen künftiger Kunden

1. Identifizieren Sie Ihre künftigen Kunden, diejenigen, die am wahrscheinlichsten von Ihnen kaufen werden. Ihren Spitzenkunden. Ihre besten Aussichten sind die größten Kunden Ihres Konkurrenten. Achten Sie auf die Altersstruktur.
2. Gehen Sie hinaus ins Feld.
3. Gehen Sie ungewöhnlich, kreativ oder unerwartet vor.
    ★ Flaschenpost
    ★ Brieftaube
4. Stellen Sie viele Fragen – die 38 magischen Verkaufsfragen.
5. Hören Sie aufmerksam zu.
    ★ Wahren Sie Blickkontakt
    ★ Geben Sie verbale Rückmeldungen
    ★ Geben Sie nonverbale Rückmeldungen
    ★ Machen Sie ganz offensichtlich Notizen
    ★ Bitten Sie um Klarstellungen
    ★ Fassen Sie mit eigenen Worten zusammen
    ★ Fragen Sie: »Wer? Was? Wann? Wo? Wie?«
    ★ Fragen Sie nicht: »Wieso?«

Das Eisberg-Prinzip

In der Psychologie der Kundenbedürfnisse sind es die unausgesprochenen Motivationen, die den Entscheidungsprozess vorantreiben.

Nur zehn Prozent eines Eisbergs sind über der Wasseroberfläche zu sehen. Ärger bereitet Ihnen der Teil, der nicht zu sehen ist.

Welchen Problemen sehen sich Ihre Kunden gegenüber? Welche Ressourcen sind vorhanden, um dieses Problem zu lösen? Welche anderen Lösungen werden in Betracht gezogen? Decken Sie wenigstens eine Sorge auf.

Fünf Dinge, die jeder Kunde braucht

1. Sich willkommen fühlen
2. Sich wohl fühlen
3. Sich wichtig fühlen
4. Sich verstanden fühlen
5. Sich anerkannt fühlen

Die 38 magischen Verkaufsfragen

1. Welches ist Ihr Hauptziel?
2. Wie planen Sie, Ihr Ziel zu erreichen?
3. Welches ist das größte Problem, dem Sie sich momentan gegenübersehen?
4. Welche anderen Probleme erfahren Sie?
5. Was machen Sie momentan, um dem zu begegnen?
6. Welches ist Ihre Strategie für die Zukunft?
7. Welche anderen Ideen haben Sie?
8. Welche Rolle spielen andere bei der Entstehung dieser Situation?
9. Wer ist noch betroffen?
10. Was benutzen Sie jetzt?
11. Was gefällt Ihnen am besten daran?
12. Was gefällt Ihnen am wenigsten daran?
13. Wenn Sie Dinge auf irgendeine gewünschte Art haben könnten, was würden Sie ändern?
14. Welche Auswirkungen hätte dies auf die aktuelle Situation?
15. Was würde Sie motivieren, etwas zu ändern?
16. Haben Sie eine besondere Vorliebe?
17. Was war Ihre Erfahrung?
18. Woher wissen Sie das?
19. Gibt es etwas anderes, das Sie gern sehen würden?
20. Wie viel wäre es Ihnen wert, dieses Problem zu lösen?
21. Was würde es am Ende kosten, wenn die Dinge so blieben, wie sie sind?
22. Arbeiten Sie in den Grenzen eines Budgets?

23. Wie planen Sie, es zu finanzieren?
24. Welche Alternativen haben Sie in Betracht gezogen?
25. Welchen Vorteil würden Sie als Ergebnis persönlich aus der Sache ziehen?
26. Wie würden andere profitieren?
27. Wie kann ich helfen?
28. Gibt es etwas, das ich übersehen habe?
29. Gibt es Fragen, die Sie gern stellen würden?
30. Was sehen Sie als nächsten Schritt?
31. Wer wäre – neben Ihnen selbst – an einer Entscheidung beteiligt?
32. Auf einer Skala von 1 bis 10: Wie zuversichtlich sind Sie im Hinblick auf die Entscheidung?
33. Was wäre erforderlich, um eine 10 zu erreichen?
34. Müssen Sie eine bestimmte Deadline erreichen?
35. Wie schnell würden Sie gern anfangen?
36. Wann würden Sie gern die Lieferung entgegennehmen?
37. Wann sollten wir uns treffen, um das erneut zu diskutieren?
38. Gibt es etwas anderes, um das ich mich kümmern sollte?

Acht Arten von Abschlüssen

1. Der Rx-Abschluss
   »Basierend auf dem, was Sie mir gesagt haben, brauchen Sie...«
2. Der Action-Abschluss
   »Wenn Sie mir eine PO-Nummer geben können, lege ich heute gleich los.«
3. Der Kleine-Wahl-Abschluss
   »Sollten sie Montag beginnen oder wäre Ihnen Dienstag lieber?«
4. Der Frage-Abschluss
   »Welches Datum haben wir heute?«
5. Der Zusatz-Abschluss
   »Jetzt brauchen Sie noch ... Ich empfehle außerdem ...«
6. Der Größere-Bestellung-Abschluss
   »Es gibt einen Rabatt über ... Dollar.«

7. Der voraussetzende Abschluss
»Ich schaue nächsten Dienstag noch einmal herein um zu sehen, wie Sie vorankommen.«
8. Der Heute-Abschluss
»Wenn Sie jetzt handeln, kann ich noch Folgendes hinzugeben: ...«

Sieben entscheidende Mitspieler, denen Guerillas begegnen, wenn sie in die Organisation eines potenziellen Kunden eindringen

1. Torwächter. Nicht befugt, »Ja« zu sagen, und darauf trainiert, »Nein« zu sagen.
2. Beeinflusser. Beurteilt Ihren Vorschlag aus technischer oder finanzieller Sicht.
3. Einkäufer. Gibt das Geld frei.
4. Entscheider. Kann »Nein« sagen, auch wenn alle anderen »Ja« sagen.
5. Benutzer. Müssen eine Weile mit dieser Entscheidung leben.
6. Spion. Jemand, der aus ganz eigenen Gründen möchte, dass Sie erfolgreich sind.
7. Saboteur. Jemand, der aus ganz eigenen Gründen möchte, dass Sie scheitern.

Kriterienwörter

Das ist ein sehr machtvolles Konzept. Jeder potenzielle Kunde hat eine Reihe von Kriterien, die das fragliche Produkt oder die Dienstleistung erfüllen muss. Außerdem haben sie alle ein ganz spezielles Vokabular, um diese Kriterien zu beschreiben. Wenn Sie feststellen können, welches diese Kriterien sind, und dann DASSELBE Vokabular einsetzen, um Ihre Lösung zu beschreiben, erleichtern Sie es den potenziellen Kunden, Ihr Angebot zu verstehen, zu akzeptieren und zu kaufen.

Es mag 100 gute Gründe geben, weshalb man von Ihnen kaufen sollte. Am Ende jedoch hängt die Entscheidung von den ein oder zwei Gründen ab, die der Kunde am wichtigsten findet.

Bedürfnisse vs. Wünsche

1. Universelle Kriterien: Stolz, Profit, Bedarf, Liebe, Angst
2. Objektive Kriterien: Größe, Form, messbares Ergebnis
   - »Was brauchen Sie in einem...?«
   - »Was ist Ihr Hauptziel?«
   - »Können Sie mir mehr darüber sagen?«
   - »Müssen Sie einen Termin einhalten?«
3. Subjektive Kriterien: Kein Gedankenlesen!
   - »Was wollen Sie in einem...haben?«
   - »Welche Probleme haben Sie damit gehabt?«
   - »Weshalb wollen Sie das ändern?«
   - »Welches waren Ihre Erfahrungen?«
   - »Gibt es noch etwas, das Sie mir sagen sollten?«

Die mächtigste Belohnung, die Sie einem Kunden geben können: Aufmerksamkeit!

Nachfassaktion
- ★ 48 Stunden
  - Hat es so funktioniert, wie versprochen?
  - Hat es so funktioniert, wie erwartet?
- ★ 7 Tage, unerwartete Probleme treten auf
- ★ 30 Tage, um Empfehlungen bitten
- ★ 90 Tage, Zubehör, Material anbieten
- ★ 6 Monate, Upgrades anbieten
- ★ Anschließend jährlich, Up-Sell, Cross-Sell und Resell des Unternehmens, des Produkts und Ihrer selbst

Eine Haltung der Dankbarkeit, Versenden von Dankeschön-Karten

★ Machen Sie es heute

★ Sollten handgeschrieben sein

★ Schreiben Sie im Aktiv

★ Sagen Sie, welches der nächste Schritt sein wird

★ Fassen Sie sich kurz

★ Und seien Sie natürlich ehrlich

Wie Sie Kunden dazu bringen, mehr zu bezahlen

Kunden bezahlen mehr. Sie haben es gemacht. Sie können eine Cola für 75 Cent aus dem Automaten kaufen. Wenn Sie im Restaurant eine Cola bestellen, dann ist sie im Glas mit einem Strohhalm und Eis und kostet 3,50 Dollar. Ich frage mich, sind Glas und Eis und Strohhalm tatsächlich 2,75 Dollar wert?

Und jammern wir herum und beschweren uns, dass es zu teuer ist? Natürlich nicht.

Kunden bezahlen für alle möglichen Sachen mehr.

Es gibt hier eine ganze Liste. Haken Sie einfach die Dinge ab, die Sie nutzen könnten, um für den Kunden einen Mehrwert zu erzeugen.

★ Sie bezahlen mehr für höhere Qualität. Das steht außer Frage. Der Maytag-Techniker ist nicht einfach nur einsam. Er ist alt und einsam. Guerillas übersetzen höhere Qualität in einen höheren Wert um. Der rechtfertigt dann auch den höheren Preis. »Wenn es Ihnen wichtig genug ist, schicken Sie das Beste!«

★ Sie bezahlen für einen überragenden Service. Fragen Sie Nordstrom (amerikanische Kaufhaus- und Versandhauskette).

★ Sie bezahlen mehr für Authentizität, das wahre Ding, das echte Produkt.

★ Im Louvre in Paris können Sie das vermutlich berühmteste Gemälde der Welt bestaunen, Leonardo Da Vincis Porträt von Lisa Gherardini del Giocondo, besser bekannt als Mona Lisa. Bei all dem Hype kann es eine ziemliche Enttäuschung sein. Es hängt bei Dämmerlicht allein in einer großen Halle. Und es ist klein: nur 77cm x 53cm groß. Es ist mehr als 500 Jahre alt und nicht unbedingt charmant gealtert. Die Farben sind rissig und matt und verblichen. Und es ist hinter dicken Scheiben aus Panzerglas verbarrikadiert. Trotzdem haben Wissenschaftler die Pigmente analysiert und dieses Meisterwerk digital nachgestellt, so wie es ausgesehen haben muss, als es um 1506 frisch bei Da Vinci auf der Staffelei stand. Diese Reproduktion ist dem Original ästhetisch in jeder Hinsicht überlegen. Im Souvenirladen können Sie für nur 20 Euro Repliken in Postergröße kaufen, während das Original als unbezahlbar gilt.

★ Sie bezahlen mehr für Unternehmensstabilität: ein Unternehmen, das seit der Landung der Pilgerväter im Geschäft ist. Erzählen Sie die Geschichte, wie Ihr Großvater aus der Alten Welt gekommen und mit seinem Bruder und seinen Cousins das Unternehmen gegründet hat? Kluge Kunden wählen lieber einen technisch und finanziell gesunden Anbieter als einen, der überholt ist oder kurz vor dem Aus steht.

★ Sie bezahlen mehr für Zuverlässigkeit. Zeigen Sie Ihrem Kunden, dass Sie zuverlässig sind? Geht jemand beim zweiten Klingeln ans Telefon? Erscheinen Sie auf die Minute pünktlich zu Ihren Terminen? Alles, was Sie machen (oder nicht machen), verrät etwas über Ihre Zuverlässigkeit.

★ Sie bezahlen mehr für soziale oder ökologische Werte. Recyclen Sie? Nutzen Sie recycelte Materialien? Nutzen Sie alternative Kraftstoffe in Ihren Fahrzeugen? Die Menschen bezahlen regelmäßig Hunderte, wenn nicht gar Tausende von Dollar für irgendeinen Schnickschnack auf einer Auktion für einen guten Zweck oder eine politische Sache. Viele Menschen entscheiden sich für Anbieter, die sozial, moralisch und ethisch verantwortlich handeln. Guten Willen zu zeigen und dies durch gutes Handeln zu unterstreichen, schafft einen Wert für diese Menschen.

- ★ Sie bezahlen mehr, wenn sie es mit kompetenten Verkäufern zu tun haben.
- ★ Wir hören dieses Argument ständig von unseren Kunden. »Oh, wir können uns kein Training leisten.«
- ★ »Wie bitte? Was meinen Sie, Sie können sich kein Training leisten?«
- ★ »Nun, was ist, wenn wir sie ausbilden und sie dann gehen?«
- ★ »Was ist, wenn Sie sie nicht ausbilden und sie bleiben?«
- ★ Käufer machen sich Sorgen, wenn ein Unternehmensvertreter das Produkt nicht kennt. Schlimmer wird es, wenn der Kunde denkt, dass Sie schlechte Informationen haben. Neutralisieren Sie diese ungünstige Situation, indem Sie ein Experte für Ihre Produkte werden.
- ★ Sie bezahlen mehr für Ihre Reputation. Wenn Ihr Kunde sich auf dem Markt unsicher ist, dann wählt er oft den Anbieter mit der besten Reputation.
- ★ Sie bezahlen mehr für eine Partnerschaft. Kluge Käufer wissen, dass der beste Anbieter ein Partner in ihrem gegenseitigen Erfolg wird. Wie können Sie eine Partnerschaft mit Ihrem Kunden aufbauen, um Ihre Chancen zu verbessern?
- ★ Sie bezahlen mehr für Konsistenz. Konsistente Qualität, Lieferung, Service und ständige Innovation schafft einen außergewöhnlichen Wert. Wenn Ihr Kunde weiß und darauf vertrauen kann, was er von Ihnen zu erwarten hat, verschwindet seine Unsicherheit und Sie gewinnen einen deutlichen Vorteil.
- ★ Sie bezahlen mehr für Maßfertigung. Verbringen Sie einmal die erste Augustwoche in Sturgis (Austragungsort der Sturgis Motorcycle Rallye) und denken Sie über die irren Preise nach, die für all die maßgeschneiderten Motorräder bezahlt wurden.
- ★ Sie bezahlen mehr für Autorität. Sind Sie ein respektierter Experte in Ihrem Markt? Haben Sie ein Buch geschrieben oder verschiedene Artikel veröffentlicht?
- ★ Sie bezahlen mehr für Popularität. Erinnern Sie sich an den Beanie-Baby-Wahnsinn? Viele Menschen lassen sich von dem beeinflussen, was gerade in Mode ist. Sie glauben: »Wenn es so beliebt ist, kann ich nichts falsch machen.« Sie wollen dazugehören und entscheiden sich daher für den Standard.

★ Sie bezahlen mehr für Exklusivität; sie können sie einfach nirgendwo anders bekommen. Guerillas sehen Exklusivität als einen Vorteil. Welches ist die eine Sache, die nur Sie können?

★ Sie bezahlen mehr für Knappheit.

★ Das Unternehmen DeBeers hat in Südafrika riesige Tresore, die bis zur Decke angefüllt sind mit Diamanten. Sie kontrollieren den Markt, denn würde DeBeers den wirklichen Bestand jemals freigeben, dann könnte man einen Fünf-Karat-Ehering für 10 Dollar kaufen.

★ Alles, was als knapp angesehen wird, gilt als besonders wertvoll, selbst wenn es nicht mehr Funktionalität mitbringt. Ein gutes Beispiel ist der »Beanie Baby«-Wahnsinn. Kleine Stofftiere, die für 7 Dollar das Stück verkauft wurden, erzielten Wiederverkaufspreise von Hunderten und gar Tausenden von Dollar, nachdem sie vergriffen waren. Die Wartezeit für ein Motorrad von Harley Davidson beträgt mehr als ein Jahr, und eine Maschine kostet gebraucht oft mehr als neu.

★ Sie bezahlen mehr für Entsorgung. Wer entsorgt Ihren alten Computer oder Ihre alte Matratze oder Ihre alten Autoreifen?

★ Sie bezahlen mehr für Miniaturisierung. Deshalb sind Computer immer kleiner geworden.

★ Sie bezahlen mehr für Robustheit. Ihr Kunde bezahlt mehr, wenn das, was Sie anbieten, auch am Ende der Produktlebensdauer einen Wert hat. Das kann der Schrottwert sein oder der Wiederverkaufswert oder die Garantie, dass Sie es zurücknehmen und gegen etwas Besseres eintauschen.

★ Sie bezahlen mehr für Verfügbarkeit. Sie wollen es am liebsten schon gestern haben.

★ Sie bezahlen mehr für die Lieferung. Deshalb bezahlen Sie 15 Dollar für FedEx statt 44 Cent für die normale Post. Denken Sie daran, wenn Sie Dinge für sich selbst kaufen, dann wollen Sie die bestmögliche Qualität für den niedrigstmöglichen Preis und es soll gestern geliefert werden. Ist es bei Ihrem Kunden etwa anders? Wenn Sie die Lieferzeiten verkürzen, wird es für Ihre Konkurrenz schwierig.

★ Sie bezahlen mehr für eine Beschleunigung. Sie wollen es aus dem Haus haben. Sie wissen schon: »Oh, wir haben nur noch eines im Lager und das ist in unserem Geschäft in Fort Worth. Soll ich es für Sie bereitlegen lassen und Sie holen es dort ab oder soll einer meiner Jungs einfach schnell in den Wagen springen und Sie treffen ihn auf halbem Weg?«

★ Sie bezahlen mehr für Flexibilität. Das Guerilla-Credo lautet, dass es einfach sein soll, mit Ihnen Geschäfte zu machen. Ihr Kunde zahlt mehr, wenn er dafür keine Probleme und Kopfschmerzen bekommt.

★ Sie bezahlen mehr für Finanzierung. Selbst Zeitungen bieten heutzutage unterschiedliche Zahlungsmöglichkeiten. Wenn Sie einen Kunden haben, der nach den Zahlungsbedingungen fragt, dann können Sie ihm sagen: »Wir können Ihnen zwei Prozent skonto bei Zahlung innerhalb von 30 Tagen anbieten oder Sie zahlen ungekürzt innerhalb von 90 Tagen.«

★ Sie bezahlen mehr für eine fortschrittlichere Technik. Können Sie iPad sagen?

★ Und sie bezahlen mehr für ein Produkt, das in einwandfreiem Zustand ankommt. Wenn die Ware Ihres Konkurrenten jemals verbogen, schmutzig oder beschädigt geliefert wurde, haben Sie einen riesigen Vorteil gewonnen. Fragen Sie Ihren Kunden, ob der Konkurrent schon einmal Lieferschwierigkeiten hatte oder das Produkt zurückrufen musste. Wenn Sie demonstrieren, dass Ihre Produkte garantiert in perfektem Zustand ankommen, erhöhen Sie Ihren Wert.

★ Sie bezahlen außerdem mehr, wenn Probleme schnell behoben werden. Es sind nicht Produktausfälle, die Probleme verursachen. Es sind Verzögerungen bei der Reparatur, die Geld kosten. Eine Umfrage hat herausgefunden, dass ein Kunde zu 95 Prozent erneut Geschäfte mit einem Unternehmen machen wird, wenn er feststellt, dass das Unternehmen sofort auf eine Reparaturanfrage reagiert. Schnelle Reaktion gibt reiche Belohnung.

★ Sie bezahlen mehr, um Geschäfte mit Unternehmen zu machen, die umweltfreundlich handeln. 87 Prozent der Kunden sagten, dass sie 2.000 Dollar mehr für ein Auto bezahlen würden, das 35 Meilen pro Gallone schafft (umgerechnet auf europäisches Denken: ein Auto, das höchstens 6,5 Liter pro 100 Kilometer verbraucht). Das ist ökonomisch nur sinnvoll, wenn sich der Benzinpreis während der gesamten Lebensdauer des Autos im Bereich von 4 Dollar pro Gallone bewegt. Inzwischen wurde der Toyota Prius zum ökologisch vernünftigsten Produkt des letzten Jahrzehnts gewählt. Da Unternehmen zunehmend bewusster auf Umweltfragen reagieren, wählen sie Lieferanten, die ressourcenschonend arbeiten. Ihr Kunde gibt Ihnen vermutlich Punkte für verantwortungsbewusstes Handeln.

★ Sie bezahlen mehr, um Dritten zu nützen. Deshalb bezahlen Sie vier Dollar für eine Schachtel Girl-Scout-Cookies. Sie sind gut, aber nicht so gut. Ich habe mit meiner Bigband auf einer Benefizveranstaltung auf einer lokalen Gemeindeschule gespielt und dort gesehen, wie jemand 5.000 Dollar für eine normale Flasche Wein bot. Profitiert eine dritte Partei von Ihrer Transaktion? Vielleicht ist man interessiert, mit Ihnen Geschäfte zu machen, weil die Familie Aktien Ihres Unternehmens hält?! Vielleicht ist ihr Kauf der Auslöser für eine Spende an eine gemeinnützige Sache?!

★ Sie bezahlen mehr, um die lokale Wirtschaft zu stärken. Vergleichen Sie die Preise im Supermarkt mit denen auf dem örtlichen Markt. 82 Prozent der befragten Menschen unterstützten bewusst lokale Unternehmen. Trendige Restaurants versorgen sich lokal und verlangen dafür mehr Geld. In unserem kleinen Bergort Coal Creek in Colorado gibt es eine kleine Tankstelle mit zwei Zapfsäulen und kleiner Autowerkstatt, die Leuten vor Ort gehört: Carl's Corner. Ich kaufe mein Benzin seit 20 Jahren bei Carl. Und Denise nervt mich jedes Mal: »Warum kaufst du Benzin bei Carl, wenn du es bei Conoco in Boulder fünf Cent billiger kriegen kannst?« »Weil wir mehr als Benzin brauchen«, antworte ich ihr. »Wir brauchen Carl. Du brauchst ihn, wenn die Propangasflasche für den Grill leer ist oder du einen Abschleppwagen brauchst. Und wenn wir seinen Laden nicht am Leben erhalten, dann haben wir im ganzen Canyon keinen Mechaniker mehr.«

* Sie bezahlen mehr für Produkte Made in the USA. Fragen Sie sie deshalb: »Spielt es für Sie eine Rolle, dass es in den USA hergestellt wurde?« Versuchen Sie einmal, Ihren Prius in einer VW-Werkstatt abzugeben.
* Sie bezahlen mehr für Markennamen: Disney, Gucci, Levi Strauss. »Niemand wird gefeuert, wenn er von IBM kauft.«
* Sie bezahlen mehr für Empfehlungen. Sie bezahlen mehr, um Geschäfte mit einem Unternehmen zu machen, das ihnen von einem vertrauenswürdigen Berater empfohlen wurde. Schließlich vertrauen sie Ihnen.
* Sie bezahlen mehr für eine geringere Belastung.
* Und sie bezahlen mehr dafür, um Geschäfte mit einem Anbieter zu machen, der mehr Spaß macht.

Haken Sie nun die Gründe ab, die SIE vorbringen können, um Ihren höheren Preis zu rechtfertigen. Vieles davon sind Dinge, die Sie BEREITS jetzt machen, aber sich nicht anrechnen lassen. Erklären Sie tatsächlich ALLE Aspekte Ihres Produkts oder Ihrer Dienstleistung, die Sie wertvoller für den Kunden machen. Konzentrieren Sie sich auf Ihre Einzigartigkeit. Und denken Sie daran: Es ist immer besser, ANDERS zu sein, als besser zu sein.

»Verhandeln wie ein Guerilla«

Co-Autoren Orvel Ray Wilson und Mark S.A. Smith

Professionelle Einkäufer setzen oft fiese Tricks ein, damit Sie Ihre Preise senken. Die hier gezeigten Guerillataktiken sollen Ihnen helfen, Ihre Preise zu halten.

So vermeiden Sie die fiesen Tricks der Einkäufer

Der Schwebezustand

Der Einkäufer beharrt: »Ich bezahle nicht mehr als...« Mit diesem Spiel möchte er feststellen, wie niedrig Sie gehen werden. Guerillas kontern folgendermaßen: »Können Sie mir erklären, wie Sie bei dieser Zahl gelandet sind? Was haben Sie in Ihre Berechnung einbezogen?« Bitten Sie sie, ihre Berechnung aufzuschlüsseln.

> Erfahrene Einkäufer setzen diverse Tricks ein, damit Sie Ihre Preise senken.

»Das ist genauso (oder besser)...«

Der Einkäufer beharrt: »Das ist genauso (oder besser)...« Für ihn ist es leicht, so etwas zu behaupten. Sie dagegen können das nur schwer nachprüfen. Fragen Sie im Gegenzug nach Details. Verschaffen Sie sich einen Vorteil, indem Sie fragen: »In welcher Weise ist es besser für Ihre Anwendung? Was gefällt Ihnen am besten daran? Was mögen Sie am wenigsten daran?« Wenn Sie verstehen, was Ihre Kunden mögen und nicht mögen, können Sie auf Ihr gewünschtes Ergebnis hinarbeiten.

Der Erstkäufer

Der Käufer besteht darauf, dass Sie Ihm »ein gutes Angebot für das erste

Mal machen«. Das mag verlockend sein, gewöhnt aber die Käufer auch daran, Rabatte einzufordern. Sie wollen beim nächsten Mal denselben Rabatt haben oder sogar mehr. Guerilla leisten hier Widerstand. »Ich könnte das zwar machen, aber ich möchte nicht bei Ihrer ersten Bestellung meinen Lieferpreis erhöhen oder bei meinem Service sparen müssen. Wenn ich nämlich den Preis senke, muss ich auch anderswo Abstriche machen.«

Den Start vorziehen

»Wir brauchen es wirklich schon morgen ...« Das ist eine ganz typische Taktik. Ihr Kunde bittet um einen Vorzugspreis, basierend auf einer künftigen Lieferung, und verlangt auf einmal eine sofortige Lieferung. Guerillas treten dieser Taktik mit einem Eilzuschlag entgegen. »Ich kann das erledigen, allerdings bin ich meinen anderen Kunden verpflichtet und muss Sonderschichten arrangieren, um sowohl deren als auch Ihren Anforderungen gerecht werden zu können. Das macht es erforderlich, Ihnen einen Eilzuschlag in Rechnung zu stellen.«

Den Countdown stoppen

Manche Einkäufer tun genau das Gegenteil: Sie scheinen ein heißer Kandidat zu sein und verzögern auf einmal alles, während sie mit irgendeinem internen Problem zu kämpfen scheinen. »Wir wissen, dass Sie heute liefern könnten, brauchen es aber eigentlich erst im nächsten Monat.« Und auf einmal sollen Sie den Preis senken. Guerillas kontern diese Taktik mit einer Preiserhöhung. »Ich kann das machen, aber im nächsten Monat wird unsere Preiserhöhung wirksam.«

Entschuldigen Sie mich

»Tut mir leid. Ich muss einen Augenblick nach draußen gehen.« Ein mieser Trick von alten Hasen: Sie lassen ein Konkurrenzangebot auf dem Schreibtisch liegen und sorgen dann dafür, dass sie aus dem Büro gerufen werden, damit Sie das Angebot »entdecken« können. Sie wollen, dass Sie mit einem Rabatt reagieren, auch wenn es ihnen mit dem anderen Angebot eigentlich gar nicht ernst ist.

Guerillas fallen nicht auf diesen Trick herein. Wenn Ihr Kunde gern die Preise der Konkurrenz haben möchte, dann soll er sie offen auf den Tisch legen, damit Sie darauf reagieren können.

Ein besonders fieser Einkäufer stellte eine Getränkedose auf die Zahlenwerte des Konkurrenzangebots und entschuldigte sich dann für einen Moment. Der neugierige Verkaufsvertreter hob die präparierte Dose hoch und plötzlich ergossen sich aus einem Loch am Boden kleine Kunststoffkugeln auf den Tisch.

Gefälschtes Angebot

Es ist für skrupellose Kunden ganz einfach, mithilfe von Faxgeräten, Scannern und Computern ein Konkurrenzangebot zu fälschen.

Wenn Sie den Verdacht hegen, dass Sie ein falsches Angebot sehen, dann antworten Sie mit: »Das ist interessant. Ich kann mir vorstellen, dass die einen sehr guten Grund haben, zu diesem Preis zu verkaufen. Doch wen würden Sie wählen, wenn die Preise alle gleich wären?« Deutet der Käufer nun an, dass Sie die erste Wahl wären, dann ignorieren Sie das Konkurrenzangebot einfach.

Besteht er aber darauf, das Angebot der Konkurrenz anzunehmen, dann sagen Sie: »Ich glaube, die haben sich verschrieben. Darf ich dort anrufen und die Zahlen noch einmal überprüfen?«

Die Frage nach der Quote

»Wie sieht Ihre Quote in diesem Monat aus?« Man versucht, Sie unter Druck zu setzen! Wenn Sie zusammenzucken und zugeben, dass die Zahlen schlecht sind, hat man Sie am Schlafittchen.

Guerillas reagieren so: »Gute Frage. Wie sind Ihre Profitzahlen in diesem Monat?« Falls man weiterbohrt, antworten Sie: »Tut mir leid, aber das ist für unsere Diskussion nicht relevant.«

»Nur der Preis ist wichtig ...«

»Mich kümmert nur der Preis. Geben Sie mir Ihren besten Preis oder verschwinden Sie.« Sie sind vielleicht versucht nachzugeben. Stellen Sie sie stattdessen bloß.

»Alles klar. Suchen Sie den besten Preis, den Sie finden können. Ich werde ihn um 10 Prozent unterbieten, garantiert! Aber ich entscheide, wann ich liefere.«

»Das glaube ich nicht,« werden sie antworten.

»Okay, ich schlage den besten Preis, den Sie finden können. Aber ich entscheide über die Qualität, die ich liefern werde.«

»Äh…nein.«

»Hm, ich schätze also, Preis ist nicht wichtiger als pünktliche Lieferung oder Qualität, oder?« Sie haben Ihren Standpunkt demonstriert.

Wann Sie Rabatt gewähren sollten

Manchmal gibt es berechtigte Gründe, Rabatt zu gewähren. Vielleicht wollen Sie einen loyalen Kunden belohnen oder einen langfristigen Vertrag abschließen. Sie verzeichnen möglicherweise einen leichten Anstieg der Produktivität auf höheren Produktionsebenen und wollen diesen Vorteil der Skalierung an Ihren Kunden weitergeben. Oder Sie haben überschüssige Kapazitäten und feste Kosten und ein Rabatt bringt Ihnen Geschäfte ein, die Ihren Gesamtgewinn steigern.

Sie sollten die Menge, die Sie mit Rabatt anbieten, oder die Zeitdauer, für die ein Rabatt gilt, beschränken. Ein zeitlich begrenztes Angebot erzeugt eine Frist und motiviert Ihre Kunden, sich lieber früher dafür zu entscheiden als später.

In allen Unternehmen ist ein Bruchteil des Preises für Marketing, Forschung, Entwicklung und Verkaufsaufwendungen reserviert. Wenn Ihre Transaktion diese Kosten nicht erfordert, könnten Sie diese Einsparungen als Rabatt anbieten.

Guerillas wissen genau, was sie weggeben, wenn sie einen Rabatt gewähren, und weigern sich standhaft, ihre Gewinne aufzugeben.

»Meins ist besser, und es ist billiger!«

Eine verbreitete Position, um Preisproblemen zuvorzukommen, ist: »Wir haben ein besseres Produkt, das außerdem noch billiger ist.« Dieses Argument ist unlogisch. Die allgemeine Erfahrung lehrt uns, dass ein scheinbar ähnliches Produkt zu einem höheren Preis als besser wahrgenommen wird. Höhere Qualität = längeres Leben = überlegener Service.

Wenn Ihr Kunde feststellt: »Sie sind teuer«, sagt der Guerilla: »Danke!« und hilft ihm dann, den Mehrwert zu verstehen.

Bieten Sie ein überlegenes Produkt zu einem niedrigeren Preis an, müssen Sie eine Erklärung dafür liefern, wieso der Preis niedriger ist. »Wegen unserer einzigartigen Technik können wir Ihnen eine bessere Lösung anbieten und aufgrund der Arbeitsweise haben wir die Kosten gesenkt und geben diese Einsparungen an Sie weiter.«

Taktiken zum Bekämpfen von Preisdrückern

Guerillas schützen aggressiv ihre Preise. Guerillas erlangen einen Vorteil, indem sie dem Druck widerstehen, Rabatte zu gewähren. Wenn sie ihren Preis senken, dann tun sie das nur im Austausch für ein Zugeständnis der Gegenseite.

Keine Rabatte

Eine Taktik besteht darin, einen Preis festzulegen und dann dabei zu bleiben. »Das ist derselbe Preis, den auch alle anderen zahlen müssen. Es wäre nicht fair, wenn ich Ihnen einen Preis berechne und jemand anders einen niedrigeren Preis bezahlen müsste. Das kann ich meinen anderen, loyalen Kunden nicht antun.«

Geschichte

Eine Guerillera in Denver verteidigt ihre Werbetarife so: »Wir haben immer mehr verlangt.« Es gibt kein Argument und sie kann die Gründe diskutieren, weshalb ihre Kunden glauben, sie sei mehr wert.

Der Schweizer-Taschenmesser-Abschluss

Ein Guerilla, der schon auf beiden Seiten des Verhandlungstisches saß, nutzt ein Hilfsmittel, um seine Preise zu verteidigen. Wenn er fertig ist, zieht er sein Schweizer Taschenmesser hervor, öffnet es und reicht es seinem Kunden. »Los, schneiden Sie mir das Herz heraus. Das ist alles, was ich noch zu bieten habe.« Das beschließt den Handel.

Zwingen Sie sie, Farbe zu bekennen

Falls Ihre Kunden darauf bestehen, dass Sie den Preis senken, zwingen Sie sie, Farbe zu bekennen. Stehen Sie auf und fragen Sie: »Heißt das, wir sind hier fertig?«

Viele fürchten sich, diese Frage so direkt zu stellen. Die Antwort deckt allerdings auf, wo Ihre Kunden stehen. Wenn sie sagen: »Ja, wir sind fertig«, dann wissen Sie, dass der Preis das Problem ist. Sagen sie dagegen nein, müssen Sie hart bleiben und Ihren Gewinn verteidigen.

Tun Sie geschäftig

Eine verbreitete Überzeugung ist, dass man hungrig sein muss, um den Deal zu bekommen. Guerillas wissen, dass es anders ist. Geschäftige

Leute machen offensichtlich etwas richtig: Sie und ihre Produkte sind gefragt. Wenn Sie nicht geschäftig sind, dann tun Sie zumindest so.

»Wir sind fast komplett ausgelastet...«

Guerillas nutzen Knappheit als Preiswaffe. Sagen Sie es ruhig, wenn Ihre Lieferkapazität begrenzt ist. Es könnte profitabler für Sie sein, Ihre Stellung zu halten und einen anderen, entgegenkommenderen Kunden zu finden.

Es sind nicht alle Dinge gleich

Rekapitulieren Sie, wie Sie deren Bedürfnisse befriedigen werden, bevor Sie Ihren Preis nennen. Stärken Sie den Wert, indem Sie verdeutlichen, inwiefern Ihr Angebot anderen Gelegenheiten überlegen ist. Diese Taktik kann nach hinten losgehen, wenn Sie nicht sicherstellen, dass Ihr Angebot für Ihren Kunden von Wert ist.

Gehen Sie weg

Wenn der Handel sich nicht lohnt, gehen Sie einfach. Die beste Möglichkeit, Ihre Konkurrenten aus dem Geschäft zu drängen, besteht darin, ihnen alle unprofitablen Geschäfte zu überlassen.

Sie haben es verdient

Wenn sie Rabatte diskutieren, vermeiden Guerillas die Phrase: »Ich kann Ihnen einen Rabatt von ... geben«. Diese Phrase impliziert, dass Sie mehr geben könnten, und öffnet der Preisdrückerei Tür und Tor. Unterschwellig schwingt mit, dass der Rabatt ein Geschenk ist, eine Zuwendung, etwas, das Sie nach Ihrem Ermessen vergeben. Sagen Sie stattdessen: »Bei dieser Menge haben Sie einen Rabatt von 7 Prozent verdient.« Mit dieser Taktik legen Sie die Grundregel fest, dass man sich einen größeren Rabatt verdienen muss.

Keine runden Zahlen

Falls Sie normalerweise einen Rabatt von 10 Prozent gewähren, dann wird das so aufgefasst, als hätten Sie die Zahl gerundet, was dem Kunden Gelegenheit gibt, am Preis herumzunörgeln. Nutzen Sie beim Abfassen von Rabattprozenten ungewöhnliche Zahlen und Dezimalwerte, wie 4,2 Prozent, 7,3 Prozent oder 9,9 Prozent. Damit vermitteln Sie den Eindruck, Sie hätten scharf kalkuliert, um diese Werte zu erreichen.

Machen Sie sich den Preis zu eigen

Wenn Sie die Kontrolle über Ihren Preis an eine dritte Partei abgeben, wie etwa Ihren Chef oder Ihr Unternehmen, dann bieten Sie die Chance für weiteres Feilschen. Dagegen ist es für Sie vorteilhaft, sich den Preis zu eigen zu machen. »Mein Preis ist...« deutet eine stärkere Position an als »Unser Preis ist...« oder »Der Preis ist...« Die Bitte um eine Preisreduzierung wird zu einer persönlichen Sache.

Für Guerillas ist jeder Rabatt persönlich. Wenn Ihr Kunde einen Rabatt fordert, dann lassen Sie ihn wissen, dass das Zugeständnis aus Ihrer eigenen Tasche kommt. »Wenn ich das mache, geht es zu Lasten meines Verdienstes. Welches meiner beiden Kinder soll ich in dieser Woche hungern lassen?«

Alle müssen kürzen – Sie auch

Manchmal müssen Sie über Ihren Preis verhandeln, um eine Vereinbarung treffen zu können, und dabei selbst Zugeständnisse machen. Seien Sie hart und erklären Sie: »Wenn ich den Preis drücke, muss ich an anderer Stelle kürzen.«

Sie können den Preis kürzen, müssen aber die Gewährleistung einschränken. Sie können den Preis kürzen, aber die Bestellung wird an das Ende der Lieferwarteschlange geschoben. Sie können den Preis kürzen, aber Sie müssen jeden Anruf an Ihrer Technik-Hotline in Rechnung stellen. Sie verstehen, was wir meinen.

Was ist zu teuer?

Wenn Ihr Kunde einwendet: »Ihr Preis ist zu hoch«, findet der Guerilla im Gegenzug heraus, was »zu hoch« eigentlich bedeutet. »Zu hoch? Was genau meinen Sie, wenn Sie ‚zu hoch' sagen? Zu hoch im Vergleich womit?« Stellen Sie fest, ob Sie zwei Cent, zwei Dollar oder 200 Dollar zu hoch sind.

Den Katalog auswendig lernen

Chad Clay ist der beste von 16 Verkäufern des in Houston beheimateten Unternehmens OilDry. Dieses Unternehmen spezialisiert sich auf spezielle professionelle Reinigungsmaterialien, wie etwa den Kram, den Sie auf Ihren Garagenboden kippen, wenn Ihnen der Benzinkanister umgefallen oder die Ölkanne ausgelaufen ist. Chad war für 41 Prozent der Verkäufe verantwortlich. Orvel versuchte, hinter Chads erstaunliches Geheimnis zu kommen.

Während er Auto fuhr, bekam Chad einen Anruf auf seinem Handy. »Unser Preis ist zu hoch? Äh, haben Sie unseren Katalog bei der Hand? Toll. Schauen Sie auf Seite 7...untere rechte Ecke. Ja. Schauen Sie, wir liefern 48 auf einer Palette. Haben Sie den Katalog der Konkurrenz da? Perfekt. Blättern Sie auf Seite 31...oben links...ja. Sie sehen, dass die nur 36 auf einer Palette liefern. Ja, das erklärt unseren Preisunterschied. Sie würden gern zwei Paletten bestellen? Großartig! Ich rufe Houston an und erledige das für Sie. Morgen sage ich Ihnen telefonisch Bescheid, wie es aussieht.«

Orvel ist erstaunt. »Sie haben den Katalog Ihrer Konkurrenz im Kopf?«

»Naja, es ist ein ziemlich brutales Geschäft«, gab Chad zu. »Um genau zu sein, habe ich alle 16 auswendig gelernt.«

Orvel kann es kaum fassen. »Wie jetzt...sind Sie so eine Art Rain Man?«

»Oh, nein! Ich reise einfach viel und anstatt im Hotel Fernsehen zu schauen, studiere ich meine Konkurrenten.«

Wenn Sie mehr über Ihre Konkurrenz wissen als diese über Sie, dann ist sie so gut wie tot.

Bekämpfen Sie die Preisdrückerei

Vermutlich bekommen Sie Anfragen nach Preisangeboten. Wenn eine Person genau weiß, was sie will, fragt sie herum, um den besten Preis zu bekommen. Guerillas entscheiden selbst, wie sie mit solchen Anfragen umgehen.

»Rufen Sie mich zuletzt an...«

Als Mark sich ein E-Piano kaufen wollte, wusste er genau, welches Modell welcher Marke er haben wollte. Deshalb telefonierte er herum, um die besten Preise und Lieferbedingungen zu erfragen. Ein Händler lehnte es ab, am Telefon etwas zu sagen. »Rufen Sie mich zuletzt an«, sagte er, »und ich werde schauen, was sich machen lässt.« Dieser Guerilla unterbot nicht nur den besten Preis, den Mark gefunden hatte, sondern legte sogar noch eine Klavierbank und die kostenlose Lieferung obendrauf. Damit machte er das Geschäft.

»Wir werden am teuersten sein…«

Ein Malermeister wurde häufig gebeten, Jobangebote zu machen. Er investierte zwar eine Menge Zeit in das Schreiben seiner Angebote, doch nur wenige wurden tatsächlich von den Kunden beauftragt. Jetzt warnt dieser Guerilla seine potenziellen Kunden mit: »Ich mache Ihnen gern ein Angebot für das Malern Ihres Hauses, möchte Ihnen aber gleich im Voraus mitteilen, dass es vermutlich das teuerste Angebot sein wird, das Sie erhalten.« Die Hälfte der Leute legt gleich wieder auf. Er lacht leise in seinen Bart, weil er weiß, dass er gerade viel Zeit gespart hat und sich außerdem einen Ruf als teuerster Maler der Stadt erwirbt. Die Leute, die in der Leitung bleiben, fragen nach de Grund. Nun hat er die Gelegenheit seinen Hochpreisansatz zu erklären.

»Ich ziehe es vor, kein Angebot abzugeben, bis…«

Guerillas geben erst Preisangebote ab, wenn sie sich über das Problem des Kunden im Klaren sind. Eine Guerillera, die Kopierer verkauft, soll oft Angebote erstellen. Sie fragt: »Wen haben Sie noch angefragt?«

Die Antwort lautet normalerweise: »Wir haben uns für das Modell entschieden. Unsere Firmenpolitik gibt vor, dass wir drei Angebote einholen müssen.«

Die Guerillera erwidert: »Ich bin hier, um Ihnen den bestmöglichen Kopierer zum bestmöglichen Preis zu beschaffen, und biete Ihnen den bestmöglichen Service an. Meine Aufgabe besteht nicht darin, Ihnen zu helfen, einen besseren Preis von meiner Konkurrenz zu erhalten. Anstatt einfach ein blindes Angebot vorzulegen, möchte ich lieber sehen, wie ich Ihnen am besten dienen kann. Darf ich vorbeikommen, um mit Ihnen über Ihre Entscheidung zu reden?«

Wie hoch ist deren Budget?

Wenn Sie das Budget, die Prioritäten und die erwarteten Erträge Ihres Kunden diskutieren, spielt die Frage des Preises oft keine Rolle. Die Budgetierung umfasst mehr als nur das Geld. Folgende Probleme müssen besprochen werden.

Die persönliche Agenda

Worum muss sich der Kunde noch kümmern? Gibt es andere Probleme, die dringender sind und die Zeit begrenzen, die ihm zur Erledigung dieser Aufgabe zur Verfügung steht? Wie können Sie helfen? Unterstützen Sie ihn bei seiner persönlichen Agenda und Sie sammeln Extrapunkte.

Politik

Hat sein Vorgesetzter ihm verboten, Geschäfte mit Ihrem Konkurrenten zu machen? Sind Sie aus politischen Gründen der bevorzugte Lieferant? Lassen Sie diese Informationen bereits im Vorfeld durch Ihre Spione ermitteln.

Deadlines

Ihr Kunde sieht sich einer Deadline gegenüber und ist motiviert, die Verpflichtung zu erfüllen, da er sonst Konsequenzen zu befürchten hat. Drohende Deadlines erhöhen den Bedarf an Ihrem Produkt und entheben Sie der Notwendigkeit, die Preise zu senken. Falls Sie liefern, wenn kein anderer Hersteller liefern kann, dann machen Sie das Geschäft, und das zu fast jedem Preis.

Besondere Anlässe

Wenn der Kunde einen besonderen Anlass zelebriert, ist er vielleicht motiviert, mehr Geld auszugeben. Ein Pärchen, das normalerweise einen Ford Escort fährt, mietet sich zu seinem Hochzeitstag eine Limousine. Eine Firma, die sich üblicherweise von einem Menüservice beliefern lässt, engagiert für ein Vorstandstreffen den besten Caterer der Stadt. Die Produktion einer Limited Edition verlangt nach den allerbesten Materialien. Guerillas fragen: »Feiern Sie etwas Besonderes?«

Kosten für den Kauf

Verhandlungen verursachen Kosten: für Zeit, Recherche, Anwälte, Dienstreisen. Guerillas bitten ihre Kunden, die Kosten einer Anschaffung zu untersuchen. Guerillas fragen: »Wie können wir Ihre Beschaffungskosten senken?«

Folgen für die Steuer

Verschaffen Sie sich einen Vorteil, indem Sie die Abschreibungsraten und Steuerimplikationen des Deals recherchieren. Guerillas weisen auf alle günstigen Auswirkungen auf das Gesamtbudget hin.

Versandkosten

Was kostet es, die Produkte auszuliefern? Wenn Sie ein regionaler Anbieter sind, dann haben Sie möglicherweise einen Standortvorteil. Ihre Versandkosten sind vermutlich niedriger als die der anderen. Falls Ihr Kunde das Produkt sofort braucht, schlagen Guerillas die Zusatzkosten für den Kurierdienst auf.

Budgetverteilung

Gibt es andere Geldquellen, die Sie anzapfen können? Falls Sie eine Gebühr für eine Schulung in Rechnung stellen müssen, könnten Sie sich an die Personalabteilung wenden. Gibt es Installationskosten, findet sich das Geld dafür vielleicht bei der Abteilung für das Gebäudewartung. Hilft Ihr Angebot, die Energiekosten zu senken, dann halten Sie sich an an den Energieetat.

Andere Prioritäten und Gelegenheiten

Können Sie zwei Fliegen mit einer Klappe schlagen? Wenn Sie Ihrem Kunden helfen können, andere Verpflichtungen zu erfüllen und andere Chancen auszuloten, dann stehen Sie strahlend da.

Finanzierung

Können Sie eine Finanzierung anbieten? Können Sie dabei helfen, eine Finanzierung zu arrangieren? Können Sie mit einer Bank zusammenarbeiten, um eine an den Kunden angepasste Kreditlinie einzurichten? Da die Finanzierung zu den Kosten des Einkaufs gehört, sollten Sie demonstrieren, wie Ihre günstige Finanzierung Ihren höheren Preis ausgleicht. Oder bieten Sie einen Rabatt an, wenn man Ihr profitableres Finanzierungspaket akzeptiert.

Platzüberlegungen

Wenn Ihr Kunde mit seinem Platz haushalten muss, dann könnte Ihre kleinere Installation ihm die Notwendigkeit ersparen, seine Einrichtung zu erweitern.

Energieüberlegungen

Hat Ihr Kunde nur eingeschränkten Zugang zu Energie-, Wasser-, Gas- oder Abwasserinfrastrukturen, könnte Ihre Lösung besser passen als die Ihrer Konkurrenten.

Schulungskosten

Welche Prozeduren müssen sich ändern? Muss Ihr Kunde seine Leute extra schulen? Schulungen sind teuer, vor allem wenn die Teilnehmer aus der Produktion geholt und während der Arbeitszeit geschult werden müssen.

Betriebskosten

Wie sieht es mit den Betriebskosten aus? Wie hoch sind die Kosten für Rohmaterialien, Zubehör, Betriebsmittel, Abfälle und Qualitätskontrolle? Guerillas haben diese Zahlen vorbereitet, wenn sie sich an die Präsentation machen.

Auszeiten

Was kostet es Ihren Kunden, seine Dienste zu unterbrechen? Der Preisunterschied zwischen dem billigsten und dem teuersten Verkäufer ist oft niedriger als die Kosten für die Arbeiter, die herumstehen und auf eine Reparatur warten. Guerillas garantieren den Betrieb und nehmen einen entsprechend hohen Preis.

Wartung

Was ist mit den Kosten für Ersatzteile? Sind sie verfügbar, wenn man sie braucht? Können Sie ohne Zusatzkosten vor Ort Ersatzteile lagern und erst dann eine Rechnung schicken, wenn sie gebraucht werden?

Berechnen Sie Ihre niedrigeren Kosten für die Wartung und halten Sie die Zahlen bereit, um Ihren höheren Preis zu rechtfertigen.

Wie Sie die fiesen Tricks der Einkäufer vermeiden

Erfahrene Einkäufer setzen oft fiese Tricks ein, damit Sie Ihre Preise senken. Die hier gezeigten Guerillataktiken helfen Ihnen, Ihre Preise zu halten.

Die Taktiken der Preisdrücker

Der Schwebezustand

»Das ist genauso (oder besser)…«

Der Erstkäufer

Den Start vorziehen

Den Countdown stoppen

Entschuldigen Sie mich

Gefälschtes Angebot

»Nur der Preis ist wichtig …«

Wann Sie Rabatt gewähren sollten

»Meins ist besser, und es ist billiger!«

Guerilla-Taktiken gegen Preisdrückerei

Keine Rabatte

Der Schweizer-Taschenmesser-Abschluss

Zwingen Sie sie, Farbe zu bekennen

»Wir sind fast komplett ausgelastet…«

Es sind nicht alle Dinge gleich

Sie haben es verdient

Keine runden Zahlen

Machen Sie sich den Preis zu eigen

Alle müssen kürzen – Sie auch

Was ist zu teuer?

Den Katalog auswendig lernen

»Rufen Sie mich zuletzt an…«

»Wir werden am teuersten sein…«

»Ich ziehe es vor, kein Angebot abzugeben, bis…«

»Guerilla Marketing an der vordersten Front«

Co-Autoren Alex Mandossian und Mitch Meyerson

Guerilla Marketer wissen, wie wichtig es ist, die Initiative zu ergreifen. Dieses Kapitel präsentiert Ihnen eine Vielzahl von Möglichkeiten, die Initiative zu ergreifen, da nur so Dinge geschehen und unser Unternehmen wachsen kann. Es gibt allerdings einen Unterschied zwischen Initiative und intelligenter Initiative.

> **Es gibt einen Unterschied zwischen Initiative und intelligenter Initiative.**

Es ist mir nicht fremd in Aktion zu treten und die Initiative zu ergreifen. Von 1993 bis 2000 arbeitete ich (Alex) in der Madison Avenue. Während dieser Zeit schuftete ich wie ein Tier. Anders kann man es nicht nennen. Ich fühlte mich wie ein Galeerensklave, wie in diesen alten Filmen über die Römer oder die Wikinger.

Ich war Marketingchef eines Unternehmens in der Madison Avenue und arbeitete 16 Stunden am Tag. Warum? Ich wollte nicht nur meinen Job behalten, sondern auch mehr Geld verdienen. Und eine Beförderung war die einzige Möglichkeit, dies zu schaffen. Ich bekam nicht jeden Monat eine Gehaltserhöhung, wie das jetzt der Fall ist, und ich hatte nur sehr wenig Zeit für meine Freiheit. Um ehrlich zu sein, vermutlich wäre meine Ehe in die Brüche gegangen und ich hätte niemals meine zwei wunderbaren Kinder bekom-

> **»Untätigkeit bringt Zweifel und Angst hervor. Taten dagegen erzeugen Zuversicht und Mut. Wenn Sie die Angst bezwingen wollen, dürfen Sie nicht zuhause sitzen und darüber nachdenken. Gehen Sie hinaus und tun Sie etwas.«**
> **Dale Carnegie**

men, wenn ich dort geblieben wäre. Und das ist definitiv kein Beispiel für intelligente Initiative.

Guerillas sind für das Handeln

Ich werde Ihnen nun die sieben Geheimnisse des Aktionsmanagements verraten – Geheimnisse, die ich täglich in meinem Geschäft einsetze. Und wenn Sie nur eines oder zwei davon anwenden, werden Sie feststellen, dass Sie Ihr Marketing und Ihre Produktion viel effektiver erledigen können. Diese Geheimnisse werden zu Strategien, die es Ihnen erlauben, Arbeit für 16 Stunden an einem Achtstundentag zu schaffen, Ihren Gewinn zu verdreifachen und vermutlich sogar Ihre Freizeit zu verdoppeln. Sind Sie bereit? Los geht's!

Aktionsschritt 1: Legen Sie eine Master-Aufgabenliste an

Wir alle kennen die Bedeutung einer Aufgaben- oder »To-Do«-Liste und wissen, dass sie für jeden Aktionsmanagementplan wichtig ist. Ich (Alex) verwende allerdings keinen Palm Pilot oder Outlook dafür. Stattdessen lege ich eine wirkliche, physische Liste an. Ich schreibe mit eigener Hand auf, was ich erreichen möchte. Dazu benutze ich einen besonderen Notizblock, ein »Junior Legal Pad«. Es ist 5 x 7 Zoll groß und hat 50 Blätter. Es ist gelb und besitzt 20 Zeilen pro Blatt. Ganz egal, welche Art von Notizblock Sie benutzen, wichtig ist, dass Sie alles wirklich aufschreiben, denn nur so funktioniert es. Ich habe andere Methoden ausprobiert, die aber nicht funktioniert haben – es war einfach zu viel.

> Schreiben Sie nicht mehr als 20 Aktionen pro Tag auf.

Ich benutze einen solch kleinen Block, weil ich gern alles vollschreibe. Durch die 20 Zeilen kann ich nicht mehr als 20 Aktionen pro Tag aufschreiben. Üblicherweise schaffe ich zwischen 15 und 20, mehr ist meines Erachtens nach nicht möglich. Außerdem habe ich beim Ausfüllen des Zettels das Gefühl, etwas zu tun, und das gibt mir einen positiven Schub.

Ich habe außerdem festgestellt, dass es besser funktioniert, wenn man sein Aktionsmanagement im Voraus aufschreibt – wenigstens einen Tag vorher. Manchmal schreibe ich es sogar einige Tage vorher auf. Allerdings ist der Zeitpunkt nicht so wichtig wie die Tatsache, dass Sie die Liste im Voraus schreiben. Warum? Weil es einfacher ist, sich an einen Schreibtisch zu setzen, der sauber ist und auf dem bereits eine Master-Aufgabenliste liegt. Auf diese Weise können Sie Ihre Arbeitszeit damit beginnen, diese Liste abzuarbeiten und Dinge abzustreichen. Ist das nicht viel einfacher, als zu versuchen, sich Dinge auszudenken, die man tun könnte?

Während ich durch meinen Tag gehe, erledige ich die einzelnen Einträge und streiche die kleinen Biester mit einem roten Filzstift ab, den ich extra für diesen Zweck gekauft habe. Wissen Sie, warum ich das mache? Ich kann sehen, was ich alles geschafft habe. Ich fühle mich richtig gut, wenn ich Dinge aufschreibe und dann mit einem roten Stift durchstreiche, weil ich sie erledigt habe.

Und was passiert am Ende des Tages? Oft haben Sie Einträge, die nicht abgeschlossen wurden. Das dritte Element beim Anlegen einer Master-Aufgabenliste besteht deshalb darin, umzublättern und die nicht erledigten Dinge auf eine neue Liste zu setzen. Sobald ich meine neue »To-Do«-Liste für den nächsten Tag begonnen habe, streiche ich diese Einträge von der alten Liste. Habe ich z. B. an einem Dienstag drei Dinge nicht geschafft, blättere ich zur Liste für Mittwoch, schreibe sie auf und streiche diese drei Dinge dann von der Dienstagsliste. Ich blättere die Seite um. Denken Sie daran, die Seite umzublättern. Falls Sie 12 Dinge übrigbehalten haben, war Ihr Tag nicht besonders gut organisiert, aber Sie haben 12 Dinge, mit denen Sie morgen beginnen können. Nehmen Sie sich einfach vor, es besser zu machen. Ich kann Ihnen gar nicht sagen, wie befriedigend es ist, jede einzelne dieser Aktionen abzustreichen.

> **Machen Sie immer die Dinge zuerst, die Ihnen den meisten Spaß bereiten. Auf diese Weise versetzen Sie sich für den Rest des Tages in eine positive Stimmung.**

Nachdem ich alles abgestrichen habe, reiße ich das Blatt dieses Tages ab, knülle es zusammen und werfe es in den Papierkorb. Dieser Tag ist offiziell vorbei und selbst wenn ich am nächsten Tag mehr zu tun habe, hat dieser Tag ja noch nicht begonnen. Mithilfe dieser Strategie kann ich jeden Tag frisch beginnen.

Sie werden sich jetzt vielleicht fragen, ob und wie ich auf meiner Liste die Prioritäten setze. Ich mache das, wenn ich meine Liste anlege. Das muss ich tun, allerdings nicht in der Weise, wie Sie jetzt vielleicht glauben. Guerilla Marketer, hergehört! Zuerst der Spaß. Spaß zuerst. Manchmal ist der Spaß einfach, manchmal nicht. Aber ich mache immer zuerst die Dinge, die mir am meisten Spaß bereiten, weil mich das für den Rest des Tages in eine positive Stimmung versetzt.

Aktionsschritt 2: Blockieren Sie Ihre täglichen Hauptarbeitsstunden

Das ist sehr wichtig, so wichtig wie das Erstellen eines Masterplans für Ihren Tag. Was ist eine Hauptarbeitsstunde? Eine Hauptarbeitsstunde ist alles, was Sie zu 100 Prozent kontrollieren, so dass es jetzt oder irgendwann in der Zukunft einen Gewinn für Ihr Unternehmen ergibt. Man hat vielleicht nur eine Hauptarbeitsstunde pro Tag oder zwei oder sogar vier. Ich habe vier. Ich glaube nicht, dass Sie mehr als vier haben sollten. Falls Sie angesichts dieser Zahl skeptisch sind, dann verrate ich Ihnen, dass die meisten Leute überhaupt keine haben.

Denken Sie einmal darüber nach. Wenn Sie nur eine Hauptarbeitsstunde am Tag haben und fünf Tage in der Woche arbeiten – viele von uns arbeiten viel mehr als das –, dann sind das 225 Arbeitstage im Jahr. Wie viele gewinnerzeugende Hauptarbeitsstunden schenken Sie sich selbst pro Jahr? Sie geben sich 225 Stunden. Glauben Sie nicht, dass Sie als Guerilla Marketer damit einen gewissen Gewinn generieren können? Ich denke schon. Berauben wir uns nicht sogar selbst, wenn wir uns keine Hauptarbeitsstunden genehmigen?

> Eine Hauptarbeitsstunde ist alles, was Sie zu 100 Prozent kontrollieren, so dass es jetzt oder irgendwann in der Zukunft einen Gewinn für Ihr Unternehmen ergibt.

Ich möchte gern, dass Sie ab der nächsten Woche eine Hauptarbeitsstunde pro Tag reservieren. Nehmen Sie dafür die wichtigste Stunde des Tages – die erste. Warum? Sie sind am Morgen frischer, als wenn Sie sich schon mit einigen Dingen herumgeschlagen haben. Wenn Sie sich die erste, frische Stunde des Morgens freihalten, um produktiv zu sein, beginnen Sie gleich mit einem positiven Gefühl.

Was machen Sie als erstes, wenn Sie sich vor den Computer setzen? E-Mails abrufen und lesen. Ist das eine Unterbrechung? Ja. Schlimmer noch: Das kann Ihnen den ganzen Tag vermiesen. Was ist, wenn Sie morgens aufstehen und eine E-Mail von jemandem vorfinden, der eine Rückvergütung verlangt oder Ihnen sagt, dass er mit Ihren Diensten nicht zufrieden ist? Stürzt Sie das in einen emotionalen Abgrund, auf den Sie gern verzichten würden? Anstatt nun Ihre E-Mails zu lesen, verbringen Sie zuerst eine Stunde damit, etwas Gewinnbringendes zu tun. Damit fühlen Sie sich großartig. Sie haben bereits einige Einträge von Ihrer Master-Aufgabenliste abgehakt. Es wird anschließend viel einfacher, negative Dinge zu bewältigen. Sehen Sie, was ich meine? Es gibt noch einen weiteren Grund, weshalb ich nicht mit den E-Mails und ihren potenziell schlechten Neuigkeiten beginne, und das hat etwas mit Vorsatz zu tun. Wenn jemand zuerst schlechte Nachrichten erhält, konzentriert er sich auf diese schlechten Nachrichten und nicht auf die guten. Beginnen Sie dagegen mit den guten Nachrichten, ist es hinterher nicht so schlimm.

Beginnen Sie also mit den guten Neuigkeiten, damit Sie positive Vorsätze haben, die Sie durch den Rest des Tages begleiten. Starten Sie Ihren Tag mit einer gewinnbringenden Aktivität. Und falls Sie nur eine Hauptarbeitsstunde haben, dann sorgen Sie dafür, dass diese Stunde gleich am Anfang kommt. Irgendwann wollen Sie nicht weniger als zwei Stunden haben, die als Hauptarbeitsstunden dienen. Oh, und Hauptzeit ist immer am Tag: zwischen 9 und 17 Uhr oder so. Ihre Entscheidung, Hauptsache nicht mitten in der Nacht.

Ein anderes Element der Hauptarbeitsstunde besteht darin, dass man sich nur auf gewinnbringende Aktivitäten konzentriert, die man auch kontrollieren kann. Ich glaube, jeder weiß, was damit gemeint ist. Dazu vermeiden Sie die täglichen Unterbrechungen, die Sie nicht kontrollieren können, wie etwa E-Mail. Schalten Sie Ihr E-Mail-Programm einfach aus. Hören Sie während der Hauptarbeitsstunden auch nicht Ihren Anrufbeantworter ab und nehmen Sie keine Telefonanrufe entgegen. Deswegen haben Sie ja einen Anrufbeantworter (den Sie aber – wie gesagt – in dieser Zeit ebenfalls ignorieren). Öffnen Sie keine Briefe. Sagen Sie Ihrer Familie, dass dies Ihre Hauptarbeitsstunden sind und sichern Sie sich deren Unterstützung, indem Sie übereinkommen, dass außer Ihnen niemand Ihr Büro betritt und man Sie auch nicht ruft (es sei denn, es handelt sich um einen Notfall).

Indem Sie Hauptarbeitsstunden einrichten und mit einer gewinnbringenden Aktivität beginnen, schaffen Sie für sich selbst ein gutes Gefühl und sind viel besser in der Lage, die restlichen Aktionen des Tages zu organisieren.

Aktionsschritt 3: Setzen Sie sich während der Hauptarbeitsstunden selbst unter Druck – nutzen Sie einen Timer

Damit ich besser arbeite, setze ich mich unter Druck. Im Prinzip erlege ich mir selbst Deadlines auf und habe auf diese Weise eine Möglichkeit, mich selbst zur Verantwortung zu ziehen. Diese Technik ist ein bisschen anders, und ich möchte, dass Sie sie wenigstens einmal ausprobieren. Da ich keine Zeit verwalten kann, jedoch in der Lage bin, Aktionen zu verwalten und zu organisieren, verwende ich einen Timer, und zwar einen billigen Küchen-Timer. Was mache ich damit? Ich stelle ihn auf 47 Minuten ein (den Grund erkläre ich Ihnen gleich) und platziere ihn an eine Stelle, an der ich ihn gut sehen kann – direkt neben meinen Monitor. Während ich arbeite, höre ich ihn ticken. Das setzt mich ganz schön unter Druck, kann ich Ihnen sagen! Das funktioniert auch bei Ihnen – setzen Sie sich unter Druck, damit Sie wirklich etwas schaffen.

> Setzen Sie Ihren Timer auf 55 Minuten und erlauben Sie sich eine fünfminütige Pause. Diese Pause ist sehr wichtig, da sie es Ihnen erlaubt, zurück in einen hochkreativen Bereich zu treten, wo magische Dinge passieren.

Wenn der Timer klingelt, lassen Sie sofort alles fallen. Das ist unglaublich wichtig, weil Sie eine Pause einlegen müssen. Ich gönne mir Pausen. Deshalb setze ich meinen Timer auch auf 47 Minuten – ich liebe 13-Minuten-Pausen. Da bin ich wirklich gierig. Ich empfehle Ihnen jedoch, den Timer anfangs auf 50 oder 55 Minuten zu stellen. Ich selbst begann mit 55 Minuten und fünfminütigen Pausen und habe mich dann auf meine 13-minütige Pause hochgearbeitet. Diese Pause ist ausgesprochen wichtig, da sie es Ihnen erlaubt, zurück in einen hochkreativen Bereich zu treten, wo magische Dinge passieren. Das ist die Essenz von Geheimnis Nummer Vier.

Aktionsschritt 4: Seien Sie bereit – Erfassen Sie Ihre großen Ideen digital

Guerilla Marketer sind gute Pfadfinder, weil wir wissen, wie wichtig es ist, allzeit bereit zu sein. Selbst wenn Sie eine Pause in Ihrer gegenwärtigen Tätigkeit einlegen, arbeitet Ihr Geist weiter daran. Es spielt keine Rolle, ob Sie eine neue Idee erkunden oder mit einem neuen Geschäftspartner reden. Was immer Sie gemacht, Ihr Gehirn bleibt weiter dran, und das ist die Stelle, an der die Magie geschieht. Seien Sie also darauf vorbereitet, diese Magie einzufangen.

Folgendes mache ich zwischen 6.30 Uhr und 7.30 Uhr am Morgen. Es ist meine Hauptarbeitsstunde – also zumindest 47 Minuten davon. Wenn der Timer sich meldet, gehe ich nach unten und absolviere entweder einige Sit-Ups oder einige Liegestütze oder nehme mir ein Glas Wasser oder eine Tasse Kaffee. Während dieser Zeit habe ich einen Digitalrecorder bei mir. Ich habe ihn für 60 Dollar bei Radio Shack gekauft. Sie verdienen es ebenfalls, sich etwas für 60 Mäuse zu kaufen. Kaufen Sie keinen, der zwei Stunden aufnehmen kann, selbst eine Stunde ist zuviel. Kaufen Sie einen, der 15, höchstens 30 Minuten aufnimmt. Ich erkläre gleich, wieso. Nehmen Sie den Recorder immer mit. Dann können Sie große Ideen in dem Moment festhalten, in dem sie Ihnen in den Sinn kommen. Und sobald Sie sie aufgenommen haben, müssen Sie nicht mehr daran denken. Sie können sie aus Ihren Gedanken streichen und haben den Kopf wieder frei für mehr. Halten Sie den Recorder auch während Ihrer Nicht-Hauptarbeitsstunden bereit, damit Sie alle Gedanken sofort und unmittelbar erfassen können. Probieren Sie es aus. Sobald Sie fünf oder sechs Ideen digital aufgenommen haben, schreiben Sie sie in eine Ideendatei – es spielt keine Rolle, ob es ein Notizbuch oder ein Word-Dokument ist. Wichtig ist, dass Sie diese Ideen aus dem Voice-Recorder transkribiert haben. Deshalb möchte ich nicht, dass Sie zwei Stunden Aufnahmezeit haben.

In diesem Fall würden Sie das Zeug vermutlich niemals transkribieren. Es gibt noch einen weiteren Grund, weshalb ich Dinge gern aufschreibe. Tippen oder Schreiben ist eine ganz andere Aktivität als Reden, es ist sogar eine andere Art und Weise des Lernens. Wenn Sie

> Nehmen Sie den Recorder immer mit. Dann können Sie große Ideen in dem Moment festhalten, in dem sie Ihnen in den Sinn kommen.

in Ihren Recorder sprechen und die Ideen dann aufschreiben, haben Sie die taktilen, kinästhetischen und auditiven Teile des Lernens beteiligt. Je mehr Arten Sie nutzen können, umso schneller setzt sich die Idee fest. Ehrlich, wenn es bei diesem Prozess einen Kratz- und Schnüffelteil gäbe, würde ich den ebenfalls nutzen!

Aktionsschritt 5: Bieten Sie eine kostenlose Beratung pro Woche oder pro Tag an

Mir ist es egal, worin Sie gut sind oder was Sie verkaufen. Es könnte Coaching, Mentoring, Schreiben, Veröffentlichen oder Softwareentwicklung sein. Ob als Autor oder als Dienstanbieter – Sie haben Kunden, die Fragen haben. Diese Fragen können sich potenziell in Verkäufe verwandeln. Da ich dies weiß, biete ich täglich eine 30-minütige, kostenlose Beratung für jemanden an, der Informationen von mir haben möchte.

Menschen bekommen gern etwas kostenlos. Der Trick besteht darin, nicht über die 30 Minuten hinauszugehen. Meine kostenlose Beratung hat daher einen Haken. Der Kunde weiß bereits vorher, dass er am Ende der Beratung zahlen muss, falls er mit mir zusammenarbeiten möchte. Ich frage nach Ablauf der Zeit, ob er weitermachen will. Sagt er Ja, schuldet er mir etwas für meine Zeit – und zwar die ganze Zeit.

Nehmen wir an, mein Stundensatz beträgt 450 Dollar und unsere Beratung hat 30 Minuten gedauert. Die Kunden wissen bereits, bevor wir den Termin für das Telefongespräch machen, dass sie am Ende des Gesprächs ihre Kreditkarte zücken müssen, um 225 Dollar zu bezahlen, falls sie in Zukunft weiter mit mir zusammenarbeiten wollen. Es ist toll, wenn sie eine ganze Stunde haben wollen. Auch wenn es zwei Stunden sein sollen, ist das großartig, weil mir das einen Gewinn bringt, richtig?! Sagen sie Nein, dann legen wir auf und die Beratung ist kostenlos – allerdings mit einem Vorbehalt. Es gibt zwar keine Verpflichtungen und keine weiteren Erwartungen von meiner Seite, aber sie können auch nicht wieder mit mir reden.

Es ist in Wirklichkeit eine bedingt kostenlose Beratung, aber zumindest sind alle ehrlich. Viele Trainer und Dienstanbieter bieten kostenlose Beratungen, aber damit ist keine Verpflichtung verbunden. Sie haben viel weniger kostenlose Beratungen, wenn Sie den potenziellen Kunden sagen, dass sie dafür bezahlen müssen, wenn sie zufrieden sind. Vermeiden Sie es außerdem, die kostenlosen Dienstleistungen in Ihre Hauptarbeitsstunden zu legen.

Reservieren Sie einen Block von etwa 40 Minuten und benennen Sie ihn auf Ihrem gelben Block mit Schenkung. Sie geben Ihren Kunden etwas zurück, bieten ihnen quasi ein Geschenk. Doch glauben Sie mir, wenn aus diesem »Geschenk« eine gewinnbringende Situation für Sie wird, dann ist es auch für Sie ein Geschenk. Alle haben etwas davon: Sie haben etwas Wertvolles weggegeben und dafür ein Geschenk bekommen – ein Geschäft mit dem Kunden.

Darüber hinaus habe ich jeden Dienstag zur Mittagszeit eine Stunde, in der ich einen Guerillamarketingplan in sieben Schritten durchführe, den Jay Conrad Levinson mich gelehrt hat. Das mache ich aber nicht allein. Jeder, der meine MarketingWithPostcards.com-Autoresponder-Serie empfängt, kann daran teilnehmen. Auch Sie. Schicken Sie einfach eine leere E-Mail an Teleclinic@ThatOneWebGuy.com.

Was habe ich gerade gemacht? Ich habe Sie gerade zu einer kostenlosen »Teleclinic« eingeladen, und zwar mit Absicht. Das ist eine meiner besten Stunden in der Woche, da sie mir Kunden einbringt. Ich bekomme außerdem E-Mail-Adressen, die in eine eigene Liste wandern. Bei dieser Liste handelt es sich um eine Telekonferenzliste. Telekonferenzen sind eine großartige Quelle für die Gewinngenerierung.

Jeder, der mir eine E-Mail-Adresse für die Teleclinic gegeben hat, wird dann für die Telekonferenz angeschrieben. Die Telekonferenz ist ebenfalls kostenlos, doch mit den kostenlosen Telekonferenzen habe ich eine Liste sehr aktiver Abonnenten aufgebaut. Und auch mit sehr aktiven Listen lassen sich toll Gewinne generieren.

Auch die Telekonferenz findet während der Nicht-Hauptarbeitsstunden statt. Ich stelle dafür sogar Pläne auf, allerdings kann man im Prinzip jede Woche denselben Plan verwenden. Wiederholungen sind hier nicht so schlimm.

Beim Guerillamarketing geht es um das Aufbauen und Bewahren von Beziehungen. Je mehr Menschen auf Sie hören, umso vertrauter werden sie mit Ihnen. Größere Vertrautheit ist gleichbedeutend mit besseren Beziehungen und bessere Beziehungen ergeben höhere Gewinne. Mit kostenlosen Beratungen, Teleclinic und Teleseminaren trickse ich mich also quasi selbst aus. Ich finde Möglichkeiten, Nicht-Hauptarbeitsstunden in gewinnbringende Stunden umzuwandeln. Es ist aktionsorientiert und wenn Sie es sich als ein Geschenk vorstellen, das Sie sich selbst geben – aus all den Gründen, die ich genannt habe –, dann bleiben Sie auch für den Rest des Tages motiviert.

> Wenn Sie Ihre Zeit schenken, um anderen Menschen zu helfen, sich weiterzubilden, dann bekommen Sie Zugang zu viel mehr Menschen, die bereit sind, Ihnen zuzuhören.

Es gibt aber noch etwas, das Sie über diese Geschenkzeit wissen sollten. Überlegen Sie sich genau, was Sie mit dieser Zeit anfangen wollen, die Sie sich, Ihren Kunden oder auch potenziellen Kunden schenken, und halten Sie sich sklavisch an Ihren Plan. Vielleicht bieten Sie nur eine kostenlose Beratung pro Tag und kein Teleseminar oder umgekehrt. Oder Sie machen es wie ich und bieten beides an. Ganz egal, was Sie machen, betrachten Sie es immer als Geschenk – niemals als Verkaufsgespräch oder als Pflicht. Wenn Sie Ihre Zeit schenken, um anderen Menschen zu helfen, sich weiterzubilden, dann bekommen Sie Zugang zu viel mehr Menschen, die bereit sind, Ihnen zuzuhören. Machen Sie keine Werbung für sich, sondern geben Sie ihnen einfach etwas, das sie benutzen können. Sagen Sie ihnen aber, wie hoch Ihre Gebühren sind und welche Dienstleistungen Sie anbieten, vor allem wenn man Ihnen im Kontext dessen zuhört, was Sie schließlich verkaufen. Falls Sie wissen wollen, wie das alles aussieht, schicken Sie eine E-Mail an Teleclinic@ThatOneWebGuy.com oder melden Sie sich bei http://www.7StepActionPlan.com an.

Aktionsschritt 6: Suchen Sie sich einen Trainingskumpel

Es ist toll, wenn Sie jemandem etwas geben können und dieser gibt Ihnen etwas zurück. Ich möchte, dass Sie sich einen Kumpel für das gegenseitige Training suchen. Gehen Sie folgendermaßen vor: Suchen Sie nach einem Experten auf dem Gebiet, das Sie meistern wollen. Sorgen Sie dafür, dass Sie etwas von gleichem oder größerem Wert haben, das Sie mit diesem Experten teilen könnten. Nutzen Sie eine Stunde der Nicht-Hauptarbeitsstunden für das gegenseitige Training und legen Sie fest, wie viele Trainingssitzungen es geben soll. Einigen Sie sich auf

> Suchen Sie nach ei-
> nem Experten auf
> dem Gebiet, das Sie
> meistern wollen.

vier oder sechs dieser Sitzungen und schauen Sie, wie es funktioniert. Machen Sie es nicht für immer, weil Sie sich schrecklich fühlen, wenn Sie aufhören wollen. Testen Sie es.

Verstehen Sie: Ich versuche, Sie als Guerilla Marketer dazu zu bringen, gewinnbringende Arbeit zu verrichten. Die eine Stunde Ihrer Nicht-Hauptarbeitsstunden pro Woche oder alle zwei Wochen oder vielleicht auch nur einmal im Monat, in der Sie gemeinsam mit einem Freund trainieren, gehört vermutlich bald zu Ihren Lieblingsstunden.

Aktionsschritt 7: Legen Sie alle 90 Tage eine Gewinnquote fest

Jede gute, produktive Aktion ist an einen Plan gekoppelt und meine sieben Schritte bilden da keine Ausnahme. Eine 90-Tage-Gewinnquote mag zwar abschreckend klingen, ist es aber nicht. Machen Sie Folgendes: Stellen Sie zuerst fest, wie viel Sie im Jahr verdienen können und rechnen Sie dies auf wöchentliche Ziele herunter. Der Wert muss realistisch sein, aber stellen Sie Ihr Licht auch nicht unter den Scheffel.

Ich mag wöchentliche Ziele, weil sie so leicht gemessen werden können. Sie können Ihren Fortschritt grafisch darstellen oder die Zahlen einfach in ein Geschäftsbuch schreiben. Wie Sie Buch führen ist allerdings weniger wichtig als die Tatsache an sich. Am wichtigsten ist jedoch, dass Sie jede Woche notieren, ob Sie Ihr Ziel erreicht haben oder nicht. Alle 90 Tage prüfen Sie Ihre Ergebnisse und korrigieren Ihre künftigen Ziele entsprechend nach oben oder unten.

So mache ich es. Ich lege meine Quote fest und dann erledige ich nur so viel Arbeit, wie nötig ist, um die Quote zu erreichen. Ob Sie es glauben oder nicht, wenn ich mein Wochenziel geschafft habe, höre ich auf zu arbeiten. Ich nehme weiterhin Telefonanrufe entgegen, aber ich arbeite nicht mehr. Es passiert nicht immer. Manchmal schaffe ich es nicht. Aber wenn es geschieht, macht es wirklich Spaß! Ich erinnere mich, dass ich es einmal an einem Dienstag geschafft habe und dass ich dann einen Miniurlaub einschieben konnte. Ich brauchte etwa einen Tag für die Planung und von Donnerstag bis Sonntag war ich dann weg und hinterließ nur eine Rufweiterleitung. Ich lachte die ganze Zeit. Ich organisierte meine Aktionen und konnte sie in dieser Woche zu meinem Vorteil erledigen. Ich hatte Glück und erhielt meinen Gewinn, aber dann tat ich etwas, das die meisten Leute nicht machen: Ich belohnte mich dafür. Die meisten Leute belohnen sich nicht, sie arbeiten einfach noch mehr. Doch wozu? Sie berauben sich selbst des Nektars des Lebens. Liegt nicht der ganze Zweck des Arbeitens im Spiel?

Jetzt wissen Sie es. Sie kennen die sieben Geheimnisse des Aktionsmanagements. Diese werden Ihnen helfen, Ihr Unternehmen online oder offline besser zu organisieren. Mit diesen Taktiken können Sie die Arbeit von 16 Stunden an einem Achtstundentag erledigen, Ihr Einkommen verdreifachen und Ihre Freizeit verdoppeln. Sie müssen dazu nicht einmal jeden Schritt befolgen. Befolgen Sie zunächst nur einen oder zwei von ihnen. Ich wette, dass Sie sehr überrascht sein werden.

Ein letzter Hinweis: Ich bin natürlich eigennützig, wenn ich Ihnen meine Geheimnisse verrate. Wenn ich sie nämlich vertrete, muss ich sie auch befolgen. Ich gebe zu, dass dies nicht immer der Fall ist. Manchmal drehe ich einfach nur frei. Da ich dies nun in einem wichtigen Marketingbuch kundtue, will ich mich von nun an zwingen, mich wirklich an meine eigenen Worte zu halten und dies künftig auch noch besser zu tun. Ich weiß nicht, ob ich es mache, weil es mir peinlich ist oder weil ich mich in diese Situation manövriert habe, aber eigentlich spielt das keine Rolle. Ich gebe meine sieben Geheimnisse aus selbstsüchtigen Gründen preis, weil ich in der Lage sein möchte, das Aktionsmanagement zu meistern.

Über die Autoren und Co-Autoren

Jay Conrad Levinson und Jeannie Levinson

Jay Conrad Levinson lernte Jeannie kennen, verliebte sich in sie und heiratete sie noch am selben Tag. Nachdem sie 35 Jahre lang in der Nähe von San Francisco gelebt hatten, verkauften sie ihr Haus und reisten sechs Jahre lang in einem luxuriösen Wohnmobil kreuz und quer durch die USA, um Enkel zu besuchen und Nationalparks zu erkunden. Unterwegs beendeten sie die große Überarbeitung ihres Klassikers *Guerrilla Marketing* und schrieben zusammen einige weitere Bücher. Während sie kleinen und großen Unternehmen auf der ganzen Welt in Seminaren und Workshops etwas über Marketing beibrachten, lernten sie die Methoden der erfolgreichen Marketingguerillas kennen.

Jay und Jeannie Levinson sind die Autoren der überaus erfolgreichen Marketingserie *Guerrilla Marketing* sowie von 58 weiteren Business-Büchern. Ihre Bücher verkauften sich weltweit mehr als 21 Millionen Mal und ihre Guerillakonzepte haben das Marketing derart beeinflusst, dass ihre Bücher in 62 Sprachen herausgebracht wurden und auf der ganzen Welt zum obligatorischen Lesestoff in MBA-Programmen zählen.

Jay wurde in Detroit geboren, wuchs in Chicago auf und erwarb einen Abschluss an der University of Colorado. Seine Studien in Psychologie führten ihn zu Werbeagenturen, darunter zu Leo Burnett in London, wo er als Creative Director tätig war. Nach seiner Rückkehr in die USA ging er als Senior Vice President zu J. Walther Thompson. Jay schuf und lehrte das Guerillamarketing zehn Jahre lang an der University of California in Berkeley.

Er gehörte zu den kreativen Teams, die den Marlboro-Mann, den Pillsbury Doughboy, die guten Hände von Allstate, die Fluglinie United, die Sears DieHard-Batterie, Morris the Cat, Mr. Clean, Tony the Tiger und den Jolly Green Giant zu Ikonen der Werbewelt gemacht haben. Dafür wurde er mit allen möglichen Preisen ausgezeichnet.

Jeannie Levinson wurde in Orlando, Florida, geboren und ist in Daytona Beach aufgewachsen. Sie ist Präsidentin von Guerilla Marketing International und Mitbegründerin der Guerilla Marketing Association sowie der Guerilla Marketing Business University. Sie ist Co-Autorin von *The Startup Guide to Guerrilla Marketing* (Entrepreneur Press) sowie mehrerer weiterer Guerillabücher. Mit Ihrer jahrzehntelangen Erfahrung in Verkauf und Marketing ist sie eine gesuchte Beraterin und Lehrerin.

Jay und Jeannie haben zusammen acht Kinder, 26 Enkelkinder und zwei Urenkelkinder und lebten bis zu seinem Tod in deren Nähe auf einem See außerhalb von Orlando, Florida.

Guerrilla Marketing ist heute die erfolgreichste Marke in der Geschichte des Marketing und gehört zu den 100 besten Business-Büchern. Die *Guerilla Marketing Bibel*, wird als das beste Buch angesehen, das sie jemals geschrieben haben. Die neuen Erkenntnisse – das Denken, die Technik, erstaunliche Marketingtaktiken und die tatsächlich neuen Gesetze des Marketing – werden von Jay und Jeannie Levinson in Teil 1 und von zahlreichen Guerilla-Co-Autoren in Teil 2 erkundet. Wenn Sie kostenlose Guerillamarketingtipps erhalten und selbst ein Guerilla werden wollen, besuchen Sie http://www.gmarketing.com.

Ein Bravo den Guerilla-Co-Autoren!

Die Guerillas, die ihre Tipps im zweiten Teil dieses Buches verraten, sind eine Klasse für sich. Alleine schon die Juwelen, die wir uns herausgepickt haben reichen, um Ihr Geschäft massiv anzukurbeln. Wir preisen die Bücher dieser Guerillas und ermutigen Sie, den Kontakt zu ihnen zu suchen, falls Sie mehr erfahren und von ihren Kenntnissen profitieren wollen. Kontaktinformationen finden Sie bei den biografischen Angaben der jeweiligen Autoren.

Dieses Buch präsentiert Ideen aus deren Büchern und andere zeitlose Erkenntnisse. Manchmal haben wir direkt in ihren Büchern nach Schätzen gegraben, dann wieder wollten sie von Grund auf Neues schreiben – um zu beweisen, dass man das Rad in der Tat neu erfinden kann. Den besten Beweis, dass es geht, finden Sie in diesem Buch und irgendwann auf Ihrem Bankkonto.

Biografien der Co-Autoren

(in alphabetischer Reihenfolge)

Frank Adkins

Frank Adkins ist zusammen mit Chris Forbes der Co-Autor des Buches *Guerrilla Marketing for Nonprofits*. Frank ist ein National Board Certified Teacher. Seine Erfahrungen bei der Geldbeschaffung und mit nicht-kommerziellen Organisationen stammen aus langen Jahren freiwilliger Arbeit für Dinge, von denen er überzeugt ist. Er hat direkt von Jay Conrad Levinson gelernt. Frank ist zertifizierter Guerillamarketing-Trainer und kümmert sich bei Guerrilla Marketing International um besondere Projekte. Er hat Unternehmen geholfen, indem er für sie Recherchen durchgeführt und ihnen gezeigt hat, wie sie mit Guerillamarketing-Taktiken mehr Menschen erreichen. Gemeinsam mit Jay Levinson und Chris Forbes hat er *Guerrilla Fundraising* geschrieben. Frank besitzt einen Bachelor-of-Science-Abschluss der University of Central Florida. Er lebt mit seiner Frau und seinen drei Kindern in Orlando.

Stuart Burkow

Stuart Burkow, der »King of Profits«, ist Co-Autor von *Guerrilla Profits*. Er ist Serial-Entrepreneur, Marketing-Star und hochkarätiger Experte mit mehr als 35 Jahren praktischer Erfahrung, der sein erstes Geschäft schon mit 14 aufzog. Er hat erfolgreiche Unternehmen in den Bereichen Einzelhandel, Vertrieb, Herstellung, Publishing, Marketing und Dienstleistungen, Direktverkauf und Mailorder besessen, aufgebaut und betrieben – und ist Präsident von Guerrilla Profits International.

Stuart hat direkt mit vielen Legenden der Branche zusammengearbeitet, wie etwa Jay Abraham, Dan Kennedy, Robert Allen, Brian Tracy, Denis Waitley – und natürlich Jay Conrad Levinson – und hat Partner auf der ganzen Welt.

David T. Fagan

David T. Fagan ist Co-Autor von *Guerrilla Rainmakers* und früherer CEO von Guerrilla Marketing und Besitzer von Cutting Edge Ventures, Icon Builder, Guerrilla Rainmakers und Cash Club for Kids. David ist Autor, Redner und Berater für Geschäftsentwicklungen. Bei Guerrilla Marketing International ist er für besondere Projekte zuständig. Davids

Icon Builders-Programm und das *Guerrilla Rainmakers*-Konzept basieren auf Jay Conrad Levinsons Guerillamarketing-Konzepten. David hat diese Marketingkonzepte weitergeführt, indem er Produkte und Dienstleistungen entwickelte, die einem Entrepreneur Gewinne garantieren. Sie erreichen David per E-Mail: dfaganbusiness@gmail.com oder über seine Website: http://www.davidtfagan.com.

Chris Forbes

Chris Forbes ist gemeinsam mit Frank Adkins Co-Autor von *Guerrilla Marketing for Nonprofits*. Er ist zertifizierter Guerillamarketing-Trainer und hat sich auf nichtkommerzielles und politisches Marketing spezialisiert. Chris hilft nichtkommerziellen Organisationen, Politikern und anderen Führungspersönlichkeiten, effektiv alle möglichen Menschen zu erreichen, und erzielt dabei erstaunliche Ergebnisse. Sogar auf dem Gebiet des Glaubens hat er Marketingerfahrungen sammeln können.

Chris Forbes ist seit vielen Jahren in den Bereichen Kommunikation, ethnografische Recherchen und nichtkommerzielles Marketing tätig. Chris, ein ehemaliger Standup-Comedian, schreibt und spricht über nichtkommerzielles Marketing. Durch seine humorvolle und einzigartige Perspektive ist der vermittelte Stoff lustig, interessant und praktisch. Er hat auf fünf Kontinenten kontextbasiertes Marketing und Medienstrategien entwickelt und nutzt seine Fertigkeiten heute, um Beeinflussern dabei zu helfen, ihre Zielgruppe besser zu erreichen.

Als Stratege und Marktforscher für verschiedene Organisationen und Ämter innerhalb der Southern Baptist Convention hat er viele globale und nationale Medieninitiativen im Internet, Radio und Fernsehen auf den Weg gebracht. Er lebt mit seiner Frau und seinen drei Töchtern in Edmond, Oklahoma. Mehr über ihn erfahren Sie unter http://www.chrisforbes.org.

Rick Frishman

Rick Frishman, Co-Autor von *Guerrilla Publicity und Guerrilla Marketing for Writers*, ist Gründer von Planned Television Arts und war mehr als 30 Jahre lang einer der führenden Buchherausgeber in Amerika. Rick arbeitet außerdem als Herausgeber bei Morgan James Publishing in New York. Er ist in Hunderten Radiosendungen und mehr als ein Dutzend Fernsehsendungen in den ganzen USA aufgetreten, darunter *Oprah, Bloomberg TV* und *Fox Business.* Über ihn wurde in der *New York Times, The Wall Street Journal,* bei *Associated Press,* in der Zeitschrift *Selling Power,* der *New York Post* und vielen anderen Publikationen berichtet. Außerdem ist er Co-Autor von acht Büchern. Kontaktinformationen: http://www.rickfrishman.com, E-Mail: rick@rickfrishman.com.

David Garfinkel

David Garfinkel, Co-Autor von *Guerrilla Copywriting,* hat mit Unternehmen aus mehr als 100 Branchen zusammengearbeitet und Menschen auf der ganzen Welt geholfen, bessere Werbetexter zu werden. Einige der Verkaufsbriefe, die er für Unternehmen verfasst hat, brachten mehr als eine Million Dollar ein. Er ist Präsident von Overnight Marketing in San Francisco. Seine Firma spezialisiert sich auf ergebnisorientiertes Direktmarketing für Unternehmen. Als Marketingberater und Meistertexter hat David mit Unternehmen aus 81 verschiedenen Branchen zusammengearbeitet.

Zu Davids Kunden gehören so bekannte Namen wie IBM, United Airlines, Pacific Bell, Time-Life Books und MCI. Heute sind Davids Kunden meist kleinere, gutgehende Unternehmen, die schnell ihre Verkäufe ankurbeln und das Wachstum bei den geringsten möglichen Kosten beibehalten wollen. David arbeitet immer noch in vielen Branchen, aber die meisten seiner Kunden sind in den Gebieten Seminare, Software und Finanzdienstleistungen zu finden.

David ist Co-Autor von *Effective Sales Management* and *Guerrilla Marketing for the Imaging Industry.* Er gehört zu einer kleinen Gruppe von Experten auf der Website der Bank of America. In seiner früheren Karriere war David Wirtschaftsjournalist und Büroleiter des McGraw-Hill Magazine in San Francisco.

Heute taucht David wegen seiner Expertise im Marketing oft in den Medien auf, etwa in *The Wall Street Journal, USA Today, Fast Company,* und Dutzenden anderen Zeitungen, Zeitschriften und Branchenpublikationen in den Vereinigten Staaten.

Kontaktinformationen: E-Mail: Garfinkel@aol.com, Web: http://www.davidgarfinkel.com.

Shane Gibson

Shane Gibson ist international anerkannter Redner und Autor, der in den letzten 18 Jahren zu mehr als 100.000 Menschen in Nordamerika, Afrika und Südamerika gesprochen hat. Er ist sehr gefragt als Keynote-Redner zu Themen wie Social Media und Sales Performance.

Shane, der seit 2002 einen Blog und seit 2004 einen Podcast betreibt, bezieht den Großteil seines Geschäfts über die sozialen Medien. Er ist Autor der drei Bücher *Sociable! How Social Media is Turning Sales and Marketing Upside Down* (mit Stephen Jagger), *Closing Bigger: The Field Guide to Closing Bigger Deals* (mit Trevor Greene) *und Guerrilla Social Media Marketing* (mit Jay Conrad Levinson).

Shane bietet seinen Kunden ein breites Spektrum an Dienstleistungen – von brillanten Keynote-Seminaren zum Thema soziale Medien bis zu weitgreifenden Socialmedia-Projekten für große Organisationen. Shanes Begeisterung für die sozialen Medien rührt aus der Tatsache, dass heutzutage jeder mit einem Blog, einer Videokamera und einem Twitter-Account Millionen Kunden erreichen kann und dazu weder Millionen Dollar noch Hunderte Stunden braucht. Es reichen Fantasie, Wissen, Innovation und eine Community.

Shane teilt seine Einsichten und Lehren online über ein großes Netzwerk aus sozialen Medien. Sie finden ihn folgendermaßen: Blogs und Websites: http://closingbigger.net, http://guerrillasocialmediahq.com und http://socialized.me, Twitter: http://twitter.com/shanegibson.com@ShaneGibson, Facebook: http://facebook.com/guerillasocialmediamarketing, YouTube: http://www.youtube.com/user/shanegibsonvan, Skype: knowledge.brokers oder E-Mail: shane@guerrillasocialmediahq.com.

Seth Godin

Seth Godin ist Blogger, Autor und Entrepreneur. Sie erfahren mehr über ihn, wenn Sie einen seiner 3.900 kostenlosen Blogeinträge auf sethgodin.com lesen. Jay betrachtet Seth als einen der besten Sachbuchautoren der Welt. Würde er Romane schreiben, wäre er sicher auch einer der besten. Suchen Sie einfach bei Amazon nach seinem Namen und seinen zahlreichen Büchern!

Kontaktinformationen: http://www.sethgodin.com, http://www.squidoo.com/seth. Seths Blog finden Sie hier: http://sethgodin.typepad.com/.

David Hancock

David Hancock ist zusammen mit Mike Larsen und Rick Frishman der Co-Autor von *Guerrilla Marketing for Writers*, mit Frishman und Jay Conrad Levinson Co-Autor von *The Entrepreneurial Author* und mit Levinson von *Guerrilla Marketing for Mortgage Brokers*. Er ist zertifizierter Marketing-Trainer und Gründer von Morgan James Publishing und wurde 2008 von der NASDAQ als einer der angesehensten Unternehmer ausgezeichnet. David ist Gründer der Entrepreneurial Author University und Stifter der Ethan Awards, des einzigen internationalen Autorenpreises für Wirtschaftsautoren. David sitzt im Beirat der Mark Victor Hansen Foundation und im Verwaltungsrat des Habitat for Humanity Peninsula. David und seine Frau Susan leben mit ihren zwei Kindern in Hampton Roads, Virginia. Sie erreichen David unter http://www.DavidHancock.com, Twitter.com/DavidHancock und Facebook.com/DHancock.

Paul R.J. Hanley

Paul Hanley war ein Freund, ein meisterhafter Guerillamarketing-Trainer in Großbritannien und der Co-Autor von *The Guerrilla Marketing Revolution: Precision Persuasion of the Unconscious Mind*. Nachdem er in Russland und dem Nahen Osten Großes für das Guerillamarketing geleistet hatte, starb Paul beim Absturz seines von ihm geflogenen Flugzeugs. Er hinterließ einen Sohn, Kieran, eine Schwester, Maria, und seine Eltern, Brian und Julie, die im englischen North Hampton leben. Seine Worte in *The Guerrilla Marketing Revolution* sind Guerillas auf der ganzen Welt eine große Hilfe.

Donald Hendon

Donald Hendon, Co-Autor von *Guerrilla Deal-Making*, hat wertvolle Informationen, die niemand sonst auf der Welt besitzt. Er hat mehrere Tausend Seminare gehalten und Unternehmen aus 36 Ländern auf sechs Kontinenten beraten – von Saudi-Arabien bis Australien. Mit den mehr als 300 Taktiken in seinem Repertoire hat er Deals mit Managern aus 54 Ländern abgeschlossen. Jede Nation hat einen ganz eigenen Verhandlungsstil und Dr. Hendon kennt diese Stile ganz genau – die besonderen Taktiken der Manager aus diesen Ländern beim Kaufen und Verkaufen, beim Verhandeln und Feilschen. Don trainiert seine Kunden GRÜND-LICH. Er gibt ihnen die Macht, richtig groß und oft zu gewinnen, wenn sie mit Menschen aus diesen Ländern verhandeln. Er lebt in der Nähe von Las Vegas und Sie erreichen ihn unter donhendon1@gmail.com.

Chet Holmes

Chet Holmes arbeitete zusammen mit Jay Conrad Levinson an *Guerrilla Marketing Meets Karate Master: Business Growth Seminar and Home Study Course,* das aus Live-Auftritten, Büchern, Arbeitsheften, CDs und DVDs besteht. Chet hat 75 Trainingsprodukte entwickelt, die in 60 Länder verkauft wurden, und war in jeder Position, die er innehatte, Spitze. Er ist Bestsellerautor und stand mit *The Ultimate Sales Machine* bei Amazon vier Jahre in Folge an vorderster Stelle. Im April 2010 gründete er zusammen mit Tony Robbins Business Breakthroughs, eine Kette aus 12 Unternehmen, die eine Reihe von Dienstleistungen anbietet, die das Wachstum von Unternehmen unterstützen sollen. Einführungsmaterial gibt es unter http://howtodoublesales.com. Unter http://www.Business-Breakthroughs.com finden Sie alle von Chet Holmes und Tony Robbins angebotenen Dienstleistungen.

Shel Horowitz

Shel Horowitz ist der Co-Autor von *Guerrilla Marketing Goes Green: Winning Strategies to Improve Your Profits and Your Planet.* Er ist ein international tätiger Redner/Marketingberater/Texter, der sich auf grüne, ethnisch einwandfreie Strategien spezialisiert hat, mit denen man Kosten senken, Gewinne steigern und potenzielle Kunden anlocken kann. Fünf seiner acht Bücher haben Preise gewonnen, sind auch im Ausland erschienen und/oder haben es auf eine der Amazon-Bestsellerlisten geschafft.

Shel schreibt außerdem die Kolumnen Green and Profitable sowie Green and Practical, hilft Autoren bei der Veröffentlichung ihrer Werke, startete eine internationale Handelsvereinigung für grüne Marketer, rettete einen lokalen Berg und ist seit den 1970er Jahren sowohl Marketer als auch Umweltaktivist.

Sie erreichen Shel folgendermaßen: Twitter: @shelhorowitz, E-Mail: shel@greenandprofitable.com, Web: http://shelhorowitz.com.

Alexandru Israil

Alexandru Israil ist der Co-Autor von *Guerrilla Marketing and the Human Ego*. Er ist seit 1996 im Marketinggeschäft, das er von seinem Zuhause in Rumänien aus betreibt. Er arbeitete in Europa für Marken wie Compaq, IBM, Bosch, Xerox, Ariston, Yellow Pages, Siemens und Microsoft. Sein lange praktiziertes Credo, seinen Kunden unkonventionelle, konsistente und effektive Marketinglösungen anzubieten, erfüllte sich 2007, als er mit Jay Levinson trainierte und zu einem Guerillamarketing-Master-Trainer wurde.

Er repräsentiert jetzt Guerrilla Marketing International in Europa und bietet Training und Beratung in Marketing und Verkauf an. Seine erklärte Mission besteht darin, seine Kunden zu inspirieren, optimale, realistische und effektive Strategien in Verkauf und Marketing zu finden und umzusetzen und sich dabei auf die Gewinne und Endergebnisse zu konzentrieren.

Alexandru ist Eigentümer von MarketMinds Co., einem Unternehmen, das unabhängige Berater versammelt, die auf Projektbasis beschäftigt werden. Sie bieten inspirierte, analytische und funktionale Lösungen für Unternehmen, die ihre Marketing- und Verkaufsergebnisse verbessern wollen. Als Redner und Trainer hat Alexandru Tausende von Geschäftsleuten bei ihrer Suche nach besseren Leistungen inspiriert. Seine Artikel erscheinen in vielen Online- und Print-Veröffentlichungen. Er ist außerdem Gastgeber der Guerrilla Marketing Association Weekly Teleclass, während der er wichtige Verkaufs- und Marketingprofis aus der ganzen Welt interviewt.

Mehr erfahren Sie unter http://www.gmarketing.ro, E-Mail: alexandru.israil@gmarketing.ro.

Robert Kaden

Robert Kaden ist Co-Autor von *Guerrilla Research*. Er lebt in seiner Heimatstadt Chicago und ist mit Ellie verheiratet. Er ist der Vater von Hilary und der Großvater von Samantha. Bob besitzt Abschlüsse vom Lincoln College in Lincoln, Illinois, und vom Columbia College in Chicago. Seine Karriere hat er der Marktforschung gewidmet: 10 Jahre war er in verschiedenen Werbeagenturen in Chicago beschäftigt, bevor er Anfang der 1970er Jahre Präsident von Goldring & Company wurde. 1992 gründete Bob The Kaden Company für Marktforschung. Er war an mehr als 3.000 Fokusgruppenstudien und Umfragen beteiligt und hat viele wegweisende und einzigartige quantitative und qualitative Marktforschungsansätze entwickelt. Einen nicht unbeträchtlichen Teil seiner Zeit verbringt Bob mit The LeRoy Street Band, einer Rock'n'Roll-Coverband, in der er Congas und Percussions spielt. Sie erreichen Bob unter thekadencompany@sbcglobal.net.

Loral Langemeier

Loral Langemeier ist Co-Autorin von *Guerrilla Wealth* und eine der dynamischsten und mutigsten Finanzstrateginnen der heutigen Zeit. Loral, die von der New York Times als Bestsellerautorin geführt wird und als Motivationsrednerin sehr gefragt ist, hat in den ganzen USA Tausende aus ihrer Lethargie aufgerüttelt und ihnen die Angst vor Geldsachen genommen.

Loral Langemeier, die auf einer Farm in Nebraska geboren wurde und aufgewachsen ist, begann aus dem Nichts. In ihrer Jugend hatte sie weder Geld noch Verbindungen. Mit 17 gründete sie ihr erstes Geschäft und mit 34 hatte sie ein millionenschweres Portfolio aufgebaut. Loral hat in verschiedenen Branchen Unternehmen geschaffen, von denen einige Millionengewinne abgeworfen haben.

Aus ihrer Feder stammen die Bestseller *The Millionaire Maker, The Millionaire Maker's Guide to Wealth Cycle Investing* und *The Millionaire Maker's Guide to Creating a Cash Machine for Life.*

Neben ihren stets ausverkauften Millionaire Maker-Veranstaltungen tritt Loral momentan als Finanzexpertin in der *Dr. Phil Show* auf, die Familien in Finanznöten hilft. Sie war häufig bei *CNN, CNBC* und *Fox News Channel* zu Gast, wurde in *USA Today, The Wall Street Journal* und *The New York Times* besprochen und tauchte im Web bei *ABCNews.com, Forbes.com* und *BusinessWeek.com* auf. Sie hatte eine wöchentliche Gastkolumne auf *Gather.com* und *TheStreet.com,* einer Website für Finanzanalysen und -nachrichten. Sie ist die Erfinderin des »The Millionaire Maker Game«, eines Brettspiels, das Menschen lehrt, durch verschiedene Methoden Reichtum anzuhäufen.

Nachdem sie ihre finanzielle Freiheit erreicht und ihre erste Million verdient hatte, beschloss Loral, ein Seminar- und Trainingsunternehmen aufzubauen, das andere Menschen befähigen sollte, ebenfalls so erfolgreich zu werden. Das Unternehmen startete im Jahre 2002 mit nur einem Büro in Novato, Kalifornien, und wuchs innerhalb von fünf Jahren zu einem 19-Millionen-Dollar-Unternehmen. Inzwischen gibt es Niederlassungen in Novato und South Lake Tahoe sowie in Carson City, Nevada. Sie finden Loral unter http://lorallangemeier.com.

Michael Larsen

Michael Larsen ist Co-Autor von *Guerrilla Marketing for Writers* und *How to Write a Book Proposal.* Er ist Literaturagent und betreibt gemeinsam mit seiner Frau die Michael Larsen-Elizabeth Pomada Literary Agents. Seit 1972 hilft er Autoren beim Start ihrer Karriere.

Michael ist Mitglied der Association of Author's Representatives. Er arbeitet vor allem mit Sachbüchern und hat zusammen mit Elizabeth Hunderte von Büchern an mehr als 100 Verleger verkauft. Die beiden sind auch Mitbegründer der San Francisco Writers Conference und der Writing for Change Conference.

Sie finden Michael unter http://www.larsenpomada.com.

Al Lautenslager

Al Lautenslager, der Co-Autor von *Guerrilla Marketing in 30 Days,* ist preisgekrönter Marketing-/PR-Berater, Werbespezialist für Mailings, Autor, Redner und Entrepreneur. Sein Wissen hat schon Hunderten in ihrem Geschäft weitergeholfen. Er ist Chef von Market for Profits, einer Marketingberatungsfirma in Chicago, und früherer Besitzer von The Inkwell, einem kleinen Druck- und Werbeunternehmen. Al ist im Radio als Marketingexperte aufgetreten, wo er seine Meinung zu den Super Bowl-Werbespots kundtat.

Al hat viele Unternehmen gegründet und auch einige wieder geschlossen. Er ist den Weg eines Guerilla Marketers gegangen. Er wurde mehrfach mit dem Preis Business of the Year ausgezeichnet. Seine Artikel kann man auf mehr als 100 Online-Site lesen, darunter im Magazin *Entrepreneur* (http://www.entrepreneur.com), wo er auch als Marketingexperte und Trainer tätig ist.

Al hält Vorträge über Marketingtaktiken, die mit geringen oder gar keinen Kosten durchgeführt werden können. Inzwischen sitzt er im Beirat mehrerer nichtkommerzieller Organisationen, darunter zwei Handelskammern. Sie erreichen ihn hier: E-Mail: al@allautenslager.com, Web: http://www.market-for-profits.com.

Jill Lublin

Jill Lublin ist gemeinsam mit Rick Frishman Co-Autorin von *Guerrilla Publicity*. Bei jährlich mehr als 200 Vorträgen auf der ganzen Welt bezaubert Lublin ihr Publikum mit ihren unterhaltsamen, interaktiven Keynotes, Seminaren und Spezialprogrammen darüber, wie man Einfluss gewinnt und die Aufmerksamkeit der Medien auf sich zieht.

Wegen ihrer Erkenntnisse zum Thema Einflussnahme wurde Jill Lublin schon oft mit Dale Carnegie verglichen. Ihre Bücher, Vortragstouren und Strategieberatungen beeinflussen Menschen auf der ganzen Welt.

Sie ist sowohl bei Tony Robbins als auch bei T. Harv Eker aufgetreten und hat auf Veranstaltungen zusammen mit Jack Canfield, Mark Victor Hansen und Richard Simmons gesprochen. Jill ist Autorin des Bestsellers *Get Noticed...Get Referrals* und Co-Autorin der beiden Bestseller *Networking Magic* und *Guerrilla Publicity*.

In den vergangenen 20 Jahren hat sie für *ABC, NBC, CBS* und andere USA-weite Medien gearbeitet und weiß, was die Medien wünschen. Jill wurde in *The New York Times, Woman's Day, Fortune Small Business, Inc.,* und dem *Entrepreneur*-Magazin sowie bei ABC- und NBC-Radio und -TV vorgestellt.

Jill, die sich dem Dienst an der Öffentlichkeit verschrieben hat, gründete GoodNews Media, Inc. und ist Gastgeberin der Fernsehsendung *Messages of Hope* sowie der USA-weit ausgestrahlten Radiosendung *Do the Dream*. Jill ist immer wieder begeistert, wenn ihre Geschichten Menschen ermutigen und inspirieren, ihren Träumen zu folgen, vor allem nachdem sie eine Krise durchgemacht haben.

Website: http://www.JillLublin.com, E-Mail: info@JillLublin.com.

Alex Mandossian

Alex Mandossian ist einer der Co-Autoren von *Guerrilla Marketing on the Front Lines*. Seit 1991 hat Alex mithilfe elektronischer Marketingmedien wie TV, Infomercials, Online-Katalogen, 24-stündigen aufgezeichneten Botschaften, Voice/Fax-Broadcasting, Teleseminaren, Webinaren, Podcasts und Internet-Marketing mehr als 300 Millionen Dollar an Verkäufen und Gewinnen für seine Kunden generiert. Er hat für Dale Carnegie Training, die New York University, Nightingale-Conant, Super Camp, Trim Spa und viele andere gearbeitet. Er ist zertifizierter Guerillamarketing-Trainer und hat Teleseminare mit vielen der weltweit führenden Wirtschaftsführer wie Mark Victor Hansen, Jack Canfield, Stephen Covey, Les Brown, Brian Tracy, Harvey Mackay, T. Harv Eker, Lisa Nichols, Loral Langemeier, Michael Gerber, Jay Abraham, Donald Trump und anderen gehalten.

Er ist Gründer und CEO von Heritage House Companies – einem Unternehmen für elektronisches Marketing und Publishing, das schriftliche und mündliche Bildungsinhalte für eine weltweite Verbreitung aufbereitet. Er ist außerdem der Gründer des Electronic Marketing Institute. Alex Mandossian hat seit 2001 mehr als 15.000 Menschen in seinen Teleseminaren unterrichtet und weiß, dass jeder Entrepreneur ein jährliches Einkommen in ein wöchentliches Einkommen verwandeln kann, wenn er seine prinzipienorientierten, elektronischen Marketingstrategien einsetzt.

Alex lebt mit seiner Familie in der Nähe von San Francisco und erfreut sich an mehr als 90 »freien Tagen« im Jahr. Mehr Informationen finden Sie unter http://www.AlexMandossian.com.

Monroe Mann

Monroe Mann ist der Gründer von Unstoppable Artists, der weltweit einzigen Business-, Marketing- und Finanzberatungsfirma für etablierte (und aufstrebende) Künstler, Regisseure, Autoren und Schauspieler. Er hat seinen Kunden geholfen, bei großen Agenturen zu landen, Bücher herauszubringen, in ihren eigenen Filmen und Stücken aufzutreten, in ihren eigenen Bands zu spielen und im Allgemeinen sehr erfolgreich zu werden. Schüler/Kunden erschienen in *People, Inside Edition, Entrepreneur, Entertainment Tonight, CNN, ABC News, Variety, Hollywood Reporter, Backstage, Boston Globe, Glamour, Keith Ablow, New York Times* usw. Monroe ist außerdem CEO von Loco Dawn Films, Absolvent des Hollywood Film Institute und der Digital Film Academy, in der IMDb aufgeführter Schauspieler, Lead-Sänger einer siebenköpfigen Band, Drehbuchautor/Produzent/Ko-Star des Wakeboarding-Films *In the Wake*, zertifizierter Guerillamarketing-Trainer, Absolvent des Franklin College in der Schweiz, Absolvent der Lubin School of Business, der Pace Law School und des Master of Entrepreneurship-Programms der Western California University sowie Veteran des Irakkriegs. Er ist darüber hinaus Autor einiger anerkannter Bücher, darunter *The Theatrical Juggernaut – The Psyche of the Star, Battle Cries for the Underdog,*

To Benning & Back und *The Artist's MBA*. Schließlich ist er Gründer der exklusiven Networking-Aktionsgruppe »The Juggernaut Club« und der American Break Diving Association. Man kann ihn international für Beratungen buchen: E-Mail: monroemann@aol.com, Web: http://www.UnstoppableArtists.com.

Mitch Meyerson

Mitch Meyerson ist der Co-Autor von *Guerrilla Marketing on the Front Lines* und – mit Mary Eule Scarborough – von *Guerrilla Marketing on the Internet.* Er ist Redner, Trainer und Berater und Co-Autor von neun Büchern über persönliche und geschäftliche Weiterentwicklung, darunter *Mastering Online Marketing, Six Keys To Creating The Life You Desire, When Is Enough Enough?, When Parents Love Too Much, Success Secrets of The Online Marketing Superstars* und *World Class Speaking.* Seine Bücher sind in 26 Sprachen erschienen und er war auch schon öfters als Experte bei Oprah zu Gast.

Seit 1999 hat Mitch vier bahnbrechende internetbasierte Programme mitbegründet: The Guerrilla Marketing Coach Certification Program mit Jay Conrad Levinson, das mehr als 300 Guerillamarketing-Trainer weltweit zertifiziert hat, The 90 Day Product Factory, The Online Traffic School und den Master Business Building Club. Mitch ist darüber hinaus ein versierter Jazzmusiker/Songwriter und lebt in Scottsdale, Arizona. Sie erreichen ihn per E-Mail: mitch@gmarketingcoach.com.

Roger C. Parker

Roger C. Parker ist der Co-Autor von *Guerrilla Marketing Design.* Schon lange vor dem Beginn dieses Jahrhunderts hat Roger C. Parker das Schreiben für den Markenerfolg mit Guerilla Marketern auf der ganzen Welt erkundet und geteilt. Sein Ziel besteht darin, Geschäftsleuten dabei zu helfen, ihr Wissen in markenbildende Blogs, Bücher und E-Books zu pressen.

Roger hat über 40 Bücher geschrieben, die sich ingesamt 1,6-millionenmal auf der ganzen Welt verkauft haben. Sein neuestes Buch war *#Book Title Tweet: 140 Bite-Sized Ideas for Compelling Articles, Book, and Event Titles.* Roger hat mehr als 500 Bestsellerautoren und Marketingautoritäten für die Guerrilla Marketing Association und für http://PublishedandProfitable.com interviewt. Auf seinem Blog finden sich mehr als 1.000 Postings mit Ideen, Tipps und Beispielen für den Schreib- und Markenerfolg.

Mehr erfahren Sie unter http://www.publishedandprofitable.com.

David E. Perry

David ist der Co-Autor von *Guerrilla Marketing for Job Hunters*. Er ist ein Veteran von nahezu 996 Manager-Suchprojekten mit einer Erfolgsrate von 99,8 Prozent. Das Wall Street Journal nennt ihn »The Rogue Recruiter«. Er hat Führerschaft und deren Wirkung auf Organisationen studiert. Er ist der Autor von *Guerrilla Marketing for Job-Hunters: 400 Unconventional Tips, Tricks and Tactics to Land Your Dream Job und Career Guide for the High Tech Professional: Where The Jobs Are and Where to Land Them*.

David machte seinen Abschluss an der McGill University in Kanada, wo er einen Bachelor in Wirtschaftswissenschaften und Arbeitnehmer-Arbeitgeber-Beziehungen erwarb. Er war der Beste seines Kurses und wurde ausgezeichnet als einer der »Top 40 under 40«-Entrepreneure. Er lebt mit seiner Frau und Geschäftspartnerin Anita Martell und ihren vier Kindern in Ottawa, Kanada.

Sie erreichen ihn unter david@perrymartell.com.

Steve Savage

Steve Savage ist Co-Autor von *Guerrilla Business Secrets*. Steve ist ein Verkaufsguru, ein tatkräftiger und dynamischer Redner, der Menschen in Keynotes, Workshops und Seminaren motiviert. Seine Präsentationen basieren nicht auf abstrakten Theorien, sondern speisen sich aus seinem Leben als Entrepreneur.

Steve brachte zusammen mit zwei Partnern ein Unternehmen innerhalb von sechs Jahren von Null auf 60 Millionen Dollar – und verkaufte es dann an Colgate-Palmolive. Er führt auf der ganzen Welt Seminare durch und hält motivierende Keynotes.

Er ist zweisprachig in Ecuador aufgewachsen. Ein Großteil seines Fokus liegt in Lateinamerika, wo er von Mexiko bis Argentinien vor ausverkauften Häusern auftritt und spanisch redet. Unternehmen berichten von dramatischen Anstiegen ihrer Verkäufe, nachdem Steve mit ihren Verkaufskräften zusammengearbeitet hat. Sie finden ihn unter http://stevesavage.com.

Mary Eule Scarborough

Mary Eule Scarborough ist gemeinsam mit Mitch Meyerson Co-Autorin von *Guerrilla Marketing on the Internet*. Sie ist preisgekrönte Rednerin, Autorin und zertifizierte Guerillamarketing-Trainerin, die auf umfassende Erfahrungen als Marketingmanagerin in einem Fortune 500-Unternehmen zurückgreifen kann, Gründerin zweier erfolgreicher kleiner Unternehmen, AdWords-Werbeexpertin und unabhängige Marketingberaterin, die Unternehmen dabei hilft, ihre Gewinne zu vergrößern.

Sie ist außerdem Co-Autorin von zwei weiteren Business- und Marketingbüchern: *The Procrastinator's Guide to Marketing* und *Mastering Online Marketing*.

Mary verbringt zur Zeit die meiste Zeit damit, Pay-per-Click-Webinare zu halten (http://www.GuerrillaPPC.com) und AdWords-Kampagnen für ihre Kunden durchzuführen.

Sie besitzt einen BA in Englisch/Journalismus von der University of Maryland und einen MS in Marketing von der John Hopkins University. Ihre E-Mail-Adresse lautet maryeulescarborough@gmail.com und ihre Website finden Sie unter http://www.strategicmarketingadvisors.com.

Mark S.A. Smith

Mark S.A. Smith ist der Co-Autor von *Guerrilla Trade Show Selling*, *Guerrilla TeleSelling* und zusammen mit Orvel Ray Wilson von *Guerrilla Negotiating* und *Guerrilla Selling in Tough Situations*.

Als international anerkannter Redner und Autor präsentiert Smith seit vielen Jahren Seminare über die Fähigkeit, etwas zu verkaufen. Er gibt einen monatlichen Newsletter heraus und hat mehr als 50 Artikel zu verschiedenen Marketingthemen veröffentlicht. Er ist Redakteur bei Business Tech International und wird regelmäßig in Cintermex, einem lateinamerikanischen Branchenjournal besprochen. Mark hat selbst zwei Bücher veröffentlicht: *How to Be Your Best at Trade Show Selling* und *49 Ways to Be Your Best at Trade Show Selling*.

Nachdem er einen Abschluss in Elektrotechnik erworben hatte, ging Mark direkt in den Verkauf bei Hewlett-Packard. Sein Trainingsstil hat sich im Laufe der jahrelangen Arbeit mit Publikum, darunter drei Jahre mit europäischen Gruppen, weiterentwickelt. Mark vermarktet seine Trainings- und Beratungsdienste direkt, per Televerkäufen, über Empfehlungen und Medienbeziehungen.

Mark ist Altpräsident der Colorado Speakers Association und außerdem Lehrbeauftragter am Front Range Community College in Denver, und zwar im Applied International Management-Programm. Er ist zertifizierter Trainer und Mitglied des Trade Show Bureau. Außerdem ist er Präsident der Valence Group, eines Unternehmens, das sich der Exzellenz in Training und persönlicher Entwicklung verschrieben hat, und Partner von The Guerrilla Group, Inc, ist.

Mehr Informationen finden Sie unter http://marksasmith.com oder unter http://oceinc.com.

Wendy Stevens

Wendy Stevens ist Co-Autorin von *Guerrilla Marketing to Women* und *Local Guerrilla Marketing.*

Was macht man, wenn man alleinerziehend ist und Gefahr läuft, sein Haus zu verlieren? Alles, was nötig ist. Anfang 2000 stieß eine bittere Scheidung Wendy Stevens aus ihrem bequemen Leben als angesehene Ehefrau in Nashville und hinterließ sie als arbeitslose, alleinerziehende Mutter, die kurz davor stand, alles zu verlieren. Wie so viele Frauen der Babyboomer-Generation war sie gezwungen, eine zweite Karriere anzutreten. Doch Wendy startete nicht nur eine zweite Karriere, sondern nutzte ihre Erfahrungen als Sportlerin und Trainerin, um erfolgreicher zu werden, als sie sich in ihren wildesten Träumen vorzustellen gewagt hätte.

1980 raubte ein verheerender Zusammenstoß mit einem betrunkenen Fahrer Wendy ihren Tennisaufschlag und sorgte dafür, dass sie ihr Tennis-Stipendium an der University of North Carolina verlor. Unerschrocken schrieb sie sich an der University of Maryland ein und begann mit dem Lacrosse-Spielen. Maryland baute damals eine Dynastie auf, vollgepackt mit All-American-Spielern. Wendy hatte diesen Sport noch nie zuvor betrieben. Ihre Fähigkeiten, ihre Entschlossenheit und Hartnäckigkeit brachten sie jedoch nicht nur ins Team, sondern machten aus ihr eine All-American. Außerdem wurde sie Kapitänin und Most Valuable Player des Lacrosse-Frauenteams der University of Maryland für die Landesmeisterschaft 1986.

Heute trainiert Wendy aufstrebende Entrepreneure auf der ganzen Welt. Sie ist gefragte Keynote-Rednerin, Trainerin, Erfolgs-Coach und Mentorin. Ihre größte Befriedigung liegt darin, im Leben anderer den finanziellen Erfolg zu reproduzieren, den sie selbst erreicht hat. Wendy Stevens teilt ihre Zeit zwischen Franklin, Tennessee, und Fort Lauderdale, Florida, und ist die stolze Mutter von Bo und Haley. Weitere Informationen finden Sie unter http://www.coachwendystevens.com.

Terry Telford

Terry Telford ist der Co-Autor von *Guerrilla Breakthrough Strategies: Triple Your Sales and Quadruple Your Business in 90 Days with Joint Venture Partnerships.*

Terry sagt selbst über sich: »Ich komme aus der Marketing- und Werbewelt. 1991 machte ich einen Abschluss am kanadischen Loyalist College in Belleville, Ontario, in einem Werbeprogramm. Direkt im Anschluss gründete ich mit einem Partner eine Werbeagentur. Sechs Monate später verkaufte ich die Agentur an meinen Partner und zog in die ‚große Stadt' – nach Toronto.«

»2001 ging ich ins Internet, weil ich hoffte, mein Mail-Order-Geschäft zu vergrößern. Auf den ersten Blick schien alles ganz einfach zu sein. Der Vorteil des Online-Marketing bestand darin, dass es fast nichts kostete. Leider bekam ich nur wenige Reaktionen. Ich experimentierte viel, um herauszufinden, wie ich effektiv online werben könnte. Ich probierte wirklich alles. Obwohl ich relativ erfolglos war, erkannte ich, dass darin die Zukunft lag. Deshalb verkaufte ich mein altes Mail-Order-Unternehmen und begann, nur noch online zu arbeiten. Doch ich hatte immer noch nicht alles verstanden. Es dauerte noch drei Jahre bis zu meiner Erleuchtung.«

»Mein großer Aha-Augenblick kam, als ich plötzlich merkte, dass mein Online-Geschäft eigentlich ein Direktmarketing-Unternehmen war – genau wie mein Offline-Geschäft, aber mit deutlich mehr Vorteilen. Nachdem ich begann, mein Online-Geschäft so zu betreiben wie mein Offline-Geschäft, fing mein Unternehmen an zu wachsen.«

»Als ich die Macht von Joint Ventures erkannte, stieg das Wachstum exponentiell. Ich hatte das Glück, Hunderten so wunderbaren Menschen wie Jay zu begegnen, und habe Dutzende von Joint-Venture-Partnerschaften und strategischen Allianzen auf der ganzen Welt. Ich bin nur ein Durchschnittstyp, und wenn ich es schaffe, schaffen Sie es auch. Ich wünsche Ihnen jetzt und für die Zukunft all den Erfolg, den Sie verdienen. Sie finden mich online unter http://www.TerryTelford.com.«

Kathryn Tyler

Kathryn Tyler ist die Co-Autorin von *Guerrilla Saving: Secrets for Keeping Profits in Your Home-Based Business*. Sie ist seit 1993 freiberufliche Autorin. Seit 2002 unterrichtet sie ihre Kinder zuhause. Kathryn schrieb das E-Book *Convince Your Husband to Homeschool*, erschienen bei Pear Educational Products.

Mehr als 18 Jahre lang schrieb Kathryn regelmäßig für das Magazin *Human Resources Management* sowie für die Magazine *Home Education, Your Money, Woman's Day, FamilyFun, The Rotarian, Good Housekeeping* und viele andere.

Darüber hinaus unterrichtete sie an der University of California, San Diego, der San Diego State University, dem Oakland Community College sowie im privaten Sektor. Kathryn erwarb 1992 an der University of California in San Diego einen BA in englisch-amerikanischer Literatur und 1994 einen MA in englischer Literatur an der San Diego State University. Kontakt zu Kathryn erhalten Sie über ihre Website unter http://www.kathryntyler.com.

Elly Valas

Elly Valas ist gemeinsam mit Orvel Ray Wilson die Co-Autorin von *Guerrilla Retailing* und Altpräsidentin der North American Retail Dealers Association. Sie ist international anerkannte Autorin und Rednerin und hat mit Händlern auf der ganzen Welt zusammengearbeitet.

Sie schreibt regelmäßig Beiträge für *The Independent Retailer* und die Zeitschrift *Visions* der Consumer Electronics Association und wurde mit dem Editorial Excellence-Preis der American Society of Business Press Editors ausgezeichnet.

Sie finden sie im Web unter http://www.EllyValas.com.

Craig Valentine

Craig Valentine ist einer der Co-Autoren von *Guerrilla Speaking*, einem Beitrag im Sammelband *Guerrilla Marketing on the Front Lines*. Bei Toastmasters International hat er die Weltmeisterschaft für öffentliches Reden im Jahre 1999 gewonnen.

Als Präsident der Communication Factory hat er Tausenden von aufstrebenden Rednern in sieben Ländern und 44 US-Staaten geholfen, ihre Präsentationen zu verbessern und ihre Gewinne zu steigern. Craig hat

Bildungsunterlagen im Wert von mehr als 12 Millionen Dollar verkauft und ist mit einem Preis des US-Kongresses für »Excellence in Communications« ausgezeichnet worden. Er ist Autor des Buches *The Nuts and Bolts of Public Speaking* und Produzent mehrerer Trainingskurse, die den Zuschauern helfen sollen, gewinnträchtige Präsentationen herzustellen.

Sie erreichen ihn per E-Mail unter Info@CraigValentine.com oder im Web unter http://www.CraigValentine.com.

Orvel Ray Wilson

Orvel Ray Wilson ist gemeinsam mit Bill Gallagher der Co-Autor von *Guerrilla Selling: Unconventional Weapons and Tactics for Increasing Your Sales* und mit Mark S.A. Smith Co-Autor von *Guerrilla Trade Show Selling, Guerrilla TeleSelling, and Guerrilla Negotiating.*

Ray ist der Präsident von The Guerrilla Group, Inc., einer internationalen Trainings- und Beratungsfirma mit Kunden auf der ganzen Welt. Er ist ein international anerkannter Autor und Redner zu den Themen Verkauf, Marketing, Motivation und Management und ist in mehr als 1000 Städten auf der ganzen Welt aufgetreten. Seine Artikel erscheinen regelmäßig in Dutzenden von Branchen- und Messemagazinen. Er gibt darüber hinaus das E-Zine Guerrilla Selling Tip of the Week heraus, das per E-Mail an Tausende Abonnenten weltweit verteilt wird.

Seine Karriere begann schon früh: Mit neun Jahren verkaufte er Gartensamen an seine Nachbarn, mit 19 gründete er sein erstes Unternehmen. In 25 Jahren sammelte er jede Menge Verkaufserfahrungen – von Enzyklopädien bis Werbung, von Gebrauchtwagen bis Computern. Er zeigte Xerox-Verkaufsvertretern, wie man Abschlüsse macht und indochinesischen Flüchtlingen, was sie für diesen Job brauchen.

1980 gründete er das Boulder Sales Institute. Zu seinen Kunden gehören Branchengrößen wie ATA&T, W.F. Gore Associates und Microsoft. Er hat in den Managemententwicklungsprogrammen der University of Colorado und der University of Denver unterrichtet und innovative Wirtschaftskurse für Harbridge House, die Universität von Toledo, das Spring Institute for International Studies und das Canberra College of Advanced Education in Australien geschaffen. An der School of Management von Tjumen in der russischen Republik hielt er sogar Workshops zum Thema Kapitalismus.

Orvel wurde 1986 zum Präsidenten der Abteilung Colorado der National Speakers Association gewählt und arbeitete zwei weitere Amtszeiten in deren Vorstand. 1997 wurde er mit dem höchsten Preis für professionelle Redner ausgezeichnet, dem Certified Speaking Professional (CSP), verliehen von der National Speakers Association.

Verbindung zu Orvel Ray Wilson können Sie aufnehmen über The Guerrilla Group, Inc., http://www.GuerrillaGroup.com.

Mit Stolz, Dankbarkeit und inniger Liebe widmen wir dieses Buch allen beteiligten Guerillas – den Trägern der Weisheit, die sich zum Guerilla Marketing entwickelt hat und weiter entwickelt. Besten Dank an alle Guerilla-Co-Autoren, deren große Erfahrung und wertvolle Tipps in so großer Vielfalt in diesem Buch zu finden sind.

Jay Conrad Levinson und Jeannie Levinson

Anhang

Personen- und Sachregister

öffentlich auftreten 319
Guerilla-Deals abschließen
172, 172–179
Guerilla-Einzelhandel
167–171
Guerilla-Entrepreneur
141–157
Definition 143
Eigenschaften 147
Lügen zum Scheitern
148
Vorteile 155
Guerilla-Forschung
204–211
Guerilla-Geek 115
Guerilla-Geschäftsgeheim-
nisse 327, 327–329
Guerilla-Gewinne 268,
268–273
Guerilla-Intelligenz 181,
293
Guerilla-Jobjäger 200
Guerilla-Kreativität 119
Guerilla-Management 237
Guerilla Marketer 285
Guerilla-Marketer
Persönlichkeitsmerkmale
107
Guerilla Marketin 26
Guerilla Marketing 26
an vorderster Front
360–371
Ausbreitung 29–36
Einfachheit 37–41
für den unbewussten
Geist 69, 69–76
Geburtsstunde 24–29

Geheimnisse 42–62
Guerilla-Marketing
Exzellenz erreichen
122–131
für Autoren 323–326
für Frauen 274–280
für Jobjäger 200
für nichtkommerzielle
Einrichtungen 243–250
für soziale Medien
229–238
im Internet 212–228
in 30 Tagen 260–267
in den sozialen Medien
106–117
Marktposition 263
Meisterschaft im 137
Strategie 63–68
trifft Karate-Meister 251
und Ego 330
und Memes 118–121
Verkäufe verdoppeln mit
251–259
wird grün 239–242
Guerilla-Marketingangriff
138
Guerilla-Marketingautoma-
tisierung 282
Guerilla-Marketing
für Jobjäger 2.0 200–203
Guerilla-Marketingplan 64
Guerilla-Marketingwaffen
77–87
Guerilla-Networking
309–318
Guerilla-Öffentlichkeitsar-
beit 180–186

Guerilla-Regenmachen
281–286
Guerilla-Schreibtipps
187–192
Guerilla-Selbstvermarktung
132–140
Guerilla-Sparen 295–301
Guerilla-Strategien für den
Durchbruch 302–309
Guerilla-Suchwerkzeuge
237
Guerilla-Talent 187
Guerilla-Tipps zum Werbe-
texten 193, 193–199
Guerilla-Transparenz 111
Guerilla-Verhandeln
347–359
Guerilla-Verkaufen
332–352
Guerilla-Werbung 88–105
Guerilla werden
Anforderungen 136
Guerilla-Wert 267
Guerilla-Wohlstand
287–294

H

Hancock, David 323, 378
Hanley, Paul 69
Hanley, Paul R.J. 378
Hendon, Donald 172, 378
Hingabe 42
Holmes, Chet 251, 379
Horowitz, Shel 239, 379
http://www.speakingchan-
nel.tv 186
Humor 21

GUERILLA MARKETING BIBEL

Das Beste aus 30 Jahren Guerilla Marketing

© 2016 Midas Management Verlag AG
  ISBN 978-3-907100-69-1

Übersetzung: Claudia Koch
Deutsche Bearbeitung: Gregory C. Zäch
Layout: Ulrich Borstelmann
Korrektorat: Saskia Höfer
Druck und Bindung: FINIDR
Printed in Europe

www.midas.ch

Die amerikanische Originalausgabe erschien unter dem Titel
»The Best of Guerilla Marketing: Guerilla Marketing Remix«
© 2014 by Entrepreneur Media Inc.

Midas Management Verlag AG, Dunantstrasse 3, CH 8044 Zürich
Website: www.midas.ch / Mail: kontakt@midas.ch / Social Media: midasverlag